全国测绘地理信息类职业教育“十四五”规划教材

“十四五”职业教育河南省规划教材

遥感技术应用

(第2版)

主　编　陈会明

主　审　郭学林　张　涛

本书立体化资源

黄河水利出版社

·郑州·

内 容 提 要

本书为"十四五"职业教育河南省规划教材。本书是在参考了有关遥感技术教材、专著、学术论文、网络资源和企业生产项目等基础上，结合摄影测量与遥感的教学实践，以项目引领、任务驱动为基本思路组织编写的。全书共分为8个项目，主要内容为遥感的认知、遥感数据的获取、遥感图像的辐射处理、遥感图像的几何处理、遥感图像的增强处理、遥感图像的解译与分类、认识微波遥感技术、遥感专题制图与应用。本书力求理论与实践相结合，强调实用性和可操作性，突出新技术应用和岗课赛证融通，注重学生综合素质和专业技能的培养。

本书可作为高、中等职业院校相关专业教材使用，也可以供测绘、地理信息、国土、水利、地质、交通、城市规划、房产、石油、生态环境等部门相关工程技术人员参考。

图书在版编目(CIP)数据

遥感技术应用 / 陈会明主编. -- 2版. -- 郑州：黄河水利出版社，2025. 8. --（全国测绘地理信息类职业教育"十四五"规划教材）（"十四五"职业教育河南省规划教材）. -- ISBN 978-7-5509-4153-3

Ⅰ. TP7

中国国家版本馆 CIP 数据核字第 2025AT6642 号

策划编辑：陶金志　电话：0371-66025273　E-mail：838739632@qq.com

出 版 社：黄河水利出版社　　网址：www.yrcp.com

地址：河南省郑州市顺河路黄委会综合楼14层　　邮政编码：450003

发行单位：黄河水利出版社

发行部电话：0371-66026940、66020550、66028024、66022620(传真)

E-mail：hhslcbs@126.com

承印单位：河南承创印务有限公司

开本：787 mm×1 092 mm　1/16

印张：19

字数：451千字

版次：2025年8月第2版　　印次：2025年8月第1次印刷

定价：48.00元

前 言

本书是根据河南省“十四五”职业教育规划教材建设的要求，在国家测绘地理信息“十三五”规划教材建设和测绘地理信息企事业单位生产需求的基础上，采用基于工作过程、项目引领、任务驱动的模式，由测绘遥感技术领域的骨干教师和测绘企业的工程师共同编写、修订而成。本书力求理论与实践相结合，强调实用性和可操作性，突出新技术的应用和岗课赛证特色创新，注重学生职业技能和素质的培养。

党的二十大报告强调了职业教育的重要性，我们必须深入贯彻落实《国家职业教育改革实施方案》的重要精神，全面推进现代职业教育的改革、建设和高质量发展。

为适应“十四五”期间社会主义市场经济建设和社会发展的需要，培养“具有综合职业能力和全面素质的应用型人才”，采取模拟情景导入的方式，为读者创建一个仿真的学习环境，使学习与实践过程紧密结合，通过实践的过程来完成学习。同时，以任务驱动模式编写，力求将理论知识融入实际操作中，实现“做中学，学中做”的职业教育特色，力求教学做合一，理实一体，可以使学生掌握基本的遥感理论知识和基本技能，培养学生分析问题、解决问题的能力，形成良好的学习习惯，具备优良的职业素质，为适应工作岗位奠定良好的职业基础。

全书共分为8个项目，主要内容为遥感的认知、遥感数据的获取、遥感图像的辐射处理、遥感图像的几何处理、遥感图像的增强处理、遥感图像的解译与分类、认识微波遥感技术、遥感专题制图与应用。每个项目按照项目概述、学习目标和学习成果组织，项目下分多个任务来完成，任务按任务目标、学习过程、学习成果、任务实施、知识导航、实施过程、任务小结、任务考核等组织实施。

本次修订再版主要从遥感新技术、企事业生产新产品新工艺、岗课赛证职业新要求等角度对项目一至项目八进行了更新和修订，从数据源、数据处理过程、专题产品生成等进行了完善。

本书由陈会明担任主编，并负责全书的统稿。参加本书编写的有河南测绘职业学院的陈会明、康敏、梁静，华北水利水电大学测绘与地理信息学院的刘辉副教授，河南省遥感测绘院的董姣姣。其中，项目一由陈会明和董姣姣共同编写，项目二由陈会明和康敏共同编写，项目三由康敏编写，项目四和项目八由陈会明编写，项目五由梁静编写，项目六和项目七由刘辉编写。

本书由河南测绘职业学院副教授郭学林、河南省遥感院高级工程师张涛共同审稿。在本书的编写过程中，河南测绘职业学院遥感工程系郭学林副教授参与了大纲的制定，并对本书的编写进行了指导，河南省测绘院梁海云工程师对本书的编写提出了许多宝贵的意见和建议，在此一并表示感谢。同时，在本书的编写过程中，参考了同类教材，引用了部分试验数据，在此谨向作者表示衷心的感谢。

由于编者水平和时间有限,书中难免存在不足和错误之处,恳请读者在使用过程中多提宝贵意见,以便今后进一步修改完善。本书附带数据资源,有需要的老师请联系出版社编辑母建茹(E-mail:273261852@ qq. com)获取。

编　者

2025年7月

目 录

项目一 遥感的认知

项目概述

本项目主要介绍遥感的基本理论知识。遥感的理论基础是电磁波及电磁辐射与地表的相互作用，它是遥感应用与分析的基本前提。本项目主要完成两个任务：第一个任务是介绍遥感的基本知识，主要内容包括遥感的基本概念、分类方法、主要特点及典型应用领域，重点介绍遥感的电磁波谱、电磁反射、发射等电磁辐射理论；第二个任务是介绍遥感技术系统和遥感发展简史，使学生理解遥感技术的发展历程。通过本项目基本知识的学习，为后续项目的学习奠定良好的理论基础。

学习目标

1. 掌握遥感的基本概念、特点及分类方法。
2. 掌握遥感电磁波的基本概念，理解电磁波谱的意义。
3. 理解电磁反射与发射理论，了解大气窗口的基本概念。
4. 了解遥感的技术系统及发展简史。

学习成果

1. 能准确阐述遥感的基本概念。
2. 能用表格的形式列举遥感常用电磁波谱段。
3. 能用框图的形式简要阐述遥感技术系统。

任务一 遥感的基本知识

任务目标：

1. 掌握遥感的基本概念、特点及分类。
2. 掌握电磁波的基本概念，理解电磁波谱的意义。
3. 能理解电磁波反射与发射的基本过程及对遥感的影响。
4. 能理解遥感技术的典型应用领域。

学习过程：

1. 课堂课件学习，理解遥感的基本理论知识。
2. 课堂学习，观看遥感应用的视频，了解遥感应用的典型领域。
3. 课内学习，动手制作一幅遥感电磁波谱图。

4. 课内学习,动手描绘遥感反射和发射过程的示意图。

学习成果:

1. 用表格对遥感技术的基本概念、分类及特点进行总结。
2. 制作一幅遥感电磁波谱图。
3. 制作遥感发射和反射过程的示意图。
4. 总结遥感技术的典型应用领域。

任务实施:

本任务主要介绍遥感的基本概念、分类、特点,电磁波理论,遥感的应用领域等几个知识点。

活动一　遥感的基本概念、分类与特点

资源与器材:文字资料、视频、影像。

本活动的主要目的是理解遥感的基本概念、分类及特点。

教师组织学生观看遥感技术视频,对照遥感技术应用流程,总结遥感的概念,填写表1-1。根据遥感技术的典型案例介绍,引导学生对遥感进行分类,填写表1-2。通过了解遥感技术领域的具体应用,引导学生总结遥感的特点和应用领域,填写表1-3。

表1-1　遥感的概念

遥感的概念分解	1.
	2.
	3.

遥感的概念总结:

表1-2　遥感的分类

按波段分类	
按遥感方式分类	
按应用领域分类	
按平台分类	

表 1-3 遥感的特点

1.	4.
2.	5.
3.	⋮

【知识导航】

一、遥感的基本概念

遥感(remote sensing)这一词汇最早出现在20世纪60年代,由美国人首先提出,它通常被认为是在摄影测量、像片判读、地形测绘等技术的基础上发展而来的。1972年,随着人类第一颗人造地球观测卫星Landsat的发射成功而迅速得到普及。

遥感是一种远距离的、非接触的目标探测技术。一般而言,遥感是在距离地面几千米到几百千米,甚至数千千米的飞行平台上(如飞机、遥感卫星、宇宙飞船等),使用光学摄影仪器或者光学机械电子扫描设备,接收来自地面物体反射或者发射的电磁波信号,将其记录到感光胶片上或者是磁带、磁盘上,经由传送设备发送到地面工作站,在地面进行信息的处理、判读分析和必要的野外验证,得出地面物体几何图像、位置和属性,为国土资源调查、地质资源勘探、自然资源的动态监测和有关部门的规划决策提供强有力的数据支持。

通常把对目标进行探测、传输、判定、测量、分析所获取的信息进行各种加工处理,从而实现对目标进行定位、定性及定量的描述,这一全部的过程称为遥感技术。遥感数据获取的过程如图1-1所示。

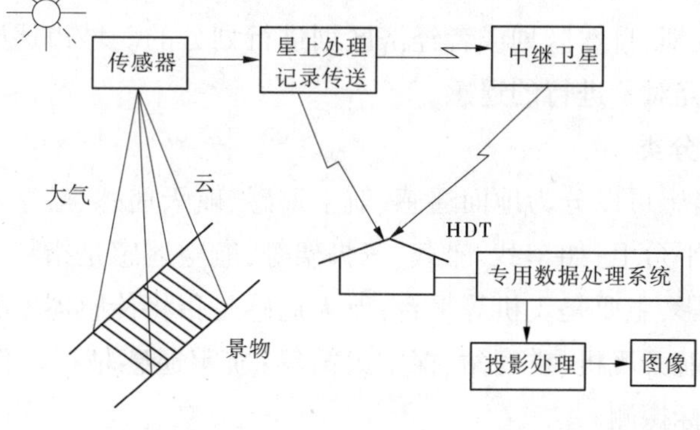

图1-1 遥感数据获取过程示意

对目标进行信息采集主要是利用来自目标反射的电磁波。地面目标的种类极其复杂,其所处的环境存在各种差异,地面目标具有反射或者辐射不同波长电磁波的固有特性。利用遥感技术,通过观测电磁波,可以分析和判读地表的各种目标、现象,获取地面目标的几何信息和物理属性。用来接收电磁波信息的载体称为传感器(remote sensor),如航空摄影中的航空相机、星载线阵列 CCD 相机等。搭载传感器的飞行器称为遥感平台,如航空飞机、人造地球卫星等。

遥感采集的数据有多种形式,包括以无线电、光和热等为表现形式的电磁波、各种重力、磁力、声波等,而对地观测遥感领域用得最多的还是电磁波遥感,即利用航空航天遥感平台及其传感器,获取地表陆圈、水圈、生物圈和大气圈层的反射和辐射数据,通过数据处理,定性和定量地研究地球表层,为资源与环境监测提供服务。

因此,可以说,遥感技术是以电磁波与地球表面物质相互作用为基础,探测、分析研究地球资源与环境,揭示地表各种要素的空间分布特征与时空变化规律的一门科学技术。

二、遥感的分类

遥感的分类主要有以下几种。

(一)按遥感的对象分类

根据遥感对象不同,可以分为宇宙遥感和地球遥感。宇宙遥感是对宇宙中的天体和其他物质进行的遥感。地球遥感是对地球上的资源和地球环境进行的遥感,即资源遥感和环境遥感。资源遥感是以地球资源作为调查研究的对象,调查自然资源状况,监测再生资源的动态变化。利用遥感信息勘测地球资源,成本低,速度快,有利于克服自然界恶劣环境的限制,减少勘测投资的盲目性。环境遥感是利用遥感技术对自然与社会环境演变进行动态监测,并做出评价与预测。自然与社会环境随时都在变化,利用遥感数据多时相、周期短的特点,可以为环境监测、评价及预测提供可靠依据。

(二)按遥感应用的空间尺度分类

按空间尺度的不同,遥感可以分为全球遥感、区域遥感和城市遥感。全球遥感是全面系统地研究全球性资源与环境问题的统称。区域遥感是以区域资源和环境保护为目的的遥感,它通常是按行政区划、自然区划或者经济区划进行划分的。城市遥感是以整个城市的环境和生态作为主要研究对象进行的遥感。

(三)按遥感平台分类

按平台的不同,遥感可以分为地面遥感、航空遥感、航天遥感、航宇遥感。地面遥感是指将传感器安置在地面平台上,如车载、船载、三脚架等;航空遥感是指将传感器安置在航空飞行器上对地面连续摄影,主要是飞机等平台;航天遥感是指将传感器安置在环地球的航天器上,如人造地球卫星、航天飞机、空间站、探空火箭等;航宇遥感是指将传感器安置在星际飞船上对月地以外的目标探测。

(四)按探测波段分类

按成像波段可以分为紫外遥感、可见光遥感、红外遥感、微波遥感、多光谱遥感。紫外遥感探测波段在 0.05~0.38 μm;可见光遥感探测波段在 0.38~0.76 μm;红外遥感探测波段在 0.76~1 000 μm;微波遥感探测波段在 1~1 000 mm;多光谱遥感探测波段在可见光与红外波段范围内，再分成若干更窄的波段来探测目标。

(五)按传感器接收信号的来源和方式分类

按遥感方式的不同，可以分为主动遥感和被动遥感。主动遥感是由探测器主动发射一定能量的电磁波并接收目标的反射信号与散射信号；被动遥感是传感器不发射电磁波，仅仅被动接收地面目标反射和发射的电磁波。

(六)按应用专业分类

按应用专业的不同，可以分为资源遥感、环境遥感、林业遥感、农业遥感、地质遥感、气象遥感、海洋遥感、军事遥感等。

三、遥感的特点

(一)空间特性

遥感探测地面目标的范围大、距离远，可对感兴趣的区域进行大面积同步观测，同时，某些波段的遥感探测对冰雪、云雾、水域、陆地资源有一定的穿透能力，因此遥感探测具有宏观性和直观性。

(二)时间特性

常规的航空、航天遥感平台及低空无人机平台，其运行速度快，周期短，能在一定的时期内对同一地面目标获取多时相、准同步、多波段的影像，可以及时发现地表的变化情况，满足不同业务部门的综合动态分析。因此，遥感具有周期性好、时效性强、数据综合性能优良的特点。

(三)波谱特性

电磁波的波段十分丰富，能用于遥感探测的波段范围也较多，通常有 γ 射线、X 射线、紫外线、可见光、红外线、微波、无线电波等。各个波段之间，性质差异很大，各自的用途也不尽相同。在同一个波段中，包含的几个更小的波段之间也存在很多差别，电磁波谱的应用范围和优缺点也各不相同。

(四)遥感信息客观、真实，信息量巨大

遥感影像色彩丰富，具有丰富的信息量，例如陆地资源卫星 Landsat 的多光谱扫描仪每秒可接收 100 亿个信息单位，这样的信息容量即使用目前的高速计算机也难以在短时间内快速处理。

(五)具有良好的经济效益与社会效益，应用广泛，发展迅速

遥感数据批量应用，会大大节省成本，相对来说，收益较高。例如，20 世纪 70 年代，美国的陆地资源卫星 Landsat-1 号及地面设备，每年的维护费用在 2 000 万~5 000 万美元，而其全球收益每年可达到 14 亿美元，其中每年在抗灾减灾、农作物病虫害监测、石油天然气勘探、世界小麦估产的收益可达 10 亿美元。遥感技术在农、林、牧、渔、水文、地质、气象、测绘、环保、考古、国土空间规划、军事侦察等多个领域有广泛应用。

(六)遥感信息的局限性

遥感影像存在同质异谱，同谱异质，混合像元，时相变化，信息的衰减和增益，单元空间分布相互交错的复杂性以及地物纹理的复杂性,这些对遥感数据处理和信息的提取产生了较大阻碍。

活动二 电磁波、电磁波谱的概念

资源与器材:文字资料、视频、影像、框图。

本活动的主要目的是理解电磁波的基本概念、电磁波谱的形成及遥感中常用的电磁波。

学生阅读相关文字材料,认识电磁波的形成过程,见图 1-2。教师将电磁波谱示意图展示在投影屏幕上,指导学生认识遥感常用的电磁波,并揭示其排列规律。

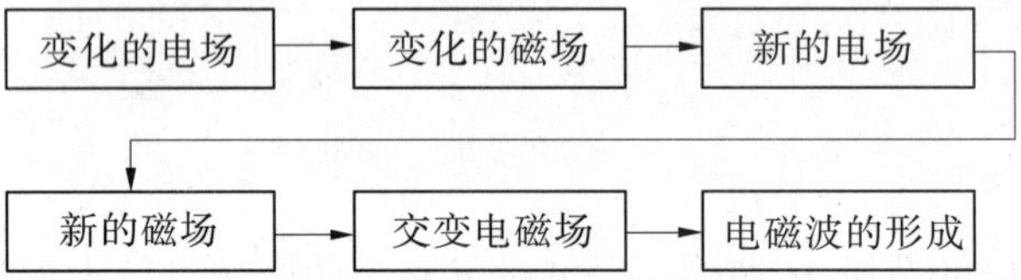

图 1-2 电磁波的形成过程

【知识导航】

一、电磁波的概念

根据电磁场的基本理论,电和磁是物质世界中紧密联系的两种运动形式,当电场强度达到一定程度时,在变化的电场周围将激起磁场的变化,同理,在变化的磁场周围也会激起电场的变化。在真空中或均匀介质中,这种交替变化的电磁场振动在空间上由近到远地传输电磁能量的波称为电磁波。例如,γ 射线、X 射线、紫外线、可见光、红外线、微波及无线电波等都是电磁波。

电磁波是通过电场与磁场之间的相互作用和相互转化实现传播的,是物质运动中能量传递的一种特殊形式,即在空间只要存在电磁场,就会存在能量,任何变化的电场与变化的磁场均能相互激发并向某一固定的方向传递能量。电磁波的形成过程如图 1-3 所示,电场 E 与磁场 H 在空间的振动方向相互垂直,而且它们都垂直于电磁波的传播方向 x ,由此可见,电磁波是一种横向波。

二、电磁波的特性

(一)波动性

单一波长的电磁波,它具有的波动性可以用波函数来表达。其解析表达式为

$$\Psi = A\sin[(\omega t - kx) + \varphi_0] \tag{1-1}$$

式中:Ψ 为波函数;A 为振幅;ω 为角频率;t 为时间变量;k 为圆波数;x 为空间变量;φ_0 为相位的初值。

电磁波的波长 λ ,频率 f ,传播速度 c 和周期 T 有以下关系:

$$c = \frac{\lambda}{T} = \lambda f \tag{1-2}$$

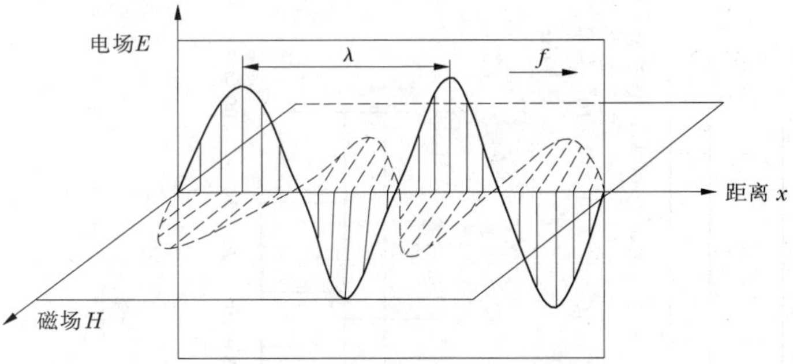

图 1-3 电磁波的形成过程示意

波函数是由振幅和相位构成的。在遥感中,传感器仅仅记录电磁波的振幅信息,不记录相位信息;在全息摄影成像中,既要记录电磁波的振幅信息,也要记录其相位信息,这种方法称为“全息”成像。

(二)粒子性

电磁波是以“场”的形式存在于自然界中的一种物质。电场或者磁场都具有能量,因此伴随电磁波的传播必会有能量的传递。以电磁波形式往外传递的能量称为电磁辐射能,其表现为一系列光子或者光量子组成的粒子流运动。从物理学知识可知,光量子具有一定的能量和动量。试验证明,光子的能量与其振动频率成正比,光子的动量与其波长成反比。

电磁辐射在传播过程中主要表现为波动性;当电磁辐射与物质相互作用时,主要表现为粒子性,这就是电磁波的波粒二象性。当然,电磁波还有其他一些特性,如相干性与非相干性、多普勒效应等。

三、电磁波谱

(一)电磁波谱的概念

不同的电磁波其波长各不相同,在真空中将各种电磁波按照波长的大小或者频率的高低依一定的顺序排列成图表,该表即为电磁波谱。将连续的电磁波谱人为地划分成若干个区段,从波长较短的一侧开始到波长较长的一侧结束依次被称为 γ 射线、X 射线、紫外线、可见光、红外线、微波及无线电波。电磁波谱的划分如图 1-4 所示。

在电磁波谱中,由于电磁辐射源的不同,就会产生各种不同波长或者不同频率的电磁波,其性质差别也很大。例如,无线电波是由电磁晶体振荡产生的;微波是利用谐振腔及波导管进行激励和传输,利用微波天线向外发射的;红外线是分子能级转动跃迁而产生的;可见光及近紫外线是由于原子、分子的外层电子跃迁产生的。再如,γ 射线、X 射线、紫外线是基于层内电子的跃迁和原子核内部状态的改变而产生的;宇宙射线来自太空。尽管电磁波的波长不同,但它们在真空中的传播速度却是相等的。从 $c = \lambda f$ 与 $E = hf$ 可以看出,波长越短,频率越高,能量越大;反之亦然。

目前,遥感所使用的电磁波主要集中在紫外线的一部分波段、可见光的全部波段、红外线的一部分波段和微波等。各种文献有关各波谱段的范围划分不尽相同, 习惯上人们常常将电磁波区段划分为可见光、红外线和微波等几个波段,见表 1-4。

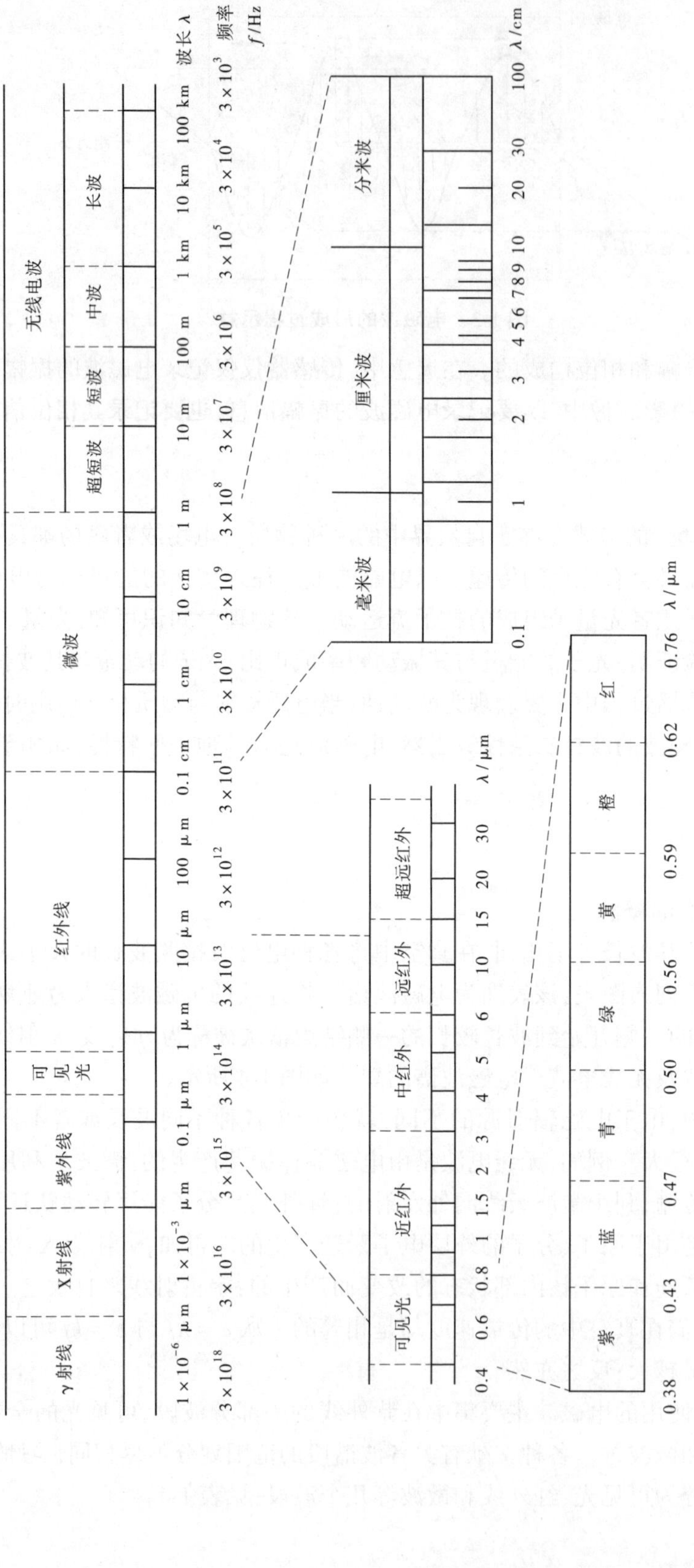
γ射线
X射线
紫外线
可见光
红外线
微波
无线电波
超短波
短波
中波
长波
波长λ
频率 f/Hz
毫米波
厘米波
分米波
λ/cm
近红外
中红外
远红外
超远红外
λ/μm
紫
蓝
青
绿
黄
橙
红

图1-4 电磁波谱的划分

表 1-4 遥感技术使用的电磁波分类名称和波长范围

<table>
<tr><th colspan="2">名称</th><th colspan="2">波长范围</th></tr>
<tr><td colspan="2">紫外线</td><td colspan="2">0. 01~0. 38 μm</td></tr>
<tr><td rowspan="7">可见光</td><td>紫</td><td rowspan="7">0. 38~0. 76 μm</td><td>0. 38~0. 43 μm</td></tr>
<tr><td>蓝</td><td>0. 43~0. 47 μm</td></tr>
<tr><td>青</td><td>0. 47~0. 50 μm</td></tr>
<tr><td>绿</td><td>0. 50~0. 56 μm</td></tr>
<tr><td>黄</td><td>0. 56~0. 59 μm</td></tr>
<tr><td>橙</td><td>0. 59~0. 62 μm</td></tr>
<tr><td>红</td><td>0. 62~0. 76 μm</td></tr>
<tr><td rowspan="4">红外线</td><td>近红外</td><td rowspan="4">0. 76~1 000 μm</td><td>0. 76~3 μm</td></tr>
<tr><td>中红外</td><td>3~6 μm</td></tr>
<tr><td>远红外</td><td>6~15 μm</td></tr>
<tr><td>超远红外</td><td>15~1 000 μm</td></tr>
<tr><td rowspan="3">微波</td><td>毫米波</td><td rowspan="3">1~1 000 mm</td><td>1~10 mm</td></tr>
<tr><td>厘米波</td><td>1~10 cm</td></tr>
<tr><td>分米波</td><td>10 cm~1 m</td></tr>
</table>

(二)遥感常用各光谱段的主要特征

1. 紫外线

紫外线的波长范围为 0. 01~0. 38 μm,主要来自太阳辐射。紫外线通过大气层时波长小于 0. 3 μm 的基本上被吸收,只有波长在 0. 3~0. 38 μm 的紫外线能穿过大气层到达地面,但是传递的能量很少,散射也比较严重。大多数地物在该波段的反差较小,仅少量地物(如碳酸盐岩、萤石、石油、水面油污)在此波段比较敏感,因此紫外线可用于对石油、萤石及碳酸盐岩的探测。紫外遥感的应用起步较晚,从空中能探测的高度主要在 2 km 以下。

2. 可见光

可见光的波长范围主要集中在 0. 38~0. 76 μm,主要来自太阳辐射。它在电磁波谱中只占一个比较狭窄的区间,微观上看,它由红、橙、黄、绿、青、蓝、紫色光组成,宏观上可看成由红、绿、蓝三个波段组成。人眼能够直接感觉到可见光,对可见光中的全色光和不同波段的单色光都能感知,因此可见光是作为区别不同物质特征的主要波段。大气对可见光仍然有一定的吸收和散射作用,但是在该波段,地物大多具有良好的亮度反差特性,容易区分不同地物,所以它是遥感成像所依赖的一个主要波段。利用该波段成像通常有摄影和扫描两种方式,既可以通过光学摄影来记录地面物体对可见光的反射,也可以采用扫描记录地物对可见光的反射特征。

3. 红外线

红外线的波长范围集中在 0. 76~1 000 μm,依据其内部波段细化,主要可划分为近红外、中红外、远红外及超远红外等几个波段。近红外和短波红外主要来自太阳的辐射,中红外和热红外主要来自太阳辐射和地物热辐射,远红外主要来自地物热辐射。该波段的范围较宽,用该波段探测地物,其反射和发射的特性都能较好地呈现出来,因此红外线是遥感中非常重要的一个波段。若按成像方式及适用范围,摄影成像只用于近红外,而扫描成像可以用于整个红外线波段。

4. 微波

微波的波长范围在1~1 000 mm,利用该波段的遥感称为微波遥感。微波也可以分为毫米波、厘米波和分米波。从表1-4中可以看出,微波的波长要长于可见光、红外线,对大气层中云、雾有一定的穿透能力,受其散射影响小,可以进行全天候的遥感观测。地物在微波波段的辐射能量较低,为了发挥微波探测的优势,一般由传感器主动向地面发射微波,同时接收记录返回的电磁波能量,因此这种遥感也称为主动遥感。该方式不受光照条件的限制,白天、夜晚均可进行地物微波成像,因此微波遥感也是一种全天时的遥感技术。此外,微波对某些物质具有一定的穿透能力,能直接透过植被、冰雪、土壤等表层的覆盖物,实现对地表下资源的探测。

活动三　电磁发射、反射理论

资源与器材:文字资料、设计示意图、动画。

本活动的主要目的是理解电磁发射、反射的基本特性及影响因素。学生学习相关材料后填写表1-5、表1-6。

表1-5　电磁发射的特性及影响因素

电磁发射特性	
影响电磁发射的因素	

表1-6　电磁反射的特性及影响因素

电磁反射特性	
影响电磁反射的因素	

【知识导航】

一、电磁辐射源

自然界的一切物体在一定温度下都具有发射电磁波的能力。物体在发射电磁波的同时,也同样被其他物体所发射的电磁波所辐射。根据遥感的辐射源的来源不同,可以将遥感辐射分为自然电磁辐射和人工电磁辐射两大类,原则上来说,它们之间没有大的区别,就类似电磁波谱一样,从高频率到低频率都是连续的,物体发射的电磁辐射也是连续的。

自然辐射源主要包括太阳辐射源和地物的热辐射源。太阳辐射是可见光和近红外遥感的主要辐射源,地球是远红外遥感的辐射源。人工辐射源主要有微波辐射源和激光辐射源,主动式遥感采用人工辐射源。所谓人工辐射是指人为发射一定波长或频率的电磁波波束。

(一)太阳辐射源

太阳辐射是地球上各种生物、大气活动的根本能源。太阳表面温度有 6 000 K,内部温度更高,常常把温度为 5 900 K 的理想黑体作为模拟太阳辐射的光谱源。太阳辐射以电磁波的形式穿过太阳大气,通过宇宙空间到达地面,全程时间约在 500 s,一部分能量被太阳大气所吸收,一部分被散射和反射,地球挡在太阳辐射的路径上,是以半个球面挡住太阳辐射,同样也是以半个球面承受太阳辐射。太阳辐射能量主要集中在 0. 38~0. 76 μm 光谱段,所以太阳辐射一般也称为短波辐射。

(二)地球辐射源

地球辐射主要分布在短波(0. 3~0. 25 μm)和长波(0. 6 μm 以上)两个部分。地球表面平均温度在 27 ℃(绝对温度 300 K)左右,地球辐射峰值波长为 9. 66 μm,范围在 9~10 μm,地球辐射属于远红外波段。传感器接收到的 6 μm 以上波长的电磁波,主要来自地物热辐射;传感器接收到的 3~6 μm 波长的红外波,主要来自太阳辐射和地球的热辐射。所以,在红外遥感探测时,一般选在清晨时进行,主要目的就是躲避太阳辐射的影响。

(三)微波辐射源

微波辐射,在工作时传感器端接收记录来自光束返回的后向反射信号强弱,从而探知地物或者测量距离,也称雷达探测,在微波遥感中主要为侧视雷达。微波遥感中常用的波段为 0. 8~30 cm,该辐射源具有全天候、全天时的探测能力,具有较强的穿透性,能透过植被,对冰、雪和土壤等覆盖也有一定的穿透能力。

(四)激光辐射源

人工的激光器种类较多,按工作物质,可分为气体、液体、固体、半导体和化学激光器。激光在遥感技术中应用广泛,特别是脉冲激光器,可用于测定卫星的位置、高度和速度,也可用于地形测绘、水面高度记录、污染监测和资源勘察等。

二、电磁波的发射

(一)黑体辐射

在自然界中,任何物体当温度高于绝对温度 0 K(约为-273 ℃)时,该物体内部的物质组成如原子、分子等微粒,均在不停地做热运动,都具备向周围空间辐射红外线和微波的能力。地球上所有物体的温度均大于 0 K,因此地球上所有的物体都具有发射电磁波的能力。

黑体是一个理想的辐射体,也是一个可以与任何物体进行比较的最佳辐射体。绝对黑体是在任何温度下,对不同波长的电磁辐射都能做到完全吸收,其吸收率为 1,反射率为 0,透射率也为 0。黑体的热辐射也称为黑体辐射。事实上,自然界并不存在绝对黑体,比较实用的黑体是采用人工方法制作的空腔模型,如图 1-5 所示,该黑体模型,既能全部吸收进入空腔的电磁辐射,又能对某一波长的辐射能进行发射。

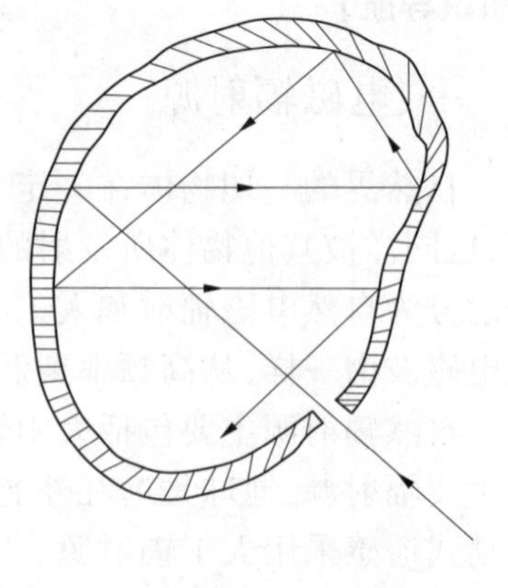

图 1-5　绝对黑体的空腔模型示意

一般地,地物发射电磁辐射的能力以发射率作为衡量标准。地物的发射率大小以黑体辐射作为参照基准。

(二)黑体热辐射定律

如果一个物体对于任何波长的电磁辐射都全部吸收,则这个物体是绝对黑体。1860 年,基尔霍夫提出了黑体热辐射定律,认为好的吸收体,也是好的辐射体。这说明黑体不仅能吸收来自外界的电磁辐射,而且在发射电磁波的能力上,相比同温度条件下的其他任何物体都要强大。

(1)1900 年,普朗克利用量子理论推导出黑体热辐射的定律,该定律表明,绝对黑体的总辐射出射度 W_λ 与其温度 T 有以下关系:

$$W_\lambda = \sigma T^4 \tag{1-3}$$

由式(1-3)可知,绝对黑体的总辐射出射度 W_λ 与黑体绝对温度 T 的四次方成正比。这个公式称为斯特藩-玻尔兹曼定律,σ 称为斯特藩-玻尔兹曼常数。对于一般物体而言,传感器检测到它的绝对辐射能后就可以用该公式概略计算物体总辐射能量或者绝对温度 T。只要温度有微小的变化,就会引起辐射能量的较大变化,这个就是红外装置测定温度的理论依据。

(2)维恩位移定律。

运用普朗克量子理论推导出另一个公式,即

$$\lambda_{max} T = b \tag{1-4}$$

其中,b 为常数,$b=2.898\times10^{-3}$ m · K,这个就是维恩位移定律。该公式中,黑体辐射的峰值波长 λ_{max} 与黑体的绝对温度 T 成反比。它表明,当黑体的绝对温度增高时,它的峰值波长会向短波方向移动。根据该公式,若已知某物体的温度,可以推算其辐射峰值波长。在遥感技术中,用这种方法可以选择传感器以及确定对不同目标进行热红外遥感时的最佳波段。绝对黑体的温度 T 与黑体辐射的峰值波长之间的关系如表 1-7 所示。

表 1-7　绝对黑体温度与黑体辐射所对应峰值波长的关系

T/K	300	500	1 000	2 000	3 000	4 000	5 000	6 000	7 000
λ_{max}/μm	9.66	5.80	2.90	1.45	0.97	0.72	0.58	0.48	0.41

(3)物体的发射率。

自然界中黑体是不存在的,这就意味着一般物体的辐射能量总是要比黑体辐射能量小,于是将黑体辐射公式进行改造,增加一个因子,称为发射率。

发射率是指地物的辐射出射度与同温度的黑体辐射出射度的比值,用 ε 表示。

$$\varepsilon = \frac{w}{w_{黑}} \tag{1-5}$$

地物的发射率与地物的性质、表面情况有关,且与温度、波长有关。地物发射率的差异,是遥感探测的基础和出发点。依据发射率可以将地物做一个简单的分类,大致可以分为绝对黑体、绝对白体、灰体和选择性辐射体。

三、电磁波的反射

自然界中的任何地物都具有其自身的电磁辐射规律,以及发射和反射的特性,少数情况下,还具有透射电磁波的特性,这些规律称为地物的光谱特性。

(一)地物的光谱反射率、吸收率与透射率

一束自然光入射到地物表面,将会出现三种可能的路线:一部分入射光被反射,其能量为 P_ρ;一部分入射光被地物吸收,内化成自身能量之后,全部或者部分发射出来,其能量为 P_α;一部分入射光被地物透射,其能量为 P_τ。依据能量守恒定律得

$$P_0 = P_\rho + P_\alpha + P_\tau \tag{1-6}$$

式中:P_0 为入射光的总能量;P_ρ 为地物的反射能量;P_α 为地物的吸收能量;P_τ 为地物的透射能量。

将式(1-6)两端同时除以 P_0,得

$$1 = \frac{P_\rho}{P_0} + \frac{P_\alpha}{P_0} + \frac{P_\tau}{P_0} \tag{1-7}$$

由式(1-7)得以下定义:

(1)光谱反射率为地物反射能量与入射总能量的比值,其公式表达为

$$\rho = \frac{P_\rho}{P_0} \times 100\% \tag{1-8}$$

(2)光谱吸收率为地物吸收能量与入射总能量的比值,其公式表达为

$$\alpha = \frac{P_\alpha}{P_0} \times 100\% \tag{1-9}$$

(3)光谱透射率为地物透射能量与入射总能量的比值,其公式表达为

$$\tau = \frac{P_\tau}{P_0} \times 100\% \tag{1-10}$$

式中:ρ 为光谱反射率;α 为光谱吸收率;τ 为光谱透射率。

$$\rho + \alpha + \tau = 1 \tag{1-11}$$

对于不透明的物体而言,由于不透射,故 $\tau = 0$,则

$$\rho + \alpha = 1 \tag{1-12}$$

公式(1-12)表明,在某一个特定的电磁波段,当一个物体的反射率高时,其吸收率变低,它将是一个高反射体,也是一个弱辐射体;反之,当一个物体的反射率低时,其吸收率变高。地物的反射率可以测定,吸收率可通过公式计算出来。

(二)大气窗口的影响

由于大气对电磁波散射和吸收等因素的影响,使一部分波段的太阳辐射在大气中的透射率很小或者根本无法通过。电磁波辐射在大气传输中透过率较高的波段称为大气窗口。为了利用地面目标反射或辐射的电磁波信息成像,遥感中对地物特性进行探测的电磁波“通道”应选择在大气窗口内。目前,在遥感中使用的一些大气窗口为:

(1)0.3~1.15 μm,包括部分紫外光、全部可见光和部分近红外光。其中,0.3~0.4 μm,透过率约为70%;0.4~0.7 μm,透过率约为95%;0.7~1.1 μm,透过率约为80%。

(2)1.4~1.9 μm,近红外窗口,透过率为60%~95%,其中1.55~1.75 μm透过率较高。

(3)2.0~2.5 μm,近红外窗口,透过率为80%。

(4)3.5~5.0 μm,中红外窗口,透过率为60%~70%。

(5)8.0~14.0 μm,远红外窗口,透过率为80%。

(6)1.0~1.18 mm,微波窗口,透过率为35%~40%。

(7)2.0~5.0 mm,微波窗口,透过率为50%~70%。

(8)8.0~1 000 mm,微波窗口,透过率为100%。

(三)地物反射电磁波的主要形式

1.镜面反射

当镜面反射时,电磁波具有严格的方向性,入射角等于反射角,反射的能量主要集中在反射方向上,如图1-6(a)所示。对于不透明的物体,其入射能量被分解为反射能量与地物吸收能量之和。经过地物反射之后,电磁波会发生偏振,其反射光称为偏振光。

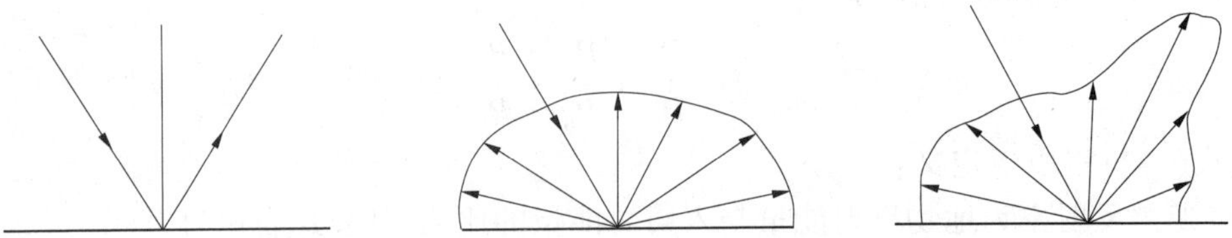

(a)镜面反射　　(b)漫反射　　(c)方向反射

图1-6　地物反射电磁波的主要形式

2.漫反射

漫反射是指在地物表面的不同方向上都有反射能量的分布,如图1-6(b)所示。漫反射最常见的就是朗伯体及其表面,其含义是无论从哪个角度观测朗伯面,看到的亮度都是一样的。例如学生看黑板,就是一种典型的漫反射。

3.方向反射

由于地形起伏和地面结构的复杂性,往往地面反射入射光的方向存在多个方向,在某些方向上反射最强烈,这种现象称为方向反射,如图1-6(c)所示。当发生方向反射时,在不同方向,所接收到的能量是不一样的,所以方向反射是部分偏振光。

(四)几种典型地物的反射光谱特性

地物的反射率随入射波长发生变化的规律,称为地物反射光谱特性,按地物的反射光谱率与波长之间的关系绘制的曲线称为地物反射光谱特性曲线,该曲线一般取波长为横轴,反射率为纵轴。以下是几种典型地物的光谱反射特性曲线,如图1-7所示。

一般而言,不同地物由于物质组成和结构的不同具有不同的光谱反射特性,这也是传感器能根据电磁波光谱特征的差异来识别不同地物的基础。同一地物在不同的波段也有不同的光谱反射率。因此,同一幅图像上,不同的地物会有不同的色调,同一地物在不同的波段图像上也会有不同的色调。根据反射特性曲线,可以把地物大致分为两类:反射光谱率基本不会随着波长的变化而变化的地物,这些地物称为灰体,也称非选择性反射体,例如灰白大理石、湿黏土等;光谱反射率随波长的变化而变化,这些地物称为选择性反射体,例如针叶

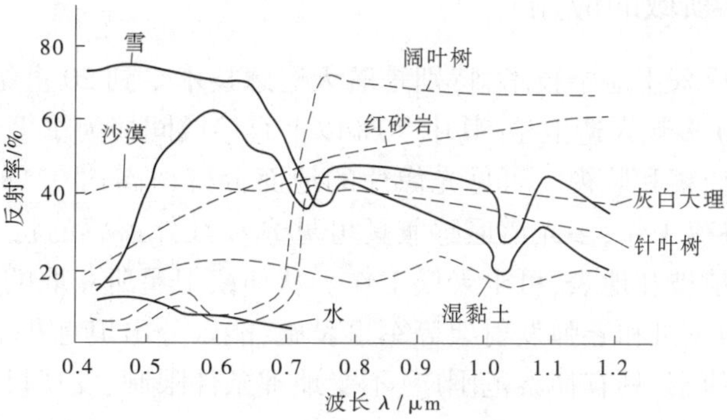

图 1-7 几种典型地物的光谱反射特性曲线

树、红砂岩等。

雪在可见光波段基本上是非选择性吸收体，即高反射体，呈现耀眼的白色，但是在近红外波段吸收变强，变成选择性吸收体。

水在蓝光波段反射率稍高，约为 10%，到 0.75 μm 的近红外波段则变成了全吸收体。

阔叶树在绿光波段有一个反射小高峰，峰值约为 15%，所以看上去它呈现绿色，在近红外波段反射率很大，可达到 60%~70%。

针叶树与阔叶树反射光谱相似，只是小峰峰值不到 10%，近红外强反射只有 30%左右。

沙漠在绿、红光波段内可近似看成是非选择性高反射体，反射率接近 60%，而在近红外波段，虽然有两个吸收谷，但也可以近似看成是 40%的非选择性反射体。总体来看，在 0.4~1.1 μm 光波段中，可把沙漠近似看成是 50%的非选择性高反射体。湿黏土反射率低，近似非选择性反射体。灰白大理石是反射率接近于 40%的非选择性反射体。红砂岩是反射率随波长增加而增大的选择性反射体。

活动四 了解遥感的应用领域

资源与器材：文字资料、视频、影像、专题图。

本活动的主要目的是理解遥感在社会生活与经济发展中的应用。

教师引导学生阅读文字材料，并展示遥感技术应用图片，总结遥感技术的应用领域，填写表 1-8。

表 1-8 遥感的应用领域

1.	6.
2.	7.
3.	8.
4.	9.
5.	⋮

【知识导航】

遥感技术的应用领域非常广泛，作为一门空间信息科学，已经应用到多个专业部门，取得了良好的应用效果。现仅从以下几个方面做一些简单介绍。

一、在军事侦察领域的应用

现代军事侦察广泛采用遥感技术,特别是航天遥感技术。到20世纪80年代中期,世界有关国家共发射3 000多颗人造卫星,其中70%以上直接或间接为军事侦察服务,能对地球环境进行连续不断的侦察和监视。可见光像片的地面分辨率高达0.15~0.3 m;红外遥感能识别地面伪装,且昼夜工作;多光谱遥感兼具可见光和红外遥感的特点;微波遥感温度分辨率高,能穿透云雾、植被和地表,可全天候工作。从侦察卫星所获取的照片上,能清晰地看出机场跑道、滑行中的飞机和导弹发射架等军事设施,能区分出坦克和车辆的类型。采用航天遥感技术进行军事侦察,具有侦察范围广、不受地理条件限制、发现目标快等特点。

二、在资源调查领域的应用

(1)20世纪80年代初期开始,我国已经开始利用资源卫星数据对全国的土地资源和土地利用展开调查和监测工作。在1980—1983年,我国首次利用美国Landsat卫星数据对全国15个地类展开调查工作,按1∶50万比例尺成图,总体上反映了我国土地资源的基本状况。在1980~1997年,组织完成了全国第一次土地调查工作,基本摸清了全国土地资源储备和分布状况,反映了当时经济社会发展的趋势。从1999年开始,国土资源部(现为自然资源部)在全国多次开展了50万以上人口的城市土地利用动态遥感监测,利用SPOT、Landsat影像数据对全国60多个大中城市进行了3年间的土地利用变化监测。随着国土资源的开发与利用效率的逐步提高,国家在高分辨率遥感卫星的监测上投入较大,自2004年以来,利用高分影像Quick Bird、IKONOS和SPOT-5等对全国国家级开发区进行了动态监测,及时发现了违规建设用地。2007年7月1日,全面启动第二次全国土地调查,本次调查历时两年,充分利用以遥感技术为代表的“3S”技术,对土地利用现状进行了大范围的核查和更新,能够快速及时地知道土地利用的变化状况,能够对土地利用变更调查数据进行更新和管理。在实际工作中,主要用到了SPOT-5、IKONOS、Quick Bird等影像。

(2)1993~1996年,全国农业资源区划办公室组织有关技术单位用Landsat图像历时4年对全国的耕地变化进行了遥感监测,为合理利用土地、保护农业耕地提供了辅助决策的依据。1997~1998年,先后两次用TM卫星影像对北方四省区进行了土地开发利用状况调查,为严格禁止毁林开荒、毁草种粮提供了政策管理依据,对北方四省区的生态环境进行了定性和定量的分析。

(3)水资源的调查与监测。20世纪80年代,我国利用遥感技术对水资源进行了调查与监测。早期主要是利用可见光、红外线对地表河流、湖泊、水库进行监测。随着微波遥感技术的普及,多年来应用SAR图像的遥感穿透能力,寻找地下河网及潜水层,在地下水遥感估算方面取得了一定成果。利用红外影像可以发现雨水流入海洋的过程。利用遥感技术可以查清大江、大河的源头,水流的特点,泥沙状况,河流的变迁,可以进行旱涝灾害的监测、调查、预报与评价。利用不同年份的遥感影像,对比研究河流、湖泊、水库的演变过程。融雪是我国西部地区水资源的重要组成部分,利用高分辨率卫星影像可测出积雪区域的覆盖面积、分布范围,雪线高度等,分析冰川的动态进退,监测海冰运动。

三、在生态环境监测中的应用

监测是遥感技术应用的重要领域,我国在这些方面已经做了大量的研究、示范和应用工作,主要体现在以下几个方面:

(1)水污染、大气污染和地表污染。利用红外遥感可以区分正常水和污染水,并能确定出其范围,测量水温、密度和进一步追溯污染源,为正常饮用水提供监测保障。利用红外、微波可以获取大气的成分、温度、湿度和密度等资料,为大气研究提供基础资料;可以监测某些污染物所引起的生态环境的变化,如植被、土地、地下水受污染的情况等。

(2)湿地资源的动态监测。我国在东北、青藏高原、长江和黄河沿岸建立了湿地研究区域,研制了若干个湿地分类和湿地生态系统植被反演的遥感模型,TM、ETM+遥感影像广泛应用于湿地资源的监测工作。

(3)水土流失和荒漠化遥感监测与评价。运用遥感技术结合地面调查方法,截至2005年4月,国家林业局(现为国家林业和草原局)已经进行了三次全国土地沙化与荒漠化的监测,获得了准确的荒漠化动态监测数据,为国家防治荒漠化、沙化提供了可靠的科学决策依据。

(4)地震与活火山监测。利用遥感技术随时监测断裂活动和地表变化,为地震监测提供科学依据。通过放置在活火山口的遥感监测装置,实时收集有关火山活动的信息,可以通过分析做出预报。

四、在测绘领域的应用

遥感技术在测绘领域的应用非常广泛,现在已经发展到可以在卫星上安装专门的测绘传感器,用于测绘工作。

(1)制作地形图。利用航空摄影测量数据可以制作各种比例尺的地形图。利用遥感卫星影像可以完成中小比例尺的地形图制作。例如,要完成亚马逊流域的地形图制作,用常规的方法需要用时100年,花费约70亿美元才能完成,而用侧视雷达,用时不到1年便可完成1:40万比例尺的雷达图像。再如,非洲国家喀麦隆用航测的方法测绘全国地形图,20年完成约9%,而用侧视雷达影像90 d完成。

(2)更新现有的地图。根据有关数据显示,现有的地图更新时70%资料不足,30%资料过于陈旧,若利用遥感资料可以快速、准确地进行更新。

(3)实现遥感数据的规模化生产。"十一五"期间,国家测绘部门开展了全国规模的1:25万、1:5万国家基础地理信息数据库建设。在测绘卫星遥感领域,从1999年开始大面积利用法国SPOT卫星数据制作1:5万正射影像图及修测相应的地形图,利用美国Landsat卫星的TM数据更新1:25万数据库,为地形图的更新提供有效的方法。

(4)制作专题地图。遥感影像信息量丰富,现势性强,各专业都可以利用,制作各种专题地图,具有成本低、用时少和质量高的特点。例如,美国曾做过试验比较,分别用地面测量的方法、航测的方法和卫星资料编制1:100万~1:25万的土地利用图,每平方千米费用分别是20美元、6美元和0.4美元。

五、在农业、林业领域的应用

遥感技术在农林方面的应用十分频繁,农林遥感是应用的大客户,也是遥感应用的最大受益者,特别是对于我国这样国土面积较大的国家,作用十分明显。

(1)农作物估产。从单一品种的小麦的估产到玉米、水稻的农作物估产,从小区域到横跨数十省份的遥感产量预估,积累了大量的经验和方法。国家为此建立了"中国农情遥感速报系统",在全国范围内,对农作物的长势与产量进行监测、估算,为国家有关部委的科学决策和统筹规划提供了可靠情报支撑。在国家重大农业工程中,有"优质粮食工程""沃土工程",这些工程可运用优于10 m分辨率的SPOT数据进行面积、长势和产量的监测。

(2)资源调查与监测。要快速开展对各种自然资源的调查,特别是对数量、分布和时间有强烈要求的领域,目前最好的方法就是遥感技术。现在主要是制作土地类型图、利用现状图、土壤类型图、森林资源分布图、草场资源分布图等。采用遥感监测主要是因为自然和人为因素随时间在变化,如草场退化、森林减少、土壤沙化和盐渍化、水土流失等。

(3)病虫害监测与预报。病虫害是农业生产的天敌,它可破坏植物的叶绿素,引起植物的波谱特性发生变化。它的产生与植物所处的生态环境密切相关,因此可以利用遥感监测病虫害的产生环境,从而进行预报工作。

(4)指导生产管理。根据农作物生产的遥感系列影像及作物生长的日志,确定其长势和需要积水施肥的情况,适时地进行水利灌溉和肥料布施;发现病虫灾害情况,及时采取措施进行防灾减灾。

任务小结:

本任务的主要目的是通过遥感基本理论知识的学习,掌握遥感的基本概念、分类,了解其特点,理解遥感电磁波及电磁波谱的基本原理,分析电磁反射和发射的基本过程,最后通过遥感技术的典型应用,加深对遥感理论知识的理解。

任务考核:

通过提问、解答、讨论、交流的方式,考查学生对遥感基本理论知识的掌握情况,进一步强化其对遥感技术在社会经济发展中作用的理解。

任务二　遥感技术系统与遥感发展简史

任务目标:

1. 掌握遥感技术系统的基本组成。
2. 理解遥感技术发展的基本历史。

学习过程:

1. 课堂学习,观看遥感技术实现过程的视频。
2. 课堂学习,观察和分析通用的遥感技术系统所包含的基本内容,分析其涉及的关键技术。
3. 课内学习,动手绘制一幅遥感技术组成结构图。
4. 课内学习,学会用表格的形式统计遥感技术的发展历史。

学习成果：

1. 遥感技术系统的组成。
2. 遥感技术的发展简史。

任务实施：

本任务主要介绍遥感技术系统和遥感发展简史。

活动一　遥感技术系统

资源与器材：文字资料、图片、框图。

本活动的主要目的是理解遥感的技术系统、工作流程。教师组织学生阅读相关知识，提炼知识要点，并将其填入表1-9中。

表1-9　遥感技术系统的组成及功能

组成部分	功能
空间星座	
地面接收站	
空间传输系统	
地面数据处理平台	

【知识导航】

遥感技术是获取地球空间信息的主要手段之一，目前正朝着多传感器、高空间分辨率、多角度、高光谱、微波遥感等方向发展，从功能结构上来看，遥感技术系统主要包括遥感信息源、信息获取、信息记录与传输、信息处理及遥感信息应用等几个方面的功能模块。遥感技术系统的组成如图1-8所示。

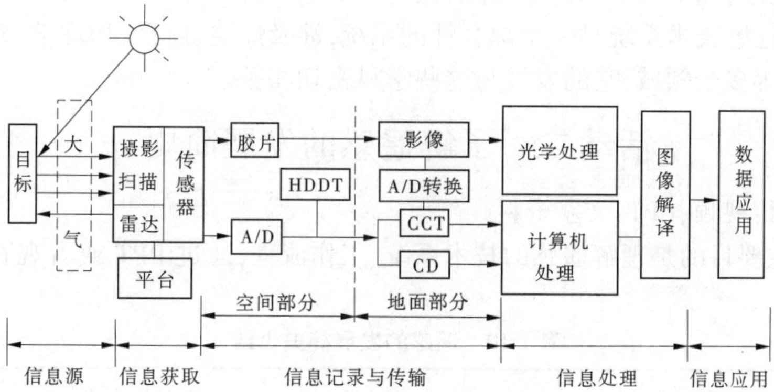

图1-8　遥感技术系统的组成

一、遥感信息源

太阳是遥感所利用的主要信息源。太阳的波谱范围较宽，它包括紫外、可见光、红外和微波等波段，它的辐射强度随着时间、地点而发生变化。地面物体依赖来自太阳或者人工电磁装置发射来的电磁波，它们与地表之间相互作用，构成了目标物的电磁波特性，从而实现了遥感的过程。

二、信息获取

遥感信息的获取系统主要依赖各种遥感平台和传感器,遥感通过不同的遥感系统采集数据。接收记录目标电磁波的仪器称为传感器,如摄影机、扫描仪、成像光谱仪、辐射计和微波雷达等。搭载传感器的平台称为遥感平台,主要有各种地面平台(如三脚架、移动车、观测平台等)、航空平台(如飞机、气球、飞艇等)、航天平台(如人造卫星、火箭、宇宙飞船、航天飞机、空间实验站等)。根据不同的应用目的,组成不同的遥感技术系统,因此在应用各种遥感数据时,需要了解它们的特点及误差,设法进行消除或者纠正。

三、信息记录与传输

传感器接收到电磁波信息,自动予以记录,记录的方式主要有胶片和数字磁介质。早期摄影型的传感器主要用胶片记录电磁波信息,当前主要是通过数字磁介质来存储电磁信息。胶片通过人工方式回收到地面,数字磁介质通过卫星上的微波天线传输给地面接收站。

四、信息处理

卫星地面接收站接收到来自卫星的数据,存储在本地磁盘上,并进行一系列的处理,包括辐射处理、几何处理、投影变换等,再依据相应数据标准,把数据转换为通用数据格式,分发给用户使用。

五、遥感信息应用

用户的需求始终是遥感的基本出发点和归宿。遥感的信息产品,包括各种图形、图像、影像图、专题图、表格、各种地学参数、数据库文件等。遥感应用由不同的专业人员根据用户需求进行数据处理,如不同遥感信息的融合、专题信息的提取等。

总体来看,遥感技术系统是一个综合性的系统,涉及航空、航天、物理学、光电子、计算机网络、图像处理等多个领域,它的发展与这些学科密切相关。

活动二　了解遥感的发展简史

资源与器材:视频、PPT、文字资料。

本活动的主要目的是理解遥感的技术系统、工作流程,通过 PPT 或者观看视频,让学生填写表 1-10。

表 1-10　遥感的发展简史小结

阶段	特点与意义
第一阶段	
第二阶段	
第三阶段	

【知识导航】

一、遥感的发展简史

任何一门科学和技术的形成与发展,总是与时代的发展和要求相一致,不可能超越这个时代,遥感技术也不例外。它的形成与运载技术、传感器技术、通信技术和计算机技术的发展密切相关,与军事的侦察、环境监测、资源开发利用和全球变化的需要相适应。

1960 年美国学者伊林 L. 布鲁伊特提出了"遥感"这一科学术语,1962 年,在美国密执安大学召开的国际环境科学遥感讨论会上,这一名词被正式通过,标志着遥感这一门新兴学科的形成。遥感发展至今,大致经历了三个阶段:低空摄影阶段、航空遥感阶段和航天遥感阶段。

(一)低空摄影阶段(20 世纪 30 年代以前)

1858 年,法国人 Toutna chon 用系留气球摄影,获取了巴黎的"鸟瞰"像片。1860 年,J. W. 布莱克乘气球在空中拍摄了波士顿的像片。1903 年,W. 莱特发明了飞机,为航空摄影创造了条件。1903 年 4 月 24 日,意大利人威尔伯·莱特驾驶飞机拍摄了世界上第一张航空像片。1909 年,W. 莱特在意大利的森托塞尔上空用飞机进行了空中摄影,1913 年根据摄影像片制作了地形图并研制出了立体制图仪,1915 年开始生产航空摄影的相机。20 世纪 20 年代以来,摄影测量仪器相继问世,如蔡司厂生产了精密立体测图仪、多倍仪。1924 年推出了彩色胶片,航空摄影便可以拍摄彩色照片。

(二)航空遥感阶段(20 世纪 30—60 年代)

1930 年美国进行了全国航测,编制了各种中小比例尺的地形图和各种为农业服务的专题地图。1931 年生产了感红外胶片,获得目标物的不可见信息。1937 年首次进行了彩色航空摄影,生产出假彩色红外胶片,研究进行了多光谱和紫外摄影。20 世纪 50 年代,非摄影成像技术和侧视雷达技术开始应用,打破了胶片感光波段的限制,遥感技术得以快速发展。航空遥感在探测的距离上有限,传感器覆盖范围小,获取资料的速度慢、数量较少,这就促使了遥感技术的向前发展。

(三)航天遥感阶段

随着空间技术的发展,1957 年苏联发射了世界上第一颗人造地球卫星,为遥感技术的发展创造了新条件。美国在"双子星座(Gemini)""天空实验室(Skylab)"和"云雨"等卫星和宇宙飞船上进行了遥感试验,1972 年发射了第一颗地球资源探测卫星(ETRS-1),即陆地资源卫星(Landsat)。从此,遥感平台从飞机发展到卫星和宇宙飞船。之后,陆续发射了气象卫星、海洋卫星等,形成了不同高度、不同用途的卫星所构成的遥感平台,对地球和宇宙空间形成了多角度、多周期的观测。传感器技术方面,探测波段范围不断延伸,波谱段越分越细,从单一波段发展到多光谱波段,探测的波段数量由数百个推向上千个。成像雷达获取的信息向多频率、多角度、多极化、多分辨率方向发展。在遥感信息获取技术飞速发展的同时,遥感影像的分辨率不断提高,遥感图像的分析解译与信息处理也取得了较大进步,遥感理论研究获得重要成就,遥感技术广泛应用于各个领域。

二、我国遥感事业的发展

20 世纪 70 年代,我国航空遥感事业有了长足的发展。全国性的地形图测绘与更新已经普遍采用航空摄影测量,在此基础上开展了各种试验性研究,取得了丰硕的成果。在传感器上,研发了一批机载的多光谱扫描仪、地物光谱仪、红外扫描相机、成像光谱仪、合成孔径雷达、微波辐射计、激光高度计以及具有自主知识产权的国产数码航摄仪 SWDC 等。同时,我国科研人员创造性地将这些仪器设备进行有效结合、集成,在具体的遥感应用中发挥了重要作用。例如,将合成孔径雷达与 GPS 集成,用于水灾灾情的实时动态监测。

根据我国国家航天局官网的《中国航天》白皮书和中国资源卫星应用中心等官方发布信息,1970—2025 年中国遥感卫星的发展,经历了从胶片返回(1975 年)到亚米级实时观测(2025 年),历经技术突破、国家专项(高分)引领、商业爆发,建成全球顶尖的遥感体系。

1970—1990 年,属于遥感卫星的奠基期。1975 年,首颗返回式卫星(FSW-0)成功回收,开启对地观测。1988 年,风云一号 A(FY-1A)为首颗气象卫星。1999 年,中巴资源卫星 01 星(CBERS-01/ZY-1)标志传输型资源卫星起步。2002 年,海洋一号 A(HY-1A)首发。

2000—2010 年,为我国遥感卫星的体系化运行期。风云二号(静止轨道)、风云三号(极轨)气象卫星组网业务运行。“遥感”(Yaogan)系列启动(2006 年)。2008 年,发射环境减灾小卫星星座(HJ-1A/B)。

2010 年左右开始跨入高分辨率时代。高分专项引领跨越:2013 年高分一号(GF-1)首发;2014 年高分二号(GF-2)达亚米级光学分辨率;2016 年高分三号(GF-3)为首颗 C 波段高分辨率 SAR 卫星,高分四号(GF-4)为世界首颗静止轨道高分辨率光学卫星;2017 年起商业星座(如吉林一号、珠海一号)兴起。

2020—2025 年,是遥感卫星的爆发期。国家星(风云四号、海洋二号 D、句芒号碳星、宏图 SAR 星座等)持续升级。商业卫星井喷:吉林一号 2023 年超百星,巢湖、海丝等 SAR 星座建成,分辨率达 0.3 m,重访小时级。2025 年预计吉林一号将达 138 星,女娲、G60 等超大规模星座启动,中国在轨遥感能力稳居世界前列。

在遥感信息处理方面,已经从普遍采用国际商用软件过渡到向国产软件迈进。ERDAS、Integrate、ER-MAPPER、ENVI、PCI 等软件已经被我国有关研究部门、高校和生产单位所采用。在科技部和信息产业部(现为工信部)等部门的倡导下,国产图像处理软件也占据了一定的市场份额,例如 PHOTO、MAPPER、PIE 等。

在遥感应用领域方面,进行了广泛的试验研究和验证,如云南腾冲遥感试验研究、山西太原盆地农业遥感试验研究、东海渔业遥感研究等。此外,采用航空遥感的方式,对北京、上海、天津、广州、沈阳等城市开展遥感综合调查研究,其中上海每隔 5 年进行一轮,将其作为城市建设、管理的经常性手段,为“数字城市”向“智慧城市”发展打下坚实的基础。完成一批全国范围和局部省级范围的重点项目,如全国国土面积量算和土地资源调查、长江三峡工程遥感监测、洞庭湖与鄱阳湖综合遥感研究等大型综合遥感项目。遥感应用取得了良好的经济效益和社会效益。

遥感研究机构方面,科技部成立了国家遥感中心,中国科学院下属的中国科学院遥感应用研究所、遥感与数字地球所、地理研究所等科研院所,军事部门也有专门的遥感应用研究机构,中国科协所属的全国性协会下设有遥感分会或者专业委员会,这些专业机构,定期召开学术会议,对促进我国遥感水平的提高和加强国际学术交流起到了积极作用。

同时,遥感教育事业也取得了可喜的成绩。目前,已有 140 余所高校开设有遥感课程,遥感人才培养已经形成了本科、硕士、博士系列，每年均有一大批高科技遥感人才进入遥感应用领域，遥感技术队伍逐步壮大。

任务小结：

本任务的主要目的是通过对遥感技术系统和遥感发展简史的介绍，使学生理解遥感技术的组成及基本技术过程，理解遥感技术发展的历史，从而能明确遥感技术的发展方向，为以后的继续学习打下坚实的技术基础。

任务考核：

通过提出问题、分析问题、解答问题的模式，让学生思考遥感的技术过程，遥感发展的过去、现在和正在发展的最新技术，做到对遥感发展的历史有一个较为系统的认识。学生完成问题后，教师对其理解的程度进行合理评价。

思政小课堂

我国遥感基础理论与应用研究领域的带头人

——李小文院士

李小文，1947 年 3 月生，四川人，1968 年毕业于成都电讯工程学院，1985 年在加里福尼亚大学圣巴巴拉分校获地理学博士学位，中国遥感专家、地理学家，中国科学院院士，被公认为是世界遥感基础研究领域最顶尖的科学家之一。2002 年起兼任中国科学院遥感应用研究所所长，他亲自带队建立遥感科学国家重点实验室，曾任北京师范大学资源与环境学院副院长，遥感与地理信息系统研究中心主任，国内遥感领域泰斗级专家。多年来一直奔波在各个需要他的岗位上。

他在美国创立的“李-Strahler”几何光学模型，成名作被列入国际光学工程协会“里程碑系列”，在国内外遥感界享有盛誉，这也奠定了他成为院士的国际学术地位。他主持过多项 863、重点基金、NASA 基础研究项目，是 973 项目“地球表面时空多变要素的定量遥感理论及应用”的首席科学家。1994 年获中国科学院自然科学一等奖，2000 年获中国高校科学技术一等奖。

他曾被称为中国科学界的“扫地僧”。2014 年 4 月，一张照片突然在网上走红，照片上一位其貌不扬的老人坐在讲台上，手拿发言稿讲话，脚穿布鞋，没穿袜子，在外人看来土得掉渣的穿着打扮，在李小文看来却是理所当然，因为他的心思不在个人装扮上，他头脑里面装的是如何探寻科学真理。

在同龄人里，他是个非常独特的存在。他明明是个学霸，每次考试却只考“60 分”。大学毕业后的他被分配到乡下农场干活，喜欢研究拖拉机。31 岁考研被众人嘲笑，很多人都认为他是痴人说梦，李小文把就开始发奋图强地学习，不久后李小文的好成绩狠狠地打了那些人的脸。这时他被派往国外留学，开始接触了遥感技术。

李小文明白自己是作为公费生来的，所以他异常地刻苦和努力。每天的时间几乎都在图书馆中度过，他随行还带着一个行李，里面是各种各样需要借阅的书籍，除了专业书，还有小说。这个潇洒的人物依旧我行我素，李小文把一生奉献给了科研事业，他用最朴素的生活方式却创造出最辉煌的人生。

一袭旧衣,一双布鞋。如果他留在美国,高薪的职位可以说任他挑选。但是李小文毫不犹豫地回了国,献身祖国的建设事业。1986年,他在中国科学院里担任了遥感信息方面的研究员,开始心无旁骛地搞科研。

时代的脚步永不停歇,我想我们活着的意义在于活出我们灵魂与心灵需要的,而不是外表与欲望想要的。也唯有放下傲慢与虚伪,双手才能再度举起自己,就像李小文院士的平凡与纯粹,时间会老,但他的纯粹将永垂不朽。

(资料来源:根据科学网、人民网、新华社发布客户端等资料改编)

复习题

1. 简述遥感的基本概念。
2. 遥感有哪些分类方法?
3. 遥感技术有哪些特点?
4. 叙述电磁波的概念及其特性。
5. 简述电磁波谱的概念及划分电磁波谱的意义。
6. 简述遥感中常用的电磁波及其应用意义。
7. 电磁辐射源有哪些?
8. 何谓绝对黑体?何谓黑体辐射?
9. 何谓电磁波发射?
10. 何谓电磁波反射?地物反射电磁波有哪些主要形式?
11. 何谓电磁波发射率、反射率、透射率?
12. 简述大气窗口的概念及意义。
13. 遥感技术有哪些具体的应用领域?
14. 遥感技术系统由哪些部分组成?各有何功能?
15. 简述遥感技术发展的现状、趋势及存在的问题。

项目二 遥感数据的获取

项目概述

本项目主要介绍遥感数据源的获取。遥感数据源的获取是所有遥感工作最为关键的一个环节,它关系到学生将来要做什么样的遥感工作和遥感产品,其质量如何。它是遥感工作的前提条件。本项目主要有两个任务:第一个任务是遥感平台的介绍,使大家了解常见的遥感平台及其数据的特点,为获取质量最好的遥感数据源做了一个很好的铺垫;第二个任务是介绍遥感数据的获取方法和数据的表达形式,主要从遥感数据的分发机制来帮助大家从合理的途径获得工作所需要的各种数据,从而为下一步工作的顺利进行打下基础。

学习目标

1. 学习常见遥感平台的特点、运行方式。
2. 学习常见遥感传感器的成像特点。
3. 学习常见遥感数据源的格式、特点及获取方法。
4. 学习对遥感数据进行合理的表述及存在问题的解决方法。

学习成果

1. 综合分析遥感平台和传感器的特点、运行方式。
2. 对遥感数据源的格式、存储、存在的问题进行分析处理。
3. 对国内外遥感数据的分发机制进行系统分析、归类,为遥感数据源提供一个合理获取途径。

任务一 认识遥感平台与遥感数据源

任务目标:

1. 掌握遥感平台的特点、运行方式。
2. 掌握遥感传感器的成像特点及所获取数据的基本特征。
3. 掌握遥感数据的国内外分发机制与途径。
4. 掌握常见遥感数据存在的问题及解决方法。

学习过程:

1. 课堂学习,观看遥感平台运行的动画视频。

2. 课堂学习,观察和分析一幅传感器的结构图,分析其获取数据的基本流程,理解获取数据的关键技术。

3. 课内学习,动手绘制一幅遥感数据分发机构的框图及获取的路线图。

学习成果:

1. 遥感平台及其运行特征。

2. 传感器的成像特点。

3. 遥感数据源的特征。

4. 我国遥感数据分发机制与获取方法。

5. 遥感数据的基本特征。

任务实施:

本任务主要介绍遥感平台和传感器技术、遥感数据源的获取、我国遥感数据的分发机制、遥感数据的基本特征。

活动一　了解遥感的平台

资源与器材:视频、PPT图片、影像、文字资料。

本活动的主要目的是理解遥感常用的空间平台、运行特点及功能,指导学生填写表2-1。

表2-1　遥感常用平台分类

遥感平台分类		功能与作用
基准类		
武器类		
观察类		

【知识导航】

一、遥感平台

(一)遥感平台的类型

遥感平台是指搭载传感器并为之提供工作条件的运载工具。按照距离地面的高度不同可以分为三种类型:地面平台、航空平台和航天平台。其中,航天平台包括人造地球卫星、航天飞机、宇宙飞船、空间实验站和探空火箭等。本书所指的遥感平台,一般是指人造地球卫星。表2-2所示汇总了目前遥感中所有可能的平台及其使用目的。

表 2-2 各种遥感平台

遥感平台	高度	目的和用途	其他
静止卫星	36 000 km	定点地球观测	气象卫星(GMS 等)
地球观测卫星(圆形轨道)	500~1 000 km	定期地球观测	Landsat、SPOT、MOS 等
航天飞机	240~350 km	不定期地球观测、空间试验	
返回式卫星	200~250 km	侦察与摄影测量	
无线探空仪	100 m~100 km	各种调查	
高高度喷气机	10 000~12 000 m	侦察与大面积调查	
中低高度飞机	500~8 000 m	航空摄影测量、各种调查	
飞艇	500~3 000 m	空中侦察、各种调查	
直升机	300~2 000 m	摄影测量、各种调查	
无线遥控飞机	<500 m	摄影测量、各种调查	飞机、直升机
牵引飞机	50~500 m	摄影测量、各种调查	牵引滑翔机
系留气球	<800 m	各种调查	
索道	10~40 m	遗址调查	
吊车	5~50 m	近距离摄影测量	
地面测量车	0~30 m	地面实况调查	车载升降台

地面遥感平台是指将传感器安置在三脚架、车、船、塔等上面,距地面高度在 100 m 以下。在这些平台上可以放置地物波谱辐射计、分光计等,可以测定地物波谱特性。航空平台是指高度在 100 m 以上、100 km 以下,用于各种资源调查、军事侦察、摄影测量的平台。航天平台是指高度在 150 km 以上的平台,其中高度最高的是静止卫星,如气象卫星,它在赤道上空距离地面约 36 000 km;其次是地球观测卫星,其高度一般在 700~900 km,主要有 Landsat、SPOT、MOS 等地球观测卫星。航天飞机的高度在 300 km 左右。

(二)人造地球卫星的分类

(1)按照运行轨道的高度可以分为低高度轨道卫星、中高度轨道卫星和高高度轨道卫星。低高度轨道卫星高度一般在 150~200 km,寿命只有数周,可以获得高分辨率的图像,这类卫星大多是为军事目的服务。中高度轨道卫星高度一般在 300~1 500 km,寿命可达数年以上,这类卫星有陆地资源卫星、海洋卫星和气象卫星等。高高度轨道卫星又可称为地球同步卫星,或静止卫星,它的高度约为 35 800 km,一般通信卫星、气象卫星属于这一类。

(2)按照用途的不同,可以分为科学试验卫星、技术卫星和应用卫星。科学试验卫星主要用于空间物理探测和天文观测,来研究高层大气、地球辐射带、地球磁力场、太阳辐射、宇宙射线等。技术卫星主要用于新材料、新仪器、新原理的在轨试验。应用卫星是直接为人类提供服务的卫星,主要包括地球资源卫星、气象卫星、海洋卫星、通信卫星、导航卫星、测地卫星等。

在遥感信息应用中,使用最多的是陆地资源卫星类、气象卫星类、海洋卫星类,往往根据需要选择不同的平台数据进行综合分析、研究,并加以利用。

二、卫星运行特征

遥感卫星在绕地球的轨道上运行,其运行规律为:

(1)卫星运行的轨道是一个椭圆,地球位于该椭圆的一个焦点上;

(2)卫星在椭圆上运行时,卫星与地球的连线在相等的时间内扫过的面积相等;

(3)卫星绕地球运转周期的平方与其轨道的平均半径的立方成正比。

依据开普勒定律所描述的情形,可以确定卫星轨道的形状、位置参数和运行时轨道的类型。

(一)卫星轨道的形状

用火箭将人造卫星送入地球的大气层外,卫星就可以按照预定的设计要求进入地球轨道,沿着一个固定的椭圆轨道以一定的周期绕地球运行。卫星运行时,其位置离地球最近的点称为近地点,其位置离地球最远的点称为远地点。卫星运行轨道示意如图2-1所示。

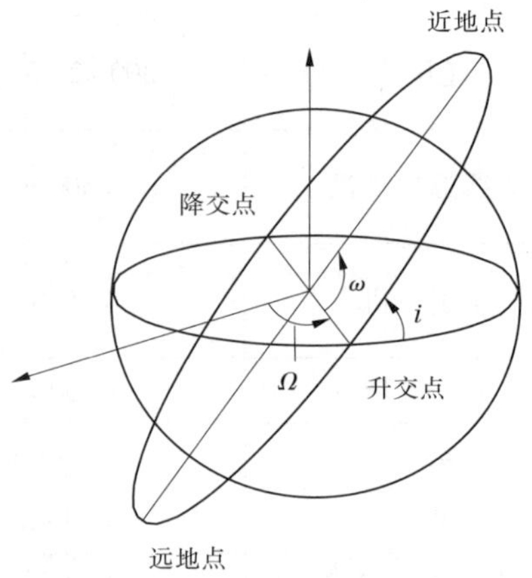

图2-1 卫星运行轨道示意

(二)卫星运行的轨道类型

按照卫星不同功能的设计,卫星运行时,有以下几种典型的轨道。

1. 太阳同步轨道

太阳同步轨道的特点是轨道平面绕地球自转轴旋转时,其旋转方向与地球绕太阳的公转方向相同,其旋转的角速度等于地球公转的年平均角速度。它距离地球的高度一般不超过6 000 km。太阳同步轨道能使卫星以同一地方时飞过成像地区上空,在该地区成像时每次都处于基本的光照条件,便于监测地物的变化情况。采用太阳同步轨道,可以获得较准确的光照条件,简化太阳帆板的设计和提高星上能源利用效果,卫星的日照面和背阳面基本保持不变,有利于温度控制系统的设计。一般地球资源观测卫星、气象卫星采用这种轨道。

2. 地球同步轨道

该轨道的特点是卫星运行的周期与地球自转周期相同,是一种顺行轨道。在地球同步轨道中,静止轨道是一种特殊的轨道,它沿着赤道正上方呈圆形轨道运行,它的轨道倾角为零,在地球赤道上空约35 786 km。在地面上的人在某一天的大致同一时刻,看到的卫星是静止不动的。这种卫星主要有通信卫星、广播卫星和气象卫星。这样设计对区域性稳定需求比较有利。地球同步轨道有无数条,但地球静止轨道却只有一条。

3. 极地轨道

该轨道的特点是卫星轨道面与赤道面形成的倾角为 90°,卫星在该轨道上运行时都通过地球南北两极,可以俯瞰整个地球表面,实际运行中为近极地轨道,可观测最北纬度 81°和最南纬度 81°之间的地区。气象卫星、地球资源卫星、侦察卫星常采用此种轨道。

4. 可重复轨道

卫星重复周期是指卫星从某地上空开始运行,经过若干时间的运行后,回到该上空时所需要的天数。卫星按重复周期运行时第一次运行的轨迹在地面上的分布与若干天后运行的轨迹在地面上的分布近似相同,这种轨道称为可重复轨道。轨道的重复性有利于对地面物体或自然现象的变化作动态监测。

(三)卫星的轨道参数

根据开普勒定律,要确定卫星在空间的位置就必须先确定椭圆轨道的空间形状、位置和某一时刻卫星在轨道中的位置,而卫星轨道在空间的形状、位置可以用以下 6 个轨道参数来确定。

(1)轨道长半轴 a。

卫星轨道椭圆中心到远地点的距离为轨道长半轴 a,它确定了卫星到地面的高度。

(2)卫星轨道的偏心率 e。

$$e = \sqrt{\frac{a^2 - b^2}{a}} \tag{2-1}$$

式中:b 为卫星轨道的短半轴。

偏心率 e 确定了卫星轨道的形状。当 $a=b$ 时,$e=0$,其轨道接近圆形,为近圆形轨道。在近圆形轨道上,卫星运行近似于匀速,在轨高度变化不大,有利于控制曝光时间和获得较大范围内比例尺趋于一致的影像。

(3)轨道面倾角 i。

轨道面倾角指卫星轨道面与赤道面之间的交角。当 $i=0°$ 时,卫星轨道面与赤道面重合,这种轨道称为赤轨轨道,该卫星称为赤轨卫星;当 $0°<i<90°$ 时,卫星运行方向与地球的自转方向相同,这种轨道称为顺轨轨道,该卫星称为顺轨卫星;当 $i=90°$ 时,卫星轨道面与地球的极轴重合,这种轨道称为极地轨道,该卫星称为极轨卫星;当 $90°<i<180°$ 时,这种轨道称为逆轨轨道,该卫星称为逆轨卫星。由此可以看出,卫星轨道面倾角 i 确定了卫星对地观测的范围,轨道面倾角较大时,卫星对地面观测所覆盖的面积相对较大。当 $i<90°$ 时,卫星对地观测的范围集中在北纬 i 与南纬 i 之间;当 $i=90°$ 时,极轨卫星的观测范围接近全球观测。

(4)升交点赤径 Ω。

升交点赤径是指卫星轨道的升交点向径与春分点向径之间的夹角。升交点是卫星沿轨道由南向北运行时与赤道面的交点,降交点是卫星沿轨道由北向南运行时与赤道面的交点。升交点赤径确定了卫星轨道面与太阳光线之间的夹角,为了保证星下点在成像时相应的地面光照度基本不变,必须对卫星运行的轨道加以修正。平均每天修正量约为 0.985 65°,若卫星每天运行 n 圈,则每圈的修正量为 0.985 65°/n。这样就保持了卫星轨道与太阳同步。从几何上看,卫星轨道面与日地连线之间的夹角不随地球绕太阳公转而发生变化。

(5)近地点角距 ω。

升交点向径与近地点向径之间所形成的夹角称为近地点角距,用 ω 表示。

(6)卫星过近地点时刻 t 和运行周期 T。

卫星通过近地点的时间称为近地点时刻 t。卫星绕地球一周所需要的时间称为卫星的周期 T,即卫星从升交点或降交点通过时刻到下一次通过升交点或降交点的时刻所用的平均时间。例如,Landsat-5 和 Landsat-7 的卫星周期为 98.9 min,重复周期为 16 d。

在上述轨道参数中,a、e 确定轨道的形状和大小,i、Ω 确定轨道面的方向,ω 确定轨道面中长轴的方向,T 确定任一时刻卫星在轨道中的位置。

(四)卫星位置和姿态的测定与计算

(1)卫星位置数据在遥感影像的几何校正等处理中是非常有用的,因此对卫星坐标的测定是航天遥感中非常重要的一项内容。卫星位置测定的方法有星历表法和 GNSS 测定卫星坐标。当已知卫星的 6 个轨道参数时,结合计算公式,就可以编制星历表,只要知道卫星在某一瞬间的精确时间,就可以随时查出卫星的地理坐标。这就是星历表法。利用 GNSS 信号测定卫星的位置,例如在 Landsat-4 上装置 GNSS 处理器,通过与 GNSS 导航卫星的通信,获取卫星的星历数据。

(2)卫星的姿态对遥感图像的应用也有较大影响,在获取数据时要测量、记录卫星的姿态参数,以修正姿态带来的影响。卫星姿态通常用滚动、俯仰和偏航来表示。测定卫星姿态有两种方法:一是利用姿态测量传感器进行测量;二是利用星相机测定姿态角。用于空间姿态测量的仪器常用的有红外姿态测量仪、星相仪、陀螺仪等。

三、几种典型的遥感卫星简介

(一)Landsat 卫星

用于陆地资源的获取与环境探测的卫星称为陆地卫星。陆地卫星是以探测地球资源为目的而设计的,采用近极地、近圆形的太阳同步轨道。美国于 1972 年在世界上发射了第一颗真正意义上的地球资源卫星 Landsat-1,到目前为止美国宇航局(NASA)共发射了 9 颗 Landsat 卫星。其中,1~4 颗卫星已经停止运行;Landsat-5 于 2013 年 6 月退役;Landsat-6 发射失败;Landsat-7 于 1999 年 4 月 15 日发射升空;Landsat-8 于 2013 年 2 月 11 日发射升空,经过 100 d 的测试运行后开始获取影像,其主要数据归档是美国地质调查局的地球资源观测系统(Eros)数据中心。下面以在轨的 Landsat-7/8 卫星为主要对象做简要介绍。

Landsat-7 于 1999 年 4 月发射成功,该卫星采用高度为 705 km,轨道倾角为 98.2°的太阳同步可重复轨道,重访周期为 16 d。星载的是改进型的专题绘图仪 ETM+和海洋观测宽视场传感器 SeaWiFs。Landsat-7 轨道参数与 Landsat-4/5 基本相同。Landsat-7 除提高图像质量外,还使用了固态寄存器将星上的数据存储能力提高到 380 GB,其存储能力远高于 Landsat-4/5 上的磁带记录器;Landsat-7 传输速度为 150 MB,比以前提高了 1 倍。由于存储数据能力和传输速度快,Landsat-7 已经不需要跟踪与数据中继卫星了。它可以把数据存储在星上,然后利用 X 波段万向天线把数据直接发送给进入卫星视线的地面接收站。

Landsat-8 携带有两个主要载荷:陆地成像仪和热红外传感器。陆地成像仪(OLI,Operational Land Imager),由卡罗拉多州的鲍尔航天技术公司研制;热红外传感器(TIRS,Thermal Infrared Sensor),由 NASA 的戈达德太空飞行中心研制。设计使用寿命为至少 5 年。OLI 陆地成像仪包括 9 个波段;空间分辨率为 30 m,其中包括一个 15 m 的全色波段;成像宽幅为 185 km×185 km。OLI 包括了 ETM+传感器所有的波段,此外还有两个新增的波段:蓝色波段（band 1;0.433~0.453 μm）主要用于海岸带观测;短波红外波段(band 9; 1.360~1.390 μm）包括水汽强吸收特征可用于云检测,近红外 band 5 和短波红外 band 9 与 MODIS 对应的波段接近。TIRS 收集地球两个热区地带的热量流失,目标是了解所观测地带的水分消耗,特别是美国西部干旱地区。

Landsat-9 是由美国国家航空航天局(NASA)和美国地质调查局(USGS)联合研制的一颗卫星,于 2021 年 9 月 27 日在加利福尼亚范登堡空军基地发射升空。Landsat-9 卫星携带光学传感器 OLI-2 和热红外传感器 TIRS-2,提供 30 m 分辨率的多光谱数据和 100 m 分辨率的热红外数据。OLI-2 提供 11 个频段的数据,TIRS-2 提供 2 个热红外频段的数据。重访周期为 16 d,任务寿命为 5 年,每天的数据容量约为 180 TB。Landsat-9 的主要任务是为全球自然资源管理、环境保护、灾害监测等提供高质量的遥感数据。

(二)SPOT 卫星

法国于 1986 年 2 月发射了第一个高性能地球观测卫星 SPOT-1,到目前为止 SPOT 已经发射了 7 颗卫星。其中,SPOT-1 于 1993 年 9 月停止服务;SPOT-2 卫星于 1990 年 1 月发射,至 2006 年结束运行;SPOT-3 于 1997 年 11 月 14 日停止运行;SPOT-5 于 2002 年 5 月 4 日发射成功,2015 年停止获取数据;SPOT-6 和 SPOT-7 在轨运行。多颗卫星的投入运行不仅保证了 SPOT 提供服务的连续性,而且使 SPOT 卫星群体的整体技术水平得到了显著提高,获得了超前发展的优势。这里以 SPOT-5/6/7 为主要对象做简要介绍。

(1)SPOT-5 卫星采用太阳同步圆形近极地轨道,轨道倾角为 98.7°。SPOT 从不同的轨道上对同一地区进行摄影,构成旁向的立体像对,可以提供立体观测地面、描绘等高线、进行立体测图和立体显示。SPOT-5 上搭载了两套高分辨率成像装置 HRG(High Resolution Geometric)和高分辨率光谱 HRS(High Resolution Sterescopic)。HRG 由两条线阵 CCD 探测构成,安置在同一个焦平面上,在飞行方向和线阵方向分别交错半个像素排列。一般情况下,HRG 可获得 5 m 分辨率的全色影像,超级模式下可以达到 2.5 m 的分辨率。HRS 是双线阵 CCD 相机,由前、后视 CCD 相机组成,两个 CCD 相机的望远镜系统在轨道面内前后偏离铅垂线的夹角为 20°。HRS 可获得同轨立体,其基高比可达 0.84,保证了生成 DEM 的精度,可用于大范围内的 DEM 提取。SPOT-5 采用了新的恒星跟踪仪和定轨装置 DORIS,可以更精确地测定卫星的位置和姿态,从而有效地提高了影像的定位精度。

(2)2012 年 9 月 9 日由欧洲领先的空间技术公司 Astrium 制造的对地观测卫星 SPOT-6,由印度 PSLV 运载火箭搭载成功发射,随后加入由 Astrium Services 分发的极高分辨率卫星 Pleiades 1A 的轨道。这两颗卫星共同提供服务,并在 2014 年与 Pleiades 1B 和 SPOT-7 一起构成完整的 Astrium Services 光学卫星星座。使用 Reference 3D,定位精度达到 10 m(CE90)的自动正射影像,同步采集全色和多光谱影像。全色波段分辨率为 1.5 m,多光谱分辨率为 6 m。

(3)SPOT-7 由欧洲空客防务与航天公司研制。SPOT-7 轨道高度 694 km,发射质量 712 kg。SPOT-7 采用 Astrosat 500 MK2 平台,具备很强的姿态机动能力,可在 14 s 内侧摆 30°。卫星上载有两台称为“新型 Astrosat 平台光学模块化设备”(NAOMI)的空间相机,两台相机的总幅宽为 60 km。SPOT-6 和 SPOT-7 卫星性能相同,共同组网,星座运行,60 km 大幅宽拍摄影像数据,单颗卫星可实现 3 d 以内全球任意地点重访。

SPOT-6 和 SPOT-7 这两颗卫星每天的图像获取能力达到 600 万 km^2,面积大于欧盟成员国的总面积。根据用户需求可对 SPOT-7 进行灵活编程,每天 6 个可编程计划。SPOT-7 具备多种成像模式,包括长条带、大区域、多点目标、双图立体和三图立体等,适于制作 1:25 000 比例尺的地图。SPOT-6 和 SPOT-7 卫星与两颗昴宿星(Pleiades 1A 和 Pleiades 1B)组成四星星座,这四颗卫星同处一个轨道平面,彼此之间相隔 90°。该星座具备每日 2 次的重访能力,由 SPOT 卫星提供大幅宽普查图像,Pleiades 针对特定目标区域提供 0.5 m 的详查图像。双星大大增加了拍摄效率,同时 SPOT-6/7 具有全色影像 1.5 m 的分辨率,多光谱分辨率 6 m。先进的卫星系统设计及机动能力,可满足大面积连续更新监测应用。

Pleiades 卫星是法国的高分辨率光学卫星,于 2011 年 12 月 17 日发射升空,它由 Pleiades 1A 和 Pleiades 1B 两颗卫星组成,可提供 50 cm 的高分辨率影像,同时还具有高灵敏度、高精度、快速重访等特点,适用于多种应用领域,如军事情报、地理测绘、城市规划、农业、林业等。该卫星能够覆盖全球任何地方,并在 24 h 内多次重复覆盖,提供高质量的地球表面影像数据。

(三) IKONOS 卫星

IKONOS 卫星是 Space Image 公司于 1999 年发射的高分辨商业遥感卫星,是世界上第一颗提供米级高分辨率的商业卫星。IKONOS 卫星全色影像的分辨率可达到 1 m,满足 1:1万的测图。其分发的标准数据包括 4 m 分辨率的多光谱影像数据和 1 m 分辨率的增强型彩色遥感影像数据。该卫星的幅宽为 11~13 km,影像量化级别高,影像细节丰富。IKONOS 卫星外观如图 2-2 所示。

图 2-2 IKONOS 卫星外观

IKONOS 卫星设计了可前后摆动的 CCD 相机,可获取同轨立体。IKONOS 卫星上搭载有高性能的 GNSS 接收机、数字式恒星跟踪仪和激光陀螺,可以提供高精度的卫星星历和卫星姿态参数,在无控制的条件下,也能获得较高的定位精度。该卫星的侧摆能力很强,在星下点时两侧各侧摆 50°,具有较强的覆盖能力。概略来算,按 1 m 的空间分辨率,重访周期为 3 d;按 1.5 m 的空间分辨率,重访周期为 1.5 d。

IKONOS 卫星影像被广泛应用于城市规划、环境监测、灾害评估、石油、天然气、电信等行业。在亚洲地区,覆盖范围涉及我国东北、中东部地区,西部可到贵州、成都、西宁等地区。

(四)Quick Bird 卫星

Quick Bird 卫星于 2001 年 10 月 18 日由美国 Digital Globe 公司在美国范登堡空军基地发射,是目前世界上最先提供亚米级分辨率的商业卫星,卫星全色影像分辨率为 0. 61 m,提供了 4 个多光谱段影像,空间分辨率达到 2. 44 m,影像具有 11 bit 量化等级。Quick Bird 卫星具有推扫、横扫的成像能力,同轨立体与异轨立体均能获取,一般以同轨立体为主。基高比在 0. 9~1. 2,适合提取 DEM。该卫星地面覆盖幅宽,垂直摄影时达到 16. 5 km;倾斜 30°摄影时地面幅宽为 22 km。Quick Bird 卫星提供亚米级传感器模型和有理多项式系数模型来处理 Quick Bird 影像。Quick Bird 卫星外观如图 2-3 所示。

(五)World View 卫星

World View 卫星是 Digital Globe 公司的下一代商业成像卫星系统。它由两颗卫星(World View-Ⅰ和 World View-Ⅱ)组成,其中 World View-Ⅰ已于 2007 年发射,World View-Ⅱ在 2009 年 10 月发射升空。World View-Ⅰ卫星运行在高度 450 km、倾角 98°、周期 93. 4 min 的太阳同步轨道上,平均重访周期为 1. 7 d,星载大容量全色成像系统每天能够拍摄多达 50 万 km^2 的 0. 5 m 分辨率图像。World View-Ⅱ运行在 770 km 高的太阳同步轨道上,能够提供 0. 5 m 全色图像和 1. 8 m 分辨率的多光谱图像。World View 卫星具备现代化的地理定位精度能力和极佳的响应能力, 能够快速瞄准要拍摄的目标和有效地进行同轨立体成像。World View 卫星外观如图 2-4 所示。

图 2-3 Quick Bird 卫星外观

图 2-4 World View 卫星外观

(六)GeoEye 卫星

地球眼卫星(GeoEye-1)是美国地球眼卫星公司(GeoEye Inc.)发射的第一颗卫星。GeoEye-1 是一颗对地观测卫星,主要用于拍摄地面高分辨率的图片。2008 年 9 月 6 日,GeoEye-1 卫星由 Delta-2 运载火箭从美国范登堡空军基地发射。该卫星提供 0. 41 m 分辨率的全色影像,4 个波段多光谱影像,其分辨率为 1. 64 m,幅宽达到 15. 2 km,每天能获取 120 万 km^2 的影像,重访周期小于 1. 5 d。

(七)Radarsat 卫星

加拿大的 Radarsat-1 是世界上第一个商业化的 SAR 运行系统,由加拿大太空署、美国政府、加拿大私有企业于 1995 年 11 月 4 日合作发射。其地面分辨率为 5 m,轨道高度为 790~800 km,轨道倾角为 98. 5°,重访周期为 24 d,太阳同步轨道。在 C 波段采用 HH 极化方式,波长入射角在 0°~60°。主要探测目标是海洋和陆地。Radarsat-2 卫星于 2007 年 12 月 14 日在哈萨克斯坦的拜科努尔航天发射基地发射成功。Radarsat-2 卫星除具备 Radarsat-1 卫星的成像能力外,还增加了 3 m 分辨率超精细模式和 8 m 全极化模式,左右视可换,缩短了成像周期,增加了立体成像能力。Radarsat-1 和 Radarsat-2 组网,形成双星异轨干涉模式,执行双星干涉地形测量,可获取全球地表的数字高程模型,预计可达到约 2 m 的相对高程精度。

(八) Sentinel 哨兵系列卫星

哨兵系列卫星是欧洲哥白尼计划空间部分的专用卫星系列,由欧洲委员会投资、欧洲航天局研制。主要包括两颗 Sentinel-1 卫星、两颗 Sentinel-2 卫星、两颗 Sentinel-3 卫星、两个 Sentinel-4 载荷、两个 Sentinel-5 载荷、一颗 Sentinel-5 先导卫星 Sentinel-5P,以及一颗 Sentinel-6 卫星。Sentinel-1 为 C 波段雷达成像系统,Sentinel-2 为多光谱成像仪,Sentinel-3 搭载的是光学与地形仪器,Sentinel-4 搭载紫外-可见光-近红外扫描光谱仪,Sentinel-5 搭载气象载荷,Sentinel-5P 搭载的是推扫式光栅分光计,Sentinel-6 携带雷达高度计,主要用于海洋科学和气候科学研究。

(九) 中巴资源卫星

中国和巴西合作于 1999 年 10 月发射了 ZY-1 号卫星,即 CBERS-01。2003 年 10 月成功发射了第二颗卫星,2007 年 9 月 19 日发射了 02B 星。中巴地球资源卫星(CBERS,又称资源一号)是我国第一代传输型地球资源卫星,由中巴地球资源卫星 01 星、02 星、02B 星(均已退役)、02C 星和 04 星 5 颗卫星组成。资源一号卫星是我国第一代传输型地球资源卫星,星上三种遥感相机可昼夜观察地球,由于其多光谱观察、对地观察范围大、数据信息收集快,特别有利于动态和快速观察地球地面信息。利用高码速率数传系统将获取的数据传输回地球地面接收站,经加工、处理成各种所需的图片,供各类用户使用。ZY-1 卫星外观如图 2-5 所示。

(十) 中国高分辨率卫星

高分一号卫星是国家高分辨率对地观测系统重大专项天基系统中的首发星,其主要目的是突破高空间分辨率、多光谱与高时间分辨率结合的光学遥感技术,多载荷图像拼接融合技术,高精度高稳定度姿态控制技术,5~8 年寿命,高可靠低轨卫星技术。“高分一号”的全色分辨率是 2 m,多光谱分辨率为 8 m。它的特点是增加了高分辨率多光谱相机,该相机的性能在国内投入运行的对地观测卫星中最强。“高分一号”的宽幅多光谱相机幅宽达到了 800 km,重复周期只有 4 d。中国高分一号卫星外观如图 2-6 所示。

图 2-5 ZY-1 卫星外观

图 2-6 我国高分一号卫星外观

“高分专项”是一个非常庞大的遥感技术项目,包含至少 7 颗卫星和其他观测平台,分别编号为“高分一号”到“高分七号”,它们都已发射并投入使用。“高分专项”系列卫星覆盖了从全色、多光谱到高光谱,从光学到雷达,从太阳同步轨道到地球同步轨道等多种类型,构成了一个具有高空间分辨率、高时间分辨率和高光谱分辨率能力的对地观测系统。

(十一)其他卫星

IRS 卫星是印度的资源卫星系列,IRS-P5 卫星和 IRS-P7 卫星是其典型代表,具有较高的分辨率和立体测图能力。ALOS 卫星是日本的一颗高分辨率陆地卫星,主要用于绘制日本和亚太地区国家的地表图,用于监视、防灾和环境保护。Orbview 系列卫星是美国私人公司 OrbImage 投资的商用低轨遥感卫星。ENVISAT 卫星于 2002 年 3 月由欧洲空间局发射升空,星上传感器 ASAR 具有双极化、多模式等特点。KOMPSAT 卫星是韩国的多用途卫星,它的中文译为阿里郎卫星,目前在轨 4 颗星。COSMO 是意大利航天局和意大利国防部共同研发的高分辨率雷达卫星,首颗卫星于 2007 年 6 月 8 日发射, COSMO-SkyMed 卫星是星座的第 2 颗雷达卫星。4 颗卫星分 4 次发射:2007 年 6 月 8 日(CSK-1)、2007 年 12 月 9 日(CSK-2)、2008 年 10 月 25 日(CSK-3)、2010 年 11 月 5 日(CSK-4)。TerraSAR-X 雷达卫星是德国第一颗卫星,由德国政府和工业界共同研制,于 2007 年 6 月共同开发、运用的 SAR 卫星,分辨率达 1 m,后续星 TanDEM-X 于 2010 年发射组网。

四、未来卫星发展的趋势

(一)高分辨率的小卫星

小卫星是指目前设计质量在 500 kg 以下的小型近地轨道卫星,其全色波段空间分辨率为 1~3 m,多光谱波段分辨率在 4~15 m,为满足测量制图的需要,均采用在轨 GNSS 定位系统,水平精度达 12 m,高程精度为 8 m,若辅助地面控制点水平精度可提高至 2 m,高程精度可达 3 m,能满足 1:1万以下的中小比例尺测图。卫星观测角度可在 30°~45°做较大程度调整,可获得良好的基高比,能进行立体测图。

小卫星具有质量轻、体积小、研制周期短、成本低、发射灵活、启用速度快、抗干扰性能强、技术性能高等特点。国际上,高分辨率的对地观测小卫星已经进入蓬勃发展时期。例如,俄罗斯正在研制 2 m 分辨率的小卫星,其他各国已经正在独立或者合作研发各种小卫星。高分辨率小卫星的发射情况如表 2-3 所示。

表 2-3 高分辨率小卫星发射情况

国家	卫星	分辨率/m		拥有者	发射时间(年-月-日)
		全色	多光谱		
美国	IKONOS	1	4	Space Imaging	1999-09-24
	Quick Bird	0.61	2.44	Digital Globe	2001-10-18
	Orbview-3	1	4	Orbital Imaging	2003-06-26
	GeoEye-1	0.41	1.64	GeoEye	2008-09-06
日本	ALOS	2.5/10		JAXA	2006-01
以色列	EROS-A	1.8		IAI	2000-12
	EROS-B	0.7/2.9		IAI	2006-06
俄罗斯	Resurs DK1	0.9/1.5			2006-06
印度	IRS-P7	1			2007-01
法国	SPOT-5	2.5/10			2002-05-04

(二)高光谱类卫星

这类卫星的主要特点是采用高分辨率的成像光谱仪,波段数为 36~256 个,光谱分辨率为 5~10 nm,地面分辨率为 30~1 000 m。目前,这类卫星大多数是军方发射的,民用高光谱类卫星较少,主要用于大气、海洋和陆地探测,主要有美国发射的 EOS-AM1 卫星搭载的 MODIS 探测器和澳大利亚的 ARIES-1 卫星搭载的传感器等。

(三)SAR 类卫星

SAR 即合成孔径雷达,是一种主动式的对地观测系统,是一种高分辨率、二维成像雷达,特别适用于大面积的地表成像。自 1978 年 6 月美国发射了第一颗搭载有 SAR 的卫星 Seasat 以后,加拿大、日本、俄罗斯等国都分别发射了许多 SAR 卫星,用于海洋和陆地探测。

SAR 能全天时、全天候对地实施观测,并具有一定的地表穿透能力。用于军事的高分辨率 SAR 卫星地面分辨率多数优于 1 m,如美国的 Lacrosse 长曲棍球卫星。一般民用星载的 SAR 卫星地面分辨率为 10~30 m,多为单参数,也有多参数,即多频、多视角和多极化。

SAR 系统在灾害监测、环境监测、海洋监测、资源勘查、农作物估产、测绘和军事等方面的应用上具有独特的优势,可发挥其他遥感手段难以发挥的作用,因此越来越受到世界各国的重视。

活动二　传感器及数据源

资源与器材:PPT 图片、影像、文字资料。

本活动的主要目的是理解遥感常用的传感器、数据获取源及成像特点。学生阅读相关材料,填写表 2-4、表 2-5。

表 2-4　按成像方式不同分类

传感器名称		获取的数据源特点
光学类		
微波类		
激光类		

表 2-5　按空间分辨率不同分类

传感器名称		获取的数据源特点
高分辨率		
中分辨率		
低分辨率		

【知识导航】

一、传感器的分类与组成

(一)传感器的分类

传感器是收集、探测、记录地面物体电磁信息的仪器,其性能决定了遥感获取地面信息的能力。传感器的种类较多(见图 2-7),常见的分类有以下几种。

按辐射来源可以分为主动式传感器和被动式传感器。按成像原理可分为摄影型传感器、扫描成像传感器和雷达传感器。摄影型传感器按成像性质分为框幅式摄影机、缝隙式摄影机、全景式摄影机和多光谱摄影机四种;扫描型传感器分为光学—机械扫描仪和推帚式扫描仪;雷达传感器按其天线类型可分为真实孔径雷达传感器与合成孔径雷达传感器。按传感器是否获取图像分为图像式传感器和非图像式传感器。

(二)传感器的组成

传感器类型较多,但大多数是由收集器、探测器、处理器和输出器组成。传感器的一般结构如图 2-8 所示。收集器是用于收集来自地物的电磁能量,如透镜组、反射镜、天线等。

探测器将收集的电磁能量转换成化学能或电能,如摄影的感光胶片、光电二极管、光敏和热敏探测器件等。处理器将化学能或电能等信号进行处理,主要有摄影处理设备和电子处理设备。输出器将获取的数据以特定的形式输出,如磁带记录、打印设备、显示设备等。

- 传感器
  - 被动式
    - 非扫描方式
      - 非图像式
        - 微波辐射计
        - 地磁测量仪
        - 重力测量仪
        - 傅里叶光谱仪
        - 其他
      - 图像式—照相机
        - 黑白
        - 天然彩色
        - 红外
        - 彩色红外
        - 其他
    - 扫描方式—图像式
      - 像面扫描方式
        - TV 摄像机
        - 固体扫描仪
      - 物面扫描方式
        - 光机扫描
        - 微波辐射计
  - 主动式
    - 非扫描方式—非图像式
      - 微波散射计
      - 微波高度计
      - 激光光谱计
      - 激光高度计
      - 激光水深计
      - 激光测距仪
    - 扫描方式—图像式
      - 物面扫描方式
        - 微波散射计
        - 真实孔径雷达
        - 合成孔径雷达
      - 像面扫描方式—被动相控雷达

图 2-7　传感器的分类(日本遥感研究会,2011)

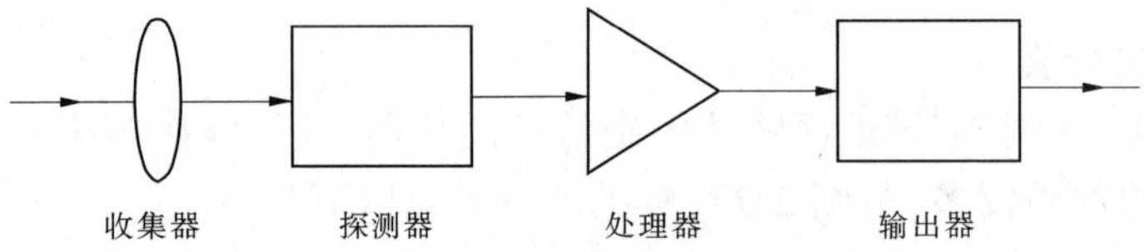

图 2-8　传感器的一般结构

二、摄影型传感器

摄影是通过成像设备获取物体影像的技术。传统摄影依赖光学镜头配合放置在焦平面上的胶片感光,从而记录物体影像。数字摄影则通过光学镜头和放置在焦平面上的光敏探测元件,经过光电转换器转换,以数字信号的形式记录物体的影像。摄影型传感器成像波段主要集中在可见光摄影、近红外摄影和多光谱摄影等。摄影型传感器可以放置在地面平台、航空平台和航天平台上。下面简要介绍几种摄影型传感器。

(一)框幅式摄影机

航空、航天摄影的相机一般采用单镜头框幅式摄影机,在空间站上摄影的瞬间,地面物体在传感器视场范围内依次曝光成像,得到相对静止的图像。按镜头视场的大小,通常分为常角、宽角和特宽角,在同一高度平台上,视场越大,影像覆盖范围越大。比较常见的有瑞士徕卡公司的 RC 系列,德国蔡司公司的 LMK 系列、RMK 系列等。框幅式摄影机按像幅通常有 23 cm×23 cm、18 cm×18 cm 两种。航空摄影需要严格遵守一些几何条件和光学条件,如按固定航线、一定的比例尺、摄影角度、光照条件等。框幅式摄影机成像原理如图 2-9 所示。

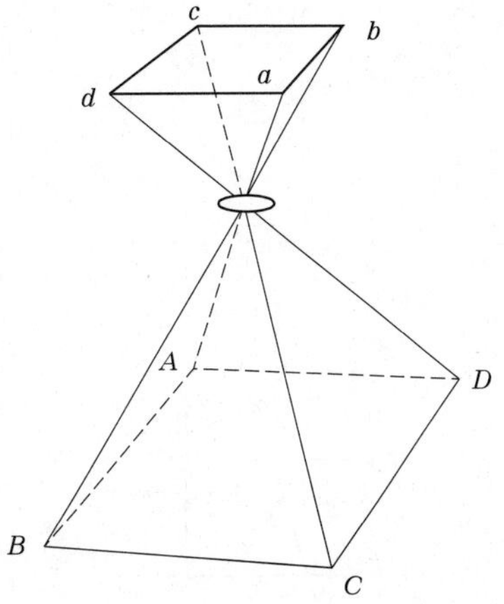

图 2-9 框幅式摄影机成像原理

安置在航天平台上的摄影机,也需要做一些特殊处理,才能满足摄影的需求。摄影窗口必须成像质量高,抗弯性能好,能自动曝光,控制摄影窗口内的温度、湿度和压力,采用高感光度的胶片、带格网摄影等。用于航天摄影的相机类型较多,如 RMK-A30 型,焦距 305. 128 mm,像幅 23 cm×23 cm,卫星标称高度 250 km,相机镜头畸变差为 6 μm,像片比例尺为 1∶820 000,单幅像片地面约为 189 km×189 km,分辨率为 39 线对/mm,航向重叠度 60%~80%。根据相关报道,可测量 1∶5万和 1∶10 万的地形图。

另一种有代表性的空间摄影机是美国的大像幅摄影机 LFC,相机焦距 305 mm,分辨率为 80 线对/mm,像幅为 23 cm×46 cm,飞行高度 225 km,比例尺约为 1∶738 000,对应地面范围为 170 km×340 km。利用星载相机测定其姿态,测姿精度为±5″,空间摄影机的整个姿态控制在±0. 5°以内。

摄影成像时,受到诸多因素的影响,影像本身的几何形状与相对应的地物的几何形状会不一致。这些因素中,如摄影材料伸缩引起的变形、底片未压平、物镜畸变差、大气折光及地球弯曲等均会使影像像点位移。这里仅考虑中心投影所固有的两种像点位移,即倾斜误差与投影误差。

投影误差引起的变形特点是以像底点(底点处无变形)为顶点的辐射线上存在变形,高于基准面上的地物点,其像点背离像底点向外位移;低于基准面的地物点,其像点位移朝向像底点指向像底点位移;落在基准面上的地物点,没有变形。投影误差与航高呈反向变化,航高越大,投影误差越小;反之,投影误差越大。由于地形起伏的存在,处理航空影像时,投影误差是不可忽视的。而对于航天影像,因地面高差相对于飞行高度很小,投影误差也较小,对影像形状影响不大。

(二)缝隙式摄影机

缝隙式摄影机现在用得比较少,但其原理对线阵 CCD 传感器有一定启发。缝隙式摄影机也称扫描摄影机、航带摄影机、推帚式摄影机。该摄影机安置在飞机或者卫星平台上,在摄影成像瞬间,影像与航向垂直,形成一条与缝隙宽相适应的地面条带。当飞行平台向前移动时,在缝隙条带中,会连续出现地面影像。若飞行速度与缝隙中的成像速度相一致,就能获得连续的条带状摄影像片;若二者的速度不一致,则会出现缝隙间的影像不重叠、不连续的现象。在实际摄影中,由于较难控制平台的速高比,相机姿态也难以精确控制,所以缝隙式摄影机应用较少。缝隙式摄影机成像原理如图 2-10 所示。

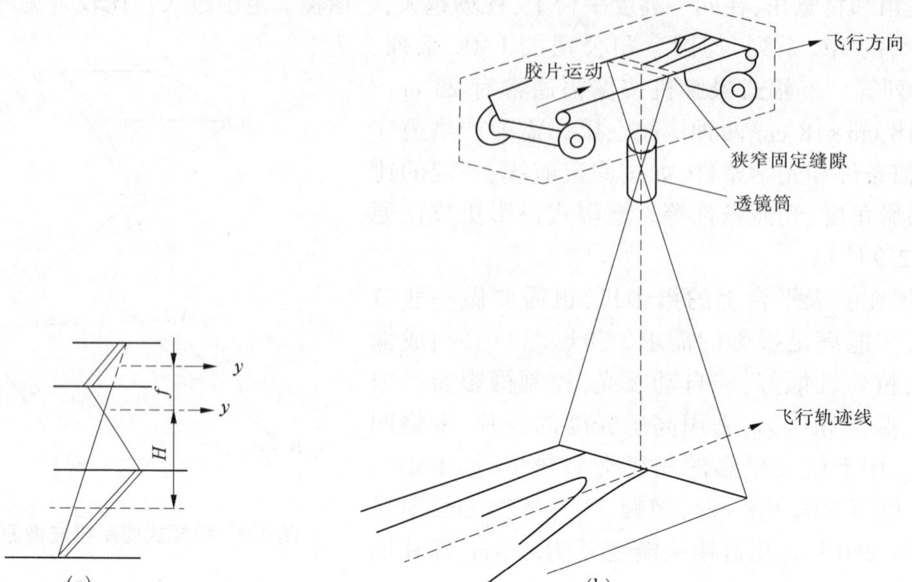

图 2-10 缝隙式摄影机成像原理

(三)全景式摄影机

全景式摄影机又称为摇头式相机,其成像原理如图 2-11 所示。镜头转动有两种工作方式:一种是转动镜头的物镜,狭窄的缝隙在物镜后端焦平面上连续成像,胶片放置成弧形;另一种是棱镜头转动,经过聚焦连续卷片成像。全景式摄影机的特点是焦距很长,可达 600 mm 以上,连续摄影成像时幅面可达 23 cm×128 cm。该种相机透镜小巧而精密,摄影视场很大,有时更可以达到 180°,可以摄取航线两侧到地平线的广大范围。视场的限制主要是通过平行飞行方向的狭窄缝隙的宽度来实现的。在成像时,胶片呈弧形放置,扫描镜扫描一次后,胶片旋进一次,胶片上每一处成像清晰,相对于平面影像边缘变形而言,全景式摄影时,像幅两边的影像分辨率有明显提高。由于焦距保持不变,物距随扫描角增大而增大,因此在图像边缘处两边的比例尺会逐渐缩小,形成“桶状”变形。全景式摄影主要用于军事侦察,遥感资源探测与制图大部分会采用框幅式摄影成像。

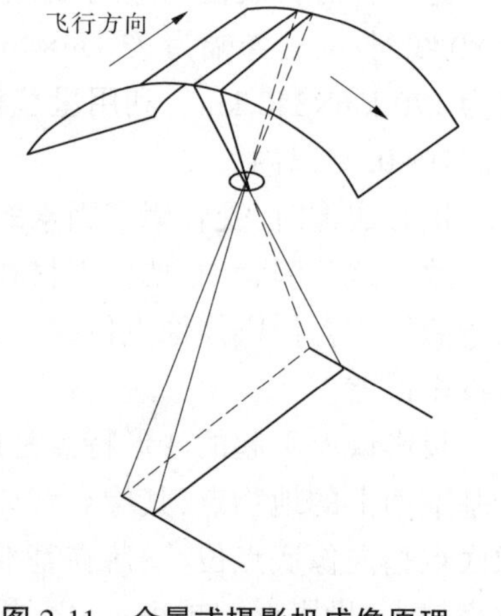

图 2-11 全景式摄影机成像原理

(四)多光谱摄影机

对同一地区、同一摄影条件下摄影取得多个波段的成像摄影机称为多光谱摄影机。多光谱摄影的目的是,充分利用不同地物在不同的光谱响应区间的反射特征,增加同一目标获取时的信息量,在影像判读识别时提高分辨能力。多光谱摄影机可同时直接获取可见光和近红外范围内若干个波段的影像,具体有三种类型:多相机组合型、多镜头组合型和光束分离型,如图 2-12 所示。

多相机组合型:将几部相机组装在一个平台上,每架相机配置不同的滤光片和胶片,获

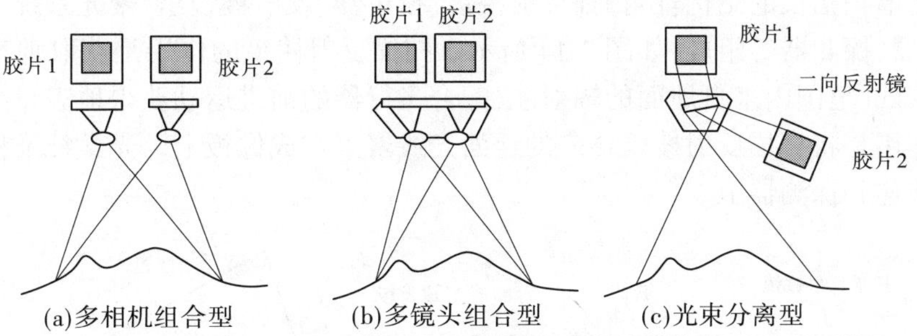

图 2-12 多光谱摄影机类型

取同一地物不同波段的影像。

多镜头组合型:在同一架相机上装置多个镜头,配以不同波长的滤光片,在一张大胶片上拍摄同一地物不同波长的影像。

光束分离型:在物镜后利用分光装置,将光束分离成不同的光谱成分,使它们在不同的胶片上曝光,从而形成不同波段的影像。分光装置是利用半透明的平面镜的反射和透射进行分光,使它们通过不同的滤光片,从而达到分光的目的。分光时,能量会损失,分离式多光谱摄影图像质量会受到不同程度的影响。

三、扫描型传感器

摄影型传感器受感光胶片波长范围(1.1 μm 以内)的限制,成像范围有限。扫描成像的传感器主要是依靠扫描镜和探测元器件对地面物体以一定的瞬时视场进行逐点、逐行扫取样本,以得到地物目标的电磁辐射信息,形成一定的波谱段图像。其探测的范围可以从可见光到全部的红外区域,可以把电磁辐射信息转换为电信号,通过无线电波实时传送到地面。常见的扫描类的传感器有光学—机械扫描仪、固体阵列式扫描仪、高光谱成像光谱仪、电视摄像机等。

(一)光学—机械扫描成像

光学—机械扫描仪(简称光机扫描仪)是借助于遥感平台沿其飞行方向运动和传感器本身垂直于飞行方向横向扫描,以获得地面覆盖、得到地面条带影像的成像设备。光机扫描仪主要有两种,一种是机载的红外扫描仪,一种是星载多光谱的扫描仪,如图 2-13 所示。

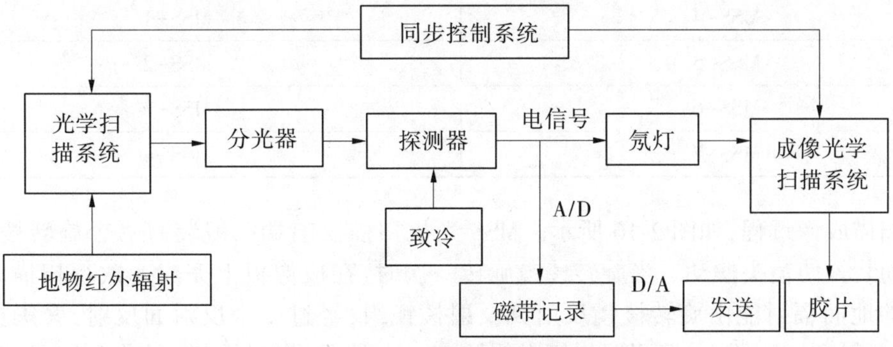

图 2-13 光学—机械扫描仪结构

(1)以 MSS 多光谱扫描仪为例,介绍其结构及扫描成像过程。

①多光谱扫描仪的结构:由扫描反射棱镜、校正器、反射棱镜组、聚光系统、成像板、光学纤维、滤光器、探测器等组成,如图2-14所示。扫描反射棱镜的作用是获取垂直于飞行方向两侧共185 km范围内来自地面的辐射能,配合飞行器的前进运动获得地表二维图像。反射棱镜组的作用是将扫描反射棱镜传来的地面光线聚集在成像板上。光学纤维将成像板上接收的能量传递到探测器上。

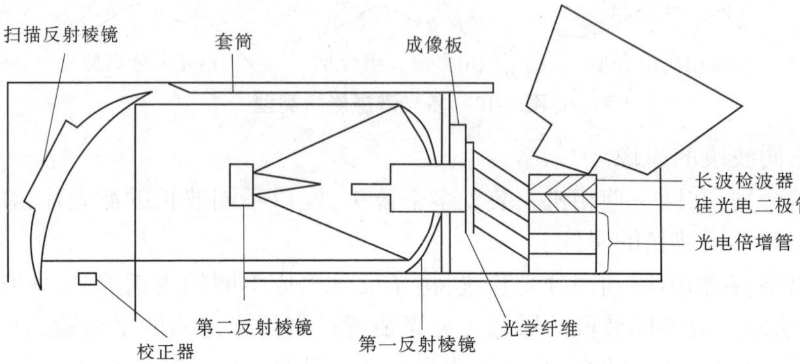

图2-14　MSS多光谱扫描仪的结构

成像板的结构如图2-15所示。成像板上排列有24+2个玻璃纤维单元(Landsat-3增加了1个热红外通道,视场扩大3倍,故增加2个纤维单元)。按波段排列成4列,每列有6个纤维单元,每个纤维单元即为扫描仪的瞬时视场。卫星轨道高度为915 km,瞬时视场角为86 μrad,故可以计算出每个纤维单元所对应的地面范围为79 m×79 m。在Landsat卫星上,4列所对应的波段编号如表2-6所示。Landsat-4的轨道高度为705 km,其瞬时视场83 m×83 m,其地面的分辨率为83 m。

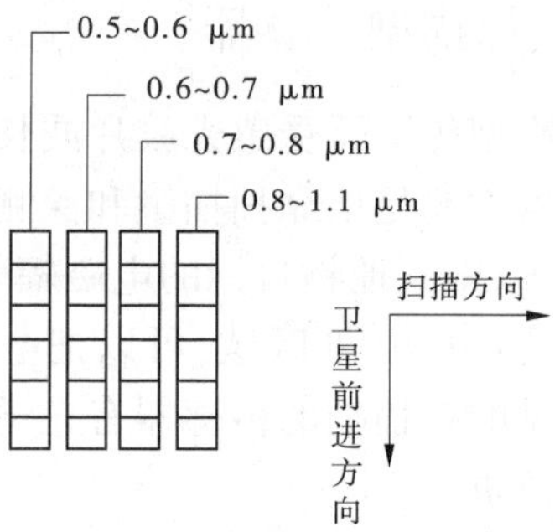

图2-15　成像板的结构

表2-6　MSS的波段编号

Landsat1~3	Landsat4~5
MSS-4	MSS-1
MSS-5	MSS-2
MSS-6	MSS-3
MSS-7	MSS-4

②扫描成像过程,如图2-16所示。MSS光机扫描仪前端一般装有一个旋转棱镜,依靠机械传动装置使镜头摆动。当旋转棱镜旋转一次时,在成像板上完成4次行扫描。在瞬时视场内的地面辐射能由旋转棱镜反射到反射棱镜组,经过2个反射面反射,聚焦在分光器后,分别照射到探测器上,探测器将辐射能转变成电信号,经过采样、量化和编码,变成数据流,向地面实时发送或者记录在磁带上,延时发回地面。随着旋转棱镜的旋转,垂直于飞行方向的地面依次形成一条影像线被记录下来。卫星在飞行过程中,旋转棱镜依次对地面扫

描，形成多条相互衔接的地面影像，最后形成连续的地面条带影像。

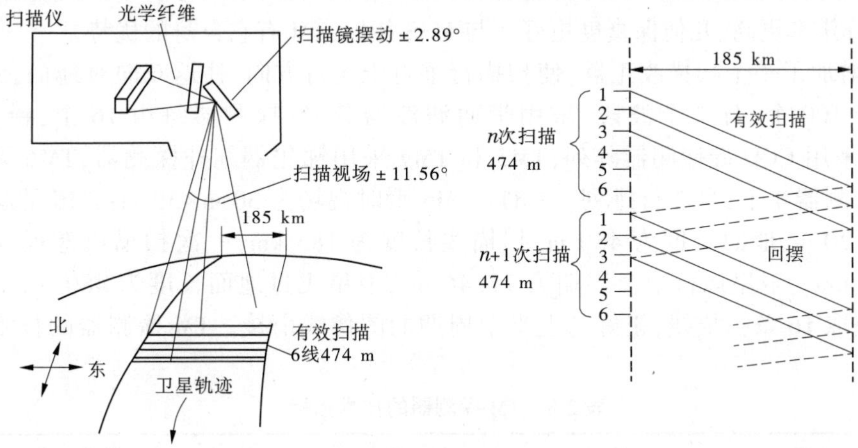

图 2-16　MSS 扫描成像过程

在扫描成像过程中，卫星向前运行的距离应该与 6 条扫描线所对应的地面距离相一致，从而保证了扫描线刚好衔接。扫描仪瞬时视场为 79 m，每个波段由 6 个大小相同的探测单元组成，与卫星前进方向相平行；而横向扫描形成的 6 条扫描线与卫星飞行方向大致呈垂直方向，地面视场为 474 m×79 m；卫星扫描 4 个波段的宽度为 185 km，其地面总的视场范围为 474 m×185 km。卫星向前运行的地速为 6.5 km/s，扫描周期为 73.42 ms，在一个扫描周期里，卫星向前运行的距离为 474 m，因此 6 条扫描线刚好衔接。

探测元件根据目标地物和大气透过的程度来确定。一般地物在常温条件下电磁辐射峰值为 10 μm，探测器的响应波长取定在 8～14 μm 比较合适。探测高温地物，如森林火灾，辐射波长约为 3.510 μm，探测器的响应波长应选在 3～5 μm。由此可见，进行不同的波段探测，需要采用不同的探测元件。因此，光机扫描图像的物理特性取决于其所采用的探测元件波段响应。

光机扫描的几何特征取决于它的瞬时视场角和总视场角。一般进行扫描成像时，总视场角不宜过大，否则图像边缘畸变较大。MSS 探测器的技术指标见表 2-7。

表 2-7　MSS 探测器的技术指标

传感器	波段	波长/μm	IFOV/m	主要作用
MSS	4	0.5～0.6(绿色)	80	判读水下地形，辨别岩性和松散沉积物及部分植被
	5	0.6～0.7(红色)	80	监测海中泥沙流、大河中的悬浮物，区别岩性地层、沙地和沼泽地、人工建筑群和大型工程
	6	0.7～0.8(近红外)	80	区分水体和湿地，监测作物生产和受灾情况
	7	0.8～1.1(近红外)	80	描绘水体边界，寻找地下水，研究地质构造和隐状构造，监测作物病虫害

注：IFOV 为 Instantaneous Field of View 的简称，意为瞬时视场，下同。

(2)TM 专题制图仪。Landsat-4/5 卫星上的 TM(thematic mapper)是一个高级的多波段扫描型的地球资源敏感仪器,与多光谱扫描仪 MSS 相比,它的空间分辨率更高,频谱选择性更多,辐射分辨率更高,几何保真度更好。与 MSS 相比,TM 有它自身的优势。

TM 中增加了一个扫描改正器,使扫描行垂直于飞行方向,往返双向对地面扫描。TM 探测器共有 100 个,分 7 个波段,采用带通滤波器分光,探测器每组 16 个,错开排列。TM1~TM4 采用 CCD 硅探测器阵列;TM5 和 TM7 采用锑化铟红外探测器;TM6 采用汞镉碲热红外探测器 4 个,呈 2 行排列。TM1~TM5 瞬时视场为 30 m×30 m;TM6 的瞬时视场为 120 m×120 m,地面长度为 480 m,扫描线长度为 185 km,一次扫描成像地面范围为 480 m×185 km。卫星运行半个周期为 71.46 ms,卫星飞过地面长度为 480 m,下半个周期的扫描获取 16 条扫描线,正好与上半个周期的图像线衔接。TM 探测器的技术指标见表 2-8。

表 2-8　TM 探测器的技术指标

传感器	波段	波长/μm	分辨率/m	主要作用
TM	1	0.45~0.52(蓝色)	30	沿岸水域制图,区别地表/植被,区别阔叶树和针叶树
	2	0.52~0.60(绿色)	30	测量水质和正常植被的绿色反射率
	3	0.63~0.69(红色)	30	鉴别植被种类、人工建筑物和水质
	4	0.76~0.90(近红外)	30	调查生物量,绘制水体边界
	5	1.55~1.75(短波红外)	30	测量植物含水量,鉴别云和雪
	6	10.40~12.50(热红外)	120	测量作物热特性,绘制其他热分布图
	7	2.08~2.35(短波红外)	30	绘制液热图,识别岩性、土壤类型和人工建筑

(3)ETM+增强型专题制图仪比 TM 具有更高的灵敏度,它是一台 8 波谱段的多光谱扫描辐射计,其探测技术指标见表 2-9。与 TM 相比,它增加了一个全色波段,空间分辨率为 15 m,采用双增益技术,使热红外波段分辨率提高到 60 m,太阳辐射定标器使卫星辐射定标误差小于 5%,其精度比 Landsat 提高 1 倍。

(二)固体阵列式扫描成像

(1)固体阵列式扫描仪的结构。它是用固定的探测元件,通过遥感平台的运动来对目标地物进行扫描的一种成像方式,也称为推帚式扫描。该扫描仪由收集器、分光器、探测器、处理器和输出器等组成。与光机扫描仪相比,没有机械装置,探测器的原理也大不相同,其他部件基本相同。推帚式扫描使用的是固体探测器件,固体探测器件是由硅等半导体材料制作而成的探测器件。在该器件中,受光或者电的激发产生的电荷电子或者空穴运载,在固体内部移动,从而实现信号传输。固体探测器件种类很多,目前最为常见的是 CCD(Charge Coupled Device)电偶耦合器件。

表 2-9 ETM+增强型传感器的技术指标

波段	波长/μm	分辨率/m	覆盖范围(km×km)
1	0.45~0.52(蓝色)	30	183×170
2	0.52~0.60(绿色)	30	
3	0.63~0.69(红色)	30	
4	0.76~0.90(近红外)	30	
5	1.55~1.75(短波红外)	30	
6	10.40~12.50(热红外)	60	
7	2.08~2.35(短波红外)	30	
8	0.50~0.90(全色)	15	

(2)推帚式扫描仪的成像过程。来自地面的电磁辐射信息,经过光学系统收集,聚焦在CCD线阵列元件上,CCD的输出端以一路时序视频信号输出,在瞬间能同时获得一条垂直于航迹线的条带影像线。随着卫星的向前移动,以推帚的方式获取沿轨道的连续窄带影像。推帚式扫描仪数据采集原理如图2-17所示。

法国SPOT星载有一种线阵列推帚式扫描仪HRV(High Resolution Visible Range Instrument)。HRV结构如图2-18所示。仪器中有一个平面反射镜,将地面辐射来的电磁波反射到反射棱镜组,经过2次反射后聚焦在线阵列元件上,CCD的输出端以一路时序视频信号输出。

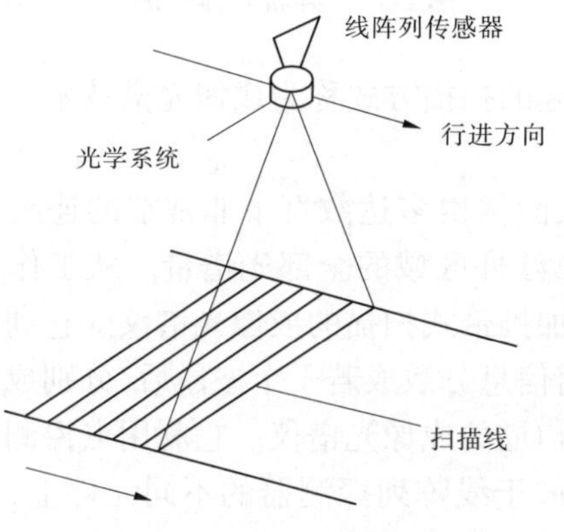

图2-17 推帚式扫描仪数据采集原理

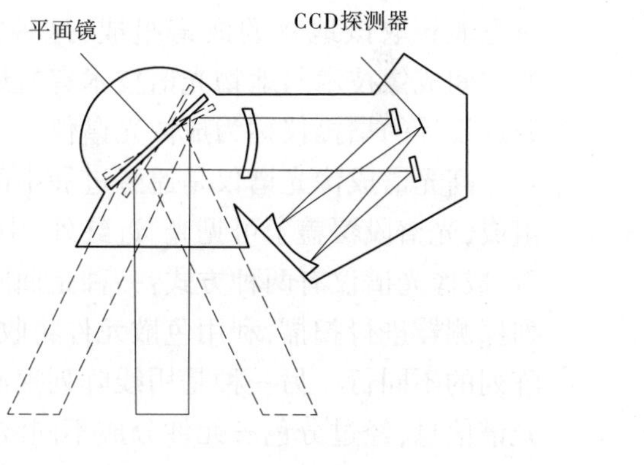

图2-18 SPOT星载HRV结构

SPOT卫星上的HRV有两种形式:一种是多光谱型的HRV,分为三个谱段,每个波段的线阵列探测器由3 000个CCD元件组成,每个元件形成的像元地面视场为20 m×20 m。因此,一行CCD探测器形成的影像线,相应的地面范围是20 m×60 km。每个像元用8 bit对亮度信息进行编码。另一种是全色波段的HRV,它由6 000个CCD探测元件组成一行,地面宽度60 km,每个像元对应的地面尺寸为10 m×10 m。由于相邻像元亮度差较小,编码采用6 bit的二进制进行编码。

推帚式扫描仪可以获取地面的立体影像,实现对地面的立体观测。立体观测主要有两种:同轨立体观测和异轨立体观测。同轨立体观测是指在同一条轨道的方向上获取立体影像。方法是在卫星上安置两台以上的推帚式扫描仪,一台垂直下视,一台指向前视或后视,且传感器之间的光轴保持一定的夹角。随着平台的移动,三台扫描仪就可以获得同一地区的立体影像。为了测图,一般选用不同焦距的扫描仪,光轴之间产生一定的小角度,例如某卫星高度为705 km,光轴夹角26.57°,正下视的焦距705 mm,前视和后视扫描仪的焦距为775 mm,三台扫描仪获取的比例尺均为1∶1 000 000。

异轨立体观测是在不同的轨道上获取立体影像。在立体观测时,卫星上可以使用两台以上的扫描仪,也可以使用一台扫描仪。SPOT上使用一台扫描仪,其平面反射镜可绕着卫星前进方向做滚动轴旋转,从而实现在不同轨道间的立体观测。SPOT的轨道偏移系数为5,即相邻轨道相差5 d。如果是垂直观测,第1天获取垂直观测的影像,第6天后方能获得立体观测影像。异轨立体观测方式如图2-19所示。

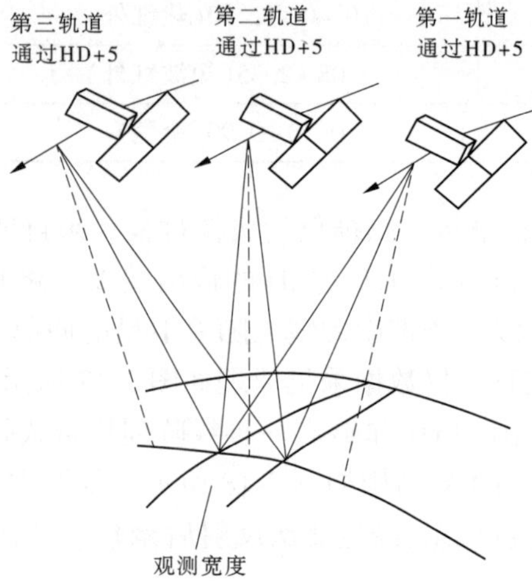

图2-19 异轨立体观测方式

(三)高光谱成像光谱扫描

将常规的可见光和红外波段分解成几十个到上百个更窄的波段。在一定范围内,被分割的波段数越多,即波谱取样点越多,越接近连续波谱曲线。扫描仪在获取地物的图像时也能获取该地物的波谱组成,这种将传统的空间成像技术与地物光谱技术有机地结合在一起的扫描方式称为成像光谱技术。依据此原理设计的扫描仪称为成像光谱仪。

高光谱成像光谱仪是遥感进展中的新技术,其图像由多达数百个非常窄的连续光谱段组成,光谱段覆盖了可见光、近红外、中远红外和热红外区域的全部光谱带。从工作机制来看,成像光谱仪有两种方式:一种是面阵列探测器加推帚式扫描的成像光谱仪。它利用线阵列探测器进行扫描,利用色散元件将收集到的光谱信息分散成若干个波段后,分别成像于面阵列的不同行。另一种是用线阵列探测器加光机扫描的成像光谱仪。它利用点探测器收集光谱信息,经过分色三元件分成不同波段,分别成像于线阵列探测器的不同元件上,通过点扫描镜完成空间扫描,而利用线探测器进行光谱扫描。

目前,加拿大研究公司研究的CASI小型机载的高光谱成像光谱仪共有288个波段,光谱范围为0.385~0.9 μm,波段宽度为1.8 nm,瞬时视场为0.3~2.4 mrad,整个扫描视场为35.4°。CASI可以用多光谱方式工作,也可以用高光谱方式工作,达到288个波段的连续光谱取样。中国的推帚式高光谱成像仪属于这种仪器。

四、微波遥感成像

(一)雷达成像特点

微波遥感是指通过微波传感器获取目标地物发射或反射的微波辐射,经过判读处理来识别地物的技术。微波遥感中主要的成像装置是侧视雷达，它一般由发射器、转换开关、天线、接收机、显示器等组成。基本工作过程是发射器发射脉冲信号，转换开关控制，经由天线向外发射，地物反射脉冲信号，由转换开关控制进入接收机，接收信号显示在显示器或者记录在磁带上。侧视雷达一般结构如图 2-20 所示。

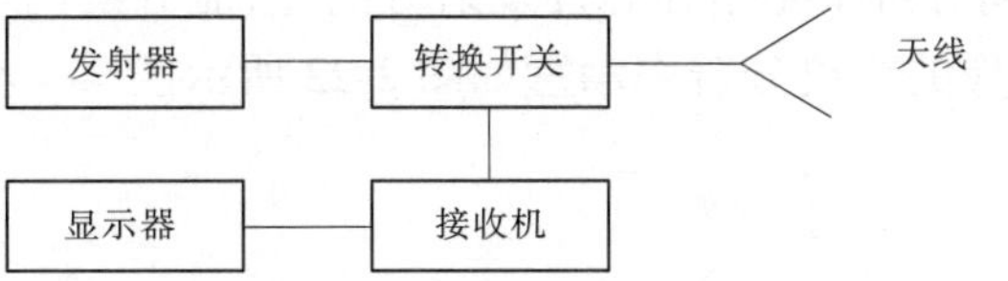

图 2-20 侧视雷达一般结构

雷达接收的回波中含有多种信息，如雷达到目标的距离、相位、相对速度、目标反射特性等，距离计算公式为

$$R = \frac{1}{2}vt \tag{2-2}$$

式中：R 为雷达至目标的距离；v 为电磁波传播速度；t 为雷达和目标间脉冲往返时间。

(二) 真实孔径侧视雷达

真实孔径侧视雷达工作原理如图 2-21 所示。以机载侧视雷达为例进行介绍。天线安装在飞机的侧面，与飞机的运动方向形成一定的角度，朝向一侧或者两侧倾斜安装。发射器向侧下方发射一束窄的脉冲，由天线收集起来后，被接收机接收，接收的回波信号包括振幅、位相、极化等。为了获得较宽的地面范围，侧向发射范围可适当设计宽一点，有的机载侧视雷达两侧可探测达 100 km 的范围。

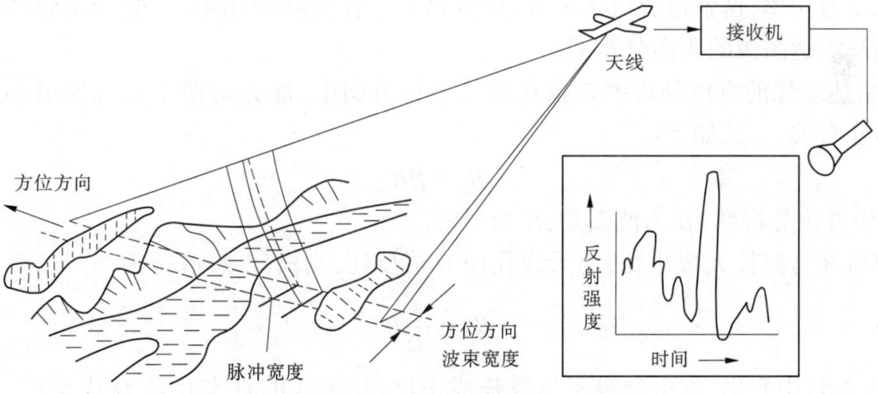

图 2-21 真实孔径侧视雷达工作原理

从图 2-21 中可以看出，由于地面各点到飞机的距离远近不同，接收机工作时接收到的信号以到飞机的距离远近、先后记录成序。地形凸起的部分，反射面朝向天线，反射较强；地面平坦且粗糙的，反射强度中等；地面平成镜面的，反射强度回波较弱；地面突出且为金属结构的，出现强反射。回波信号经过处理器处理后，在阴极射线管上形成一条图像线，反映了各种地物的反射特性，记录在胶片上。

飞机继续向前飞行，对一条一条辐射带连续扫描，在阴极射线管处的胶片与飞机速度同步转动，就可以得到在飞机航线侧面由各种地物回波信号强弱表示的条带图像。信号强度与地物的特性、形状和坡向有关,波束向侧下方发射,使不同地形显示出更大的差别,使得雷达图像更具立体感。

真实孔径侧视雷达探测中需要明确的两个基本概念:雷达图像的距离分辨率和方位分辨率。

(1)雷达图像的距离分辨率是指在脉冲发射方向上,能分辨两个目标的最小距离,它与脉冲宽度有关。雷达图像的距离分辨率示意如图2-22所示。

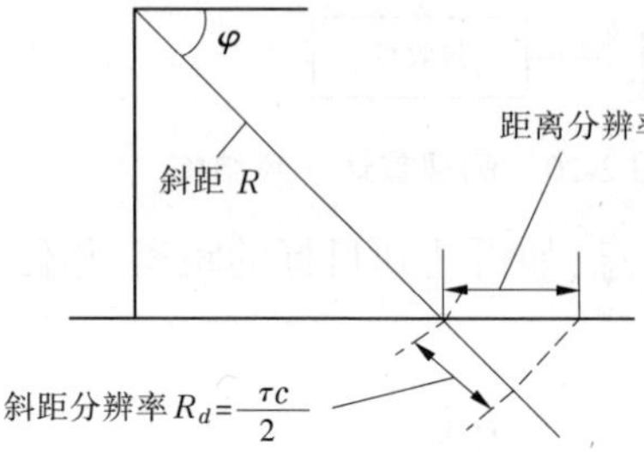

图2-22　雷达图像的距离分辨率示意

计算公式如下:

$$R_r=\frac{\tau c}{2}\csc\varphi,R_d=\frac{\tau c}{2} \tag{2-3}$$

式中:R_r 为距离分辨率;R_d 为斜距分辨率;τ 为脉冲宽度;φ 为俯角。

从式(2-3)中可以看出,距离分辨率与脉冲宽度有关,与距离无关。脉冲宽度减小,可以提高距离分辨率,但是侧视雷达作用距离会变短。为了保持一定的距离分辨率,需要加大侧视雷达的发射功率,这就造成设备庞大,造价昂贵。在实际应用中,一般采用脉冲压缩技术来提高侧视雷达图像的距离分辨率。

(2)雷达图像的方位分辨率是指在雷达飞行方向上,能分辨两个目标的最小距离。它与波瓣角 β 有关,公式如下:

$$R_\beta=\beta R \tag{2-4}$$

式中:R_β 为方位分辨率;β 为波瓣角;R 为斜距。

波瓣角 β 与波长 λ 成正比,与天线孔径 D 成反比,则式(2-4)改写为

$$R_\beta=\frac{\lambda}{D}R \tag{2-5}$$

从式(2-5)中看出,方位分辨率与波长成正比,与天线的真实孔径 D 成反比,若要提高方位分辨率,则要采用波长较短的电磁波,天线的孔径要加大。根据实际的测试结果,真实孔径雷达发射波长 $\lambda=3$ cm,其天线孔径需要达到 $D=4$ m、轨道高度为200 km的对地面探测,方位分辨率为1.5 km。若要提高方位分辨率,使其达到3 m,则真实天线孔径需要制造到2 000 m。显然,设计如此巨大的天线,无论是机载还是星载,都无法实现。解决办法是用合成孔径雷达来代替真实孔径雷达。

(三)合成孔径雷达

合成孔径雷达是利用遥感平台的前进运动,将一个小孔径的天线作为基本的辐射单元,安装在平台的侧方,以代替大孔径的天线,提高方位分辨率的雷达。合成孔径雷达的基本设

计思路是：如果制作一个小孔径的天线，沿着一定的直线方向，按照一定的间隔移动，每移动一个位置接收一次回波信号，进行存储并保存接收信号的幅度和相位，在若干个位置都能准确地记录回波信号。当辐射单元按照这种设计移动 L_S 距离后，存储的信号和实际孔径天线阵列单元所接收的信息非常相似。

合成孔径天线是在不同位置接收同一地物的回波信号，而真实孔径天线则是在一个位置上接收目标的回波信号。合成孔径侧视雷达工作原理如图 2-23 所示。如果把真实孔径天线按一定的规则划分成若干个小孔径单元，则每个小单元接收回波信号的过程与合成孔径天线在不同位置接收回波的过程是极为相似的，类似于每个真实孔径单元所在的位置，合成孔径天线在接收信号时都遍历一遍，真实孔径单元将所有在同一时刻获得的回波信息聚合到一起，得到目标物的成像。合成孔径天线所接收的回波信号是在不同时刻得到的，每一个位置都要记录一个回波信号。这种记录方式是有规律的，多数情况下，它所记录的是一条一条的相干图像，这种图像需要做进一步的处理，才能恢复地面的实际图像。

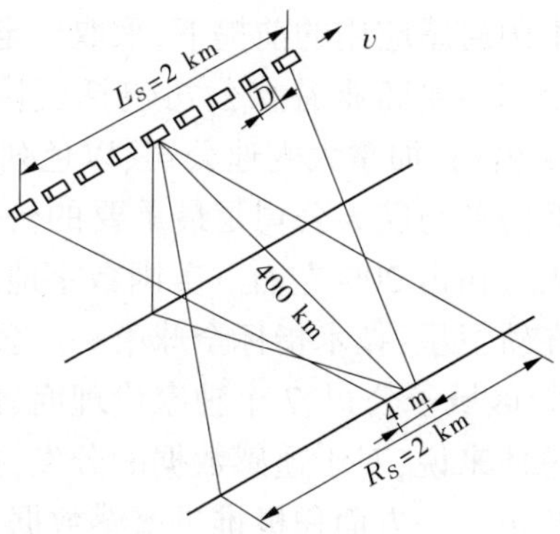

图 2-23　合成孔径侧视雷达工作原理

合成孔径雷达的方位分辨率可用下式计算：

$$R_S = \frac{\lambda}{L_S}R \tag{2-6}$$

合成孔径雷达的天线孔径的最大值为

$$L_S = R_\beta = \frac{\lambda}{D}R \tag{2-7}$$

将式(2-7)代入式(2-6)，得

$$R_S = D \tag{2-8}$$

式(2-8)说明，合成孔径雷达的方位分辨率仅与天线的孔径大小有关，与距离无关。在实际应用中，若采用双程相位移动，则方位分辨率可以再提高一倍，即 $R_S = D/2$。

活动三　我国遥感数据获取的方法

资源与器材：PPT 图片、框图、图表文字资料。

本活动的主要目的是了解我国遥感数据的分发机制、获取途径、主要用途等。教师引导学生了解我国遥感数据的分发情况。

【知识导航】

一、国外遥感数据获取的现状及政策

随着世界遥感技术的发展和市场的扩张，欧美发达国家和一些遥感技术较为领先的国家在逐步制定遥感服务法律、政策体系与框架，内容涵盖数据的采集观测、分发服务和知识产权保护等方面。美国曾先后发布三个有关遥感应用的法令，1984 年通过第一个联邦遥感

条例——《陆地遥感商业法案》,该法案要求政府对遥感数据分发尤其是民用实行严格管制。1992年美国国会通过第二个联邦遥感条例《陆地遥感政策法案》,允许商业企业拥有并运营商业遥感卫星系统,促进美国遥感卫星的商业化。2003年4月25日,美国总统小布什批准了第三个联邦遥感条例《美国商业遥感政策》,该政策强调美国政府将更多依靠商业企业运行遥感系统,政府加强对商业企业的监管。法国和印度的遥感政策与美国类似,在优先服务本国遥感应用的前提下,采取一定形式下的"无歧视性"政策。

全球主要商业遥感公司包括美国数字地球公司、法国空客防务与航天公司、意大利E-geos公司、加拿大麦迪公司、以色列成像卫星公司和加拿大黑桥公司,其中数字地球公司和空客防务与航天公司是最重要的公司,数字地球公司的市场规模占60%左右,空客防御与航天公司占20%左右。美国数字地球公司的数据具有高空间分辨率的特点,目前有7颗光学在轨卫星,技术指标全球第一。公司拥有强大的营销体系,全球建有8个地面数据接收站、2个区域子公司、7个独家代理商、116个国际分销商。

总体来说,对于遥感数据的分发,无论是欧美发达国家还是发展中国家都制定了双重的使用政策。一方面积极推进遥感数据为社会公益性事业服务,另一方面对国家安全有所保护。如美国政府规定,美国商业卫星影像公司在提供数据时必须延迟,具体来说至少延迟24 h。中国遥感卫星地面站在拍到照片的25 h后向客户交付卫星影像。印度政府规定,为了保护本国的安全利益,所有优于1 m分辨率的数据需要经过相关机构筛查和审查后才能分发。

二、我国遥感数据获取的政策、分发机构与机制

当前,在国家大力推动全面深化改革、军民融合发展等政策环境下,探索实施商业化、市场化、产业化的运作模式,建立以市场为主导、以需求为牵引,科学规范竞争的卫星应用产业,既符合国际航天产业发展的必然趋势,也是最大程度提高我国空间基础设施的应用效能、提升我国卫星应用领域国际竞争力的一条重要途径。我国应集中优势资源,建立科学、规范、有序的商业遥感产业,这将有力带动我国航天制造业效能的提升,并进一步提高我国商业遥感产业的国际竞争实力。

20多年来,以CBERS为代表的我国民用国产遥感卫星数据从无到有、从小到大,数据分发服务能力大大提高,已经实现了从单颗卫星数据分发到多颗卫星数据综合服务、从国内服务到面向国际市场的转变,遥感卫星数据已经成为国家经济建设和国防建设中极其重要的资源。

2006年4月1日起,CBERS-02星开始面向国内用户实行免费提供政策,使得国内许多行业单位能够利用国产遥感数据进行常态化业务运行,如国家环保局全国环境质量动态变化监测、水利部水旱情监测与评估业务运行系统、中国气象局的农作物估产系统、国家海洋局的海洋灾害监测等,充分利用了CBERS的免费数据,实现业务化运行。2012年的资源一号02C星和资源三号高分卫星成功发射,更好地满足了广大用户对高分辨率遥感数据的需求。

从2010年起,遥感卫星数据主管部门启动了民用遥感卫星总的数据政策研究,主要针对当前的气象、海洋和陆地等遥感卫星数据管理制定一个顶层数据政策框架。经过多年的发展与应用,我国已经逐步建立起了多个国家级遥感卫星数据接收与服务系统,它们分别在陆地资源数据、气象资源数据、海洋监测数据、国外民用卫星数据的接收、处理、分发方面发

挥了重要作用。当前,我国遥感数据的分发机构如图 2-24 所示。

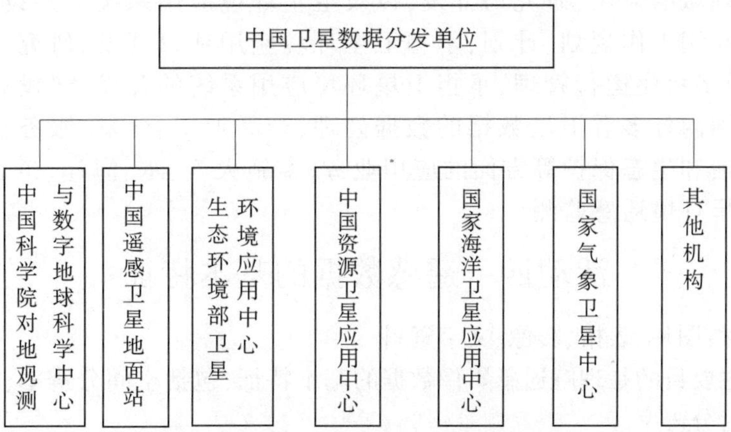

图 2-24 我国遥感数据的分发机构

(1)国家气象卫星中心。我国极轨气象卫星地面系统由数据处理和服务中心、运行控制中心、数据存档中心,以及北京、广州和乌鲁木齐地面接收站组成,为适应对卫星气象应用日益增长的需求,计划逐步增建三个国内站、一个海外站,形成覆盖全球的气象卫星地面接收体系。气象卫星地面系统负责我国风云气象卫星及国外其他遥感卫星的数据接收、传输、处理、存档和分发服务,负责向用户提供多种级别的高质量、高时效的大气、陆地和海洋遥感图像及定量产品。

(2)国家海洋卫星应用中心。海洋卫星数据的接收、处理、分发由海洋卫星地面应用系统完成。地面应用系统包括北京卫星地面接收站、三亚卫星地面接收站、牡丹江卫星地面接收站和北京数据处理中心。

地面站主要用于接收我国海洋一号卫星 HY-1A/B 及其后继星 X 波段传输的遥感数据,同时兼容接收美国 TERRA/AQUA 卫星传输的遥感数据。产品存档与分发分系统负责海洋一号卫星各级产品的存档和管理,通过数据库查询、检索和文件管理系统,向用户提供服务。

(3)中国资源卫星应用中心。CBERS-01/02 星地面系统包括数据接收、数据预处理、用户服务、运行管理、卫星有效载荷业务测控、应用示范及分析模型、数据模拟和应用评价 7 个分系统。02B 星处理系统根据处理数据量的增加和计算机技术的发展采用 SAN 存储结构,大大提高了处理系统的性能;同时解决了 HR 相机数据的接收和处理问题;系统几何校正采用了星敏和 GNSS 数据,大大提高了数据产品定位精度。CBERS-02 星 2006 年投入运行,2006 年 4 月 1 日圆满地完成了数据网上免费分发的任务。2006 年 4 月,国家公布了 CBERS-02 星数据的免费分发政策,对国内用户免费提供数据产品,使得国内许多单位能够利用国产数据进行业务化运行。

(4)中国遥感卫星地面站。我国于 1986 年建立了专门用于接收、处理与分发国外民用对地观测卫星地面系统,并投入正式运行。从 1986 年的 1 颗,发展到 2007 年的 16 颗,数据分辨率覆盖 2.5~250 m,数据类型从光学到雷达,卫星范围涉及美国、法国、加拿大、欧洲空间局、日本、印度等国际上主流的遥感卫星系列及我国自主发展的资源卫星系列。真正实现了一站多星、全天候、全天时、近实时、多种分辨率,成为世界范围内最成功的对地观测地面站之一。

(5)生态环境部卫星环境应用中心。该中心成立于 2009 年 2 月,主要承担卫星遥感技术在环境领域的应用、研究与开发,以及卫星环境应用系统的建设、管理等工作:拟订卫星环境应用工作规划、计划,承担卫星环境应用项目开发、研究、论证和实施工作;承担环境卫星星座运行管理,承担卫星环境应用系统的开发、建设和管理,承担基于环境卫星等国内外多源卫星数据的数据处理、产品加工、分发、服务;承担卫星遥感技术在污染防治和生态保护等方面的应用业务,实施大气、水、海洋、生态、固体废物及流域区域等卫星环境遥感监测。

活动四　遥感数据的基本特征

资源与器材:图片、表格、影像、文字资料。

本活动的主要目的是理解遥感影像数据的基本特征,包括空间分辨率、时间分辨率、光谱分辨率和辐射分辨率。

【知识导航】

遥感图像是传感器所获取的基本数据源,是遥感探测地物目标的信息载体,它直接或间接地记录着许多基本的物理、地学变量和变量组合。遥感解译人员需要从遥感图像上识别地物的大小、形状、属性、空间位置、动态变化及其分布特点等。因此,遥感图像一般具有空间几何特征、物理特征和时间特征。这三个方面可以从以下几个具体的数据进一步理解,即空间分辨率、波谱分辨率、辐射分辨率和时间分辨率。

一、遥感图像的空间分辨率

(1)遥感图像空间分辨率是指图像上能够详细区分的最小单元的尺寸或者大小,这是针对遥感图像及传感器而言的。遥感平台的选择主要是依据地面分辨率,是指图像上可以识别的最小地面距离或者最小目标物的大小,即一个像素所能代表的地面范围的大小,这是针对地面而言的。它们均可以反映对两个非常靠近的目标物的识别、区分能力,在胶片时代,也称为分辨力或像解力。

例如,Landsat-1 搭载的 MSS 多光谱扫描仪,全色影像的地面分辨率为 79 m,可以理解为 MSS 图像上一个像素所代表的地面尺寸为 79 m,也可以理解为地面上能被识别的最小尺寸为 79 m。

(2)遥感图像空间分辨率的表示方法主要有以下几种。

①像元(pixel)。像元也叫像素,是一幅影像里最小的单元,在遥感图像上是指单个像元所对应的地面面积的大小,单位为米(m)或者千米(km)。例如,美国的 IKONOS 商业卫星一个像元相当于地面面积为 1 m×1 m,其空间分辨率为 1 m。中国的高分一号卫星,其一个像元相当于地面面积为 2 m×2 m,其空间分辨率为 2 m。法国 SPOT 卫星一个像元对应地面的面积为 10 m×10 m,其分辨率为 10 m。美国的 Landsat-8 一个像元所对应的地面面积为 15 m×15 m,其分辨率为 15 m。像元是扫描影像的基本单元,是光学成像过程中传感器对地面进行扫描的样本点,由亮度值表示。对于扫描成像而言,其分辨率取决于扫描系统的光学几何特征和探测器的采样速率,要依具体情况来定。

②瞬时视场(IFOV)。它是指传感器内单个探测元件的受光角度或观测视野,单位为毫弧(mrad)。一般规律是,IFOV 越小,最小的可分辨的单位越小,空间分辨率就越高;反之,

IFOV 越大,空间分辨率越低。IFOV 的大小取决于传感器光学系统和探测器的大小。通常认为,一个瞬时视场范围对应一个像元范围,但是任何一个瞬时视场所包含的信息不仅仅是一个地面覆盖的类别,它可能由多种信息构成,如在一个瞬时视场内可能有树林、草地、裸露地等。因此,一般图像像元内都是纯色像素和混合像素的集合体,这取决于 IFOV 的范围和地面的复杂度。

③线对数。对于胶片记录的摄影系统而言,过去常用线对数来表达图像的空间分辨率。它是指在胶片上 1 mm 宽度范围内所包含的线对的数量,单位为线对/mm。线对是指一对同等大小的明暗条纹,明暗条纹是彼此交叉排列的。1 mm 宽度范围内所表示的线对数量越多,那么代表图像的空间分辨率越高,细节表达越清晰;反之,线对数量越少,图像的空间分辨率不高,细节表达不足。由于现在胶片使用较少,这种评价方式已经用得很少了。

一般而言,传感器系统的空间分辨率越高,其对地物的识别能力就越强。然而,实际情况并不完全是这样,因为一个目标的识别不仅与空间分辨率有关,而且与地物本身的几何尺寸大小、形状,周围景物的亮度差有关。如 SPOT-1 卫星全色影像的分辨率是 10 m,一条穿过草原的小路只有不到 1 m,按空间分辨率来说,在影像上是无法被识别的,但是由于其形状和背景反差特殊,在遥感图像上依然能被识别。设计传感器时,应估计所要探测的类别,重点考虑空间分辨率。

二、遥感图像的波谱分辨率

波谱分辨率是指传感器接收目标辐射的波谱时能分辨的最小波长间隔。间隔越小,分辨率越高。传感器的波谱分辨率的选择要考虑波段数量的多少,各波段的波长位置、波长间隔的大小等。波段数量即通道数,波长的位置即每个通道的中心波长,波长间隔即带宽,这三个因素共同决定了波谱分辨率。

不同波谱分辨率的传感器对同一地物探测的效果有很大不同。对于某一地物可以用航空相机记录下整个可见光的红、绿、蓝的反射辐射;Landsat 的 TM 传感器有 7 个波段,能较好地区分同一地物在 7 个不同波段的波谱相应差异。成像光谱仪在可见光到红外波段范围内,被分割成几百个窄的波段,具有很高的波谱分辨率,可以分辨出不同物体光谱特征上的微小差异,有利于识别更多目标。传感器波段的选择必须考虑目标的光谱特征值,如感测人体应选择 8~12 μm 的波长,探测森林火灾则应选择 3~5 μm 的波长才能取得较好的效果。

三、遥感图像的辐射分辨率

辐射分辨率是指传感器接收波谱信号时,能分辨的最小辐射度差异。在遥感图像上表现为每一个像元的辐射量化级。这个差异表现为对光谱信号强弱的敏感程度、区分能力。在一幅图像里,最暗与最亮的灰度值之间分级的数目对识别目标有一定的意义。例如,陆地资源卫星 Landsat-1 采用 6 bit 记录反射辐射值,量化级为 0~63,经过数据处理后用 7 bit 表达,取值范围为 0~127,其量化级多了一倍多,灰度细节更明显。再如在 TM 图像中,7 个波段有 6 个在空间分辨率为 30 m 时,其数据的记录以 8 bit 来表达,取值范围为 0~255,其灰度量化级更高,细节比 MSS 表达得更丰富。

对于空间分辨率与辐射分辨率而言,两者存在一定的相关性。一般瞬时视场 IFOV 越大,最小可分像素越大,空间分辨率越低;但 IFOV 较大时,辐射通量较大,辐射测量会比较敏感,传感器对微小辐射亮度差异的检测能力越强,辐射分辨率反而变高。由此可见,空间分辨率升高了,辐射分辨率降低了;换言之,辐射分辨率升高了,空间分辨率随之降低,两者无法同时满足。

四、遥感图像的时间分辨率

时间分辨率是指对同一地区进行重复遥感数据获取时经历的最小时间间隔,故也称为重访周期。这是对遥感影像时间间隔的一项性能指标。传感器按照一定的时间周期重复采集数据,这种重复周期是由飞行器的轨道高度、轨道倾角、运行周期、轨道间隔、偏移系数等参数共同决定的。

时间分辨率的大小除跟回归周期有关外,还跟传感器本身的设计有密切关系。以极轨卫星 NOAA 为例,有 2 颗卫星同时在轨运行,重访周期为 1~2 d,采用双星系统,同一地点有 4 次过境资料。静止卫星对同一地点每隔 20~30 min 可获得一次观测资料。对于 SPOT 卫星,轨道高度 832 km,倾斜角为 98.7°时,重访周期是 26 d,在不同地表进行观测,经历的时间不一样,中纬度地区观测 12 次,赤道观测 7 次,低纬度地区观测达 28 次。由此可见,SPOT 的时间分辨率为 1~5 d,NOAA 为数小时,静止气象卫星为几十分钟。

根据传感器探测周期的长短,可以把时间分辨率划分为三种类型:一种是短周期时间分辨率,主要是各种气象卫星,以小时来计量;另一种是中周期分辨率,主要是各种资源类探测卫星,以天来计量;还有一种是长周期时间分辨率,以"年"为单位计量,主要应用到变化比较缓慢的领域,如湖泊的变化、村庄的变迁、海岸的进退、城市的扩展等。

任务小结:

本任务的主要目的是让学生了解遥感卫星的类型及运行特点,理解遥感传感器的成像机制及数据源的特点,真正做到对所获取的数据源有所了解,在开展遥感项目时能很好地挑选数据源,保证其可靠的质量。同时,对国内外遥感数据的分发机制有一个较为初步的了解,能从相关机构获取所需要的数据源。

任务考核:

教师列举常见的遥感卫星及传感器,让学生根据所学知识,通过网络等多种途径,查询遥感数据的特点及获取途径,并在课堂上分享给全班同学,教师对学生的综合表现进行成绩评定。

任务二　遥感数据的获取与数据表达

任务目标:

1. 掌握遥感数据的格式及存储、记录的方式。
2. 掌握遥感图像的色彩合成及表达方式。
3. 对遥感数据存在的问题进行分析,并找到解决方法。

学习过程:

1. 课堂学习,观看遥感图像数据的表达色彩及表现方式的视频。
2. 课堂学习,观察和分析一幅遥感图像数据色彩所包含的内容,分析其制作的关键技术。
3. 课内观摩实习,动手制作一幅混合色的遥感图像。

4. 课内观摩实习,分析遥感数据使用前存在的各种问题,提出解决思路。

学习成果:

1. 数据的记录与存储方式。
2. 常见遥感数据的格式。
3. 遥感数据的色彩表达。
4. 遥感数据使用前存在的问题与处理方法。

任务实施:

本任务主要介绍遥感数据格式及其记录、存储,遥感数据的色彩表达及遥感数据使用前存在的问题及解决办法。

活动一 遥感数据的记录与存储

资源与器材:图片、表格、影像、文字资料。

本活动的主要目的是了解遥感影像数据在文件中的存储格式及各种不同格式的优点与不足,帮助同学们理解遥感数据的记录方式,为今后的数据处理打下一定的基础。在学习过程中,填写表 2-10。

表 2-10 遥感数据的记录与存储方式

记录与存储方式	优点	缺点	选用原则
BSQ			
BIL			
BIP			

【知识导航】

一、遥感数字图像的获取

(一)遥感数字图像的概念

图像是对客观对象的一种相似性描述和写真。遥感成像是将地物的地磁波特征,通过摄影或扫描方式,分别生成各种光学影像或者数字影像。从空间域的角度来看,以不同的记录方式获得模拟图像和数字图像。从人眼视觉来看,可将图像分为可见图像与不可见图像。可见图像有照片、图片、手工画、用透镜产生的光学图像等,不可见图像有紫外图像、红外图像、微波图像等。根据波段的多少,图像可以分为单波段图像、多波段图像和超波段图像。单波段图像上每个点只有一个亮度值;在多波段图像上,每个点有多个亮度值,如彩色图像上每个点的红、绿、蓝亮度值;超波段图像上每个点有数个亮度值,它已超出了人眼的分辨率。按图像的明暗程度和空间坐标的连续性划分,图像可以分为光学图像和数字图像。

光学图像可以看作一个二维的连续的光密度函数。在光学图像上最小的单元是一个点,所有的点都是连续的,每个点都有其亮度值。光学图像无法被计算机直接处理和使用。数字图像是能被计算机存储、处理、传输和使用的图像,但是它在空间坐标上和灰度上是不连续的,是用离散数学表示的图像。在计算机世界里,满足一定条件时,可进行模数转换

(A/D)或者进行数模转换(D/A)。

遥感数字图像是以数字形式记录和存储的遥感影像。遥感图像上最基本的单位是像元(像素)。像素是遥感成像过程中采样的对象,它是计算能处理的最小单元。每个像素具备空间位置和属性特征。在一般情况下,一幅数字影像可以用一个二维的灰度矩阵表示,如式(2-9)所示。

$$G=\begin{bmatrix} g(0,0) & g(0,1) & \cdots & g(0,n-2) & g(0,n-1) \\ g(1,0) & g(1,1) & \cdots & g(1,n-2) & g(1,n-1) \\ \vdots & \vdots & & \vdots & \vdots \\ g(m-2,0) & g(m-2,1) & \cdots & g(m-2,n-2) & g(m-2,n-1) \\ g(m-1,0) & g(m-1,1) & \cdots & g(m-1,n-2) & g(m-1,n-1) \end{bmatrix} \tag{2-9}$$

像素的空间位置用离散行号和列号表示,像素的属性特征用亮度值来表示。这样一幅数字图像表达为有 M 行×N 列的数据表格,即具有 $M \times N$ 个像素的矩阵函数。

对于遥感图像,其每个像素的亮度值可能不同,对于同一个像素而言,其亮度值由于多波段的属性,也不完全相同,这是由地物反射或发射电磁波的不同造成的。

(二)数字图像的获取

通过摄影、扫描和雷达等传感器获得地面物体信息,记录在胶片上的属于光学图像。要想获得数字形式的图像,需要利用数字化扫描仪或者数字相机等设备,把一幅光学图像变成计算机能识别的数字图像。将光学图像变成计算机所能识别的图像的过程称为图像的数字化。图像的数字化包括两个步骤,即采样和量化。

(1)采样。所谓采样,就是将一幅数字图像进行空间坐标数字化。一般是以等间隔的方式将图像进行分割,变成若干行若干列,利用数字化仪对每个等间隔的区域进行样本点采集,同时对每个样本区域的强度进行量测。等间隔的区域一般为正方形区域,也就是一个像素所在的区域大小。采样的间隔,横向用 ΔX 、纵向用 ΔY 表示,其大小取决于图像的频谱。图像数字化的一般过程如图 2-25 所示。

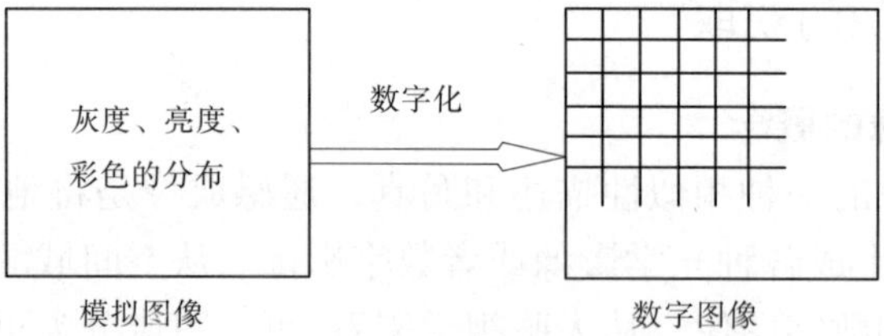

图 2-25 图像数字化

图像的采样遵循采样定理,即

$$\Delta=\frac{1}{2f_c} \tag{2-10}$$

式中:Δ 为采样间隔;f_c 为截止频率。当满足式(2-10)时,图像均能完整地恢复。

每个像元的空间坐标可按式(2-11)计算

$$\left.\begin{aligned} x &= x_0 + m\Delta x \\ y &= y_0 + m\Delta y \end{aligned}\right\} \tag{2-11}$$

式中:$m=0,1,2,\cdots,m-1$;Δx、Δy 为离散化的坐标间隔。

(2)量化。光学图像的每个点都有强度或者灰度,也代表每个点的亮度,经过采样后,每个采样区域还没有灰度信息。在变成数字图像时,需要给每个区域按灰度等级进行分级表示,分到哪个级别,就用这个级别对应的数值来表示它的亮度。这种图像灰度数字化的方式叫作量化。一般黑白图像采用 128 级量化,彩色图像采用 256 级量化。量化的数大多用二进制位数来编码。量化级只有两级的是二值图像,通常取 0、1,0 即白色,1 即黑色。若用 6 bit 进行编码,则灰度区间有 0,1,2,…,63 共 64 个等级(即 2^6),用 8 bit 进行量化就是 256 级量化(即 2^8)。

二、遥感数字图像的数据格式

遥感数字图像的数据有多种数据格式,存储于磁带、光盘、磁盘中。主要有以下几种格式。

(一)BSQ 格式

BSQ(Band Sequential Format)格式是按波段顺序依次排列记录图像数据格式的。存储时数据排列遵循以下规律:

第 1 波段数据排在第 1,第 2 波段数据排在第 2,第 3 波段数据排在第 3,…,第 n 波段数据排在第 n。在每一个波段中,数据依据行号顺序由小到大依次排列,每一列内,按数据像素顺序依次从小到大排列。Landsat－4/5 采用 CCT 的格式就是 BSQ 格式,具体格式如表 2-11 所示。

表 2-11 BSQ 数据排列格式

第 1 波段	(1,1)	(1,2)	(1,3)	(1,4)	…	(1,n)
	(2,1)	(2,2)	(2,3)	(2,4)	…	(2,n)
	⋮	⋮	⋮	⋮	⋮	⋮
	(m,1)	(m,2)	(m,3)	(m,4)	…	(m,n)
第 2 波段	(1,1)	(1,2)	(1,3)	(1,4)	…	(1,n)
	(2,1)	(2,2)	(2,3)	(2,4)	…	(2,n)
	⋮	⋮	⋮	⋮	⋮	⋮
	(m,1)	(m,2)	(m,3)	(m,4)	…	(m,n)
第 n 波段	(1,1)	(1,2)	(1,3)	(1,4)	…	(1,n)
	(2,1)	(2,2)	(2,3)	(2,4)	…	(2,n)
	⋮	⋮	⋮	⋮	⋮	⋮
	(m,1)	(m,2)	(m,3)	(m,4)	…	(m,n)

(二)BIP 格式

BIP(Band Interleaved by Pixel)格式中,每个像元按波段次序交叉排序。数据排列规则如下:

第 1 波段第 1 行第 1 个像素位居第 1,第 2 波段第 1 行第 1 个像素位居第 2,依次类推,第 n 波段第 1 行第 1 个像素位居第 n 位;然后第 1 波段第 1 行第 2 个像素,位居第 $n+1$ 位,第 2 波段第 1 行第 2 个像素位居第 $n+2$ 位;其余数据排列依次类推。BIP 数据排列格式如表 2-12 所示。

表 2-12　BIP 数据排列格式

	第 1 波段	第 2 波段	…	第 n 波段	第 1 波段	第 2 波段	…
第 1 行	(1,1)	(1,1)	…	(1,1)	(1,2)	(1,2)	…
第 2 行	(2,1)	(2,1)	…	(2,1)	(2,2)	(2,2)	…
⋮	⋮	⋮	⋮	⋮	⋮	⋮	⋮
第 n 行	(n,1)	(n,1)	…	(n,1)	(n,2)	(n,2)	…

(三)BIL 格式

BIL(Band Interleaved Line)格式逐行按波段次序排列,排列规律如下:

第 1 波段第 1 行第 1 个像素位居第 1,第 1 波段第 1 行第 2 个像素位居第 2,依次类推,第 1 波段第 1 行第 n 个像素位居第 n 位;然后第 2 波段第 1 行第 1 个像素位居第$n+1$ 位,第 2 波段第 1 行第 2 个像素位居第 $n+2$ 位;其余数据排列位置依次类推。BIL 数据排列格式如表 2-13 所示。

表 2-13　BIL 数据排列格式

第 1 行	第 1 波段	(1,1)	(1,2)	(1,3)	…	(1,n)
	第 2 波段	(1,1)	(1,2)	(1,3)	…	(1,n)
	⋮	⋮	⋮	⋮	⋮	⋮
	第 n 波段	(1,1)	(1,2)	(1,3)	…	(1,n)
第 2 行	第 1 波段	(2,1)	(2,2)	(2,3)	…	(2,n)
	第 2 波段	(2,1)	(2,2)	(2,3)	…	(2,n)
	⋮	⋮	⋮	⋮	⋮	⋮
	第 n 波段	(2,1)	(2,2)	(2,3)	…	(2,n)

(四)HDF 格式

HDF(Hierarchical Data Format)格式是一种可以在不同平台之间传递的新型数据格式,由美国国家高级计算应用中心(NCSA)研制开发,已被广泛应用于 MODIS、MISR 等数据存储中。HDF 有 6 种数据类型:栅格图像数据、调色板数据、科学数据集、HDF 注释、Vdata 数据表、相关数据表。该文件采用分层数据管理结构,提供目录式文件管理。打开一个 HDF 格式,可以直接从图像数据中获得有关图像获取时的地理位置、轨道参数、图像属性、图像噪声等各种参数信息。

(五)GeoTIFF 格式

TIFF(Tagged Image File Format)格式是 Adobe 公司制定的一种通用图像格式,它支持多种色彩系统和压缩算法,因而得到广泛应用。为了将其优势引入地理信息领域,Intergraph、SPOT、softDesk、NASA 等公司及机构对该数据格式进行了扩展,用一些辅助的私有标签记录地理信息。为了统一标准,在吸收各种方案优点的基础上制定了一种 GeoTIFF 格式,所以 GeoTIFF 也可以看作是一种带有地理标签的图像格式。

此外,还有多种其他的格式,如 BMP、JPEG2000 等也常常用于遥感图像数据处理、存储及辅助应用。

三、遥感图像的存储介质

(一)磁带

磁带是一种顺序存储介质,在读取记录时需要查找以前的记录,数据处理起来速度慢,也不能适应当前高速数据处理的要求。通常只做存储之用,处理时将数据读入磁盘或者内存中进行相应处理。CCT 磁带一卷长度为 731.52 m,携带起来极为不方便,所以现在用得较少。

(二)磁盘

磁盘是随机存储介质,有硬盘和软盘之分。硬盘的盘片用金属制作,存储密度大,访问速度快,现在用途较为广泛。一个完整的图像可以记录在硬盘上一个固定的位置,数据一般是邻接的。软盘是一种塑料制品,存储容量小,访问速度慢,现在极少使用。目前用得较多的是一种叫作 U 盘的高密度存储装置,它访问速度快、容量大,因此迅速得到了普及应用。

(三)光盘

光盘也是一种磁性介质,该磁盘表面涂有一层磁性材料,存储数据是对光盘表面的磁性材料进行磁化,从而记录数据,读取数据时根据磁化程度不同,对数据进行读取。光盘表面用激光进行蚀刻,不同数据,蚀刻程度不同,从而进行数据写入,完成数据记录。

活动二　遥感数据的色彩表达

资源与器材:图片、框图、影像。

本活动的主要目的是从色度学的角度对遥感影像的色彩进行分析,比较各种不同的颜色表达对遥感影像上地物判读的影响,为遥感影像的处理提供较好的色度学基础。教师指导学生学习相关知识,填写表 2-14。

表 2-14　比较各种颜色系统的差异及作用

颜色模型	优点	缺点	选用原则
RGB			
IHS			
⋮			

【知识导航】

一、视觉与颜色

(1)当人眼观察外界物体时,物体反射的光线通过眼球聚焦成像在视网膜后部的中央凹部位,视网膜中的感光细胞分为锥体细胞和杆体细胞。前者是明视觉器官,在光亮条件下分辨颜色和细节;后者是暗视觉器官,在较暗环境中起作用,但是无法分辨颜色和细节。人眼对不同的波长的光感觉是不同的。正常人能看见的可见光属于电磁波的0.38~0.76 μm的波段,人眼所能反映出的颜色都可以和电磁波的波长相对应。

视场中对象与背景的亮度差与背景的亮度之比称为亮度对比。例如,一张灰色的纸片,在白色背景上看来亮度发暗,但在黑色背景上看来要明亮。在遥感影像上,地物亮度各有差异,亮度对比是多个对象之间的比较,单从亮度对比来看,不容易区分。

(2)颜色的对比受视觉影响很大。例如,在一块品红的背景上放置一块白纸,用眼睛注视白纸中心几分钟,白纸会出现绿色。如果背景是黄色,白纸会出现蓝色。这便是颜色对比的效果。做这样一个圆盘试验:圆盘左边是黄色,右边是蓝色,让圆盘快速旋转,在视觉上使两种颜色混合,人眼能看出白色。从颜色视觉的角度看,只要波长改变0.001 μm,人眼就能观察出色彩的变化。可见,人眼对颜色的分辨能力较为强大,彩色图像的信息量更为丰富。

(3)颜色的描述。为了形象地描述颜色特性之间的关系,通常用颜色模型来表现一种理想化的示意关系。彩色的描述对遥感图像非常重要,彩色变换是遥感图像处理的重要方法。在物理学中,颜色的性质可由明度、色调和饱和度来描述。

明度就是人眼对物体的明亮程度的一种感知,受视觉习惯和经验的影响。一般而言,物体本身越明亮,其反射能力越强,明度就越高。例如,白色物体的明度要比灰色物体高。从光源的角度看,亮度越大,明度越高,如日光灯等。亮度高看到的是白色,亮度低看到的是发暗发灰,无亮度则看到的是黑色。在观察黑白图像时,人们把明度称为灰度,或者量化后称灰阶。

色调是图像上物体相对不同的明暗程度。在黑白图像上,人眼能分辨至少10种不同色调,从白到浅灰、中灰、深灰、浅黑、淡黑、黑等。在彩色图像上,人眼受不同波长的刺激会产生红、橙、黄、绿、青、蓝、紫等色彩变化。颜色的表示可以是受单一波长影响而产生的光谱色,如从红色到紫色,但有些颜色的构成并不是单一波长所产生,而是一些波长的组合产生的颜色。所有颜色都是对某段波长有选择性地反射而对其他波段波长吸收的结果。

饱和度就是彩色的纯洁程度。从光谱的角度看,就是波长是否单一,频率是否单一地表示。一般而言,单色波长发出的光源就是饱和度高的彩色,激光和各种光谱色均是饱和色。对于选择性反射的物体,如果反射波长相对较窄,则其色光的饱和度就高;如果反射的光谱中混杂较多其他波长的光,则该彩色的饱和度就低。对于黑白影像,由于其色光较为单一,所以只用明度来描述。

(4)颜色模型。颜色模型有很多,这里简要介绍两种。

①IHS(I表示亮度,H表示色调,S表示饱和度)色彩空间是从人的视觉系统出发,用亮度、色调、饱和度来描述色彩。IHS色彩空间可以用一个圆锥空间模型来描述。用来描述IHS色彩空间的圆锥模型相当复杂,但却能把色调、亮度和饱和度的变化情形表现得很清楚。通常把色调和饱和度统称为色度,用来表示颜色的类别与深浅程度。IHS颜色立体示意模型如图2-26所示。

②RGB(R表示红色,G表示绿色,B表示蓝色)模型是目前常用的一种彩色信息表达方式,它使用红、绿、蓝三原色的亮度来定量表示颜色。该模型也称为加色混色模型,是以RGB三色光互相叠加来实现混色的方法,因而适合于显示器等发光体的显示。RGB颜色模

型如图 2-27 所示。

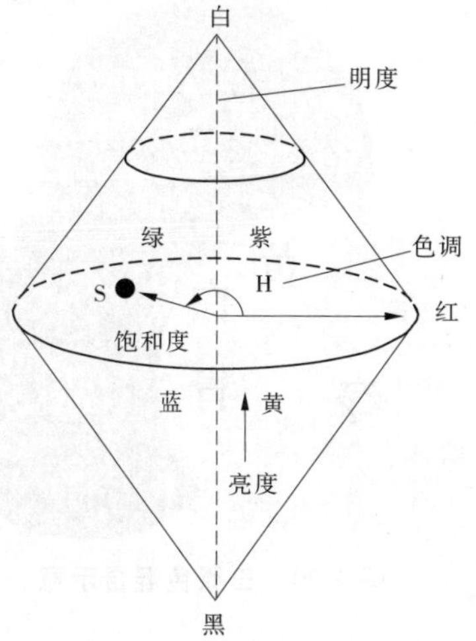

图 2-26 IHS 颜色立体示意模型

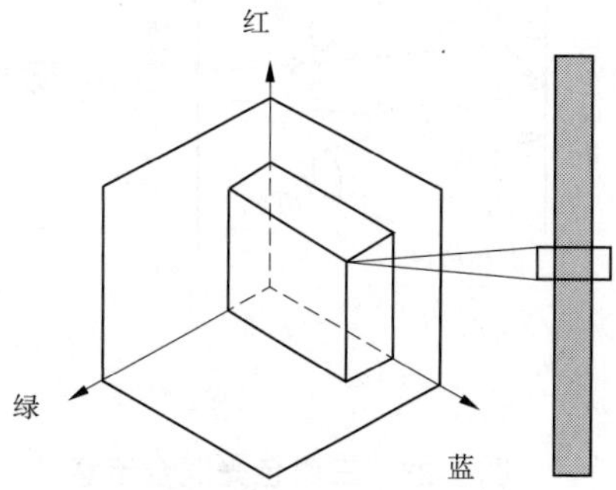

图 2-27 RGB 颜色模型

二、加色法与减色法原理

(一)加色法

(1)三原色。若三种颜色,其中任何一种都不能由其余两种颜色混合相加产生,但是这三种颜色按一定的比例混合,可以形成各种色调的颜色,则称这三种颜色为三原色。试验证明,红、绿、蓝是最优的三原色。

(2)互补色。任意两种颜色混合均能产生白色或者灰色,这两种颜色就称为互补色。试验证明,黄色和蓝色是互补色,红色和青色是互补色,绿色和品红是互补色。

为了加深对互补色和三原色的理解,做如下试验。三原色光混合示意如图 2-28 所示。

用三个可调光源,分别经过红、绿、蓝三个滤光片,再经过透镜形成平行光束。在暗室中照射白色屏幕,形成红、绿、蓝三原色。调节三原色灯光的强度比例可以在白色屏幕上三束光重叠的区域看到白光。另外有一束白光打到白色屏幕上,两束光中间用黑色挡住屏幕隔开。试验表明,在只有红光和绿光重叠的区域产生黄光,在只有绿光和蓝光重叠的区域产生青色光,在只有蓝光和红光重叠的区域产生品红色光。需要指出的是,利用三原色进行混合后,它们只是一种视觉效果上的颜色,失去了颜色的光谱组成意义。三原色混合示意如图 2-29 所示。

(二)减色法

减色法是利用光波的反射与吸收来获得色光的方法。在一束光束中,用一种颜色来过滤其他色光,从而得到特定的颜色。从复色光中减去一种或几种单色光,呈现另一种颜色的成色方法称为减色法。在实际生活中,还有很多情况不是光的混合,如美术颜料的混合、彩色印刷、彩色相片的生成过程等。

光的反射与吸收的原理:透明物体的颜色由它透过的色光决定,如红色玻璃只透红光、吸收其他颜色的光;不透明物体的颜色由它反射的色光决定,如红色的桌面只反射红光、吸收其他颜色的色光。通过选择不同的载体和载体颜色,便可得到相应的色光。

以舞台专用的透明灯(滤)光纸为例:

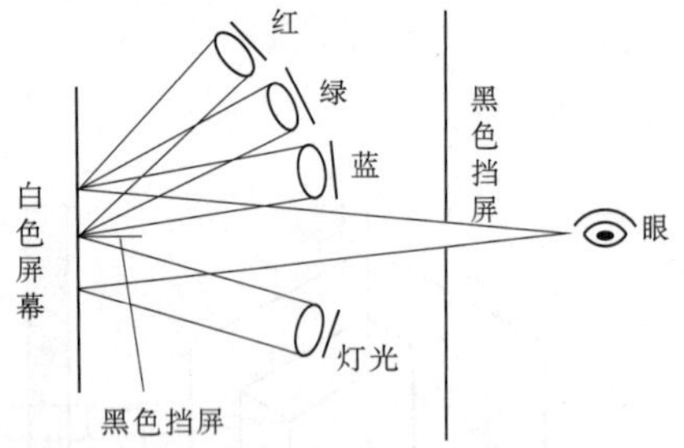

图 2-28　三原色光混合示意

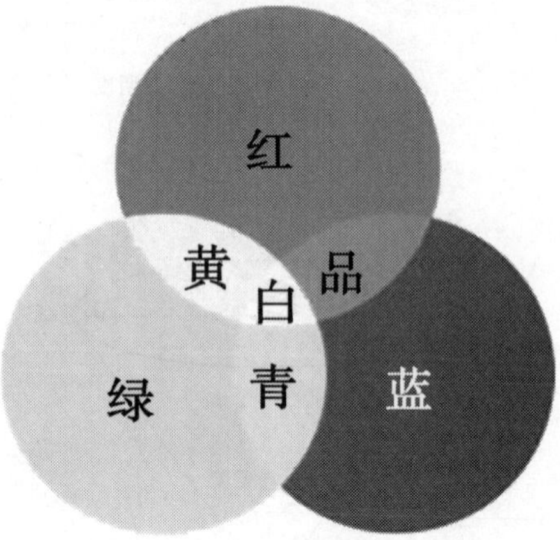

图 2-29　三原色混合示意

(1)红色滤光片的透光情况如图 2-30 所示。一束白光穿过红色滤光片后,蓝光与绿光被其吸收,仅有红光穿过。换言之,红色灯光纸将其他色光滤掉,从而得到特定的红光,即白光(红绿蓝)-(绿光+蓝光)=红光。

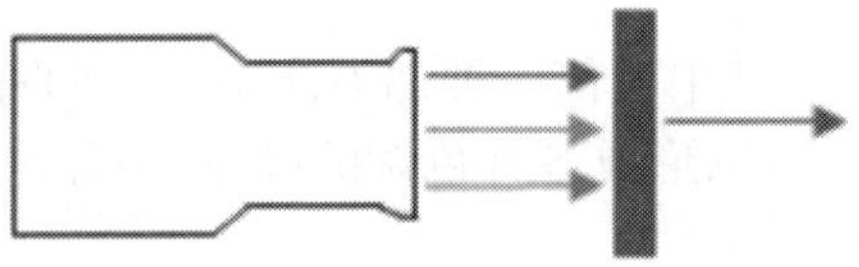

图 2-30　红色滤光片的透光情况

(2)品红和黄色滤光片透光情况如图 2-31 所示。一束白光先穿过品红色滤光片,由于品红为红光+蓝光,故会将绿光滤掉只透过红光与蓝光;再穿过黄色灯光纸时,由于黄光为红光+绿光,故将蓝色滤掉,只留下红光穿过,从而得到红光,即白光-绿光=红光+蓝光(品红),品红-蓝光=红光。

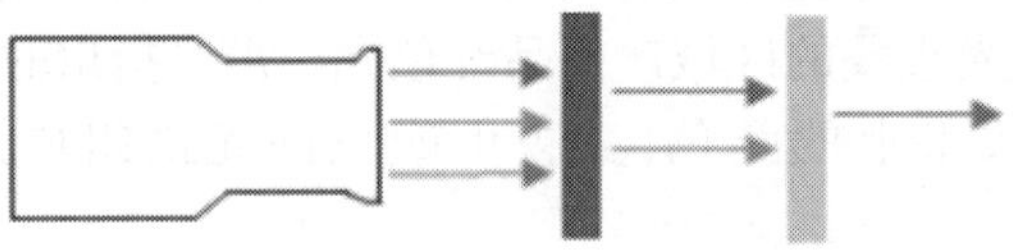

图 2-31　品红和黄色滤光片透光情况

(3)红色和蓝色滤光片透光情况如图 2-32 所示。一束白光先穿过红色灯光纸,由于绿光和蓝光都被滤掉,故只透过了红光;再穿过蓝色灯光纸时,由于红光也将被滤掉,故将会没有任何色光通过,即变暗,即白光-(蓝光+绿光)=红光,红光-红光=暗。

白色光线先后通过两块滤光片的过程就是颜色的减法过程。可以做一个试验,让一束白光先通过一块蓝色滤光片,再让透过的光通过一块黄色滤光片,可以发现穿过黄色滤光片后的光线射到白屏幕上是绿色。这是因为蓝色滤光片的特性是对蓝光透过率比较高,而对

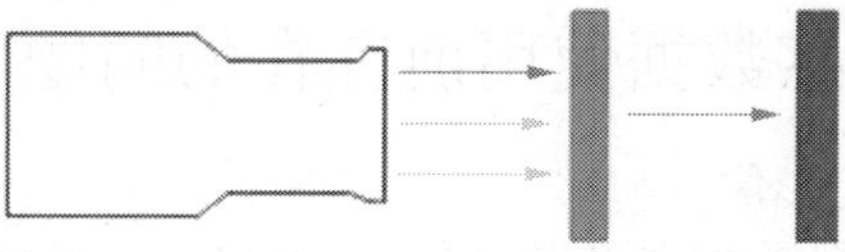

图 2-32 红色和蓝色滤光片透光情况

蓝光以外的其他波长的光有很高的吸收率。对黄色滤光片而言,对黄色光透过率比较高,而对黄色以外其他波长的光吸收率很高。最后共同透过的部分应是蓝色滤光片的透过率与黄色滤光片透过率的乘积,它是波长的函数。

对于透过后的颜色,也可以粗略地解释为,物体在透过光线时,在主要透过某种颜色的光的同时,也将该波段附近波段的光波透过一部分,只不过透过率小一些,不可能在某一波段截然切断,这是一个渐变的过程。正因为如此,透过蓝色滤光片时,附近的绿光、紫光也会透过一些;透过黄色滤光片时,除了可以透过黄光,附近的绿光、红光也会透过。它们共同透过的部分便是绿光了。

当两块滤光片组合产生颜色混合时,入射光通过每一滤光片时都减掉一部分辐射,最后透过的光是多次减法的结果,这种颜色混合原理就是颜色相减原理。减色法示意如图 2-33 所示。

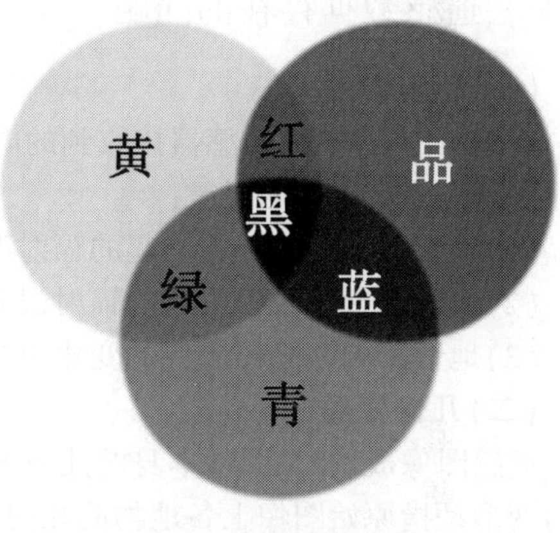

图 2-33 减色法示意

三、遥感图像的彩色合成

为了充分利用色彩在遥感图像处理中的作用,常常采用彩色合成的方法对多光谱影像进行处理,得到彩色图像。彩色的合成可以用加色法和减色法,结合实际图像进行处理。彩色图像可以分为真彩色图像和假彩色图像。真彩色图像是图像上影像的颜色与实际地物的颜色基本一致,假彩色图像是图像上影像的色调与实际地物色调不一致。

利用数字图像合成技术制作真彩色图像时,把红色波段的影像作为合成图像的红色分量,把绿色波段的影像作为合成图像的绿色分量,把蓝色波段的图像作为合成图像的蓝色分量,进行合成获得真彩色图像。例如,Landsat 的 TM 图像有 7 个波段,其中第 1、2、3、4 波段分别响应蓝、绿、红和近红外的辐射能量。如果对 TM 的第 1、2、3 波段图像分别赋予蓝、绿、红色进行合成处理,那么合成图像上植物及其他绿色必定显示为绿色,因为第 2 波段仅响应绿色,而且形成的影像灰度值最高。

遥感中最常见的是假彩色图像合成。它是在彩色合成时把近红外波段的影像作为合成图像中的一个红色分量,把红色波段的影像作为合成图像中的绿色分量,把绿色波段的影像作为合成图像中的蓝色分量,综合以上波段进行彩色合成。以 TM 图像为例,将 TM 图像的 2、3、4 波段分别赋予蓝、绿、红色彩进行合成处理,在合成图像上植物将显示红色,因为 TM 波段 4 探测器的波谱响应处于植被效应区,其影像灰度值必最高。这就是假彩色合成(彩红外合成)。

活动三　遥感数据使用前存在的问题与解决方法

资源与器材:图片、框图、影像。

本活动的主要目的是通过前面活动的分析,结合目前遥感图像处理的现状,总结当前遥感数据使用前存在的问题及解决方法。教师指导学生阅读相关材料,填写表 2-15。

表 2-15　遥感数据使用前存在的问题与解决方法

存在的问题	解决方法
1.	
2.	
3.	
4.	

【知识导航】

一、遥感数据存在的问题

(一)辐射误差

遥感图像获取时,传感器接收到的电磁能量与地物目标实际辐射的能量是不一致的,主要存在以下因素引起的误差:

(1)传感器本身的性能引起的辐射误差;

(2)大气散射和吸收引起的辐射误差;

(3)地形影响和光照条件的变化引起的辐射误差。

(二)几何变形

遥感图像成像时,图像本身的几何形状与其对应的地物形状往往不一致。遥感图像的几何变形是指原始图像上各地物的几何位置、形状、尺寸、方位等特征与在参照系统中的表达要求不一致时产生的变形。这些几何变形分为静态误差和动态误差。主要存在以下因素引起的变形:

(1)传感器成像方式引起的变形;

(2)传感器外方位元素变化引起的变形;

(3)地球曲率引起的图像变形;

(4)大气折射引起的图像变形;

(5)地球自转的影响引起的图像变形。

(三)遥感图像色彩的问题

当一幅遥感图像的目视效果不好,或者是图像上有用的信息不够突出时,需要对遥感图像进行增强处理。例如,图像上对比度不够,希望突出的边缘信息难以准确识别,需要重点突出的对象色彩上不明显等,给后续处理带来困难。

二、解决方法

(一)辐射校正

针对遥感图像辐射误差,处理的方法包括传感器的辐射定标、大气校正、太阳高度角和日地距离校正、地形起伏引起的辐射误差校正。同时，通过辐射校正场来提高辐射定标和辐射校正的精度。

（二）几何粗校正与几何精校正

卫星遥感图像几何粗校正是根据卫星轨道公式将卫星的位置、姿态、轨道及扫描特征作为时间函数进行计算，来确定扫描线上的像元坐标。几何精校正是利用地面控制点、严格的成像方程、多项式纠正模型，对遥感图像进行几何纠正，得到符合图像处理要求的卫星图像。

在遥感成像过程中，由于各种因素的影响，使得遥感图像存在一定的几何畸变和辐射量的失真现象。这些畸变和失真影响了图像的质量和应用，必须进行消除。在卫星影像数据提供给用户使用前，有些已经经过一些简单的辐射校正和比较的几何校正，在实际问题中应视具体情况加以处理。

遥感数据在使用前存在一些问题，需要对其进行一系列处理。总体来说，需要做辐射处理、几何处理和色彩的增强处理三大方面。

任务小结：

本任务主要介绍了遥感数据通用的存储格式及其存储介质、遥感图像的色彩表达，分析了遥感数据使用前存在的问题。通过以上知识的学习，使学生对遥感数据的规格有一个基本的了解，能在项目开始前对遥感数据及时做处理。

任务考核：

教师布置作业，给出常见的图像格式，让学生判断哪些是常见的遥感图像数据格式，让学生进一步分析遥感图像的数据格式的优缺点，进而帮助学生进行归纳分析和总结，加深学生对遥感数据格式的理解。根据综合表现，教师对学生进行成绩评定。

思政小课堂

高分辨率遥感卫星支撑
第三次全国国土调查

高分辨率遥感卫星支撑第三次全国国土调查

国务院第三次全国国土调查（以下简称“三调”）领导小组办公室、自然资源部、国家统计局2021年8月25日联合发布了《第三次全国国土调查主要数据公报》。“三调”工作于2018年9月由国务院统一部署开展，主要涉及土地利用现状调查、土地权属调查、专项用地调查与评价、相关自然资源专项调查、各级国土调查数据库建设、成果汇总等任务。

“三调”全面采用优于1 m分辨率的卫星遥感数据制作调查底图，创新运用“互联网+调查”机制，全流程严格实行质量管控，历时3年，21.9万调查人员先后参与，汇集了2.95亿个调查图斑数据，全面查清了我国陆域范围内城乡土地的利用类型、权属、范围、面积等状况，建立了覆盖国家、省、地、县四级的国土调查数据库。

“三调”是一次重大国情国力调查，其成果是国家制定经济社会发展重大战略规划、重要政策举措的基本依据，意义重大。

（资料来源：中国国土勘测规划院）

复习题

1. 常见的遥感平台有哪些？各有什么特点？
2. 人造地球卫星的运行轨道有哪些特征？
3. 描述卫星轨道运行的参数及意义。
4. 遥感卫星运行常采用何种轨道？
5. 常见的遥感卫星有哪些类型？
6. 世界遥感卫星发展的主要趋势有哪些？
7. 简述遥感传感器的组成及各部分的功能。
8. 简述遥感传感器的分类方法。
9. 摄影型传感器有何特点？主要应用领域有哪些？
10. 扫描型传感器有何特点？主要应用领域有哪些？
11. 微波遥感成像有何特点？
12. 简述合成孔径雷达的原理。
13. 简述常见遥感传感器的类型及数据获取特点。
14. 简述国外遥感数据获取的现状和政策。
15. 简述我国遥感数据获取的政策、分发机构和机制。
16. 遥感数据的基本特征有哪些？
17. 通用的遥感数据存储格式有哪些？各有何特点？
18. 目前常见的遥感数据格式有哪些？各有何特点？
19. 简述遥感数字图像的概念及获取方法。
20. 遥感数据的色彩表达方法有哪些？
21. 何谓颜色表达的加色法？
22. 何谓颜色表达的减色法？
23. 遥感图像彩色合成有哪些方法？
24. 简述遥感数据使用前存在的问题及解决方法。

项目三　遥感图像的辐射处理

项目概述

本项目的主要工作是介绍遥感图像的辐射校正。随着遥感卫星技术的不断发展，在卫星上搭载各种载荷能够获取海量的遥感数据，但是由于遥感图像成像过程的复杂性，传感器实际接收到的电磁波能量与地面目标所辐射的能量是不一致的，从而引起遥感图像的失真。这些失真将影响对遥感图像的使用和理解，因此必须加以消除或者予以校正。以光学遥感图像的预处理为例，本项目的主要内容：任务一介绍辐射校正的理论基础，包括辐射误差与辐射定标的基本概念；任务二介绍辐射校正的处理方法。通过对辐射误差与辐射校正理论知识的学习，使学生理解误差产生的来源以及解决的办法，通过实践进行有效强化，巩固对知识的理解。

学习目标

1. 了解辐射误差的分类，掌握遥感图像辐射变形外部误差的表现形式。
2. 掌握辐射定标的基本概念、特点和分类方法。
3. 掌握遥感图像的辐射校正的作业过程。
4. 了解图像镶嵌处理的方法。

学习成果

1. 能准确阐述辐射误差的分类及其表现形式。
2. 能描述掌握遥感图像校正的一般方法。
3. 能够对遥感图像进行辐射校正处理。
4. 制作遥感图像不同校正方法的优缺点示意图。

任务一　辐射误差与辐射定标

任务目标：

1. 掌握辐射误差的基本概念。
2. 了解辐射误差的分类，掌握遥感图像辐射变形外部误差的表现形式。
3. 掌握辐射定标的基本概念、特点和分类方法。
4. 掌握遥感图像辐射校正的作业过程。

学习过程:

1. 课堂课件学习,了解辐射误差的基本概念。
2. 课堂影像学习,了解辐射误差的分类。
3. 课堂课件学习,掌握遥感图像辐射变形外部误差的表现形式。
4. 课内学习,动手描绘遥感图像辐射校正作业过程的示意图。

学习成果:

1. 用图表的形式对辐射误差的类型进行总结。
2. 用图表的形式对辐射处理进行分析与总结。
3. 用框图分析传感器定标的基本流程。
4. 总结传感器定标方法。

任务实施:

本任务主要介绍辐射误差的概念、传感器定标的基本知识和方法。

活动一　遥感图像的辐射误差

资源与器材:文字资料、视频、影像。

本活动的主要目的是理解辐射误差的基本概念,了解辐射误差的分类,掌握遥感图像辐射变形外部误差的表现形式。

【知识导航】

一、辐射误差的概念

辐射误差是指利用传感器观测目标的反射与辐射能量时,传感器所得到的测量值与目标的光谱辐射亮度等物理量是不一致的,其中包含了太阳位置条件、薄雾等大气条件、因传感器的性能不完备等条件所引起的失真。

从辐射传输方程的作用过程分析可以得知,传感器接收的电磁波辐射能量主要包括三个部分:

(1)太阳对地面辐射,经过大气衰减到达地表,经过地表的反射之后,电磁波辐射经过大气衰减后再次进入传感器的电磁能量;

(2)大气本身散射、反射和辐射的电磁能量;

(3)地表物体本身辐射的能量经过大气衰减后进入传感器的能量。

传感器接收到的能量能否以同样大小的能量进行输出,进而得到能反映真实地表状况的遥感图像呢?实际上,传感器接收到辐射电磁波能量后,在输出能量时还受到其本身的光谱响应特性系数的影响。

综合分析以上情况可知,遥感图像的辐射误差源主要有以下几种:

(1)在设计制造时,传感器本身的性能所引起的辐射误差;

(2)在能量传输的过程中,大气因素必不可少地会影响到辐射能量的变化,因此大气的散射和吸收会引起辐射误差;

(3)不同的地形条件会影响辐射能量,造成辐射误差;

(4)太阳的光照条件变化引起辐射误差。

遥感图像的辐射误差的一般分类如图 3-1 所示。

- 遥感图像辐射误差
  - 传感器本身的性能所引起的辐射误差
  - 大气散射和吸收条件所引起的辐射误差
  - 不同地形条件引起的辐射误差
  - 太阳光照条件引起的辐射误差

图 3-1　遥感图像的辐射误差的一般分类

二、遥感图像的辐射处理

经过以上分析研究发现，在遥感成像过程中，传感器本身性能和工作状态可能造成几何畸变或辐射畸变；大气中的雾、霾、灰尘等杂质必然造成图像中的辐射误差；地形的起伏会使图像中产生像点位移，造成几何畸变；坡度也会影响地表的接收辐射和反射水平，造成辐射误差。

因此，遥感图像的辐射处理主要集中在传感器的辐射误差校正和传感器以外的辐射误差校正。通常情况下，需要采用较为专业的方法对传感器的辐射误差进行处理，针对不同的传感器，往往需要更为具体的处理方法，所以传感器的辐射误差处理通常也叫辐射定标；而把针对传感器以外的因素进行的误差处理，统一称作遥感图像的辐射误差校正。遥感图像的辐射处理方法如图 3-2 所示。

- 辐射处理
  - 传感器辐射定标
    - 绝对定标
      - 实验室定标
      - 星上内定标
      - 机上内定标
      - 地面场定标
        - 反射率法
        - 辐亮度法
        - 辐照度法
    - 相对定标
  - 遥感图像辐射误差校正
    - 大气校正
    - 地面场数据校正
    - 利用特殊波段的校正
      - 回归分析法
      - 直方图法

图 3-2　遥感图像的辐射处理方法

活动二　传感器的辐射定标

资源与器材：文字资料、视频、影像。

本活动的主要目的是理解辐射定标的概念和一般方法。

【知识导航】

一、辐射定标的概念

辐射定标是指将接收的遥感数据，通常是灰度（DN）值，转换成实际的物理量（如辐射亮度、反射率等）之间的定量关系。

二、辐射定标的分类

（一）绝对定标

绝对定标是指通过各种标准辐射源，在不同波谱段建立成像光谱仪入瞳处的光谱辐射亮度值与成像光谱仪输出的数字量化值之间的定量关系。

(1)实验室定标。在遥感器发射之前对其进行的波长位置、辐射精度、空间定位等的定标,将仪器的输出值转换为辐射值。有的仪器内有内定标系统。但是在仪器运行之后,还需要定期定标,以监测仪器性能的变化并相应调整定标参数。

①光学镜头的非均匀性引起的边缘减光现象的校正。

在使用透镜的光学系统中,由于镜头光学特性的非均匀性,在其成像平面上存在的边缘部分暗的现象称为边缘减光。如图 3-3 所示,如果光线以平行于主光轴的方向通过镜头到达像平面 O 点的光强度为 E_O ,以与主光轴成 θ 角度的方向通过镜头到达像平面 P 点的光强度为 E_P ,则 $E_P = E_O\cos^4\theta$ 。按照这一性质可以进行边缘减光现象造成的辐射误差校正。

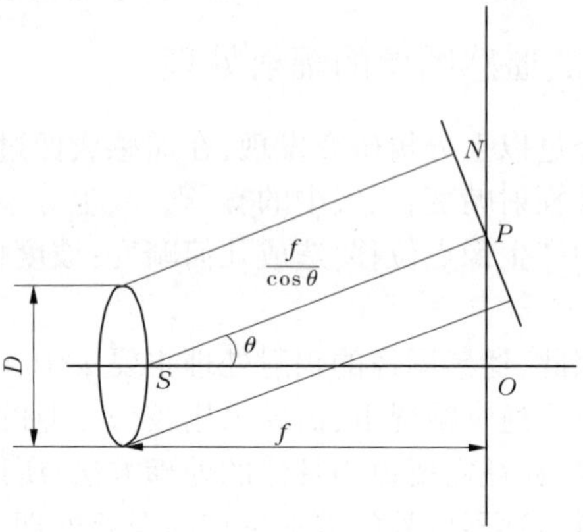

图 3-3　镜头的辐射畸变

另外,视场较大的成像光谱仪图像在扫描方向上也存在明显的辐射亮度不均匀的现象。这种辐射误差主要是光线路径长短不同造成的,扫描角较大时,光线路径越长,大气衰减越严重,星(机)下点位置的地物辐射信息的光线路径最短,大气衰减所产生的影响也最小。

②光电变换系统的特性引起的辐射误差校正。

传感器的光谱响应特性和传感器的输出有直接的关系。在扫描方式的传感器中,传感器接收系统收集到的电磁波信号需经光电转换系统变成电信号记录下来,这个过程也会引起辐射量的误差。由于这种光电变换系统的灵敏度特性通常有很高的重复性,所以可以定期地在地面测量其特性,根据测量值可以对其进行辐射畸变校正。例如,Landsat 卫星的 MSS 图像和 TM 图像可以按式(3-1)对传感器的输出 R 进行校正。

$$V = \frac{D_{\max}}{R_{\max} - R_{\min}}R - R_{\min} \tag{3-1}$$

式中: R 是传感器输出未校正的辐射亮度; V 是已校正过的数据; $D_{\max}$ 是辐射校正系数,是已校正数据的最大值; $R_{\max}$ 和 $R_{\min}$ 分别为探测器能够输出的最大、最小辐射亮度。表 3-1 和表 3-2 列出了 TM 图像和 MSS 图像的 $R_{\max}$、$R_{\min}$ 值, $D_{\max}$ 对于 TM 图像和 MSS 图像分别为 127 和 255。

表 3-1　TM 图像的最小、最大辐射亮度

波段	1	2	3	4	5	6
$R_{\min}/R_{\max}$	−0.009 9/ 1.004	−0.022 7/ 2.404	−0.008 3/ 1.410	−0.019 4/ 2.660	−0.007 99/ 0.587 3	−0.003 75/ 0.359 5
波段宽度	0.066	0.081	0.069	0.129	0.216	0.250

表 3-2 MSS 图像的最小、最大辐射亮度

波段	R_{min}/R_{max}			
	Landsat-2	Landsat-3	Landsat-4	Landsat-5
4	0.08/2.63	0.04/2.50	0.04/2.38	0.04/2.38
5	0.06/1.76	0.03/2.00	0.04/1.64	0.04/1.64
6	0.06/1.52	0.03/1.65	0.05/1.42	0.05/1.42
7	0.11/3.91	0.03/4.50	0.12/3.49	0.12/3.49

(2)传感器星上/机上内定标。机上定标用来经常性地检查飞行中的遥感器定标情况，一般采用内定标的方法，即辐射定标源、定标光学系统都在飞行器上。在大气层外，太阳的辐射照度可以认为是一个常数，因此也可以选择太阳作为基准光源，通过太阳定标系统对星载成像光谱仪器进行绝对定标。

(3)场地定标。场地定标指的是遥感器处于正常运行条件下，选择辐射定标场地，通过地面同步测量对遥感器进行定标。场地定标可以实现全孔径、全视场、全动态范围的定标，并考虑到了大气传输和环境的影响。该定标方法可以实现对遥感器运行状态下与获取地面图像完全相同条件的绝对校正，可以提供遥感器整个寿命期间的定标，对遥感器进行真实性检验和对一些模型进行正确性检验。但是地面目标应是典型的均匀稳定目标，地面定标还必须同时测量和计算遥感器过顶时的大气环境参量和地物反射率。

基本原理：在遥感器飞越辐射定标场地上空时，在定标场地选择若干个像元区，测量成像光谱仪对应地物的各波段光谱反射率和大气光谱等参量，并利用大气辐射传输模型等手段给出成像光谱仪入瞳处各光谱带的辐射亮度，最后确定它与成像光谱仪对应输出的数字量化值的数量关系，求解定标系数，并估算定标的不确定性。

基本技术流程：获取空中、地面及大气环境数据，计算大气气溶胶光学厚度、大气中水和臭氧含量，分析和处理定标场地及训练区地物光谱等数据，获取定标场地数据时的几何参量和时间，将获取和计算的各种参数代入大气辐射传输模型，求取遥感器入瞳处的辐射亮度，计算定标系数，进行误差分析，讨论误差原因。

场地定标的常用方法如下：

①反射率法。在卫星过顶时同步测量地面目标反射率因子和大气光学参量（如大气光学厚度、大气柱水汽含量等），然后利用大气辐射传输模型计算出遥感器入瞳处的辐射亮度值，具有较高的精度。

②辐射亮度法。采用经过严格光谱与辐射标定的辐射计，通过航空平台实现与卫星遥感器观测几何相似的同步测量，把机载辐射计测量的辐射度作为已知量，去标定飞行中遥感器的辐射量，从而实现卫星的标定，最后辐射校正系数的误差以辐射计的定标误差为主，仅仅需要对飞行高度以上的大气进行校正，回避了底层大气的校正误差，有利于提高精度。

③辐射照度法。又称改进的反射率法，利用地面测量的向下漫射与总辐射度值来确定卫星遥感器高度的表观反射率，进而确定遥感器入瞳处的辐射亮度。这种方法是使用解析近似方法来计算反射率，从而可大大缩减计算时间和计算复杂性。

(二)相对定标

相对定标也称传感器探测元件归一化处理，是确定场景中各像元之间、各探测器之间、

各波谱之间以及不同时间测得的辐射量的相对值。由于传感器中各个探测元件之间存在的差异性,使得传感器探测的图像数据中出现一些条带,相对定标的目的就是要找到这些探测数据之间的差异,将这些影响予以降低或者消除。一般采用直方图均衡化、均匀场景图像分析等方法予以消除。

任务小结:

本任务的主要目的是通过遥感辐射定标和辐射误差理论知识的学习,了解误差的基本类型,理解传感器辐射定标的概念和意义,掌握传感器辐射定标的一般方法,为后续辐射定标处理打下理论基础。

任务考核:

通过提问、解答、讨论、交流的方式,考查学生对传感器辐射定标和辐射误差基本理论知识的掌握情况,进一步强化其对辐射误差和传感器定标知识的理解。

任务二　辐射误差校正

任务目标:

1. 掌握辐射校正的基本概念。
2. 掌握辐射校正的一般过程。
3. 掌握辐射镶嵌的基本概念。

学习过程:

1. 课堂课件学习,理解辐射校正的基本概念和特点。
2. 课堂学习,掌握辐射校正的方法。

学习成果:

1. 利用公式对太阳高度角引起的辐射误差进行校正,获得校正后的图像。
2. 利用公式对地形坡度引起的辐射误差进行校正,获得校正后的图像。
3. 利用多种方法进行大气校正,获得校正后的图像。
4. 总结大气辐射校正的一般方法。

任务实施:

本任务主要介绍遥感图像辐射误差校正的一般过程、辐射镶嵌处理方法。

活动一　辐射校正的方法

资源与器材:文字资料、影像。

本活动的主要目的是理解辐射误差的基本概念,了解辐射误差的分类,掌握遥感图像辐射变形外部误差的表现形式。

【知识导航】

一、辐射校正概述

遥感传感器在接收来自地面目标物的电磁波辐射能量时,受传感器本身特性、大气作用,以及地物光照条件(如地形起伏和太阳高度角变化)等影响,致使遥感传感器的探测值与地物实际的光谱辐射值不一致,遥感图像产生的这种辐射误差,称为灰度失真。在使用遥感数据前对图像畸变进行修复,可极大地减小错误结果发生的概率,提高试验结果的可信度和实用价值。消除或修正辐射误差引起的图像畸变,这一过程称为辐射校正。

由辐射传输方程可知,遥感器的输出 E_λ 为

$$E_\lambda = K_\lambda\{ [\rho_\lambda E_0(\lambda) e^{-T(Z_1,Z_2)\sec\theta} + \varepsilon_\lambda We(\lambda)] e^{-T(0,H)} + b_\lambda\} \quad (3\text{-}2)$$

式中:θ 为太阳天顶角;K_λ 为传感器的光谱响应系数;E_0 为太阳辐射照度;ρ_λ 为地物的波谱反射系数;ε_λ 为地物的波谱发射率系数;H 为平台高度;$We(\lambda)$ 为与地物同温度黑体的发射通量密度;b_λ 为大气辐射所形成的天空辐射密度。

从式(3-2)可以看出,遥感器的输出 E_λ 除与地物本身的反射和发射波谱特性有关外,还与遥感器的光谱响应特性、大气条件、光照情况等因素有关。因此,遥感影像辐射误差的改正主要包括三个方面:

(1)遥感器的灵敏度特性引起的辐射误差改正,如光学镜头的非均匀性引起的边缘减光现象的改正、光电变换系统的灵敏度性引起的辐射误差校正等。

(2)光照条件的差异引起的辐射误差改正,如太阳高度角的不同引起的辐射误差校正、地面倾斜引起的辐射误差校正等。

(3)大气的散射和吸收引起的辐射误差改正。

二、辐射校正的方法

(一)太阳高度角引起的畸变校正

太阳高度角引起的畸变校正是将太阳光线倾斜照射时获取的图像校正为太阳光线垂直照射时获取的图像。太阳的高度角 θ 可根据成像时刻的时间、季节和地理位置来确定,即

$$\sin\theta = \sin\varphi\sin\delta \pm \cos\varphi\cos\delta\cos t \quad (3\text{-}3)$$

式中:φ 为图像对应地区的地理纬度;δ 为太阳赤纬(成像时太阳直射点的地理纬度);t 为时角(地区经度与成像时太阳直射点地区经度的经差)。

太阳高度角的校正是通过调整一幅图像内的平均灰度来实现的,在太阳高度求出后,太阳以高度角 θ 斜射时得到的图像 $g(x,y)$ 与直射时得到的图像 $f(x,y)$ 有如下关系:

$$f(x,y) = \frac{g(x,y)}{\sin\theta} \quad (3\text{-}4)$$

如果不考虑天空光的影响,各波段图像可采用相同的 θ 角进行校正。

太阳方位角的变化也会改变光照条件,它也随成像季节、地理纬度的变化而变化。太阳方位角引起的图像辐射值误差,通常只对图像细部特征产生影响,它可以采用与太阳高度角校正相类似的方法进行处理。由于太阳高度角的影响,在图像上会产生阴影而压盖地物。一般情况下,图像上地形和地物的阴影是难以消除的,但是多光谱图像上的阴影可以通过图像之间的比值予以消除。比值图像是用同步获取的相同地区的任意两个波段图像相除而得到的新图像。在光谱图像上,地物阴影区的灰度值可以认为是无阴影时的影像灰度值加上对各波段影响相同的阴影亮度值,所以当两个波段相除时,阴影的影响在比值图像上基本被消除。阴影的消除对图像的定量分析和自动识别是非常重要的,因为它消除了非地物辐射引起的图像灰度值的误差,有利于提高定量分析和自动识别的精度。

(二)地形坡度引起的辐射误差校正

太阳光线和地表作用之后再反射到传感器的太阳光的辐射亮度和地面倾斜度有关。如

果光线垂直入射时水平地表受到的光照强度为 I_0,则光线垂直入射时,倾斜角为 α 的坡面上入射点处的光强度 I 为

$$I = I_0 \cos\alpha \tag{3-5}$$

此处在坡度为 α 的倾斜面上的地物影像为 $g(x,y)$,则校正后的图像 $f(x,y)$ 为

$$f(x,y) = \frac{g(x,y)}{\cos\alpha} \tag{3-6}$$

由式(3-6)看出,地形坡度引起的辐射校正方法需要有图像对应地区的DEM数据,校正较为麻烦,一般情况下对地形坡度引起的误差不做校正。另外,此项校正也可采用比值图像来消除地形坡度所产生的辐射量误差。

(三)大气校正

1.大气对遥感的影响分析

太阳光在到达地面目标之前,大气会对其产生吸收和散射作用。同样,来自目标物的反射光和散射光在到达传感器之前也会被吸收和散射。入射到传感器的电磁波能量除了地物本身的辐射,还有大气引起的散射光,消除这些影响的处理过程称为大气校正。

遥感所能利用的各种辐射能均要与地球大气层之间发生相互作用,受到地球大气的影响,会发生散射、吸收,从而导致能量发生衰减,使光谱分布发生一定程度的变化。大气的衰减作用对不同波长的光呈现选择性的影响,因而大气对不同波段的遥感图像的影响是不同的。由于太阳、地面目标和传感器三者之间存在的几何关系不同,光线在穿越大气时,所经历的路径长度不同,使图像中不同地物的像元灰度值受到大气的影响不同,同一地物在不同时间获取的灰度值也受到大气的影响。

大气校正是遥感图像辐射校正的主要内容,是获得地表真实反射率必不可少的一步。研究表明,大多数辐射校正与波长、时间、地点、大气条件、大气层厚度、太阳高度角、观察角度等有关。因此,对大气影响的精确校正是相当复杂的。

2.大气校正的主要方法

1)利用辐射传递方程进行大气校正

若地面目标的辐射能量为 E_0,它通过高度为 H 的大气层后,传感器接收系统所能得到的电磁波能量为 E,则由辐射传递方程可得

$$E = E_0 e^{-T(0,H)} \tag{3-7}$$

式中:$e^{-T(0,H)}$ 为大气的衰减系数。

如果对式(3-7)能够给出适当的近似解,可以求出地面目标的真实辐射能量 E_0。在可见光和近红外区,大气的影响主要是由气溶胶引起的散射造成的。在热红外区,大气的影响主要是由水蒸气的吸收造成的。为了消除大气的影响,需要测定可见光和近红外区的气溶胶的密度,以及热红外区的水蒸气浓度。但是,仅从图像数据中很难正确测定这些数据,因此在利用辐射传递方程时,通常只能得到近似解。

2)利用地面实况数据进行大气校正

在获取地面目标图像的同时,预先在地面设置反射率已知的标志,或事先测出若干地面目标的反射率,把由此得到的地面实况数据和传感器的输出值进行比较,以消除大气的影响。由于遥感过程是动态的,在地面特定地区、特定条件和一定时间段内测定的地面目标反射率不具有普遍性,因此该方法仅适用于包含地面实况数据的图像。

3）利用辅助数据进行大气校正

在获取地面目标图像的同时，利用搭载在同一平台上测量气溶胶和水蒸气浓度的传感器获取气溶胶和水蒸气的浓度数据，利用这些数据可以进行大气校正。

在 Landsat-4/5 的 MSS 数据处理中，采用了一种简单的大气散射补偿方法：从全部像元亮度值中减去一个辐射偏置量，辐射偏置量等于图像直方图中最小的亮度值。这种偏置量随不同的影像而有所差异，同一影像的不同波段也很可能具有不同的偏置量，因为影像辐射中的大气散射成分与波长成反比，第 1 波段的偏置量最大，第 4 波段的偏置量最小。

在 SPOT 的数据处理中，由于瑞利散射（分子散射）在 0. 89 m 处（近红外区）比在可见光 0. 5 m 处要低 10 倍，所以由瑞利散射引起的辐射改正只涉及 SPOT HRV 的多光谱数据中的第 1、第 2 波段和全色波段的一部分，多数情况下分子散射的影响可以得到满意的校正。而米氏散射（悬浮微粒散射）只随波长逐渐变化，因此所有成像的光谱段都受到微粒散射的影响。要想正确校正米氏散射对辐射量的影响，需要知道米氏散射的三个特征：视觉上的微粒密度（与水平可见度有关）、微粒类型和米氏散射的相位函数。米氏散射的影响比瑞利散射的影响要更难改正些。大气吸收对辐射量的影响只发生在第 3 波段（主要是由水蒸气的吸收造成的）和第 1 波段（由臭氧的吸收造成的），而水蒸气和臭氧含量可从与观测地区的季节和地理位置有关的统计资料中估算出来，水蒸气的含量也可以通过查阅气象资料来估算，利用这些数据可按辐射传递方程来校正大气吸收对辐射量的影响。

【实施过程】

一、大气辐射校正

（一）以灰度直方图法为例，介绍遥感图像的大气校正方法

视频 3-1　大气辐射校正

校正原理：传感器接收到的电磁波能量包含反映地物目标信息的部分和太阳散射的干扰信息部分。大气辐射校正就是要将传感器中获得的电磁波能量减去太阳散射干扰的部分而获得地表自身的辐射能量。直方图校正法是基于大气对地物的辐射、电磁反射具有一定的选择性而进行的。例如，在 TM 多光谱图像中，波段 1、2、3 分别为蓝色、绿色和红色波段，波段 4、5、7 为近红外和中红外波段，波段 6 为热红外波段。当图像中有水体等色调较暗的目标时，波段 7 受其影响比较小，其灰度值在零附近，而在可见光波段则受大气影响比较严重。因此，可以将 TM 图像的波段 7 作为标准图像，对其他图像进行大气校正处理。

采用 ERDAS 软件进行大气辐射校正所涉及的命令及其功能见表 3-3。

表 3-3　采用 ERDAS 软件进行大气辐射校正所涉及的命令及其功能

图标（标签）	命令	功能
	Raster	栅格图像菜单
	Layer Info	查看图像文件信息
Pixel data	Pixel data	查看像元灰度信息
	Spatial Modeler	启动空间建模工具

续表 3-3

图标(标签)	命令	功能
Model Maker	Model Maker	新建一个空间建模窗口
	Select	选择和定义对象图像
	Raster container	放置栅格对象
	Vector	放置矢量对象
	Matrix	放置矩阵对象
	Table	放置表格对象
	Scalar	放置等级参数对象
	Function	放置函数操作对象
	Criteria	放置条件函数对象
	Connect	连接对象图形与函数操作
	Text	放置模型文字描述
	Unlock	释放选择工具
	Lock	锁住选择工具
	Help	模型操作联机帮助
	Run	运行图形模型
	Tools	打开工具面板
	Overview	模型全图显示
	Profile Tools	图像剖面工具
	Spectral	光谱剖面曲线
	Create New Profile Point	创建一个剖面光谱像元点

(1)比较分析第1波段B1到B7波段的灰度值,找到各波段图像之间的灰度修正量,以第7波段为基准图像,其灰度值最小为0,第1波段的修正量为100,经过比较可得到其他各个波段的修正量。第1波段的灰度值如图3-4(a)所示,第2波段的灰度值如图3-4(b)所示。

(2)在ERDAS的图标面板上,点击 

图标,弹出二级菜单Spatial Modeler,如图3-5所示,选择第一个子菜单Model Maker...,弹出New_Model窗口,如图3-6所示。

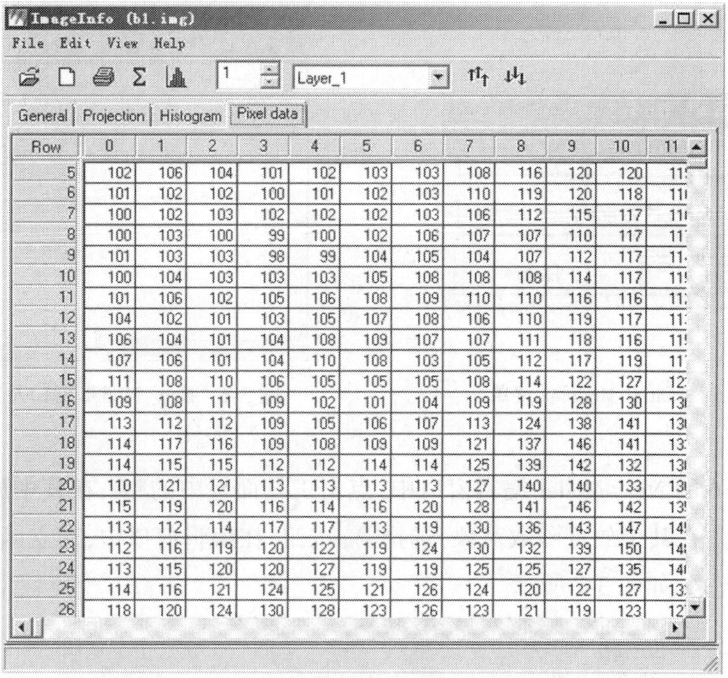

ImageInfo (b1.img)

File Edit View Help

Layer_1

General | Projection | Histogram | Pixel data

Row	0	1	2	3	4	5	6	7	8	9	10	11
5	102	106	104	101	102	103	103	108	116	120	120	11
6	101	102	102	100	101	102	103	110	119	120	118	11
7	100	102	103	102	102	102	103	106	112	115	117	11
8	100	103	100	99	100	102	106	107	107	110	117	11
9	101	103	103	98	99	104	105	104	107	112	117	11
10	100	104	103	103	103	105	108	108	108	114	117	11
11	101	106	102	105	106	108	109	110	110	116	116	11
12	104	102	101	103	105	107	108	106	110	119	117	11
13	106	104	101	104	108	109	107	107	111	118	116	11
14	107	106	101	104	110	108	103	105	112	117	119	11
15	111	108	110	106	105	105	105	108	114	122	127	12
16	109	108	111	109	102	101	104	109	119	128	130	13
17	113	112	112	109	105	106	107	113	124	138	141	13
18	114	117	116	109	108	109	109	121	137	146	141	13
19	114	115	115	112	112	114	114	125	139	142	132	13
20	110	121	121	113	113	113	113	127	140	140	133	13
21	115	119	120	116	114	116	120	128	141	146	142	13
22	113	112	114	117	117	113	119	130	136	143	147	14
23	112	116	119	120	122	119	124	130	132	139	150	14
24	113	115	120	120	127	119	119	125	125	127	135	14
25	114	116	121	124	125	121	126	124	120	122	127	13
26	118	120	124	130	128	123	126	123	121	119	123	12

(a) 第 1 波段灰度值

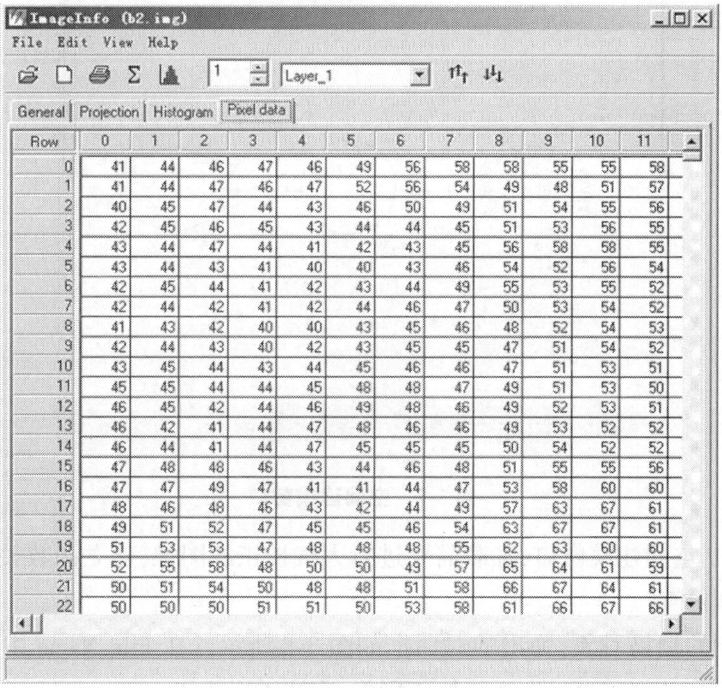

ImageInfo (b2.img)

File Edit View Help

Layer_1

General | Projection | Histogram | Pixel data

Row	0	1	2	3	4	5	6	7	8	9	10	11
0	41	44	46	47	46	49	56	58	58	55	55	58
1	41	44	47	46	47	52	56	54	49	48	51	57
2	40	45	47	44	43	46	50	49	51	54	55	56
3	42	45	46	45	43	44	44	45	51	53	56	55
4	43	44	47	44	41	42	43	45	56	58	58	55
5	43	44	43	41	40	40	43	46	54	52	56	54
6	42	45	44	41	42	43	44	49	55	53	55	52
7	42	44	42	41	42	44	46	47	50	53	54	52
8	41	43	42	40	40	43	45	46	48	52	54	53
9	42	44	43	40	42	43	45	45	47	51	54	52
10	43	45	44	43	44	45	46	46	47	51	53	51
11	45	45	44	44	45	48	48	47	49	51	53	50
12	46	45	42	44	46	49	48	46	49	52	53	51
13	46	42	41	44	47	48	46	46	49	53	52	52
14	46	44	41	44	47	45	45	45	50	54	52	52
15	47	48	48	46	43	44	46	48	51	55	55	56
16	47	47	49	47	41	41	44	47	53	58	60	60
17	48	46	48	46	43	42	44	49	57	63	67	61
18	49	51	52	47	45	45	46	54	63	67	67	61
19	51	53	53	47	48	48	48	55	62	63	60	60
20	52	55	58	48	50	50	49	57	65	64	61	59
21	50	51	54	50	48	48	51	58	66	67	64	61
22	50	50	50	51	51	50	53	58	61	66	67	66

(b) 第 2 波段灰度值

图 3-4　第 1、第 2 波段灰度值

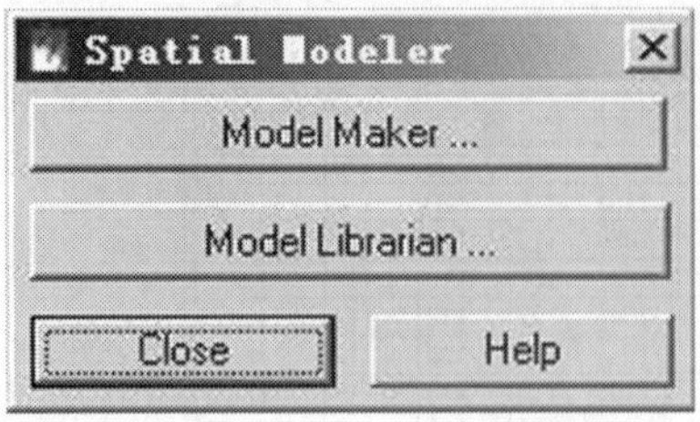

图 3-5　Spatial Modeler 菜单

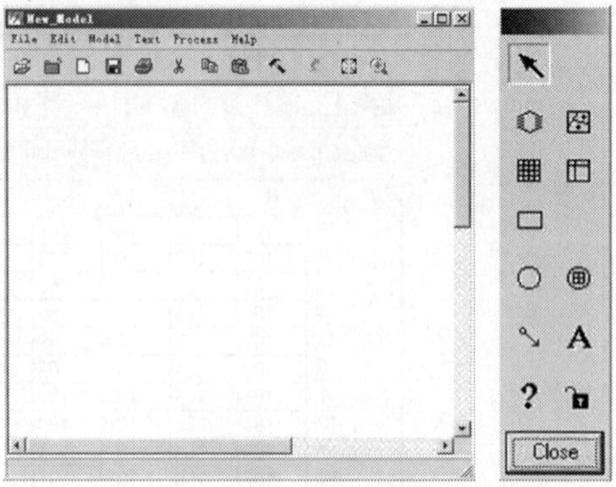

图 3-6　New_Model 窗口及其工具面板

(3)在图 3-6 的 New_Model 编辑窗口中,点击工具面板中的,在其中放置两个栅格对象,选择图标,在其中放置函数对象,选择按钮,在编辑窗口中,建立函数连接关系,将栅格对象联系起来,如图 3-7 所示。

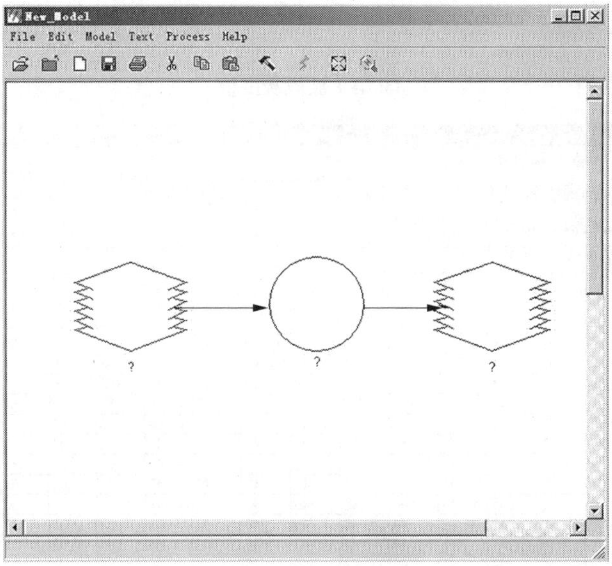

图 3-7　空间建模窗口

(4)在图 3-7 空间建模窗口,加载需要进行大气校正的图像,建立函数关系式,给定输出图像存储路径和位置。

①双击左侧的栅格对象,弹出的对话框如图 3-8 所示。在 File Name 中,点击按钮,将 b1. img 文件调入模型空间,作为待校正影像,点击 OK 按钮。

②双击右边的栅格对象,弹出对话框,如图 3-9 所示。在 File Name 中,点击按钮,定义输出图像,将其作为大气校正的图像予以存储,点击 OK 按钮。

③双击函数对象,打开 Function Definition 函数定义对话框,如图 3-10 所示。

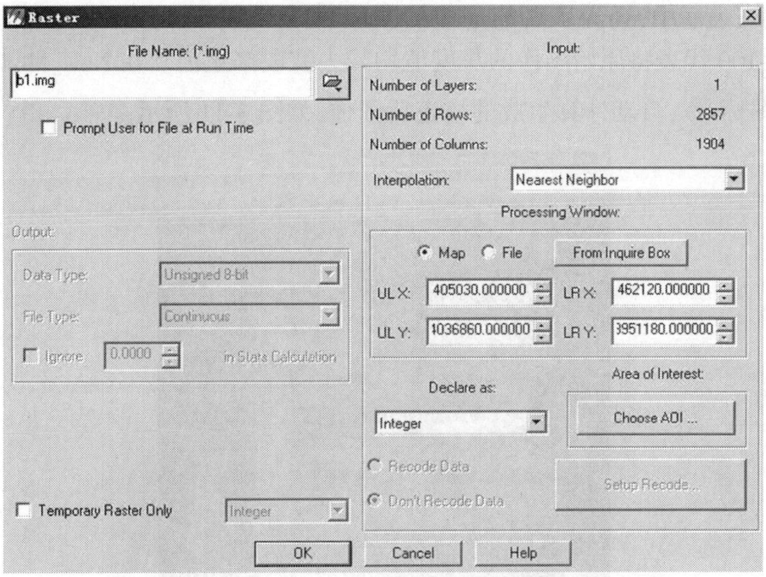

图 3-8　定义待校正图像对话框

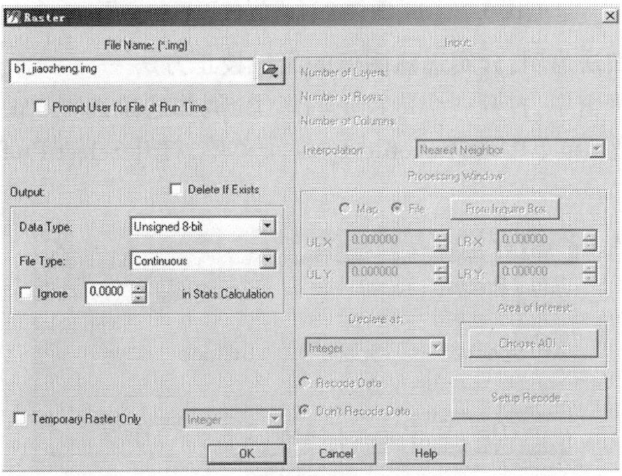

图 3-9　图像输出对话框

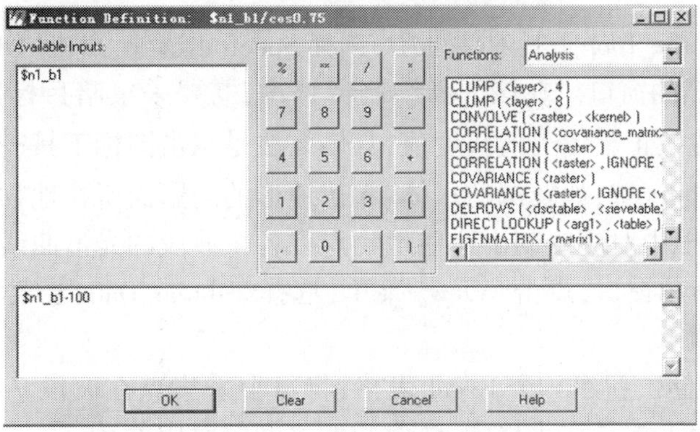

图 3-10　函数定义对话框

在该函数列表框中,列出了所能处理的图像数据。在函数定义的文本框中,输入表达式,如$ n1_b1-100 代表将原始图像的灰度值均减去波段修正值。在 New_Model 窗口编辑工具栏中,点击图标,自动计算生成的校正后图像,如图 3-11 所示。

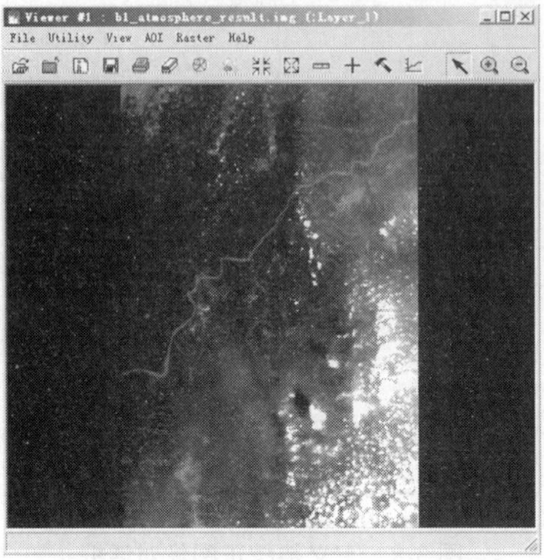

图 3-11　b1 图像经过大气校正后的结果

(二)以线性回归法为例,介绍遥感图像的大气校正方法

(1)在 ERDAS 视窗中,打开一个待校正的影像,例如这里选择 TM 影像,在影像视窗界面的 Raster(栅格图像)菜单中选择 Profile Tools 子菜单,打开 Select Profile Tool 工具对话框,如图 3-12 所示。

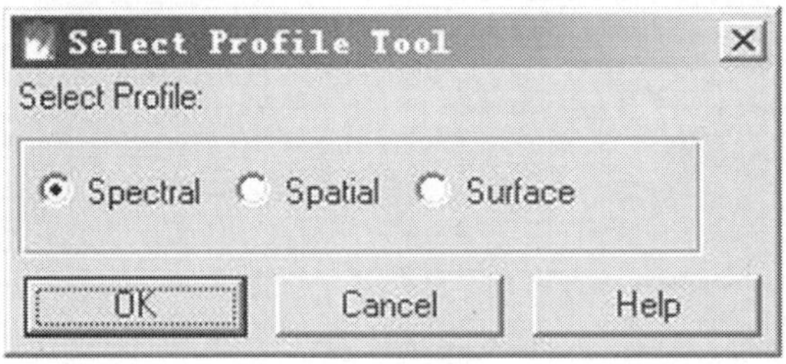

图 3-12　Select Profile Tool 工具对话框

(2)在 Select Profile Tool 工具对话框中,选择 Spectral 选项,点击"OK"按钮,打开名字为 SPECTRAL PROFILE 的窗口。在该剖面绘制窗口中,需要采集暗目标区域内的数据点,获得其在参考影像和待校正影像上的灰度值,具体方法是点击图标工具,在 ERDAS 影像窗口,选择一系列暗目标区域,如较深的水体、起伏地形的阴影面所在地物、高山背阴处等。同时,在光谱剖面工具框中对应绘制出这些地物点在各个波段的光谱曲线图,如图 3-13 所示。

(3)在图 3-13 所示窗口,点击"View"菜单,选择 Tabular Data 子菜单,查看每个采集点在各个波段的灰度值。

(4)灰度值的存储。新建一个 Excel 表格,将每个采集点在波段 7 的灰度值作为 X,其他波段的灰度值作为 Y 记录在表格中,注意它们之间的对应关系。

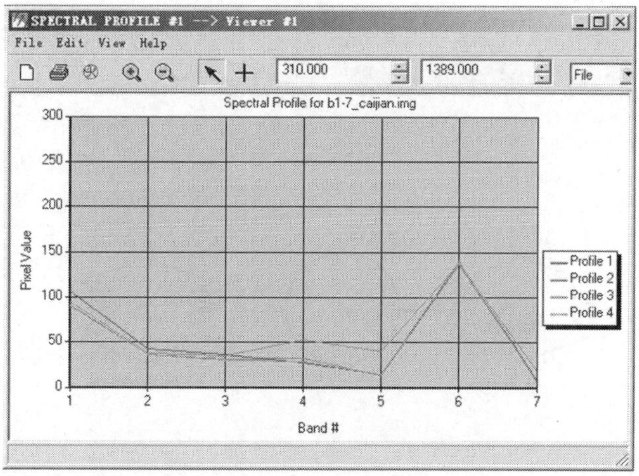

图 3-13　光谱剖面曲线图

(5)利用 Excel 提供的工具对波段 7 的 X 和其他波段的 Y 进行线性回归分析。选中数据后，在插入菜单中，点击图标菜单命令，接着选择“XY 散点图”，单击“下一步”，直到“完成”这一步。

(6)在“图标”下拉列表框中，选择“布局”，点击图标“趋势线”，选择“线性趋势线”，接着选择“趋势线”下方的“其他趋势线选项”，选择“系列一”，勾选“显示公式”和“显示 R 平方值”复选框。点击“关闭”按钮，退出设置，在 Excel 图表中将显示线性回归的计算结果和趋势图。线性回归方程 $Y = AX + B$ 中，B 即是该波段图像的校正量。

(7)在 ERDAS 的空间建模窗口，将对应波段的灰度值的校正量进行减法操作，即可减弱大气散射对图像的影响，达到对大气进行辐射校正的目的。

二、太阳高度角辐射校正

太阳高度角辐射校正原理：将太阳光以高度角 θ 倾斜照射时获取的影像校正为太阳光垂直照射时获取的影像，其校正关系符合式(3-4)。

视频 3-2　太阳高度角辐射校正

(1)在 ERDAS 的图标面板上，点击 Modeler 图标，选择二级菜单 Spatial Modeler，打开 New_Model 编辑窗口，点击工具面板中的建立两个栅格对象，选择在其中放置函数对象，选择连接栅格对象和函数，如图 3-14 所示。

(2)双击左边的栅格对象，放入待校正影像，并定义模型为输入影像；在右侧的栅格对象中，放入校正后的影像，在中间的函数对象中双击该对象，弹出 Function Definition 函数定义对话框；在 Available Inputs 中列出了待校正的影像，在函数定义的文本框中，输入表达式，如＄n1_b1/sin0.75，表示第 1 波段像素的原始灰度值除以太阳高度角的余弦。

(3)在 New_Model 编辑工具栏中，点击图标，自动计算生成的校正后图像。进行太阳高度角辐射校正后的结果如图 3-15 所示。

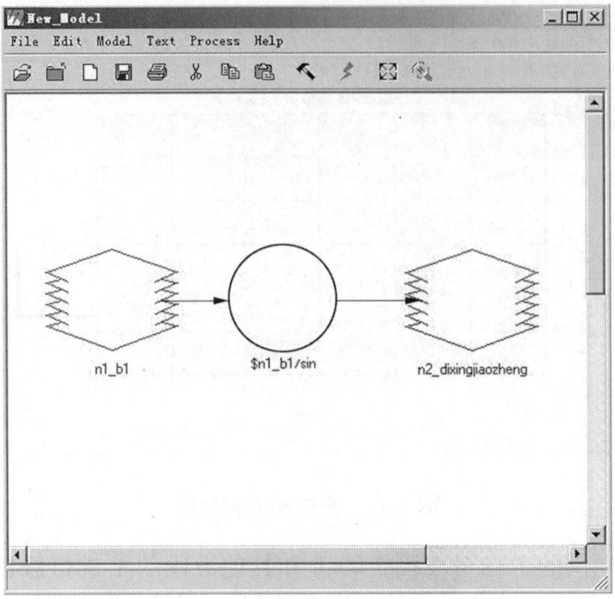

图 3-14 模型编辑窗口

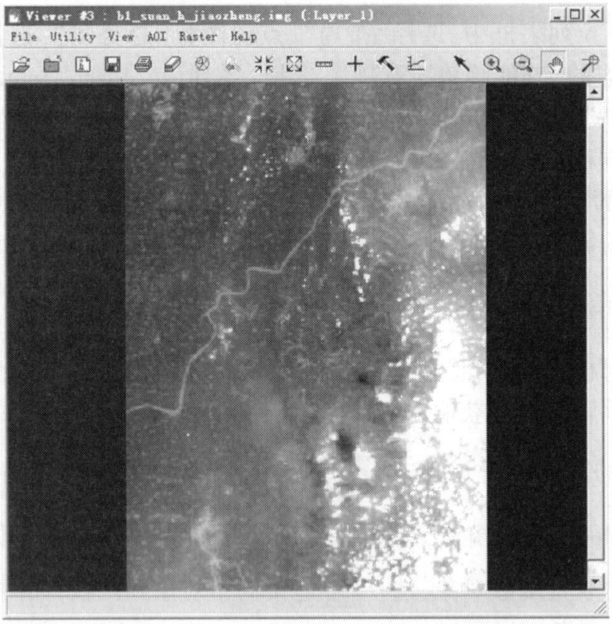

图 3-15 太阳高度角辐射校正结果

三、地形坡度校正

地形坡度辐射误差校正原理：当光线垂直入射时，水平地面受到的光照强度为 I，则在倾斜地面上对应入射点处的光强度为 I，$I=I_0\cos\alpha$。因此，若处在坡度为 α 的倾斜面上的地物影像为 $g(x,y)$，则校正后的图像为

$$f(x,y)=\frac{g(x,y)}{\cos\alpha} \tag{3-8}$$

式中：α 为地面坡度角。

地形坡度校正需要对应地区 DEM 的支撑，校正比较麻烦，一般情况下，对地形坡度引起的误差不做处理。

活动二　图像的辐射镶嵌

资源与器材：文字资料、视频、影像。

本活动的主要目的是在辐射校正的基础上，对遥感图像做进一步的辐射镶嵌处理，为后续几何校正打下良好的基础。

【知识导航】

一、辐射镶嵌的概念

一般地，在图像拼接处，两幅图像灰度的细微差别都会导致明显的拼接效应，而在实际的成像过程中，被拼接的图像在拼接边界附近的灰度细微差别几乎是不可避免的。摄影角度的差异、背景的微小变化、成像手段的改变等都可能造成这种灰度上的差异，因此需要一种技术修正镶嵌图像上拼接缝及其附近位置的灰度值，使之在拼接缝两侧的灰度有一个光滑的过渡。此消除镶嵌图像上拼接效应的过程，称为辐射镶嵌。

二、辐射镶嵌的两种方法

（一）基于小波理论的严格方法

如果在拼接缝处及其附近进行平滑处理，可以淡化拼接效应，但这样处理的结果会使影像的分辨率下降，产生影像模糊。从数学上讲，这个过程相当于图像灰度曲面的光滑连接，但实际上图像的拼接与曲面的光滑连接不同，图像灰度曲面的光滑化表现为对图像的模糊化，从而导致图像模糊不清。实践表明，在拼接的部分，若图像的空间频率的改变由 $W_{\min}$ 到 $W_{\max}$，记 T_l 和 T_s 分别为 $W_{\min}$ 到 $W_{\max}$ 对应的波长。为使拼接后的图像不出现拼接缝，灰度值修改影响的范围应不小于 T_l；而为了使拼接后的图像清晰，灰度值修正影响的范围又要大于 $2T_s$。显然，当图像在拼接边界附近的空间频率的频带稍宽一点的话，要找出一个合适的灰度值修正影响范围是不可能的。

武汉大学王建忠教授等成功地利用小波变换解决了上述矛盾。由于小波变换函数实际上是一个带通滤波器，在不同尺度下的小波分量实际上占有一定的频宽，频宽越大，该分量的频率越高，因此每一个小波分量所具有的频宽是不大的。把待拼接的两幅图像先按小波分解的方法，将它们分解为不同频带的小波分量，然后在不同的尺度下选择不同的灰度值修正影响范围，把两幅图像按不同尺度下的小波分量先拼接起来，再用逆变换算法恢复整个图像，这样拼接的结果可以很好地兼顾清晰度和光滑度两个方面的要求。

值得注意的是，在做小波变换时要对图像边界进行处理，否则会产生信息丢失现象。影像镶嵌示意如图 3-16 所示。

基于小波理论的影像镶嵌算法虽然是严密的，但它是在影像几何拼接过程中同时对图像的辐射信息进行处理的。该方法是一种并行算法，在计算过程中涉及大量的浮点运算，对实际生产中的大容量影像进行处理是不方便的。此外，该方法没有给出多幅图像之间的拼接缝消除算法，只能两两进行处理。

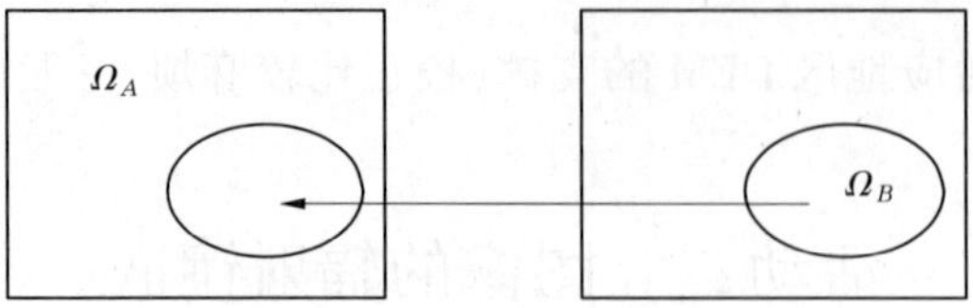

图 3-16　影像镶嵌示意

(二)拼接缝消除的强制改正方法

该方法是先统计拼接缝上任意位置两侧的灰度差,然后将灰度差在该位置两侧的一定范围内强制改正。

如图 3-17 所示,*abcdef* 是裁剪线,由于多种因素的影响,在裁剪线位置会形成明显的拼接缝。强制改正法首先统计裁剪线上任意位置在其法线方向上两侧一定范围内的灰度差 Δg,为了避免改正结果出现条纹效应,每个位置的灰度差 Δg 应在该位置前后的多个位置上统计得到,然后将灰度差 Δg 在该位置法线方向上两侧一定范围 ω 内改正掉,参数 ω 称为改正宽度,它的大小与灰度差 Δg 成正比,Δg 越大,改正宽度 ω 也越大。灰度改正时,离拼接缝越近的像点,灰度值改正得越多;离拼接缝越远的像点,其灰度值改正得越少。

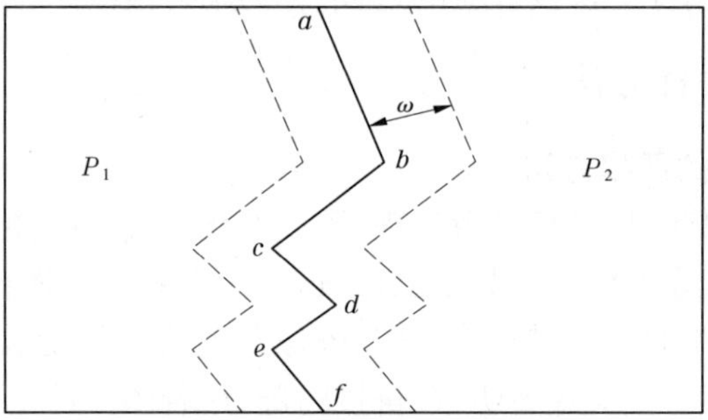

图 3-17　拼接缝的强制改正

强制改正方法是在几何镶嵌好的图像上进行的。虽然它是一种近似方法,但对于遥感图像,只要在拼接缝两侧一定范围内灰度值的差很小(经过试验,黑白图像大约在 10 以内,彩色图像每个分量大约在 5 以内),视觉上都不会感觉到拼接缝的存在,因此这种近似是可以接受的。需要强调的是:在影像镶嵌前,应分别将每幅影像灰度或色调调整得大体一致,否则强制改正方法难以取得满意的效果。

任务小结:

本任务主要介绍了辐射误差校正的概念和一般过程,针对太阳高度角、地形坡度和大气引起的辐射误差理论的深入学习,总结了其辐射校正的几何模型,并通过具体的案例进行实践操作,证明了上述方法的可行性,使学生真正理解了辐射校正的意义,掌握了辐射校正的一般方法。

任务考核:

通过提问、解答、讨论、交流和上机操作的方式,考查学生对辐射校正的基本理论知识的掌握情况,进一步强化其对辐射误差及校正方法的理解。

思政小课堂

中国(嵩山)卫星遥感定标场

中国(嵩山)卫星遥感定标场为我国首个遥感卫星在轨定标固定式靶标场,是由中国资源卫星中心、武汉大学和解放军信息工程大学联合建设的基础设施平台,由固定地面靶标场和均匀分布在河南省的数百个高精度控制点组成。

定标场的前期建设工作于2008年9月由武汉大学与解放军信息工程大学正式启动。在河南省内选址建立了400多个均匀分布的高精度控制点,并用航空摄影测量方法获得了1万多 km^2 高精度高分辨率正射影像和DEM,以用于高分辨率航空航天传感器的几何定标。2009年11月17日,中国资源卫星应用中心与武汉大学签订科技合作协议,双方共建卫星数据处理与应用技术研究中心。2010年,中国资源卫星应用中心加入到定标场的建设中,与武汉大学和解放军信息工程大学一起三方共同建设"中国(嵩山)卫星遥感定标场"。

中国(嵩山)卫星遥感定标场——固定地面靶标场基建工作于2013年9月18日通过三方联合验收。2013年度,武汉大学测绘遥感信息工程国家重点实验室在定标场内建立60 m遥感观测塔和有关配套设施,采用遥感观测手段对定标场及周边地面景物和大气环境参数进行实时观测,以实现与卫星遥感的同步观测,用于高分辨率航空航天遥感影像的辐射与光谱定标。

中国(嵩山)卫星遥感定标场已开始为多颗卫星的辐射定标、几何定标和载荷性能验证提供服务。

(资料来源:武汉大学测绘遥感信息工程国家重点实验室网站)

复习题

1. 什么是辐射误差?它的来源有哪些?
2. 简述遥感图像辐射处理的内容。
3. 简述传感器辐射定标的概念及特点。
4. 简述辐射定标的分类方法。
5. 什么是绝对定标?
6. 什么是相对定标?
7. 什么是场地定标?场地定标的方法有哪些?
8. 什么是辐射校正?
9. 辐射校正有哪些方法?
10. 什么叫辐射镶嵌?辐射镶嵌有哪些方法?

项目四　遥感图像的几何处理

项目概述

在遥感成像时,由于各种因素的影响,使得遥感图像存在一定的几何畸变,这些畸变和失真影响了影像质量和应用,必须进行消除。在卫星影像数据提供给用户使用之前,需要对影像进行几何校正处理。本项目主要涉及以下三个任务:

任务一主要介绍遥感图像存在的几何变形,阐明其原因。任务二主要针对变形的因素进行投影变换、几何粗加工处理、精纠正处理,其中精纠正处理包括基于严格成像模型的几何纠正处理和基于多项式模型进行的几何校正处理。任务三介绍了遥感图像的配准、图像之间的拼接处理。通过以上三个任务的学习和实践,让学生真正掌握遥感图像的几何处理知识。

学习目标

1. 理解遥感图像的几何畸变因素。
2. 掌握遥感图像几何精纠正的方法。
3. 掌握卫星遥感图像几何校正的方法。
4. 学习利用几何配准的知识,对一般遥感图像进行配准操作。

学习成果

1. 获得一幅校正后的遥感图像。
2. 获得一幅经过几何配准后的遥感图像。
3. 获得经过正射纠正的遥感图像。
4. 获得经过拼接处理的遥感图像。

任务一　遥感图像的几何变形

任务目标:

1. 掌握遥感图像几何变形的因素。
2. 掌握遥感图像几何变形的类型。
3. 掌握遥感图像变形因素的处理知识。

学习过程:

1. 课堂学习,观看遥感图像变形动画视频。
2. 课堂学习,观察和分析一幅遥感图像的主要变形,分析其产生的原因。

3. 课内学习,总结一幅遥感图像存在的几何变形及可能的解决方法。

学习成果:

1. 内部因素引起的变形总结。

2. 外部因素引起的变形总结。

任务实施:

本任务主要从传感器、大气影响、地形影响等几个方面介绍遥感图像的几何变形因素。

活动一 了解遥感图像的几何变形因素

资源与器材:图片、示意图、影像、文字资料。

本活动的主要目的是理解遥感图像上存在的主要几何变形及变形产生的原因、解决方法。

【知识导航】

一、遥感图像几何变形概述

(一)遥感图像几何变形的原因

在遥感信息的处理过程中,一般要求把所处理的信息固定地表达在某一特定的投影参照系统中,以便进行图像的几何测量、相互比较和图像的融合等处理。在图像获取的过程中,由于各种因素的影响,图像上的几何尺寸与地物的实际尺寸往往是不一致的。遥感图像的几何变形是指原始图像上各种地物的几何位置、尺寸、方位等几何特征与在参照系统中的表达要求不一致时所产生的变形。这种几何变形也可以看作是一种变形引起的误差。

(二)遥感图像的变形误差类型

遥感图像的变形误差按其运动性质可以分为静态误差和动态误差。静态误差是指传感器在成像时,相对于地球表面呈静止状态所具有的各种变形误差。动态误差是指在传感器成像时由于地球的旋转所造成的图像变形误差。

变形误差又可以分为内部误差和外部误差。在传感器内部由于其性能技术指标相对于标称值发生变化等因素引起的误差叫内部误差,如航空摄影机的镜头畸变差、像主点偏移、焦距变动等误差,多光谱扫描仪 MSS 上首末扫描线成像时间不同,不同波段的相同的扫描线成像时间差等,这些都属于传感器内部的误差。一般可以通过地面校正的方式予以消除或者限制,对成像影响不大。外部误差是指在传感器正常工作时,由传感器以外的因素所造成的误差。例如,传感器外方位元素发生变化、大气折光、地球曲率、地形起伏和地球的旋转等因素引起的变形误差。本活动主要讨论的是外部误差对遥感图像的影响。

二、遥感图像几何变形误差的影响因素

传感器的成像方式一般有中心投影、全景投影、斜距投影及平行投影等,在这些投影中,没有几何变形的有平坦地区垂直摄影的中心投影和垂直情况下的平行投影,这两种情况的投影,影像上的地物与实际地物在几何形状上保持严格的相似性,而全景投影与斜距投影均有图像变形。因此,在讨论图像变形时,往往把垂直摄影的中心投影和平行投影的图像看作是基准图像,其他图像的投影变形规律可以与中心投影的图像做比较,获得其投影变形规律。

(一)全景投影变形

全景投影成像的图像不是一个平面,而是一个圆柱面。全景投影的物像关系如图 4-1 所示,它相当于全景摄影机的投影面,称为全景面。在图 4-1 中,过 O 点建立一个平面坐标系,由图 4-1 可知,地面点 P 在全景面上的像点坐标 p 具有坐标:

$$y_p = f\theta/\rho \tag{4-1}$$

式中:f 为焦距;θ 为成像角;ρ 为弧度制常量。

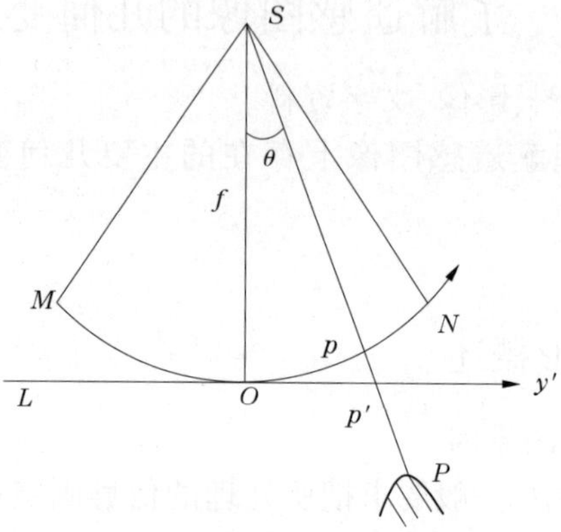

图 4-1　全景投影的物像关系

设 L 为一个中心投影的等效面,地面点 P 在其上的投影像点为 p',其坐标表达为

$$y'_p = f\tan\theta \tag{4-2}$$

联合式(4-1)和式(4-2),可以得出全景投影的变形量为

$$dy = y_p - y'_p = y_p - f\tan\theta$$

$$dy = f\theta/\rho - f\tan\theta$$

$$dy = \left(\frac{f}{\rho}\right)\arctan\left(\frac{y'_p}{f}\right) - y'_p \tag{4-3}$$

也可以近似地表述为

$$dy = f(\theta - \tan\theta) \tag{4-4}$$

由式(4-4)可知,全景变形主要由成像角所引起,主要发生在 y 方向上。成像角度小时,变形较小;成像角度大时,y 方向上投影变形被压缩比较大。全景投影的变形如图 4-2(b)所示。

(二)斜距投影变形

斜距投影类型的传感器通常是指侧视雷达,如图 4-3 所示。

S 为雷达天线相位中心,地物点 P 在斜距投影的图像上的坐标为 y_p,则

$$y_p = \lambda R_p = \frac{\lambda H}{\cos\theta} = \frac{f}{\cos\theta} \tag{4-5}$$

地面点 P 在等效中心投影图像 oy' 上的像点坐标 y'_p 为

$$y'_p = f\tan\theta \tag{4-6}$$

因此,可以得到斜距投影的变形量为

$$dy = y_p - y'_p = f(\sec\theta - \tan\theta) \tag{4-7}$$

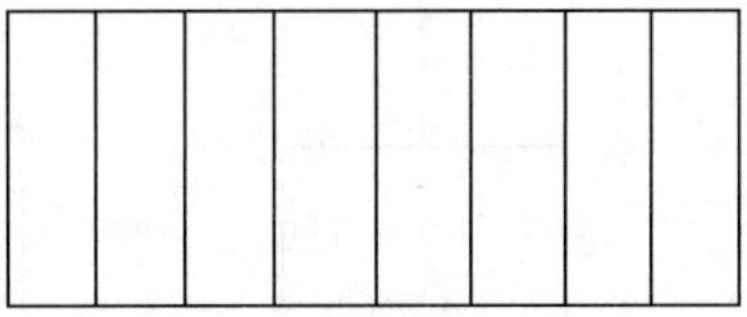

(a)无变形图形

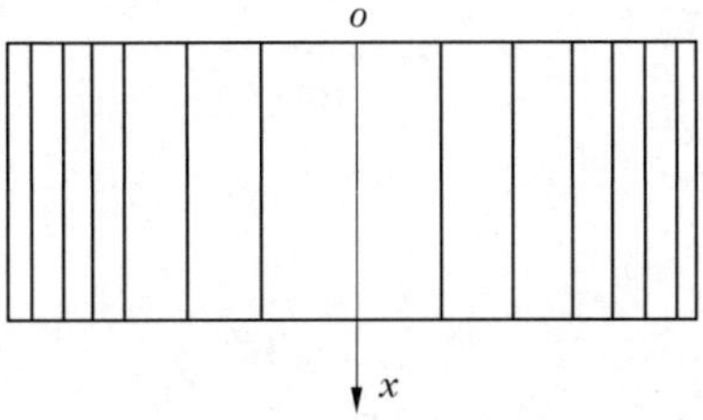

(b)全景投影变形图形

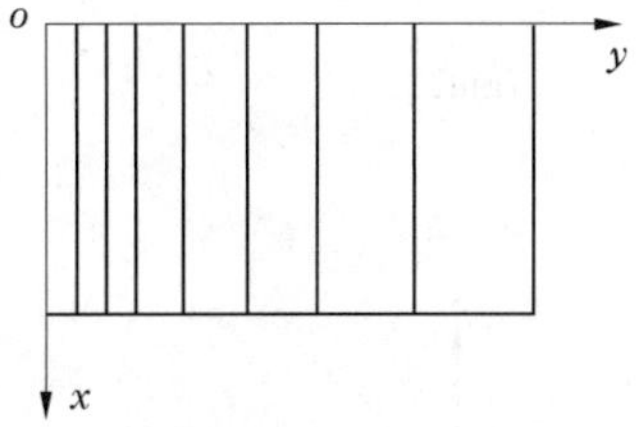

(c)斜距投影变形图形

图 4-2 不同投影方式引起的投影变形

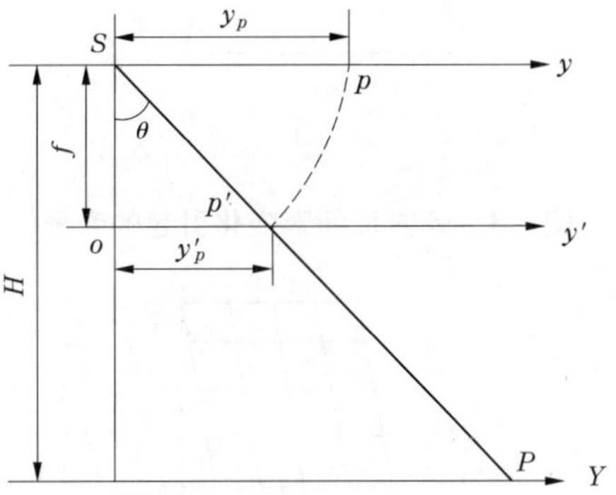

图 4-3 斜距投影时的物像关系

斜距投影的变形特点:距离中心越远变形越大,如图 4-2(c)所示。

(三)传感器外方位元素变化的影响

传感器外方位元素通常指传感器的成像位置(X_S,Y_S,Z_S)和姿态角(φ,ω,κ),侧视雷达还包括其运动速度(v_x,v_y,v_z)。当外方位元素不在其标准位置时,其图像就会产生变形,这种变形一般是用地物点图像坐标的误差来表达的,并可以由传感器的构像方程进行解析获得。以垂直摄影的航空像片为基础,讨论各种遥感图像的变形量及变形特点。

(1)垂直摄影的航空影像外方位元素变化引起的变形。根据摄影测量的原理,框幅式相机以共线方程为计算基础,外方位元素为自变量,垂直摄影情况下,角元素 $\varphi=\omega=\kappa=0$,则外方位元素引起像点位移。在 6 个外方位元素中,线元素和一个旋转角 $d\kappa$ 对图像的综合影响是使图像产生平移、旋转和缩放的线性变形,其他元素会使图像产生非线性变形如图 4-4 所示。

(2)对于推帚式成像仪,由于是线扫描,其 $x=0$。其变形规律是不同的行,其外方位元素不同,随着时间的推移,其图像会产生极其复杂的动态变形。

(3)扫描式成像仪,像点发生位移之后,扫描成像的变形如图 4-5 所示。

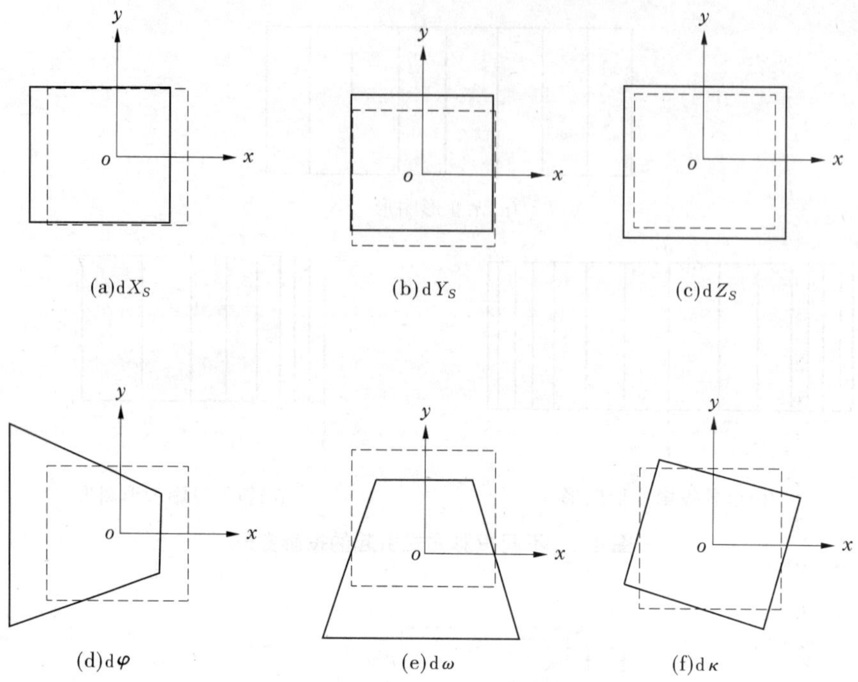

(a)dX_S　(b)dY_S　(c)dZ_S

(d)$d\varphi$　(e)$d\omega$　(f)$d\kappa$

图 4-4　外方位元素变化引起的变形

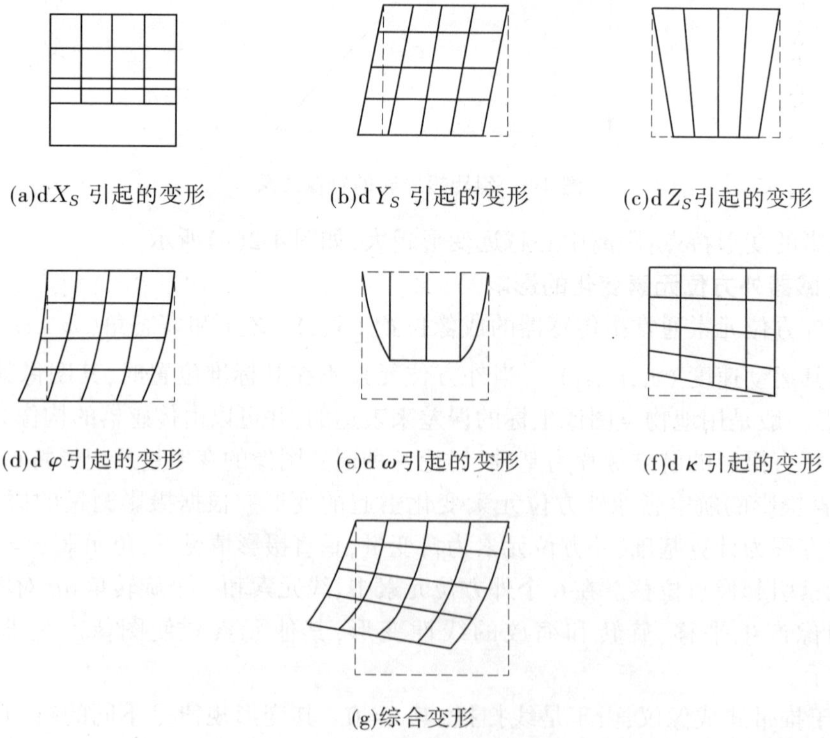

(a)dX_S 引起的变形　(b)dY_S 引起的变形　(c)dZ_S引起的变形

(d)$d\varphi$引起的变形　(e)$d\omega$引起的变形　(f)$d\kappa$引起的变形

(g)综合变形

图 4-5　外方位元素变化引起的几何变形

(4)侧视雷达存在的几何变形特点。雷达侧向发射的电磁波，形成一条细长的照射带，当雷达天线的姿态角发生变化时，其航向倾角 $d\varphi$ 和方位旋角 $d\kappa$ 将使雷达波瓣产生沿航向的平移和指向的旋转，引起雷达对地物点扫描时间的偏移和斜距的变化，造成图像变形。$d\omega$ 的变化不会改变雷达测地物点的斜距，但是会改变照射带的范围。

(四)地形起伏引起的像点位移

(1)地形起伏所引起的像点位移称为投影误差。在垂直摄影情况下，中心投影的航空影像，由于地形起伏会存在投影误差，其变形特点是高于基准面的点离开像片中心点；低于基准面的点朝向像片中心点。垂直摄影时地形起伏引起的变形如图 4-6 所示。具体公式为

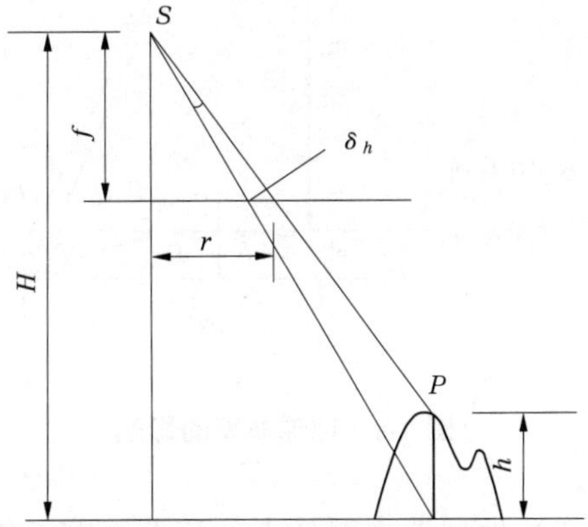

图 4-6 垂直摄影时地形起伏引起的变形

$$\delta_h = \frac{h}{H}r \tag{4-8}$$

式中：H 为航高；r 为辐射距；h 为地形高差。

(2)对于推帚式成像，若 $x = 0$，则在 y 方向存在投影误差。

(3)对于逐点扫描成像，其地形起伏引起的图像变形在 y 方向上。

(4)侧视雷达地形起伏引起的图像变形只发生在 y 方向上。雷达图像的变形是向着图像中心变化的，如图 4-7 所示。

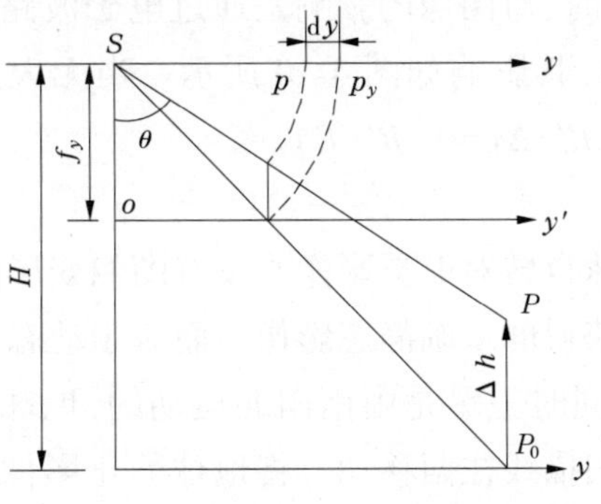

图 4-7 侧视雷达上的投影误差

(五)地球曲率引起的图像变形

地球曲率引起的像点位移,如图4-8所示。设地面点到传感器的铅垂线投影距离为D,地球半径为R_0,则

$$\Delta h = \frac{D^2}{2R_0} \tag{4-9}$$

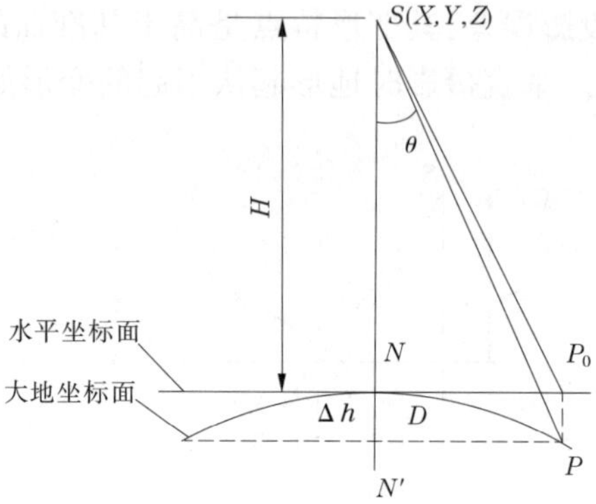

图4-8　地球曲率的影响

在考虑遥感图像的变形时,地球曲率对像点位移的影响一般是不能忽略的。

(六)大气折光的影响

大气层是一个不均匀的介质,它的密度随着电离层高度的增加而递减,因此电磁波在大气层中的传播折射率随高度而变化,使得电磁波的传播路径不是一条直线而变成了一条曲线,从而引起像点位移,这就是大气折射对图像变形的影响。大气折射对方向投影成像和对距离投影成像的影响是不一样的,如图4-9所示。中心投影和全景投影都属于方向投影,其成像点的位置取决于地物点入射光线的方法。在无大气折射影响时,地物点A通过直线光线$\overline{AS}$成像于a_0点;当有大气折射影响时,A点通过曲线光线$\overset{\frown}{AS}$成像于a_1点,因此引起像点位移。

侧视雷达在大气中传播时,对图像的影响是通过电磁波路径长度的改变以及电磁波的传播时间的改变来起作用的,其影响如图4-10所示。当无大气折射时,斜距为R,从P到P';当有大气折射时,斜距为R',$\Delta y = \lambda(R'-R)$。

(七)地球自转的影响

常规的框幅式摄影,地球自转对航空影像并没有图像变形的影响,原因在于其成像是在一次曝光完成的,相当于是获得的一幅静态影像。而对于动态传感器而言,它的每一条扫描线的成像时间都是不同的,同时卫星是由南向北运动的,地球也是在不停地由西向东自转的,这就造成了卫星图像的扫描线往西移动。将地球静止影像与动态影像叠合到一起进行分析,发现由于地球自转的影响,整个影像下部发生了位移和旋转。

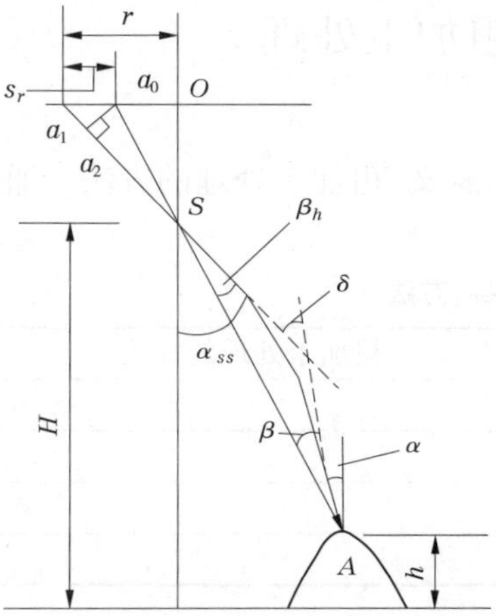

图4-9 大气折光差

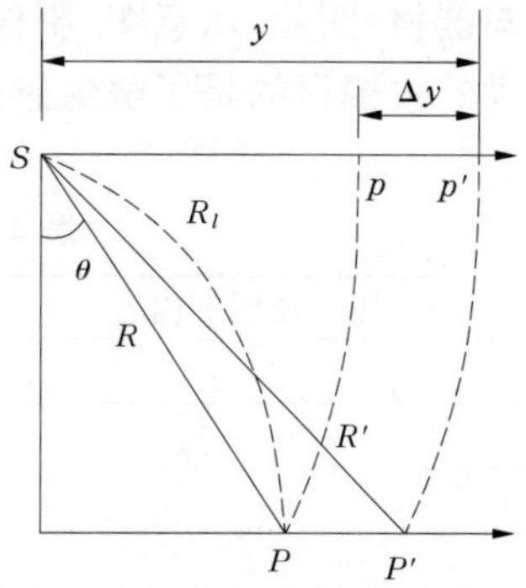

图4-10 大气折光对雷达图像的影响

任务小结：

本任务主要介绍遥感图像变形的类型及产生的原因，通过对本任务的学习，让学生理解遥感图像上存在哪些变形，变形该如何解决，从而启发学生主动解决问题。

任务考核：

教师布置作业，让学生分析遥感图像变形的类型及产生的因素，列提纲进行总结，并用框线图表达各种变形之间的变化情况，列出解决的方法。根据学生所做的作业，评定任务完成后的成绩。

任务二 遥感图像的几何校正

任务目标：

1. 掌握遥感图像投影变换的方法。
2. 掌握遥感图像几何校正的方法。
3. 掌握遥感图像几何校正的一般流程。

学习过程：

1. 课堂学习，观看遥感图像进行几何校正的视频。
2. 课堂学习，观察和分析一幅遥感影像校正的作业流程，分析图像校正的关键步骤。
3. 在计算机上实习，动手自己校正一幅遥感图像。

学习成果：

1. 遥感图像的投影变换。
2. 遥感图像的粗加工处理。
3. 遥感图像的精加工处理。
4. 资源卫星图像的几何校正处理。

任务实施：

本任务主要介绍遥感图像的粗加工处理、投影变换和精加工处理方法。

活动一　遥感图像的粗加工处理

资源与器材:图片、示意图、影像、文字资料。

本活动的主要目的是了解遥感图像粗加工处理的意义、粗加工处理的方法。通过学习,填写表 4-1。

表 4-1　粗加工处理的内容、方法

粗加工处理的内容	粗加工处理的方法
1.	
2.	
3.	
4.	

【知识导航】

一、遥感图像的几何粗加工处理

遥感图像的几何粗加工处理包括两个层次:第一个层次是遥感图像的粗加工处理;第二个层次是遥感图像的精加工处理。遥感图像的粗加工处理也叫作粗纠正处理,它仅仅做系统误差的改正,同时对系统坐标进行定义,具体工作如下。

(一)投影中心坐标的测量与解算

在一般情况下,传感器是固定在卫星上的,它们之间的位置关系是固定的,要确定传感器中心的位置,首先要确定卫星的位置,而卫星的位置可以通过卫星星历表解算,也可以通过 GNSS 进行卫星坐标测定。通常 GNSS 的方法测定精度优于星历表法。

(二)传感器姿态角的测定

卫星传感器的姿态角可以用星载的姿态测量仪进行测定,如星相机、红外姿态测量仪、陀螺仪、星载多 GNSS 同时测定并求解传感器姿态角等。

(三)扫描角 θ 的测定

根据传感器的扫描周期 T、扫描视场 α 、扫描周期可以计算出平均扫描角:

$$\bar{\theta} = \bar{\omega}\Delta t$$

若已经扫描时刻 t,则可以依据式(4-10)计算扫描角的误差:

$$\Delta\theta = k_1 \sin(k_2 t) \tag{4-10}$$

式中:k_1、k_2 为地面测定的已知常数。因此,扫描角可用式(4-11)计算:

$$\theta = \bar{\theta} + \Delta\theta \tag{4-11}$$

粗加工处理可以有效解决传感器内部的几何畸变,但是处理后仍有较大残差,需要做进一步的精纠正处理。

二、图像的坐标系与投影变换

对于遥感信息的理解,需要知道遥感所使用的坐标系统,只有结合这些信息才能正确地理解遥感图像所表达的内容。在遥感图像处理的过程中,经常会涉及两种坐标系之间的转换,这种转换是结合投影转换来完成的。

(一)地理坐标系

地理坐标系是一种球面坐标系,是以经纬度的形式来记录和表达的。地球可以看作是一个不规则的球体,但是计算时往往把它看作是一个参考椭球体,参考椭球体需要用一定的参数对其进行描述和定义,如长半轴、偏心率等。仅有了参考椭球体还不能完全定位,需要一个大地基准面。这样用经纬度和大地高度三维信息就可以实现对参考椭球面上任何一点定位。例如,WGS84 坐标系,它采用的是 WGS84 椭球体,以地心为坐标系的原点,来构建一个统一的全球坐标系。球面坐标系的种类尤其多,每个国家都有自己不同的基准。

(二)投影坐标系

地理坐标描述的是地物在三维球面坐标系中的三维坐标,而遥感影像是一种关于地面的平面表现形式,是二维的,为了将二维信息表达为地面的三维信息,需要将地球表面上的点转换到平面上,这就涉及投影坐标系的问题。

(三)遥感图像的投影变换

地图投影本质上就是将地球椭球面上的地理坐标转化为平面直角坐标。地球表面是一个不规则的曲面,为了使得这个曲面变换为平面并减小误差,需要采用投影的方法,将曲面上的点转换为平面上对应的点。在这个过程中,投影需要一个基准坐标系,投影的操作都是基于这个坐标系所确定的椭球和大地基准面进行的,所以经过处理的遥感图像都包含椭球、大地基准面、投影方式这些信息。有了这些信息,就可以确定图像中每一个像元所对应的地面坐标。地理变换是在地理坐标系之间转换,而投影变换是在不同的坐标系之间进行变换,转换的基准面可能不同。当使用来自不同系统获得的数据时,需要将一种投影的数据转换为另一种投影,这就需要用到投影变换。

【实施过程】

地图投影变换的目的在于将图像文件从一种地图投影类型转换为另一种投影类型。这种变换可以进行单幅图像投影处理,也可以对多幅图像进行批处理,对大范围图像的地理参考具有重要价值。

利用 ERDAS 软件对图像的投影进行处理涉及的主要命令及其功能见表 4-2。

表 4-2 利用 ERDAS 软件对图像的投影进行处理涉及的主要命令及其功能

图标	命令	功能
	Raster	栅格图像菜单
	Utilities	实用菜单
	Reproject Images	图像重投影变换
	Data Preparation	数据预处理模块
	Layer Info	查看图像文件信息

一、对图像的投影信息进行重新定义

(一)显示、编辑投影信息

(1)在 ERDAS 主界面的 Viewer#1 窗口打开一幅带投影信息的遥感图像,例如 lanier. img, File → Open → Raster Layer → 点击选择 lanier. img 文件。

视频 4-1 图像投影信息重新定义

(2)在 ERDAS 主界面,点击 Utility 菜单→Layer Info,获取该图像的投影信息,如图 4-11 所示。

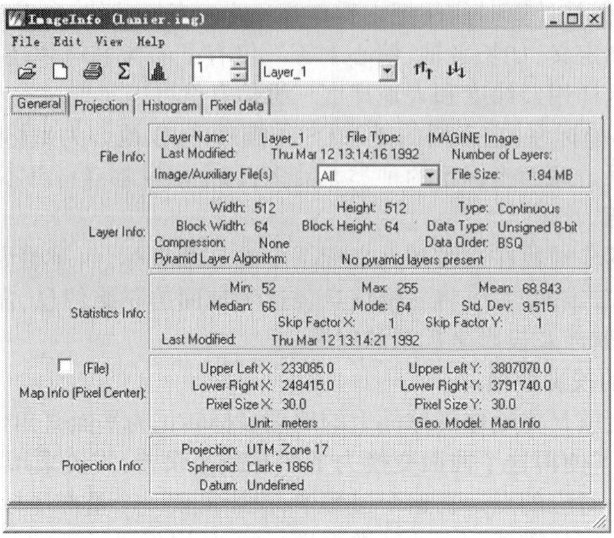

图 4-11 遥感图像的投影信息

(3)如果图像的投影信息有误,或者需要变换到指定的投影类型,则先删除原有投影。点击 Edit→Delete Projection,出现对话框,提示是否删除,点击"Yes"按钮。

(二)重新定义投影信息

(1)单击 Edit 菜单→Change Map Info,弹出的对话框如图 4-12 所示。在该对话框中输入如下参数:左上角 X 坐标为 233 085.000 000 00,左上角 Y 坐标为 3 807 070.000 000 00;像元大小为 30.000 000 000 000 0;投影类型为 UTM;单位为 Meters;点击"OK"按钮。

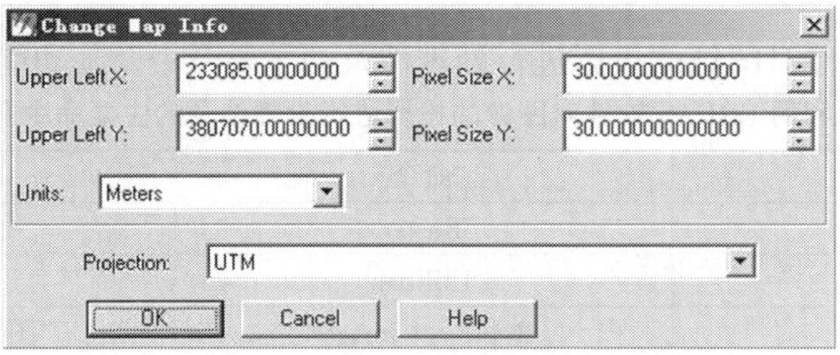

图 4-12 Change Map Info 对话框

(2)点击 Edit→Add/Change Projection,在弹出的对话框中,定义如下参数。

①Projection Type 选择 UTM。

②Spheroid Name 选择 Clark 1866。

③Datum Name 选择 Clark 1866。

④UTM Zone 选择 17。

⑤North or South 选择 North。

⑥点击"OK"按钮,重新定义投影信息。

二、遥感图像的投影变换

视频 4-2 遥感图像的投影变换

(一)启动投影变换功能

启动投影变换功能有以下 3 种常用的方法:

(1)在 ERDAS 主界面,点击 Main→Data Preparation→Reproject Images,打开投影变换对话框,如图 4-13 所示。

(2)在 ERDAS 主界面,Main→Image Interpreter→Utilities→Reproject Images,打开对话框,如图 4-13 所示。

(3)在 ERDAS 工具面板,点击 Data Preparation 图标→Utilities→Reproject Images, 打开投影变换对话框,如图 4-13 所示。

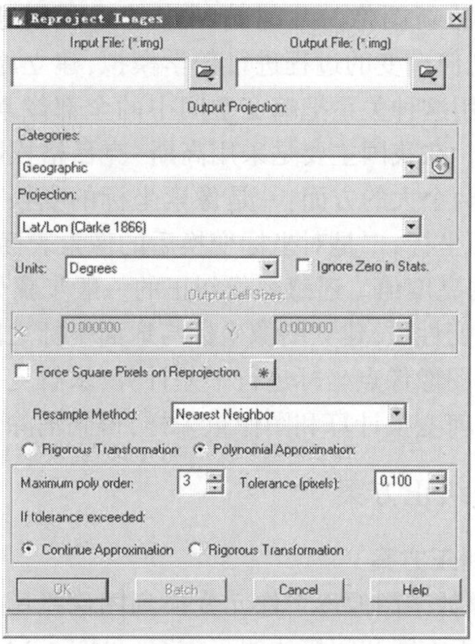

图 4-13 Reproject Images 对话框

(二)投影变换参数选择与设置

(1)选择输入图像文件名(Input File),例如,seattle. img。

(2)给定输出图像文件名(Output File),例如,projection. img。

(3)定义输出图像投影(Output Projection),主要是设置投影类型和参数。

(4)选择投影类型(Categories),UTM Clarke 1866 North。

(5)定义投影参数(Projection),UTM Zone 50,Range 114E-120E。

(6)输出图像单位(Units),选择 Meters。

(7)勾选忽略零值,Ignore Zero in Stats。

(8)像元大小(Cell Sizes),默认 X 为 0.5,Y 为 0.5。

(9)选择重采样的方法(Resample Method),这里选择 Nearest Neighbor。

(10)定义投影转换方法。一种是严格按照投影的数学模型进行转换(Rigorous Transformation),一种是按多项式拟合进行变换(Polynomial Approximation)。

(11)多项式拟合时需设置以下参数。多项式最大次数选择 3 次,定义像元误差为 1,若超限,模型选择 Continue Approximation。

(12)点击“OK”按钮,执行投影变换操作。

活动二　遥感图像的精加工处理

资源与器材:图片、示意图、影像、文字资料。

本活动的主要目的是了解遥感图像精加工处理的意义、精加工处理的方法。

【知识导航】

一、遥感图像纠正的一般过程

遥感图像的几何纠正是指消除遥感图像上几何变形的过程,目的是产生一幅符合某种地图投影或图形表达要求的新图像。几何精纠正就是利用地面控制点(Ground Control Point,GCP)和对原始图像几何畸变的过程进行数学模拟,建立原始图像与地理投影空间之间的某种对应关系,然后利用这种关系把畸变空间中的全部像素变换到校正图像的投影空间中,从而实现几何精纠正。在我国主要是采用高斯-克吕格投影空间。

从总体上看,它要解决两个大的方面:一是像素坐标的变换,也就是将图像上的像素坐标转换为地图坐标或者地面坐标;二是对坐标变换后的像素表面亮度值进行重新采样,获得与变换后像素坐标相对应的亮度值。遥感图像纠正的一般步骤如下:

(1)根据图像的几何畸变性质,建立图像坐标与地面坐标之间的数学关系。

(2)根据地面控制点和图像像点坐标进行平差计算,求解变换系数,评定转换精度。

(3)对原始图像进行几何变换计算和图像重采样,得到消除几何畸变的图像。

二、直接法和间接法纠正方案

(一)直接法和间接法纠正方案

按照纠正变换函数把原数字图像逐个像元变换到图像投影空间中,这里有两种可供选择的纠正方法,即直接法纠正方案和间接法纠正方案(见图4-14)。

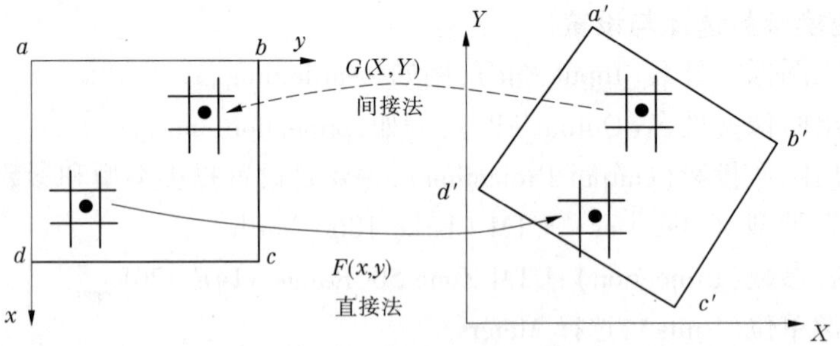

图 4-14　直接法纠正方案和间接法纠正方案

(1)所谓直接法纠正方案是从原始影像的像点坐标出发,利用公式依次对每个原始像元点位求出其对应的地面点的正确位置(校正后影像的像点坐标),即

$$\begin{cases} X = F_x(x,y) \\ Y = F_y(x,y) \end{cases} \tag{4-12}$$

式中：F_x、F_y 为直接纠正变换函数。然后将原始影像上的像点 (x,y) 处的灰度值赋给校正后的影像上 (X,Y) 处的像点。

（2）间接法纠正方案是从校正后影像上（实际为空白图像阵列）像点坐标出发，利用公式依次对输出的空白像元求解其对应的原始图像上的像点坐标，即

$$\begin{cases} x = G_x(X,Y) \\ y = G_y(X,Y) \end{cases} \tag{4-13}$$

式中：G_x、G_y 为间接纠正的坐标变换函数。然后将原始影像上的像点 (x,y) 处的灰度值赋给校正后的影像上对应的 (X,Y) 处的像点。

对于直接法纠正方案，可以逐行逐列地计算原始影像上每个像素在校正后影像上的像点坐标 (X,Y)，由于计算中 (X,Y) 的值不可能是整数值，所以在校正后的影像 (X,Y) 位置上不一定有对应的灰度值，需要做像素的亮度重配置。

对于间接法纠正方案，也可以逐行逐列计算校正后影像上每个像素在原始影像上的像点坐标 (X,Y)，由于 (X,Y) 的值也可能不是整数值，其位置上不一定有对应的灰度值，所以必须通过内插的方法计算出原始影像上该位置的灰度值，需要做像素的亮度重采样。直接法纠正方案需要对像素进行重新排列，对计算及内存要求较高，计算耗费时间长，因此在实践中常采用间接法纠正方案。

（二）数字图像亮度或称灰度重采样

利用像元周围的多个像点的灰度值对该中心像元计算其灰度值的过程称为灰度内插，也即灰度重采样。常用的灰度内插方法有以下几种。

1. 最邻近像元法

该方法是按距离来就近取值，是取与内插点 p 距离最近的像元 n 的灰度值 D_n 作为 p 点的灰度值 D_p。

$$D_p = D_n \tag{4-14}$$

$$\left.\begin{aligned} x_n &= \mathrm{int}(x_p + 0.5) \\ y_n &= \mathrm{int}(y_p + 0.5) \end{aligned}\right\}$$

其中，最邻近像元法的计算量最小，缺点是内插精度较低。

2. 双线性内插法

该方法是用一个分段线性函数来近似表达灰度内插时周围像点的灰度值对内插点的贡献大小，该分段函数可以表达为

$$\varphi(t) = \begin{cases} 1 - |t| & (0 < |t| < 1) \\ 0 & (t \in R) \end{cases} \tag{4-15}$$

该内插点 p 与周围 4 个最近像元点的关系如图 4-15 所示。像元之间的间隔为 1，p 点到 11 点的距离在 x 方向和 y 方向的投影分别为 Δx、Δy，则内插点的灰度值 D_p 为

$$D_p = [\varphi(\Delta x)\varphi(1 - \Delta x)]\begin{bmatrix} D_{11} & D_{12} \\ D_{21} & D_{22} \end{bmatrix}\begin{bmatrix} \varphi(\Delta y) \\ \varphi(1 - \Delta y) \end{bmatrix} \tag{4-16}$$

式中：D_{ij} 为像素 (i,j) 处的灰度值。

双线性内插法的内插精度和计算的速度都处于适中的情况，在实际工作中运用较多。

3. 双三次卷积法

该方法是用一个三次重采样函数 $\varphi(t)$ 来近似表达灰度内插时，周围像点的灰度值对内

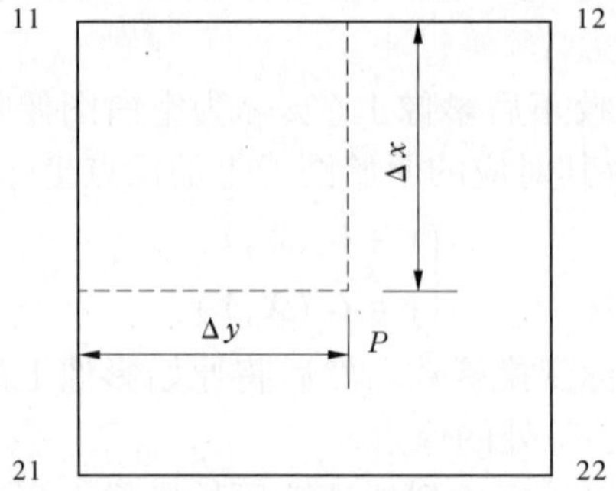

图 4-15　双线性内插法

插点 p 的贡献大小,如图 4-16 所示。三次重采样函数为

$$\varphi(t)=\begin{cases}1-2|t|^2+|t|^3 & (0\leqslant|t|<1)\\ 4-8|t|+5|t|^2-|t|^3 & (1\leqslant|t|<2)\\ 0 & (|t|\geqslant 2)\end{cases} \tag{4-17}$$

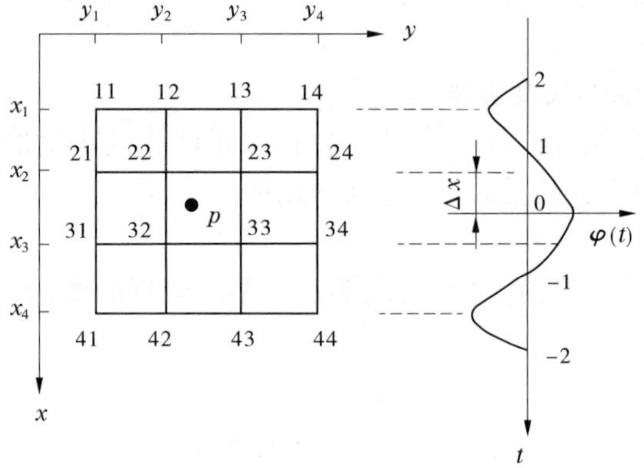

图 4-16　三次卷积法

设内插点 p 距离最近的点为 22,p 到像素点 22 的距离在 x 方向和 y 方向的投影分别为 Δx、Δy ,则内插点 p 的灰度值 D_p 的计算公式为

$$D_p=[\varphi(1+\Delta x)\varphi(\Delta x)\varphi(1-\Delta x)\varphi(2-\Delta x)]\begin{bmatrix}D_{11} & D_{12} & D_{13} & D_{14}\\ D_{21} & D_{22} & D_{23} & D_{24}\\ D_{31} & D_{32} & D_{33} & D_{34}\\ D_{41} & D_{42} & D_{43} & D_{44}\end{bmatrix}\begin{bmatrix}\varphi(1+\Delta y)\\ \varphi(\Delta y)\\ \varphi(1-\Delta y)\\ \varphi(2-\Delta y)\end{bmatrix} \tag{4-18}$$

式中:D_{ij} 为像素点 (i,j) 的灰度值。

三次卷积算法的内插达到了比较高的精度,但是内插运算量偏大。

三、用共线方程式的方法进行遥感图像纠正

共线方程的纠正方式是建立在图像坐标与地面坐标之间严格的数学变换关系的基础上的,是对传感器成像时的位置和姿态进行模拟和解算的,它完全符合成像瞬间像点及其地面

点和传感器中心在一条直线上的规律。共线方程的参数可以通过预测获得,也可以按最小二乘法原理求解,进而达到对各像点进行改正的目的。该方法理论严密,顾及地面高程的影响,因此纠正精度比较高,对起伏地区的静态影像可以达到很高的纠正精度。

框幅式影像纠正的几何模型就是共线方程,见式(4-19)

$$\left.\begin{aligned} x &= -f\frac{a_1(X_A - X_S) + b_1(Y_A - Y_S) + c_1(Z_A - Z_S)}{a_3(X_A - X_S) + b_3(Y_A - Y_S) + c_3(Z_A - Z_S)} \\ y &= -f\frac{a_2(X_A - X_S) + b_2(Y_A - Y_S) + c_2(Z_A - Z_S)}{a_3(X_A - X_S) + b_3(Y_A - Y_S) + c_3(Z_A - Z_S)} \end{aligned}\right\} \tag{4-19}$$

式中:(x,y)为像点坐标;$(X_A、Y_A、Z_A)$为地面点坐标;(X_S,Y_S,Z_S)为摄站坐标,$a_i,b_i,c_i(i=1,2,3)$是外方位角元素的函数,也是旋转矩阵中的元素。

对上述共线方程进行线性化,并建立误差方程。对于每一个控制点坐标,均可按式(4-19)列出两个误差方程,若已知3个以上控制点,可列出6个以上方程组,以最小二乘法则为基本控制,可以解算出6个外方位元素和摄影站的坐标。当全部参数解算出来之后,便可按前述的间接法纠正方案对框幅式影像进行纠正处理。

【实施过程】

航空影像的正射校正是利用已有DEM数据,根据共线方程来实现对原有影像进行几何校正,从而获得一幅正射影像的过程。利用ERDAS软件进行航空影像正射校正涉及的主要命令及其功能如表4-3所示。

表4-3 利用ERDAS软件进行航空影像正射校正涉及的主要命令及其功能

图标	命令	功能
	Raster Layer	栅格图像层
	Geometric Correction	几何校正
	Place Fiducial	框标定位
	Toggle Image Fiducial Input	切换至框标放大窗口
	Calibrate Image	标定图像
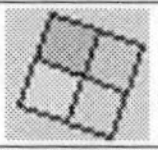	Image Resamle	图像重采样
	Start GCP Editor	读取控制点
	Calculate	模型解算

一、航空影像正射校正准备工作

(一)打开待校正的航空影像

在Viewer#1窗口中,点击File→Open→Raster Layer,选择ps_napp.img图像。待校正航空影像如图4-17所示。

(二)调用航空影像校正模型

在Viewer#1窗口中,点击Raster菜单→选择Geometric Correction,打开Set Geometric

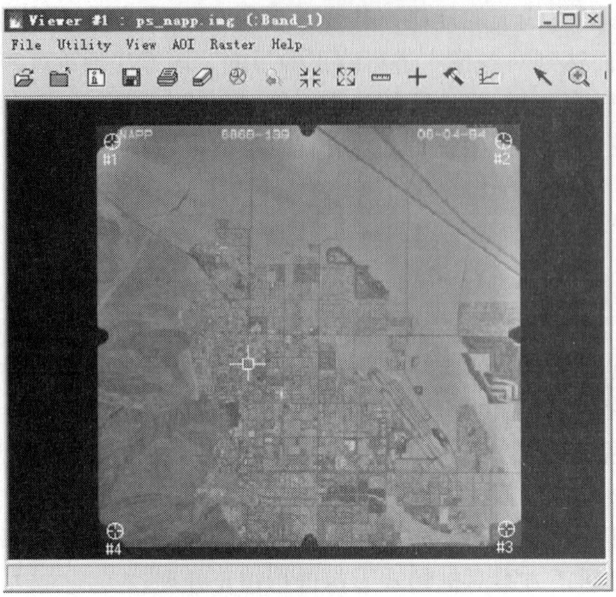

图 4-17　待校正航空影像

Model 对话框,在该对话框中选择 Camera 模型,点击"OK"按钮,弹出 Geo Correction Tools 对话框。

二、校正参数设置

(1)在 Camera Model Properties 对话框中设定以下常规参数。

①选择高程文件 Elevation Files 为 ps_dem. img。

②高程单位 Elevation Unit 为 Meters。

③输入像主点坐标 Principal Point 为 X=-0.004,Y=0.000。

④输入镜头焦距 Focal Length 为 f=152.804。

⑤选择焦距单位 Units 为 Millimeters。

⑥选择考虑地球曲率为 Account for Earth's Curvature。

⑦定义迭代次数 Number of Iterations。

(2)确定内定向参数。

在 Camera Model Properties 对话框中点击 Fiducials,进行航空影像内定向参数设置。

①选择框标类型为第一种,即角框标。

②定义框标参考位置,再输入已知的框标参数,如表 4-4 所示。

表 4-4　航空影像几何框标拾取

Point#	Color	Image X	Image Y	Film X	Film Y
1				-106.000	106.000
2				105.999	105.994
3				105.999	-105.999
4				-106.008	-105.999

三、航空影像的内定向

视频 4-3　航空影像几何校正

(1)单击图标,提示拾取所需窗口,点击 ps_napp. img 图像窗口影像处,弹出 Viewer#2 小窗口,在 ps_napp. img 图像窗口,将缩放小窗拖动到图像窗口的左上角 1 号框标所在位置,该窗口显示左上角 1 号框标的放大图像。

(2)单击图标,在 Viewer#2 小窗口对准框标的中心,单击左键,拾取框标的中心坐标,Image X=87. 361,Image Y=-88. 242,如图 4-18 所示。依此方法,将 2、3、4 号框标中心坐标采集进来,完成对航空影像框标的定位。

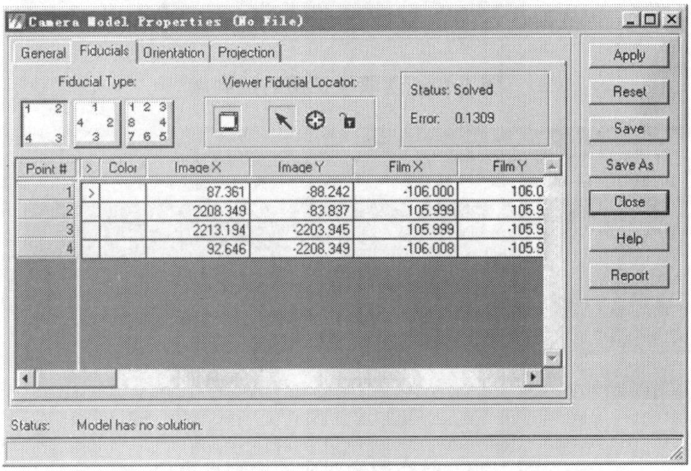

图 4-18　获取框标点的 Image X 和 Image Y 坐标

(3)内定向误差的检查。

在 Camera Model Properties 对话框中,点击“Apply”按钮。查看 Status:Solved,误差 Error:0. 130 9。

一般情况下,Error 的值小于 1,即可认为内定向是合格的;反之,Error 的值大于 1,则认为内定向的结果是不合格的,需要重新调整框标的位置,或者重新刺点,直到合格。

四、投影参数的设定

(1)在 Camera Model Properties 对话框中,点击 Projection 标签。

(2)点击“Add/Change Projection”按钮,点击 Custom 标签,弹出投影参数定义对话框:

①投影类型 Projection Type 选择 UTM。

②Spheroid Name 选择 Clarke 1866。

③Datum Name 选择 NAD27。

④UTM Zone 选择 11。

⑤North or South 选择 North。

⑥点击“OK”按钮。

⑦点击“Apply”按钮。

⑧点击“Save As”按钮,找到要存储的路径,给定文件名,如 airphoto_rectify. gms。

⑨点击“OK”按钮。

五、调入控制点,执行航空影像正射校正

(1)在 Geo Correction Tools 对话框(见图 4-19)中,点击图标,弹出航空影像窗口和 GCP Tool 对话框,如图 4-20、图 4-21 所示。

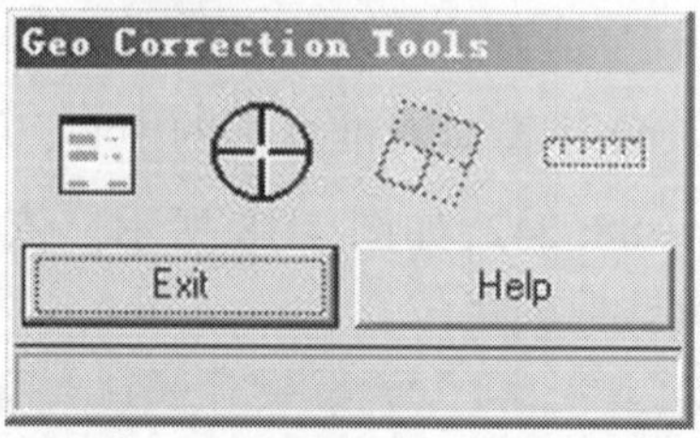

图 4-19　读取校正用的控制点

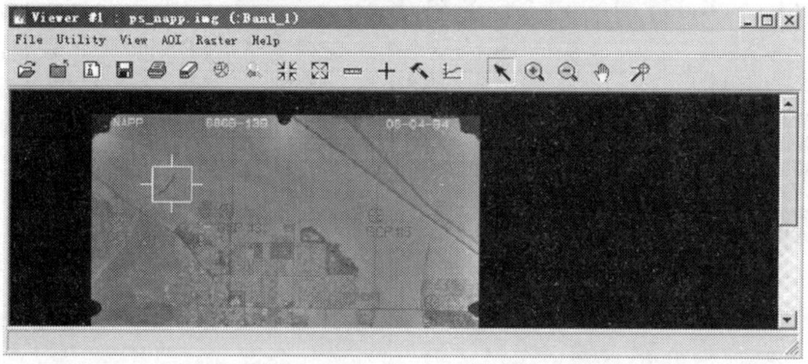

图 4-20　航空影像对应的控制点窗口

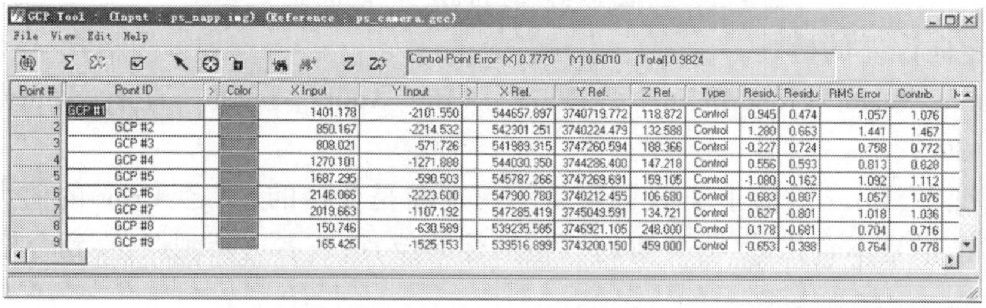

图 4-21　GCP Tool 对话框

(2)在 GCP Tool 窗口中,点击计算图标,系统将自动计算模型的中误差、残差及控制点坐标(X,Y)的值。

六、航空影像图像重采样,获取校正后的影像

(1)在 Geo Correction Tools 对话框,点击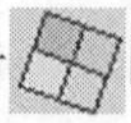图标,打开重采样窗口。

(2)在重采样对话框,选择重采样方法,设置重采样像元大小等参数。

(3)点击“OK”按钮,完成重采样对话框的设置。

(4)点击“OK”按钮,完成图像重采样,结束航空影像正射校正。

活动三　资源卫星遥感图像几何校正

视频 4-4　遥感图像几何校正

资源与器材:图片、示意图、用 ERDAS 展示影像、文字资料。

本活动的主要目的是掌握资源卫星遥感图像的校正方法和一般流程。

图像几何校正的目的就是改变原始影像的几何变形,生成一幅符合某种地图投影或者图形表达要求的新图像。无论是航空影像还是航天影像,几何校正的一般过程都有数据准备、输入并显示数字图像、选择几何校正模型、确定输出影像的范围、像元的空间坐标变换、像元的亮度重采样、输出校正后影像。

不同的数据源,其几何校正的方法有所区别,下面以陆地资源卫星的 TM 图像作为校正对象,以具有地理参考信息的 SPOT 全色影像作为标准图像,对 TM 图像进行几何校正处理。采用多项式(Polynomial)拟合方法进行资源卫星遥感图像校正,具体流程如图 4-22 所示。

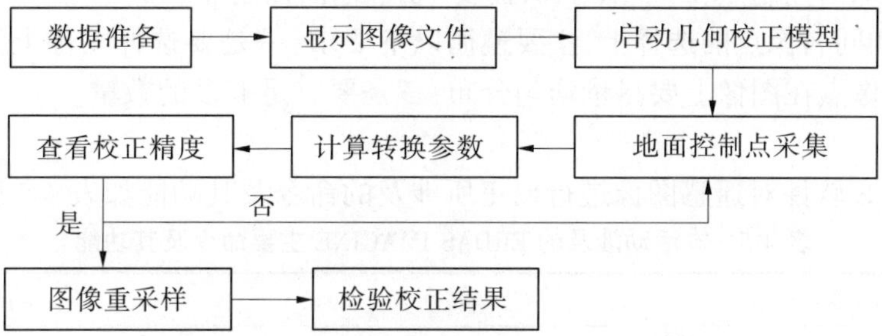

图 4-22　资源卫星遥感图像几何校正流程

【知识导航】

多项式纠正回避了成像的空间几何过程,直接对图像的变形进行数学模拟,它对任何传感器图像的纠正都是适用的。选择足够多且均匀分布的地面控制点和它在图像上的同名像点的像点坐标,通过代入多项式进行平差计算,求得多项式的系数,然后利用该多项式对图像进行几何精纠正。

常见的多项式有一般多项式、勒让德多项式、切比雪夫正交多项式等。

一般多项式纠正变换公式为

$$\left.\begin{aligned} x &= a_0 + a_1X + a_2Y + a_3X^2 + a_4XY + a_5Y^2 + \\ &\quad a_6X^3 + a_7X^2Y + a_8XY^2 + a_9Y^3 + \cdots \\ y &= b_0 + b_1X + b_2Y + b_3X^2 + b_4XY + b_5Y^2 + \\ &\quad b_6X^3 + b_7X^2Y + b_8XY^2 + b_9Y^3 + \cdots \end{aligned}\right\} \tag{4-20}$$

式中:(x,y) 为像素的原始图像坐标;(X,Y) 为同名像素对应的地面坐标或地图坐标。

(1)在实际计算时,关于多项式的系数如何确定的问题,一般有两种常规的方法:一种是用可预测的图像变形参数构成,这种方法一般要求对图像的图形非常了解,是在充分分析图形的变形特点后,提出的一种经验估计方法;另一种方法是根据已知控制点的坐标值进行最小二乘法的原理求解。

(2)利用已知地面控制点计算多项式的系数。具体步骤为:①建立误差方式;②建立法方程;③计算多项式系数;④精度评定。

(3)多项式的选用原则。如果只做一般精度的线性纠正,实现简单的平移、旋转、缩放及仿射变换,可以选用一次多项式进行纠正;如果还要进行较为复杂的线性变换和非线性变换,可以考虑使用二次多项式进行纠正;如果变形更为复杂,则可以选用三次多项式进行计算,以期获得更好的纠正结果。从效率上来说,一次纠正的效率最快,但精度较低,解决变形的能力有限;二次纠正的效率尚可,精度也能满足一般要求,解决变形的能力比一次纠正要好;三次纠正的效率会较慢,精度最高,解决变形的能力比一次和二次纠正要更好。

(4)地面控制点(Ground Control Point,GCP)的选择数量 N 与多项式的阶数 n 之间保持如下数学关系:

$$N=\frac{(n+1)(n+2)}{2} \tag{4-21}$$

控制点的数量,若采用一次多项式进行计算,$n=1$,$N=3$,需要3个地面控制点;$n=2$,$N=6$,需要6个地面控制点;$n=3$,$N=10$,需要10个地面控制点。

在控制点和同名像点的选择上,主要遵循以下要求:一是要选择图像上清晰、易判明的像点;二是同名像点在图像上要尽量均匀分布;三是要有足够多的数量。

【实施过程】

运用ERDAS软件对遥感图像进行校正所涉及的命令及其功能如表4-5所示。

表4-5　本活动涉及的ERDAS IMAGINE主要命令及其功能

图标(标签)	命令	功能
	Data Preparation	数据预处理
	Geometric Correction	几何校正
	Geometric Model	选择几何模型
	Polynomial Order	选择多项式次数
	Toggle	自动GCP编辑模式开关
	Calculate	依据控制点计算几何校正模型参数
	Automatic	设置自动转换计算开关
	Compute Error	计算检查点误差
	Select GCP	在视窗中选择GCP
	Create GCP	在视窗中定义GCP
	Lock	锁住当前命令,重复用
	Unlock	释放当前被锁住命令
	Find in Input	寻找输入图像中的GCP
	Find in Refer	寻找参考文件中的GCP
	Z Value	更新所选GCP的Z值

续表 4-5

图标(标签)	命令	功能
	Auto-Z Value	自动更新所有 GCP 的 Z 值
	Set Point Type	设置点的类型
	Compute Transformation	自动计算转换模式
	Display Model Properties	显示模型属性
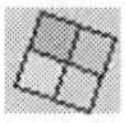	Image Resample	图像重采样
	Session	窗口排列控制

一、显示图像文件

这里要显示两个图像文件:一个是待校正的 TM 图像文件 tmAtlanta. img,一个是作为参考基准的图像文件 panAtlanta. img。

(1)在主界面打开两个窗口,进行平铺显示。具体操作:在 ERDAS 图标面板中,单击 Viewer 图标两次,点击 Session→Tile Viewers。

(2)在 Viewer#1 窗口,点击 File→Open→Raster Layer→tmAtlanta. img,点击"OK"按钮;同理,单击 Viewer#2 窗口,点击 File→Open→Raster Layer→panAtlanta. img。

二、启动几何校正模块

启动几何校正模块有至少 3 种方法,现简要介绍其中 2 种,方法如下。

(一)第一种方法

(1)在主窗口,点击 Main→Data Preparation. . . →Image Geometric Correction. . . ,弹出 Set Geo Correction Input File 对话框,如图 4-23~图 4-25 所示。

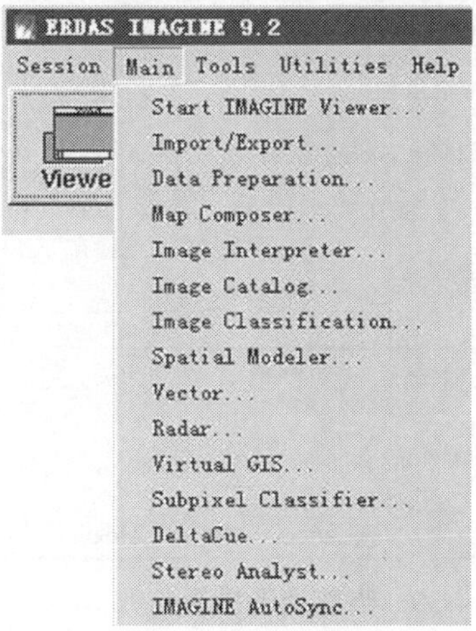

图 4-23　数据预处理菜单

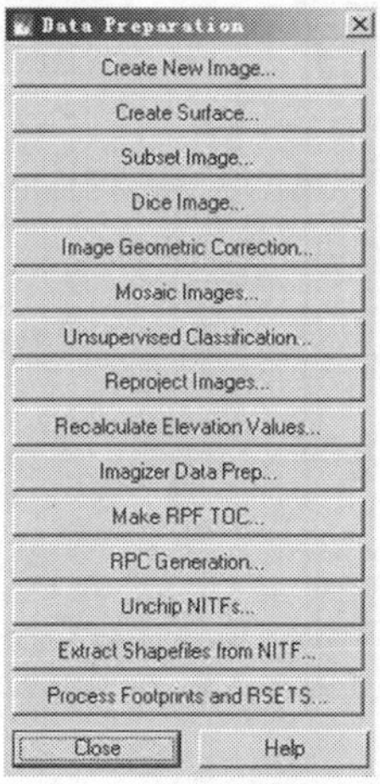

图 4-24　影像校正菜单

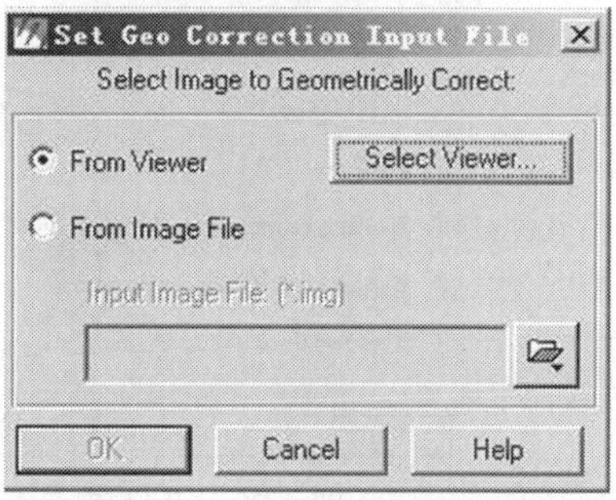

图 4-25　待校正影像文件

(2)点选 From Viewer,选择 Select Viewer. . . ,提示拾取待校正影像窗口,单击 Viewer#1 窗口,弹出 Set Geometric Model 对话框。拾取窗口如图 4-26、图 4-27 所示。

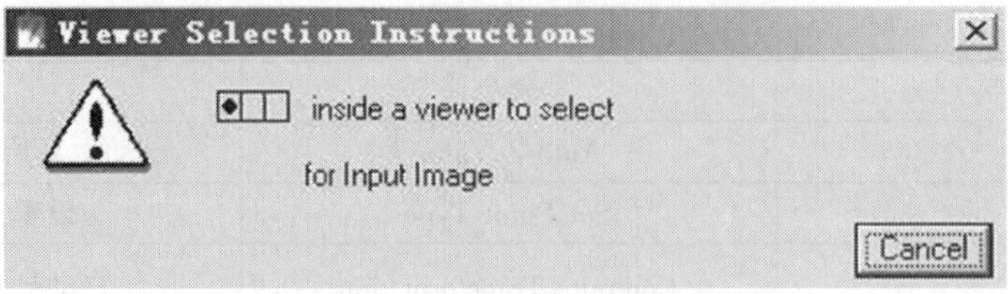

图 4-26　拾取待校正影像对话框

(3)选择 Polynomial 模型,点击“OK”按钮,弹出 Polynomial Model Properties 对话框,如图 4-28 所示。多项式次数 Polynomial Order 选择 2,点击 Save As,选择保存路径,填入名字,如 F:\jiaozheng. gms。回到多项式校正模型属性设置对话框界面,如图 4-28 所示。

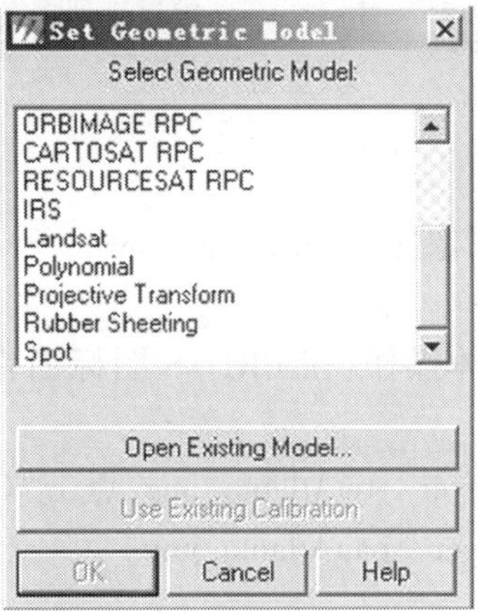

图 4-27　选择校正模型

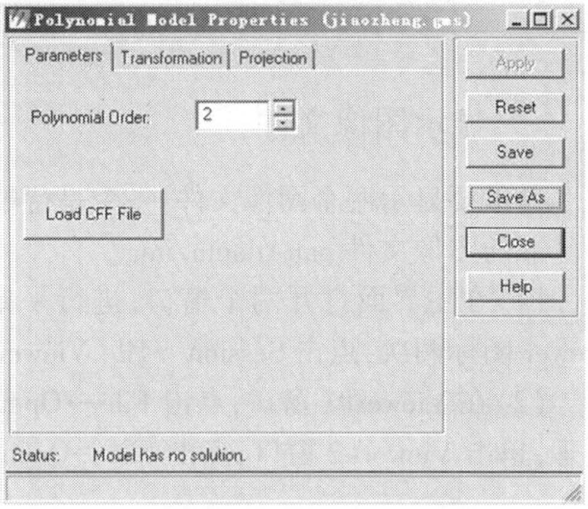

图 4-28　多项式校正模型属性设置对话框

(4)点击 Apply,弹出 GCP Tool Reference Setup 对话框,如图 4-29 所示;点“OK”按钮,弹出拾取窗口,点击 Viewer#2 窗口,默认参数,如图 4-30 所示;点击“OK”按钮,弹出几何校正选点窗口,如图 4-31 所示。

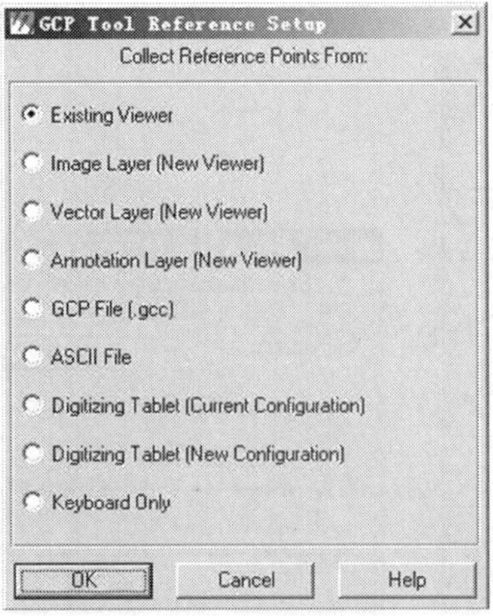

图 4-29　选择参考点

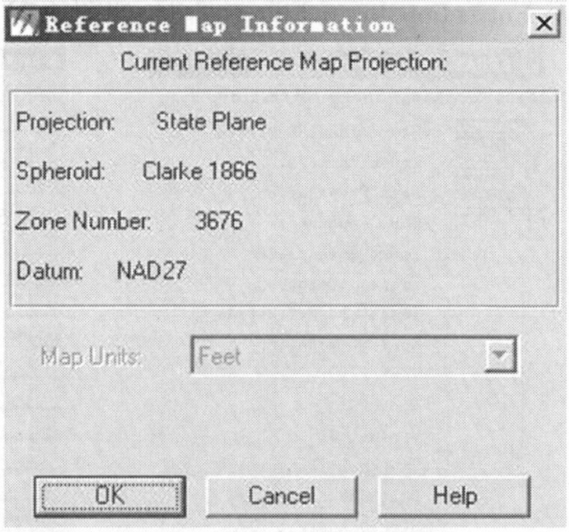

图 4-30　当前地图投影参数

(二)第二种方法

在 Viewer#1 窗口,如图 4-32 所示,点击 Raster→Geometric Correction→Polynomial 模型,如图 4-33 所示,其余各项操作和第一种方法基本相同。

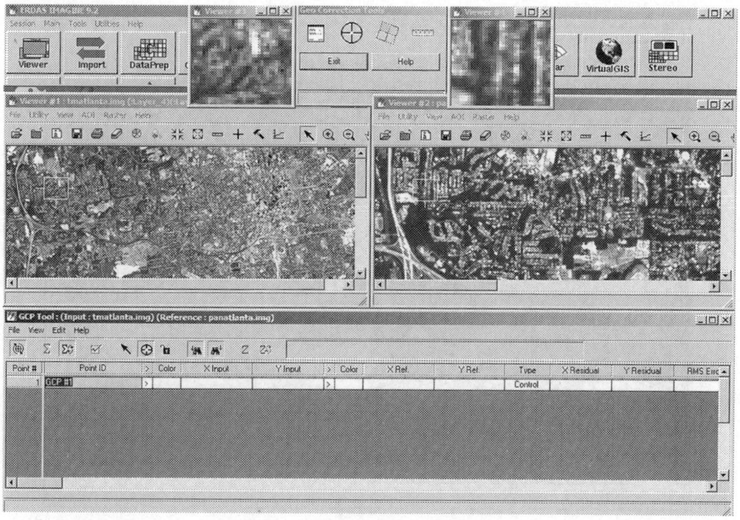

图 4-31　几何校正选点窗口

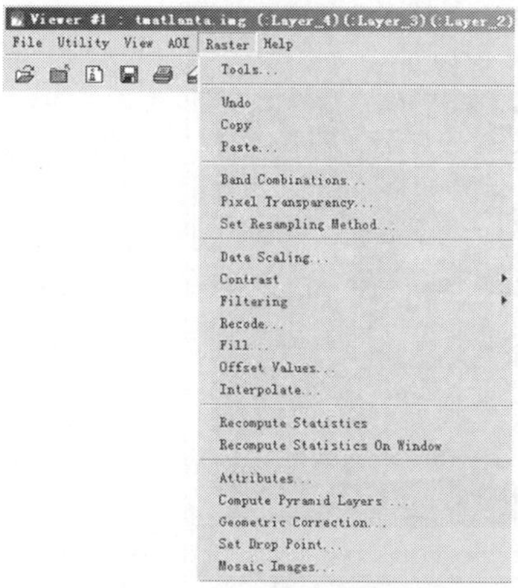

图 4-32　几何校正菜单

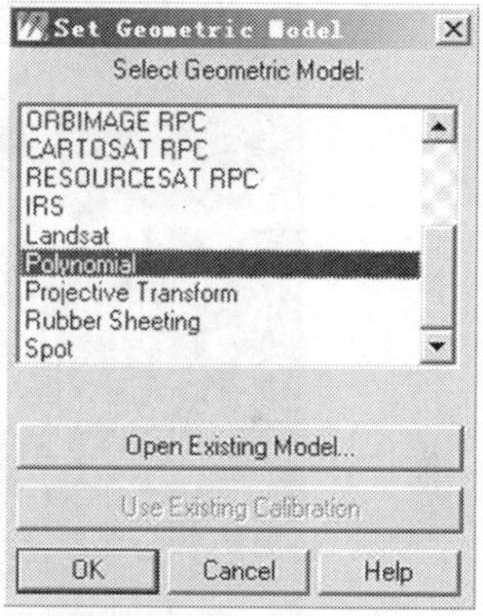

图 4-33　校正模型选择对话框

三、启动控制点采集工具

控制点采集模式有三种:第一种是窗口采点模式,第二种是文件采点模式,第三种是地图采点模式。本例采用窗口采点模式进行讲解。

(1)在图 4-31 界面,该界面由 ERDAS 主界面、两个主窗口、两个放大窗口、两个关联窗口、控制点工具对话框和几何校正工具等组成。

(2)当鼠标在主窗口上变为十字状时,代表当前是处于窗口采点模式,通过点击放大和缩小按钮及手形工具拖动影像,将待选的控制点放大到合适的位置。

(3)点击采集控制点图标,将光标移动到 Viewer#1 窗口待选点上方,当光标处于十字状态时,点击左键,刺中 Viewer#1 窗口的第一个控制点 GCP#1,如图 4-34 所示。

(4)用同样的方法,在 Viewer#2 窗口对应的位置,刺中同一个位置,得到第一个控制点 GCP#1,如图 4-35 所示。

图 4-34　待校正影像上选刺控制点 GCP#1

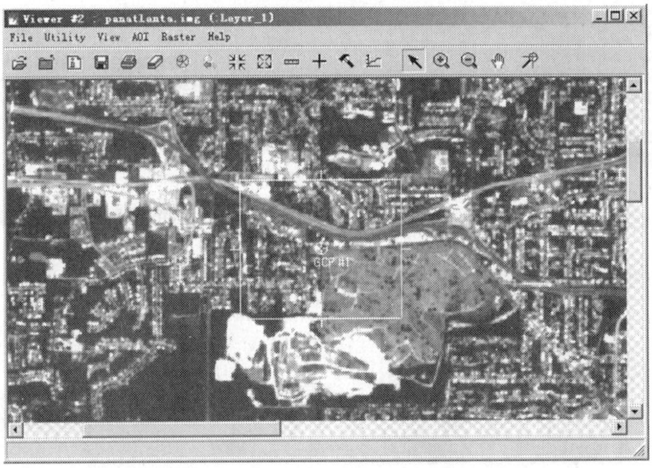

图 4-35　参考影像上选刺控制点 GCP#1

依照以上方法,选择足够数量的控制点,如图 4-36 所示。

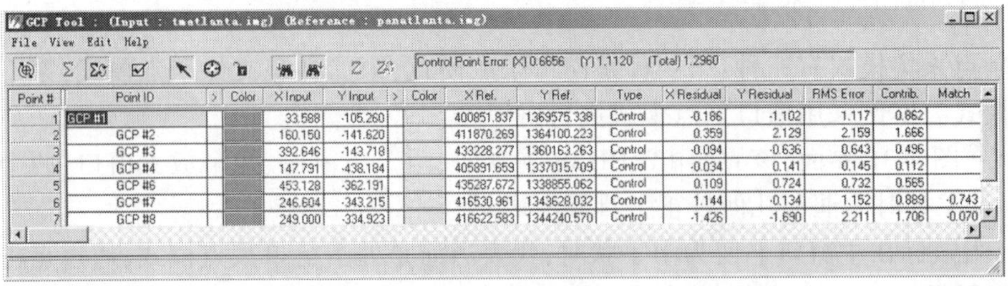

Point #	Point ID	>	Color	X Input	Y Input	>	Color	X Ref.	Y Ref.	Type	X Residual	Y Residual	RMS Error	Contrib.	Match
1	GCP #1			33.588	-105.260			400851.837	1369575.338	Control	-0.186	-1.102	1.117	0.862	
2	GCP #2			160.150	-141.620			411870.269	1364100.223	Control	0.359	2.129	2.159	1.666	
3	GCP #3			392.646	-143.718			433228.277	1360163.263	Control	-0.094	-0.636	0.643	0.496	
4	GCP #4			147.791	-438.184			405891.659	1337015.709	Control	-0.034	0.141	0.145	0.112	
5	GCP #6			453.128	-362.191			435287.672	1338855.062	Control	0.109	0.724	0.732	0.565	
6	GCP #7			246.604	-343.215			416530.961	1343628.032	Control	1.144	-0.134	1.152	0.889	-0.743
7	GCP #8			249.000	-334.923			416622.583	1344240.570	Control	-1.426	-1.690	2.211	1.706	-0.070

图 4-36　GCP Tool 对话框与 GCP#1 数据表

四、计算投影转换模型的参数

(1)在控制点采集完成后,软件会自动计算转换参数,图中图标处于当前状态,表示自动进行了统计计算;若没有自动计算,则手动点击 Σ 图标,进行手动计算。

(2)在 Set Correction Tools 对话框中,点击 Display Model Properties 图标,打开多项式模型对话框,如图 4-37 所示。在该对话框中,查阅模型参数,记录转换模型参数。

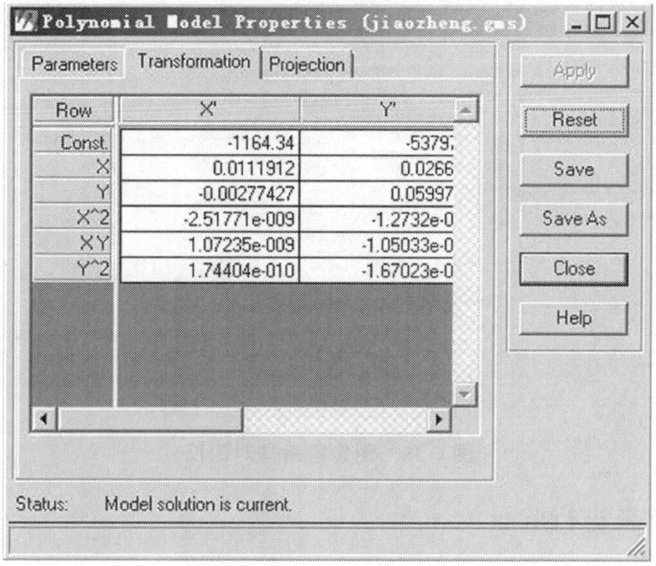

图 4-37 Polynomial Model Properties 对话框

五、图像重采样

遥感图像重采样,就是根据校正模型和地面控制点计算转换参数后,将一幅待校正的遥感图像转换到某一规定的参考系下,获得一幅与原图像有几何关联但不一样的新图像。从像素变换的角度来看,像素坐标和像素的灰度值均进行了新的变换。

遥感图像重采样,通常有三种方法可供执行:第一种方法称为邻近像元插值法,将最邻近的像元的灰度值赋值给中心像元;第二种方法称为双线性插值法,用双线性插值方程和一个 2×2 的窗口计算输出像素的值;第三种方法称为三次卷积法,用三次插值方法和一个 4×4 的窗口计算输出像元值。

图像重采样具体操作步骤为:在 Geo Correction Tools 对话框,点击图标,打开 Resample 重采样对话框,如图 4-38 所示,在该对话框定义如下参数:

(1)给定输出图像文件名,如 jiaozheng_image. img。

(2)输出范围值默认。

(3)输出像元大小,X 方向为 30,Y 方向为 30。

(4)输出时忽略零值,即将 Ignore Zero in Stats 前的方框勾选中。

(5)设置 Skip Factor 值为 10。

(6)点击“OK”按钮。关闭对话框,执行重采样操作。

六、保存几何校正模式

在 Geo Correction Tools 对话框,点击“Exit”按钮,退出该对话框,系统提示是否保存图像几何校正模式,点击“是”,保存为 * . gms。

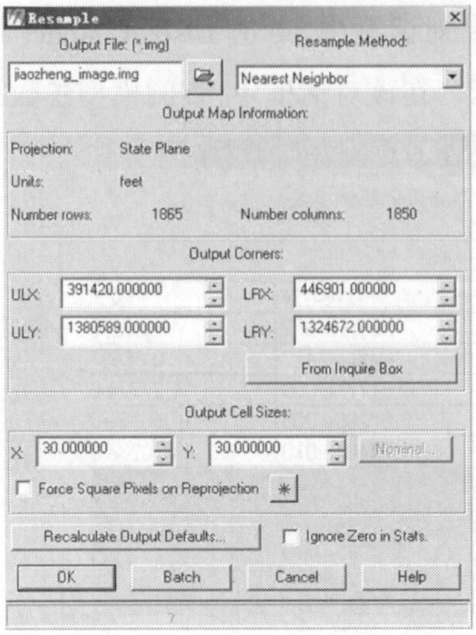

图 4-38　图像重采样对话框

七、对校正结果进行验证

校正的基本方法是同时打开两个 Viewer 窗口,在该窗口中打开参考图像和已经校正好的图像,通过窗口的地理连接功能及光标查询的定位功能,对校正图像和参考图像的几何位置进行精确对应,从而发现校正是否达到相应的精度要求。

校正结果验证具体操作步骤如下:

(1)在 ERDAS 软件主界面,打开两个窗口,并将其平铺。

(2)通过窗口的连接功能,建立两个窗口之间的连接关系。

(3)开启窗口的光标查询功能,对两幅图像进行精确定位。查询的对比窗口如图 4-39、图 4-40 所示。

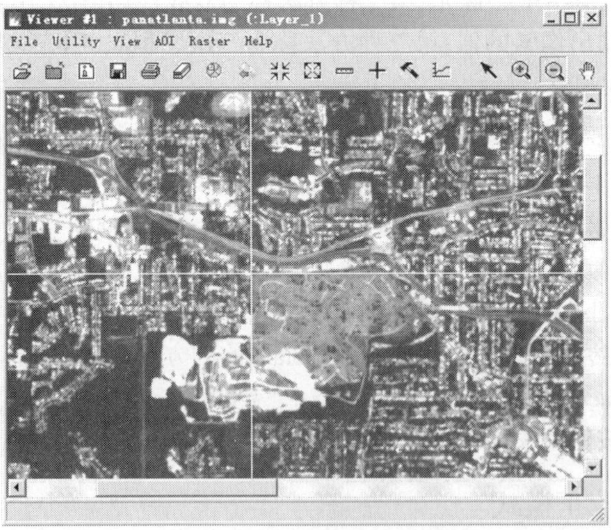

图 4-39　参考图像 SPOT

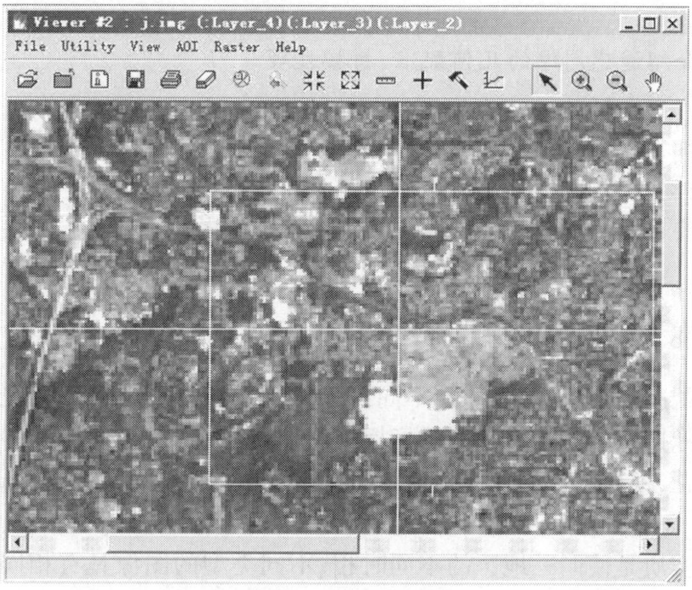

图 4-40 校正后图像

任务小结:

本任务主要介绍了资源卫星遥感图像几何校正的一般过程,选用 2 次多项式模型,结合地面控制点,对 TM 图像进行了几何校正,通过该任务的学习,使学生能够准确地掌握遥感图像校正的一般方法,从而形成对遥感图像几何处理的正确认识。

任务考核:

通过遥感图像几何校正的理论学习和实际操作之后,教师给学生布置作业,给定两幅参考基准完全不同的同一地面图像,对学生进行实际操作能力考核。根据学生操作的熟练程度,进行考核与成绩评定。

任务三 遥感图像的几何配准与拼接

任务目标:

1. 掌握遥感图像几何配准的基本方法。
2. 掌握遥感图像拼接的基本步骤。
3. 掌握遥感数字图像拼接的方法。

学习过程:

1. 课堂学习,观看遥感图像拼接的视频。
2. 课堂学习,观察和分析一幅遥感图像拼接时所需经历的过程,分析拼接的关键技术。
3. 在计算机上实习,动手进行遥感图像的配准、拼接操作。

学习成果:

1. 多源遥感图像之间的配准,获得配准后的成果。
2. 数字图像拼接,获得一幅拼接好的数字图像。
3. 卫星图像的拼接处理,获得一幅拼接好的卫星图像。

任务实施:

本任务主要介绍遥感图像的几何配准、拼接处理。

活动一　遥感图像的几何配准

资源与器材:图片、影像、文字资料。

本活动的主要目的是掌握遥感图像的几何配准方法及意义。

【知识导航】

一、遥感图像几何配准的概念

图像的几何配准是指将不同时间、不同传感器、不同成像条件下获取的同一场景的两幅或者多幅遥感图像按照一些相似性度量指标进行匹配、变换及几何校准的技术过程。其本质上属于几何纠正,根据图像的几何畸变特点,采用一种几何变换将图像归化到统一的坐标系中。

图像配准的实质是使同一地区的不同时相、不同类型的图像具有相同的空间坐标系和像元大小。大致来说,配准方式可以分为相对配准和绝对配准。

(一)相对配准

相对配准即图像之间的配准,在多源图像中选取一幅图像作为参考图像,在两幅图像上选取同名点,用多项式模型建立两个同名像点之间的关系,经过坐标变换、插值和重采样后,获得具有相同分辨率的图像,经过这样处理的其他图像都与之进行配准,其坐标系是任意定义的,这种方式的配准称为相对配准。

(二)绝对配准

在配准时选用相同的地图坐标系,将多源图像坐标变换到这个地图坐标系下,进行重采样后使所有图像具有相同的分辨率,实现图像之间的坐标和分辨率的绝对统一。

图像的配准方法有很多,目前主要有基于成像模型的构像方程法和基于多项式的配准方法。基于成像模型的构像方法是在图像空间和地面物理空间建立严格变换的基础上进行的,需要提供准确的传感器的位置参数和姿态参数以及数字高程模型数据。实际情况是,随着新传感器的不断出现和成像模式的变化,仅通过传感器模型的构像方程配准难度比较大。

遥感图像配准通常采用多项式纠正法,直接用一个适当的多项式来模拟两幅图像之间的变形过程,配准的过程分为两步:

(1)在两幅图像之间分别确定足够数量且分布均匀的图像同名点。

(2)通过选择的图像同名点,解算两幅图像之间几何变换的多项式系数,通过纠正变换完成一幅图像向另一幅图像的几何变换,从而实现两幅图像在同一坐标系下的配准。

二、数字图像相关与匹配测度

多源图像之间的配准,最关键的问题是确定同名像点。同名像点的确定方法可以采用人工目视判读获取,也可以采用计算机图像自动配准的方式。自动获取图像同名点主要是通过图像相关的方法实现自动获取同名点。

(一)数字相关的过程

图像相关是利用两个信号的相关函数评价它们的相似性,以确定同名点。首先取以待定点为中心的图像小区域，然后在另一幅图像上取相应区域的小区域，计算两个区域对应的图像信号的相关系数，以相关系数最大值所对应的区域的中心点作为同名点。

数字图像相关是在参考图像上预先选定一个参考点，以此点为中心，取一个 $m \times n$ 区域作为目标区域 T_1；然后在待搜索的图像上确定搜索区域 S_1，其大小为 $J \times K$，一般要求搜索区域大于参考区域，其位置可以通过坐标粗略地确定。

将模板 T_1 在搜索区域 S_1 内进行从左到右、从上到下的逐像素移动，并计算目标区与搜索区之间的相关系数；取系数最大者为同名区域，其中心即为同名点；以此方法，在目标区选取下一个中心点及其区域，重复以上步骤，完成同名点的搜索。

（二）主要的相似性测度

1. 相关系数测度

相关系数是标准化的协方差函数，协方差函数除以两个信号的方差即可得相关系数。

2. 差分测度

对于离散的数字图像 S 和 T 而言，其差分采用如下公式

$$S(c,r) = \sum_{i=0}^{m-1}\sum_{j=0}^{n-1} \left| T_{i,j} - S_{i+r,j+c} \right| \tag{4-22}$$

式中：(c,r) 为搜索区中心坐标；i,j 为目标区中的像元行、列号。

当差分测度 S 达到最小时，其对应的图像点为同名点。

3. 相关函数测度

对于离散的数字图像 S 和 T，相关函数的计算公式如下：

$$R(c,r) = \frac{\sum_{i=0}^{m-1}\sum_{j=0}^{n-1} T_{i,j} S_{i+r,j+c}}{\left(\sum_{i=0}^{m-1}\sum_{j=0}^{n-1} T_{i,j} \sum_{i=0}^{m-1}\sum_{j=0}^{n-1} S_{i+r,j+c}^{2} \right)^{1/2}} \tag{4-23}$$

当 R 最大时，其对应的图像点为同名点。

三、遥感图像几何配准的方法

迄今为止，形成了诸多图像配准的方法，根据图像配准中利用的图像信息的不同，将图像配准方法分为三个主要的类别：基于灰度的信息法、基于变换域法、基于特征法。前两种方法是全局图像匹配技术，这两种方法假设图像中的对象仅仅是刚性地改变位置、姿态和刻度，改变的原因一般是传感器运动所引起的。基于灰度信息的图像配准方法必须考虑匹配点邻域的灰度，计算量大，速度慢。基于特征的匹配方法，对图像特征进行了提取，压缩了图像信息的数据量，同时较好地保持了图像的平移、旋转和缩放的特征，因此图像配准时，速度较快，计算量较小，但配准精度低于灰度图像配准。

（一）基于灰度信息的图像配准

基于灰度信息的图像配准又称模板匹配，是较早发展起来的图像配准技术，当前已经比较成熟。该方法利用图像的灰度信息，建立两幅图像之间的相似性测度，然后采用某种搜索方法，找出使相似性测度最大或者最小的变换模型所具有的参数值，从而实现图像的最佳配准。该方法的特点是实现比较简单，但应用范围较窄，对图像的非线性变形处理比较困难，在最优变换的搜索中计算量巨大。传统意义上的灰度信息相关运算类算法，各自具有不同

的优缺点,但对噪声的影响和不同灰度属性或者对比度差异的影响缺乏鲁棒性。基于灰度信息的配准方法又可以进一步分为基于图像域和基于频率域的两类处理方法。前者主要有互相关法、最大互信息法、极大似然匹配法和序贯相似性检测法等;后者主要包括快速傅里叶变换的相位相关法和小波变换法等。

基于灰度信息的配准实现方法简单,利用了全部图像的灰度信息,故配准精度高。但运算量偏大,无法满足遥感图像配准时实时性的要求。当图像之间的重叠度较小时,匹配效果不是很理想。该方法适用于配准灰度信息、变换尺度和旋转角差别不大的遥感图像。

(二)基于图像特征的配准法

基于图像特征的配准法是图像配准中最常见的方法。它将对整个图像的分析转化为某种特征分析,大大降低了计算工作量,对图像中的变化和遮挡等有较好的不变性。首先要对待配准的图像进行特征提取,然后充分利用提取的特征进行两幅图像之间的匹配,通过多特征的匹配逐步建立图像之间的配准变换关系,实现函数映射。在这个过程中,对图像特征的提取是一个非常关键的步骤,常用的图像特征提取方法有点特征提取、线特征提取和闭合区域特征结构提取及统计特征不变量等方法。

【实施过程】

本活动是对带有地理参考的图像之间进行配准,然后实现拼接。运用 ERDAS 软件实现地理几何配准所涉及的主要命令及其功能见表 4-6。

表 4-6　运用 ERDAS 软件实现地理几何配准所涉及的主要命令及其功能

图标(标签)	命令	功能
	IMAGINE AutoSync	图像自动配准
APM Strategy	APM	自动点测量
Geometric Model	Geometric Model	几何模型选择
	Reset Sensor Model	设置传感器模型
Projection	Projection	定义投影
Output	Output	定义输出路径
	Nearest Neighbor	邻近点插值法
	Bilinear Interpolation	双线性插值法
	Cubic Convolution	立方卷积插值法
	Bicubic Spline	双三次样条插值法

地理参考配准试验过程如下。

一、启用地理参考图像配准模块

(1)在 ERDAS 主界面,点击 Main→IMAGINE AutoSync... 菜单,如图 4-41 所示。

(2)在 ERDAS 图标面板中,点击快捷图标 AutoSync,弹出配准的 4 个子项菜单,如图 4-42 所示。

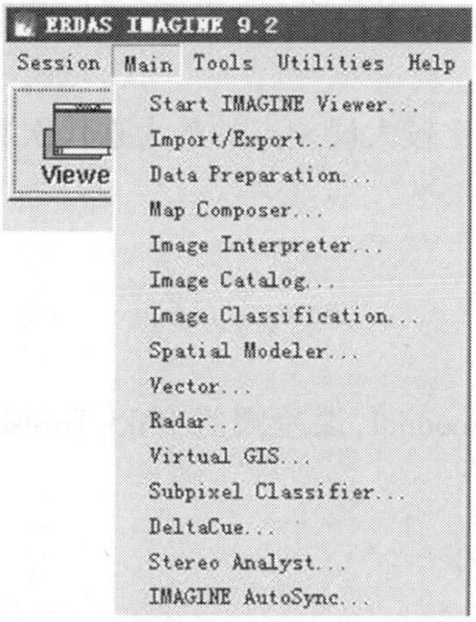

图 4-41 IMAGINE AutoSync 菜单

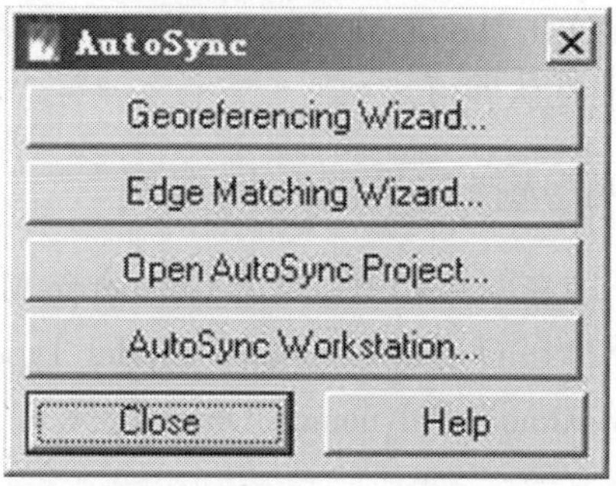

图 4-42 AutoSync 菜单

二、打开参与地理参考配准的图像

(1)在图 4-42 中,点击第一地理参考向导 Georeferencing Wizard,弹出对话框,如图 4-43 所示。

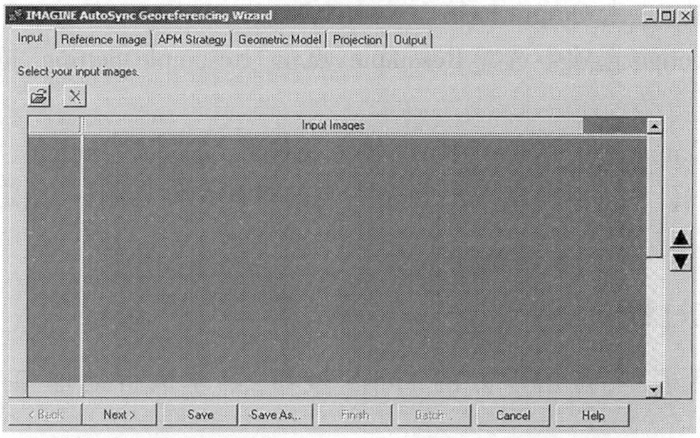

图 4-43 IMAGINE AutoSync Georeferencing Wizard 对话框

(2)在图 4-43 中,点击 Input 标签,点击打开文件夹图标,添加待配准的图像文件,例如 456. img。

(3)在图 4-43 中,点击 Reference Image 标签,点击打开文件夹图标,添加作为地理参考的图像文件,例如 467. img。

三、自动产生匹配点

自动点测量(Automatic Point Measurement,APM)用于识别输入图像和参考图像之间的相似性特征,针对不同质量和不同类型的图像,采用不同的策略来寻找大量的、高质量的配准点。

(1)在图 4-43 中,点击 APM Strategy 标签。

(2)选择输入图层(Input Layer to Use)为 Layer1,参考图层选择 Layer1。

(3)配准点的模式选择自定义 Defined Pattern。

(4)输入每个图像上参与配准点的数量,最小值是 1,最大值是 8。

(5)将 Keep All Points 前的钩去掉。

(6)勾选 Automatically Remove Iterations。

(7)在 Maximum Blunder Remove Iterations 中确定比较大误差点的最大迭代次数为2,其他各项默认即可。

四、选择配准的几何模型

(1)在图4-43中,点击 Geometric Model 标签。

(2)在 Output Geometric Model Type 中,选择 Polynomial,误差阈值 RMS Threshold 选择0.5,Maximum Polynomial Order 选择3。

五、定义投影类型

(1)在 Output Projection 中,选择 Save As Input Image。

(2)点击"Advanced Setting"按钮,在 Transformation Type 中选择 Polynomial Approximation,其他选项默认。

六、确定输出图像

(1)在图4-43中,点击 Output 标签。

(2)在 Geocorrection 选项中选择 Resample,点击"Resample Setting"按钮,采样方法选择 Cubic Convolution。

(3)点击"Set Output File Names"按钮,输入文件名为 Sync3_output。

(4)勾选 Generate Summary Report,点击右侧的打开文件夹图标,给定文件名,如 Sync3.html。

七、执行配准过程

在图4-43对话框中,点击下方的 Finish 按钮,自动执行地理参考配准,配准结果如图4-44所示。

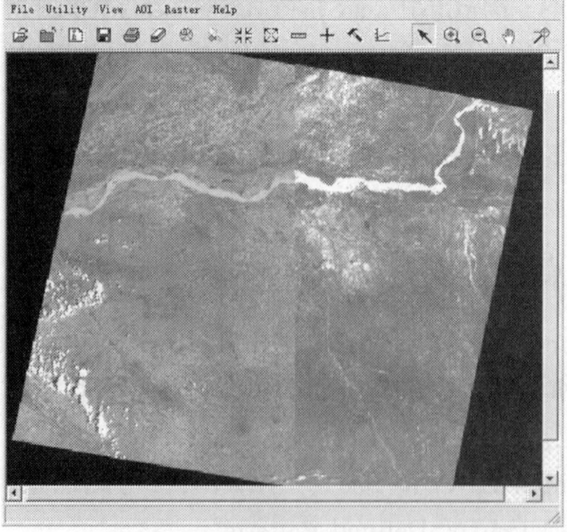

图4-44　地理参考配准结果

活动二　数字图像之间的拼接

视频 4-5　数字图像几何拼接

资源与器材:图片、示意图、影像、文字资料。

本活动的主要目的是掌握遥感图像的几何配准方法及意义。

【知识导航】

一、图像拼接的概念

图像的拼接即图像的镶嵌(Mosaic)。当感兴趣的区域位于不同的图像上时,需要将这些不同的图像合并到一起形成一个完整的包含感兴趣区域的图像,这种按一定的重叠拼接到一起,且保持较高的几何、色彩的统一性的过程就是图像镶嵌,也常称为图像拼接。参与拼接的图像可以出自同一时间的相同传感器,也可以是出自不同时间的不同传感器。通过图像的拼接处理,可以获得更大范围的地面图像,但参与拼接的图像需要具有一定的重叠度。

二、图像拼接的过程

(一)图像的纠正

在几何上将多幅不同时间的图像合并到一起,实现几何上的准确配准,这是实现准确拼接的前提。对于不同时间同一传感器所获得的影像,在几何上处理起来难度不大,但是对于不同时间不同传感器所获得的影像,由于其几何成像方式有所区别,几何位置和变形都是不同的,处理起来有一定难度。根据前面所讲述的内容,可以将这些影像进行纠正处理,统一归化到同一个坐标系下,去掉重叠的部分,保留连续的部分,从而实现将多幅影像拼接起来形成一幅更大面积的遥感图像。

(二)图像的镶嵌边线的搜索方法

在两幅图像镶嵌时,可取图像重叠区域一半的位置为镶嵌边缘,以此为中心线搜索镶嵌边,搜索出的镶嵌边应该满足左右两幅影像对亮度的要求,即该镶嵌边为左右两幅图像亮度值最接近的边。

搜索的方法比较简单,可以基于一维的模板进行匹配搜索,方法是选择一个 $M \times N$ 区域,确定模板宽度为 R,从 C 开始从左到右移动模板进行搜索,按一定的算法计算相关系数,逐行进行搜索镶嵌点,将以上各点连接成镶嵌线。

(三)图像的亮度和反差的调整

亮度和反差调整的过程如下:

(1)对接缝点左右两侧的图像求取各自的亮度平均值;

(2)根据亮度值改变右侧图像的基色;

(3)计算左右两幅图像在拼接缝处的灰度极值;

(4)对整幅右侧图像做反差拉伸。

亮度和反差的调整,还有一种方法是利用灰度直方图的方法使得参与拼接的图像之间在亮度和反差上达到一致。

(四)图像边界线的平滑处理

经过上述处理,两幅图像的色调和反差虽然趋于一致,但是在拼接线上仍然存在不协调的地方,必须进行平滑处理。其方法是在边界两侧选定 n 个像元,这样平滑区域就有 $2n-1$ 个像元。按相关公式进行平滑计算,获得平滑后的亮度值。

【实施过程】

运用 ERDAS 软件提供的工具对两幅数字航空影像进行拼接,所涉及的主要命令及其功能见表 4-7。

表 4-7　本活动涉及的 ERDAS IMAGINE 主要命令及其功能

图标(标签)	命令	功能
	New	新建图像镶嵌工程
	Open	打开图像镶嵌工程
	Save	保存图像镶嵌工程
	Add Images	向图像镶嵌窗口加载图像
	Delete Images	删除图像
	Set Input Mode	设置图像输入模式
	Image Resample	打开图像重采样对话框
	Image Matching	打开图像色彩校正对话框
	Send Image to Top	将选择图像置于顶层
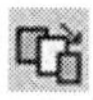	Send Image Up One	将选择图像上移一层
	Send Image to Bottom	将选择图像置于最下层
	Send Image Down One	将选择图像下移一层
	Reverse Image Order	将选择图像次序颠倒
	Set Intersection Mode	设置图像交接模式
	Next Intersection	选择下一种相交方式
	Previous Intersection	选择前一种相交方式
	Overlap Function	打开叠加功能对话框
	Default Cutlines	设置默认相交截切线
	AOI Cutlines	设置 AOI 区域截切线
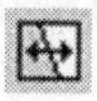	Toggle Cutlines	开关截切线应用模式

续表 4-7

图标(标签)	命令	功能
	Delete Cutlines	删除相交区域截切线
	Cutline Selection Viewer	打开截切线选择视窗
	Auto Cutline Mode	设置截切线自动模式
	Save Cutline	存储截切线及叠加区域
	Set Output Mode	设置输出图像模式
	Output Options	打开输出图像设置对话框
	Run Mosaic Process	运行图像镶嵌过程
	Preview Mosaic	预览图像镶嵌效果
	Reset Canvas	改变图面尺寸以适应镶嵌图像
	Scale Canvas	改变图面比例以适应选择对象
	Select Point	选择一个点进行查询
	Select Area	选择一个区域进行查询
	Zoom Image IN by 2	两倍放大图形窗口
	Zoom Image OUT by 2	两倍缩小图形窗口
	Select Area for Zoom	选择一个区域进行放大
	Roam Canvas	图形窗口漫游
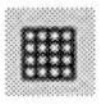	Image List	显示/隐藏镶嵌图像列表
	Set Color Corrections	设置图像色彩校正方法

一、拼接准备工作

(1)在 ERDAS 主界面,打开两个窗口,点击 Session 菜单→选择 Tile Viewers,横向排列两个窗口。

(2)在 Viewer#1 窗口,打开第一幅待拼接的影像,如 air-photo-1. img,类似的方法,在 Viewer#2 窗口打开第二幅待拼接的影像,如 air-photo-2. img。

(3)绘制拼接 AOI(Area of Interest)文件。

在 Viewer#1 窗口,点击 AOI 菜单→Tools,选择多边形工具,在该窗口绘制多边形,将要拼接的部分进行圈选,最后点击 File→Save→AOI Layer As→给定 AOI 文件名,如 Template. aoi,点击"保存"。

(4)调用图像拼接工具 Mosaic Tool。步骤为 Main→Data Preparation→Mosaic Images→Mosaic Tool,如图 4-45 所示。

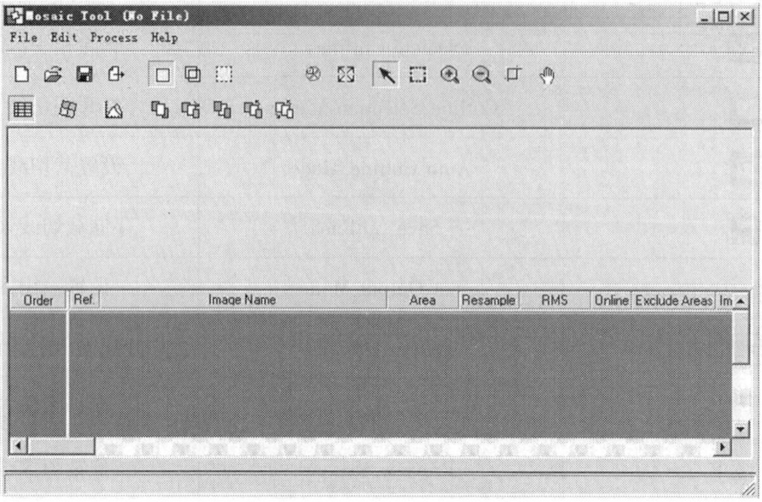

图 4-45　Mosaic Tool 窗口

二、加载待拼接的图像

(1)在 Mosaic Tool 界面,点击 Edit→Add Images 菜单,选择 air-photo-1. img,在 Image Area Options 标签中,点选 Template AOI,点击下方的“Set”按钮,在 Choose AOI 对话框中,选择 AOI File→点击文件夹图标,选择之前保存的模板文件 Template. aoi 文件,如图 4-46、图 4-47 所示。加载待拼接图像,还可以使用 Mosaic Tool 工具条上的快捷图标,直接进行加载待拼接图像文件。

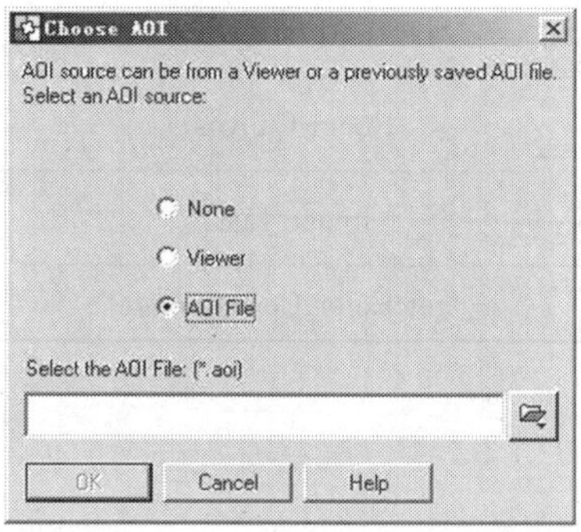

图 4-46　Choose AOI 窗口

(2)用相同的方法加载第二幅待拼接的图像,在 Image Area Options 标签中,点选 Compute Active Area,点击“OK”按钮,如图 4-48 所示。

三、对待拼接区域进行处理

(一)对待拼接区域进行色彩处理

(1)在 Mosaic Tool 工具条→点击图标,进入图像模式设置。

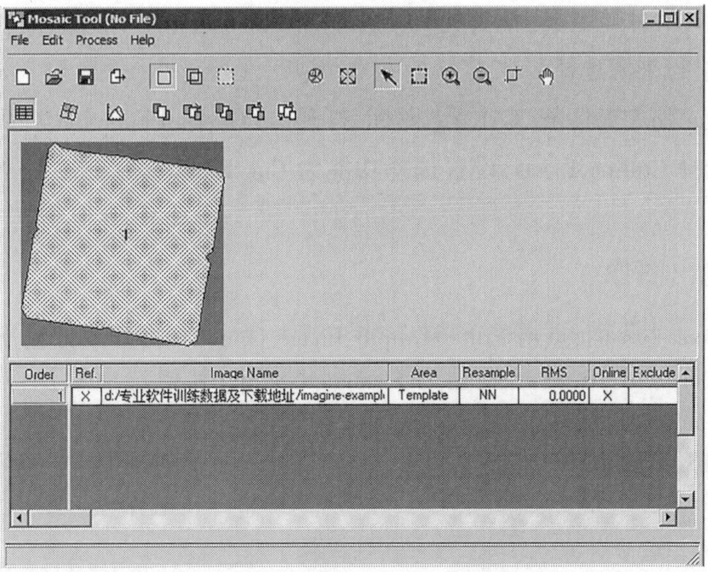

图 4-47　加载第一幅待拼接图像

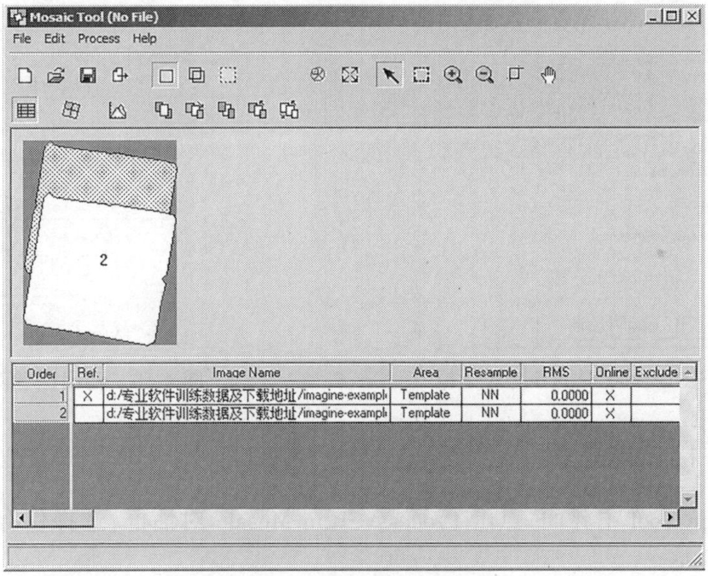

图 4-48　加载第二幅待拼接图像

(2)点击 Image Matching Options 图标，弹出 4 个选项，分别是剔除不参与拼接区域、图像匀光处理、图像匀色处理、直方图匹配处理。根据需要，读者可以自行选择进行何种色彩处理。

(二)对待拼接区域进行裁切线处理

(1)在 Mosaic Tool 工具条→点击图标，进入图像关系设置模式。点击两幅图像的公共区域，使其高亮显示。

(2)点击图标，打开裁切线选择窗口 Viewer#3，在该窗口点击 AOI 面板中的多边形工具，绘制相交区域的外轮廓线。

(3)在 Mosaic Tool 工具条,单击图标,打开 Choose AOI 对话框,点击 Viewer→点击 Viewer#3 窗口,进行来源选择。

(4)在 Mosaic Tool 工具条,点击 *fx* 图标,打开 Set Overlap Function 对话框,如图 4-49 所示。相交类型选择 Cutline Exists,设置选择功能为 Cut/Feature。点击“Apply”,点击“Close”按钮。

四、设置输出图像

在 Mosaic Tool 主界面,点击 Edit→Output Image Options,打开图像输出对话框,输出像元大小 X、Y 方向均为 10,输出类型为 Unsigned 8 bit,其他选项默认,点击“OK”按钮,如图 4-50 所示。

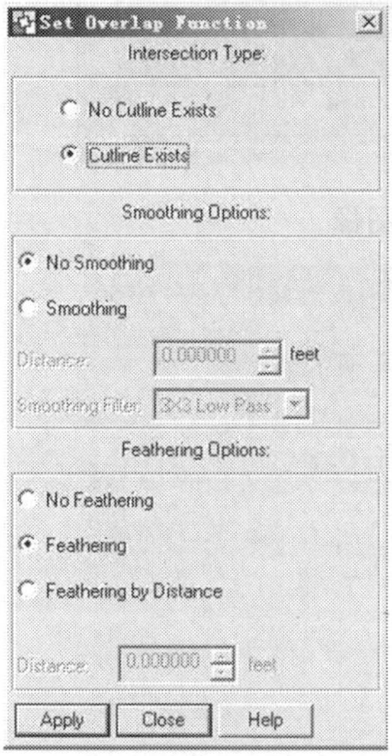

图 4-49　Set Overlap Function 对话框

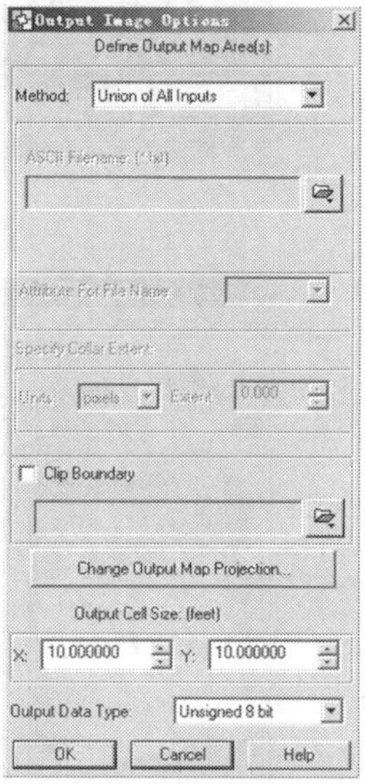

图 4-50　输出图像对话框

五、运行拼接功能

(1)在 Mosaic Tool 主界面,点击 Process→Run Mosaic 对话框,选择保存路径,输入文件名,如 pinjie_mosaic。

(2)输出图像区域为 All,忽略输入图像值为 0,输出图像背景值为 0,忽略输出值为 0。

(3)点击“OK”按钮,关闭设置,运行图像拼接功能。

活动三　卫星遥感图像的拼接处理

资源与器材:图片、示意图、影像、文字资料。

本活动的主要目的是掌握卫星遥感图像的拼接方法及意义。

【知识导航】

视频 4-6　遥感图像几何拼接

卫星遥感图像的拼接是要将具有一定地理参考的若干幅相邻图像合并成一幅图像或者一组图像,需要拼接的输入图像必须含有地图投影信息,或者说输入图像必须经过几何校正处理或者进行校正定标。参与拼接的图像可以有不同的投影类型、不同的像元大小,但在这里必须具有相同的波段数。

此外,在图像拼接时,需要事先确定一幅具有地理参考的图像作为标准图像,它将作为输出图像的基准,决定了拼接图像的对比度匹配、输出图像的投影、像元大小和最终的数据类型。

【实施过程】

本节活动使用的数据为资源卫星遥感图像,图像名为 wasial1_mss. img, wasial2_mss. img, wasial3_mss. img。采用 ERDAS 软件提供的工具进行遥感图像拼接涉及的主要命令及其功能见表 4-8。

表 4-8　采用 ERDAS 软件提供的工具进行遥感图像拼接涉及的主要命令及其功能

命令	功能
Use Entire Image	图像全部区域设为镶嵌区域
Crop Area	按比例裁剪后剩余区域为镶嵌区域
Compute Active Area	将计算的激活区域设置为镶嵌区域
Template AOI	用 AOI 模板设定多个图像的镶嵌区域
Individual AOI	一个 AOI 模板只能用于一个图像镶嵌边界设置

一、启动遥感图像拼接工具

数据预处理菜单(Data Preparation)如图 4-51 所示,Mosaic Images(镶嵌)子菜单如图 4-52 所示。图像拼接工具可以采用以下方式调用:

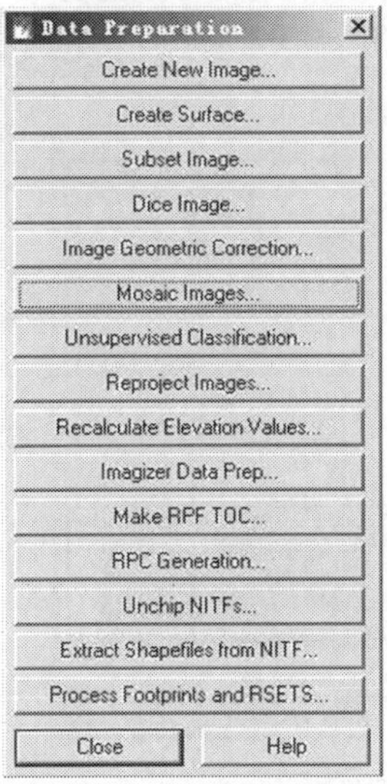

图 4-51　数据预处理对话框

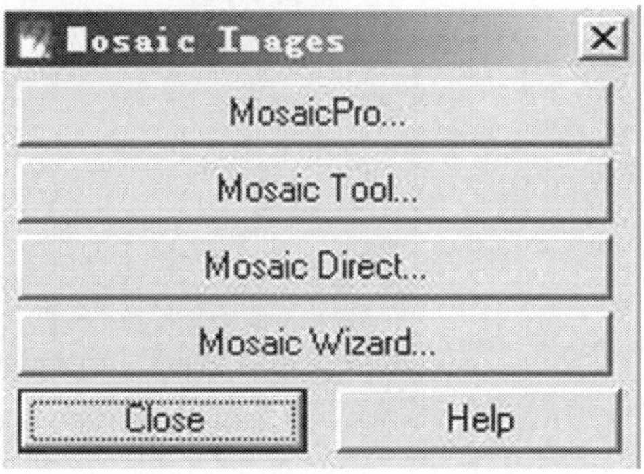

图 4-52　Mosaic Images 子菜单

(1)在 ERDAS 界面,点击主菜单 Main→Data Preparation→Mosaic Images... 命令,打开图像拼接对话框,如图 4-53 所示。

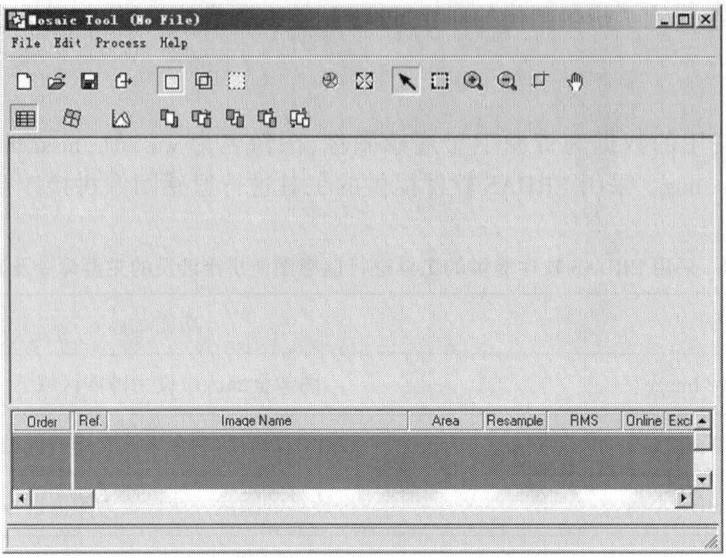

图 4-53 Mosaic Tool 对话框

(2)在 ERDAS 图标面板,点击 Data Preparation 对话框,选择 Mosaic Images... 子菜单,弹出图像拼接对话框,如图 4-53 所示。

二、加载需要拼接的影像

(1)在 Mosaic Tool 对话框中,点击菜单 Edit→Add Images...,如图 4-54 所示。

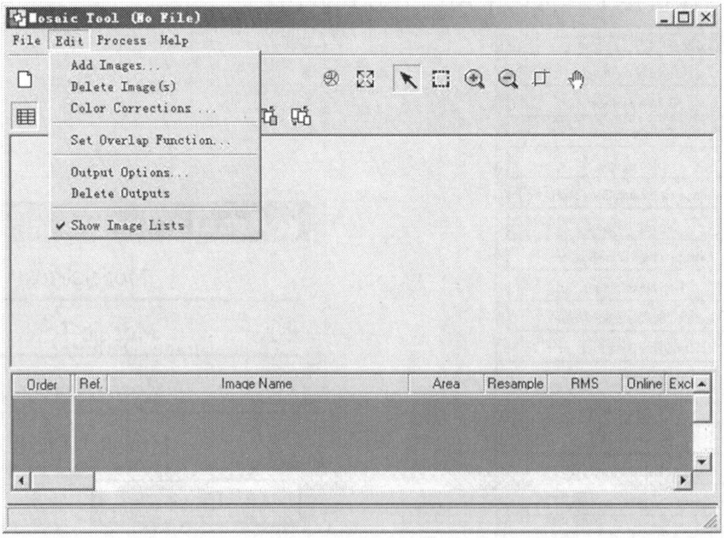

图 4-54 加载待拼接的遥感图像

(2)打开待拼接的图像文件所在文件夹,选中待拼接图像文件,如 wasia1_mss.img。

(3)设置 Image Area Options,点选 Compute Active Area,点击“OK”按钮,加载第一张参

与拼接的图像。

(4)用同样的方法,加载第二张参与拼接的图像,结果如图 4-55 所示。加载第三张图像的方法类似。

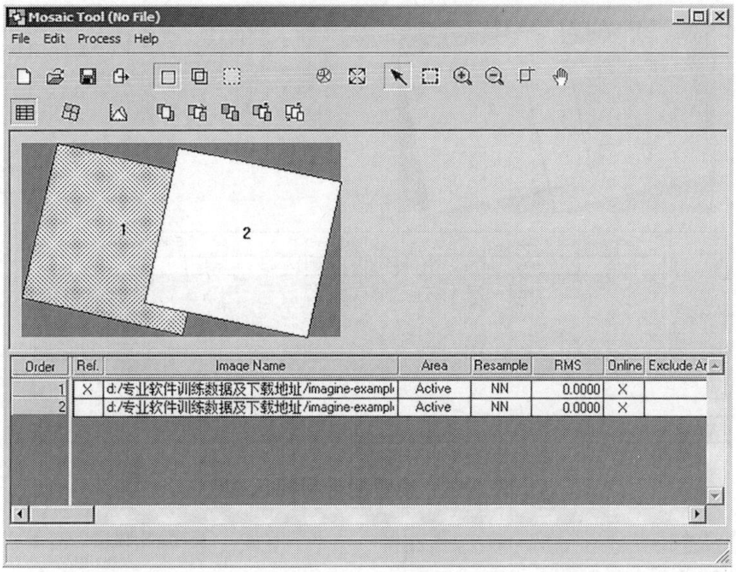

图 4-55 加载两幅遥感图像界面

三、调整图像的叠放次序

在 Mosaic Tool 对话框工具条中,点击图标,设置图像的叠放次序。系统提供了 5 种叠放图像的操作,分别为将图像置于最上层、将图像上移一层、将图像置于最下层、将图像下移一层、将图像次序颠倒。调整完成后,退出图像叠置组合状态。

四、设置图像拼接模式

(1)在 Mosaic Tool 对话框的工具条中,点击图标,选中两幅图像的公共区域,使其处于高亮状态,如图 4-56 所示。

(2)在 Mosaic Tool 对话框中,切换到图像输入模式,点击工具条上的图像匹配图标,打开色彩校正对话框,如图 4-57 所示。这里提供了 Use Image Dodging 图像匀光处理、Use Color Balancing 图像色彩均衡处理、Use Histogram Matching 色彩直方图匹配、Exclude Areas 剔除难以匹配的区域等选项。根据图像处理的需要,读者可以自行选择用何种方法匹配。例如,这里可以勾选后三个选项,完成均光、匀色和直方图匹配。

(3)在 Mosaic Tool 对话框,点击图标,设置图像交叉关系处理模式。点击工具条上的 *fx* 图标,打开 Set Overlap Function 对话框,如图 4-58 所示。点选 Average 选项,点击“Apply”,单击“Close”按钮。

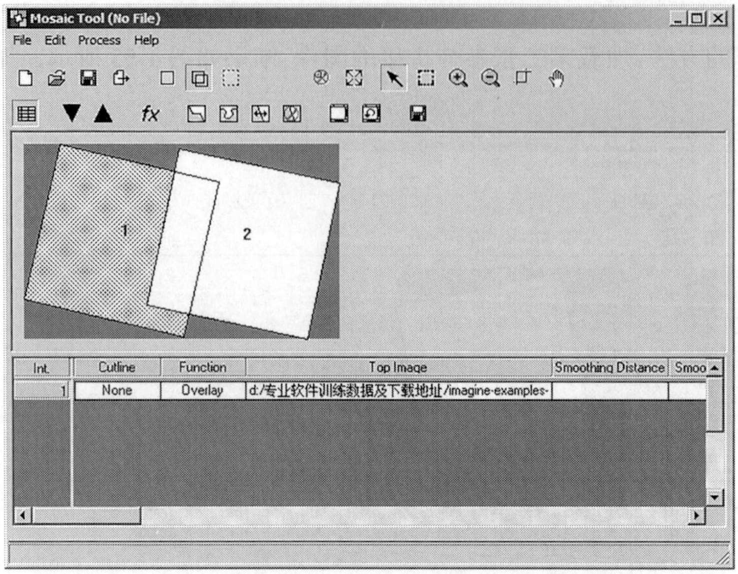

图 4-56　设置图像拼接区域

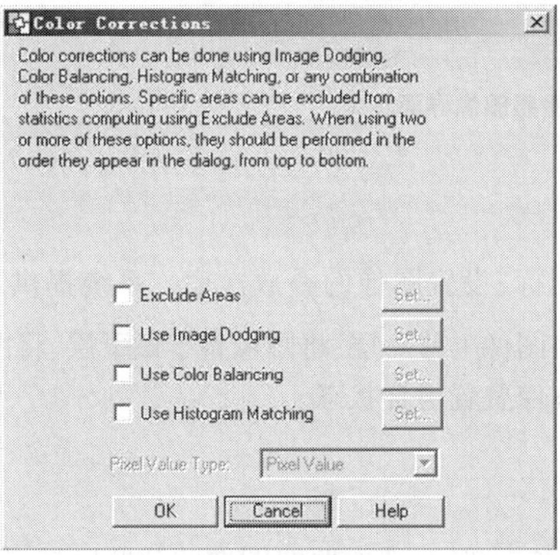

图 4-57　色彩校正对话框

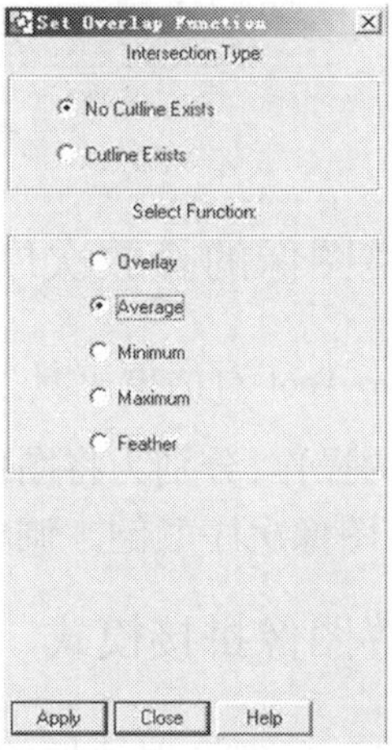

图 4-58　图像关系设置对话框

五、运行图像拼接工具

(1)在 Mosaic Tool 工具界面,点击 Process→Run Mosaic 子菜单,打开 Run Mosaic 对话框,对其参数进行设置。

(2)确定输出文件名为 mosaic. img,确定输出图像的区域为 All,忽略输入图像值为 0,输出背景图像值为 0,将忽略输出统计值进行勾选,单击“OK”按钮,执行图像拼接功能。

六、图像拼接效果

两幅图像拼接效果如图 4-59 所示。

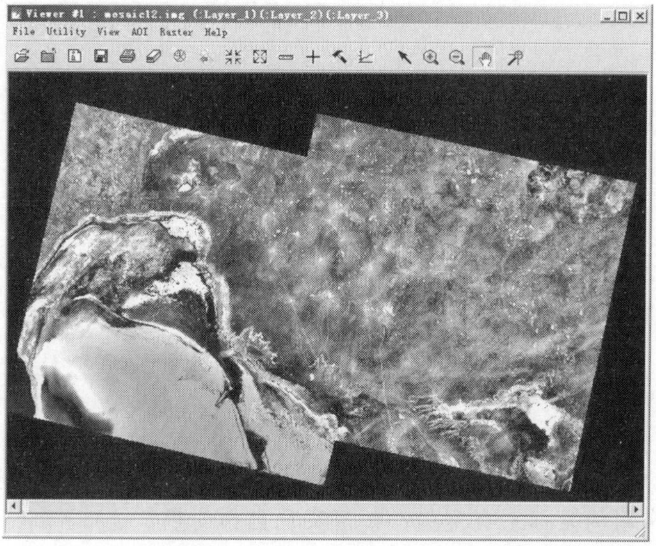

图 4-59 两幅图像拼接效果

任务小结：

本任务主要介绍遥感图像的配准理论、图像拼接的基本知识和方法，通过在计算机上实际操作，验证了方法的正确性，为学生提供了比较丰富的理论与实践素材，达到了一个比较理想的效果。

任务考核：

参照上述训练内容，教师给学生布置实际操作考核，学生根据所学知识进行实际操作训练，教师对其操作进行合理评定。

思政小课堂

我国对地遥感高分七号卫星高精度测绘技术取得重大突破

我国对地遥感高分七号卫星高精度测绘技术取得重大突破

在高分对地观测系统重大专项支持下，北京空间机电研究所研制的 1∶1万比例尺航天测绘双线阵相机取得重大进展，应用于高分七号卫星并于 2020 年 8 月 20 日正式投入使用，首次实现星载 1∶1万立体测绘，实现航天光学测绘载荷技术自主可控并迈入世界先进水平行列，打破了我国高分辨率立体影像市场大量依赖国外卫星的现状，开启了我国自主大比例尺航天测绘新时代。

高分七号作为我国首颗民用亚米级光学传输型立体测绘卫星，其投入使用标志着国家高空间分辨率、高时间分辨率、高精度观测的天基对地观测能力初步形成，将进一步满足基础测绘、全球地理信息保障、城乡建设监测评价、农业调查统计等方面的数据需求。

（资料来源：北京空间机电研究所、国家航天局对地观测与数据中心）

复习题

1. 简述遥感图像存在的几何变形。
2. 遥感图像几何误差的影响因素有哪些?
3. 全景投影引起的变形有何特点?
4. 斜距投影引起的变形有何特点?
5. 传感器外方位元素引起的变形有何特点?
6. 地形起伏引起的变形有何特点?
7. 地球曲率对遥感图像引起的几何变形有何影响?
8. 大气折光对遥感图像的几何变形有何影响?
9. 遥感图像粗加工处理的主要内容有哪些?
10. 遥感图像常用的坐标系有哪些?如何实现坐标变换?
11. 遥感图像如何进行投影变换?
12. 遥感图像几何精纠正的目的是什么?
13. 简述遥感图像纠正的一般步骤。
14. 遥感图像精加工处理有哪些内容?
15. 遥感图像的几何纠正有哪些方法?各有何特点?
16. 遥感图像直接法纠正的基本思路是什么?
17. 遥感图像间接法纠正的基本思路是什么?
18. 直接法纠正和间接法纠正有什么区别和联系?
19. 采用共线方程进行遥感图像纠正有什么要求?
20. 数字图像亮度重采样有哪些方法?
21. 用多项式纠正遥感图像有哪些步骤?以资源卫星遥感图像纠正为例进行说明。
22. 何谓遥感图像的几何配准?常见的配准方法有哪些?
23. 何谓数字图像的拼接?以两幅航空影像的拼接为例进行说明。
24. 何谓卫星遥感图像拼接?以两幅遥感图像拼接为例说明操作步骤。

项目五 遥感图像的增强处理

项目概述

当一幅图像的目视效果不太好，或者有用的信息不够突出时，就需要做图像增强处理。例如，图像对比度不够，或希望突出的某些边缘看不清，就可用计算机图像处理技术来改善图像质量。其共同的目的是通过图像增强技术改善图像质量、提高图像目视效果、突出所需要的信息、压缩图像数据量，将图像转换成一种更适合人或机器进行解译和分析处理的形式。本项目共分为4个任务，将分别介绍遥感图像增强处理的4种方式。

学习目标

1. 掌握遥感图像增强的概念、各种图像增强方法的基本原理。
2. 掌握遥感图像辐射增强处理的软件操作过程。
3. 掌握遥感图像空间增强处理的软件操作过程。
4. 掌握遥感图像光谱增强处理的软件操作过程。
5. 掌握遥感图像融合的思想，能够利用软件对图像进行融合处理操作。
6. 能够按不同要求对遥感图像进行增强处理。

学习成果

1. 选择一种方法对遥感图像进行辐射增强处理。
2. 选择一种方法对遥感图像进行空间增强处理。
3. 选择一种方法对遥感图像进行光谱增强处理。
4. 制作一幅DEM与遥感图像融合后的新图像。

任务一 遥感图像的辐射增强处理

任务目标：

1. 掌握遥感图像增强的概念、各种图像增强方法的基本原理。
2. 掌握遥感图像辐射增强处理的软件操作过程。

学习过程：

1. 通过多媒体教学，学习遥感图像辐射增强的基本概念和分类。
2. 通过视频学习遥感图像辐射增强的处理方法。
3. 在计算机上练习对遥感图像进行辐射增强处理的操作过程。

学习成果:

1. 理解遥感图像辐射增强的概念及各种辐射增强处理方法的区别。
2. 对遥感图像进行直方图均衡化处理。
3. 对遥感图像进行去霾处理。
4. 对遥感图像进行降噪处理。
5. 对遥感图像进行直方图均衡化处理。
6. 对遥感图像进行去条带处理。
7. 对遥感图像进行亮度反转处理。

任务实施:

本任务主要介绍遥感图像的辐射增强处理,主要包括线性变换与非线性变换、直方图均衡化、去霾去噪处理、去条带处理、亮度反转处理等。

活动一　遥感图像辐射增强概述

资源与器材:原始遥感图像和经过辐射增强处理后的新图像。

本活动的主要目的是理解遥感图像辐射增强的概念和原理。

【知识导航】

一、辐射增强的概念

辐射增强(Radiometric Enhancement)是通过直接改变图像中像元的亮度值来改变图像的对比度,从而改善图像质量的图像处理方法。一般来说,原始遥感数据的灰度值范围都比较窄,增强处理可将其灰度范围拉伸到0~255的灰度级来显示,从而使图像对比度提高,图像质量改善。

辐射增强主要以图像的灰度直方图作为分析处理的基础。灰度直方图是灰度级的函数,描述的是图像中具有该灰度级的像元个数。确定图像像元的灰度值范围,以适当的灰度间隔为单位将其划分为若干等级,以横轴表示灰度级,纵轴表示每一灰度级具有的像元数或该像元数占总像元数的比例值,做出的条形统计图即为灰度直方图(见图5-1)。

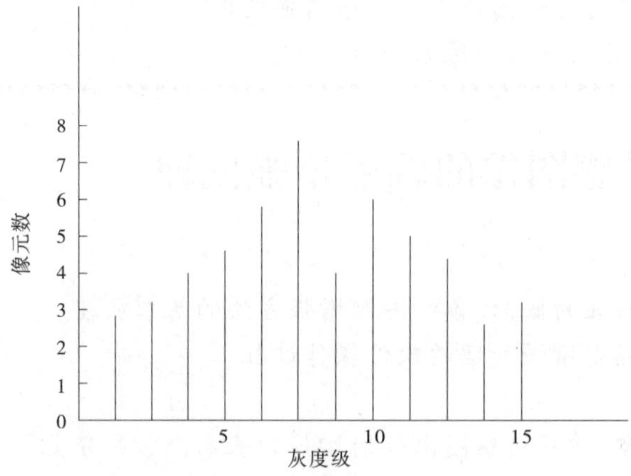

图5-1　灰度直方图

直方图具有以下性质：

(1)反映图像中的灰度分布规律。

(2)任何一幅特定的图像都有唯一的直方图与之对应,但不同的图像可以有相同的直方图。

(3)如果一幅图像由两个不相连的区域组成,并且每个区域的直方图已知,则整幅图像的直方图是该两个区域的直方图之和。

每一幅图像都可以求出其像元亮度值直方图,观察直方图的形态,可以粗略地分析图像的质量。一般来说,一幅包含大量像元的图像,其像元亮度值应符合统计分布规律,即假定像元亮度随机分布时,直方图应是正态分布的,如图 5-2 所示。在实际工作中,若图像的直方图接近正态分布,则说明图像中像元的亮度接近随机分布,是一幅适合用统计方法分析的图像,如图 5-3(a)所示。当观察直方图形态时,发现直方图的峰值偏向亮度坐标轴左侧,则说明图像偏暗,如图 5-3(b)所示。峰值偏向坐标轴右侧,则说明图像偏亮,如图 5-3(c)所示。峰值提升过陡、过窄,说明图像的高密度值过于集中,如图 5-3(d)所示。以上情况均是图像对比度较小、图像质量较差的反映。灰度直方图统计概率如表 5-1 所示。

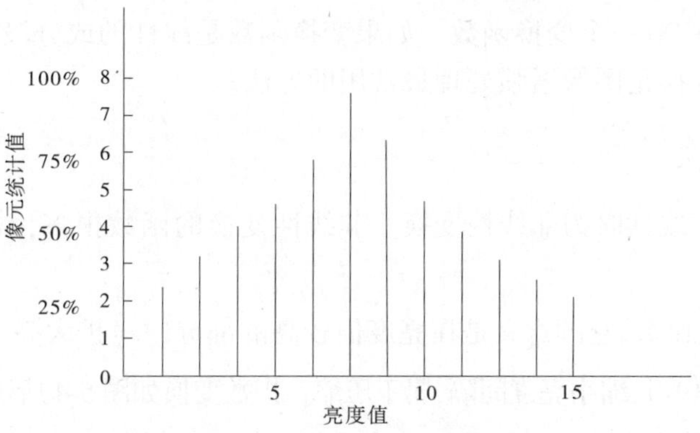

图 5-2 亮度值直方图分布

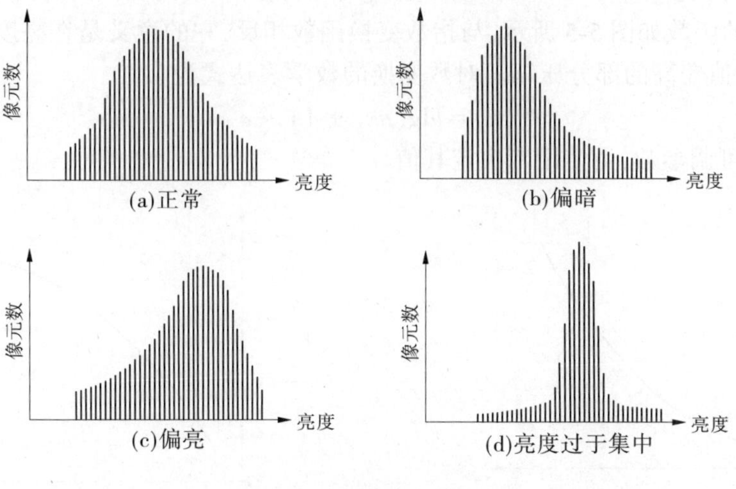

图 5-3 直方图分布亮度变化

表 5-1 灰度直方图统计概率

0	5	8	1	1	1	1	1
5	0	4	9	1	1	1	1
6	2	1	1	1	1	1	1
6	8	9	9	1	1	1	8
5	8	8	9	9	9	1	9
5	7	7	8	8	7	7	8
3	4	7	6	6	3	4	5
1	1	4	6	7	3	2	2

辐射增强常用的方法有对比度线性变换和非线性变换。

二、线性变换

为了改善图像的对比度,必须改变图像像元的亮度值,并且这种改变需符合一定的数学规律,即在运算过程中有一个变换函数。如果变换函数是线性的或分段线性的,这种变换就是线性变换。线性变换是图像增强处理最常用的方法。

三、非线性变换

当变换函数是非线性时为非线性变换。非线性变换的函数很多,常用的有指数变换和对数变换。

指数变换的变化函数,它的意义是在亮度值较高的部分(x_a)扩大亮度间隔,属于拉伸;而在亮度值较低的部分(x_b),缩小亮度间隔,属于压缩。指数变换如图 5-4 所示,其数学表达式为

$$x_b = be^{ax_a} + c \tag{5-1}$$

式中,a、b、c 为可调参数,可以改变指数函数曲线的形态,从而实现不同的拉伸比例。

对数变换的函数如图 5-5 所示,与指数变换函数相反,它的意义是在亮度值较低的部分拉伸,而在亮度值较高的部分压缩。对数变换的数学表达式为

$$x_b = b\lg(ax_a + 1) + c \tag{5-2}$$

式中,a、b、c 为可调参数,由使用者决定其值。

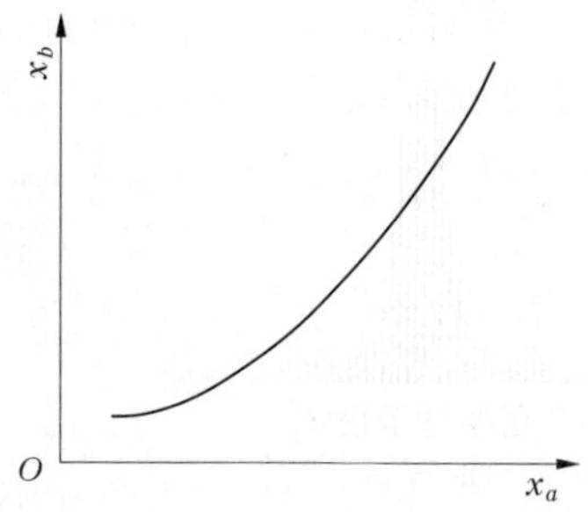

图 5-4 指数变换

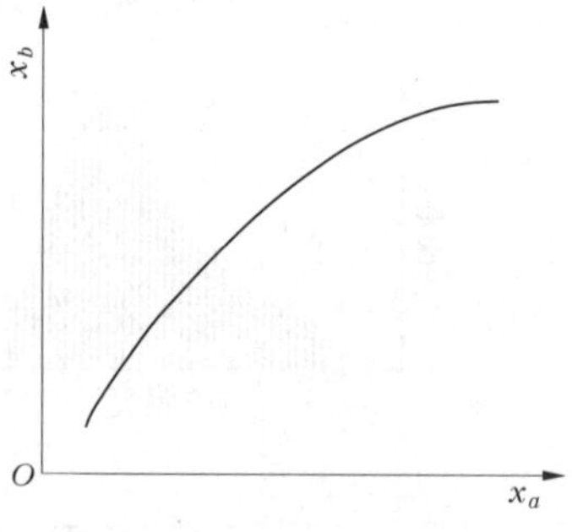

图 5-5 对数变换

活动二　直方图均衡化

视频 5-1　直方图均衡化

资源与器材：一幅原始遥感图像。

本活动的主要目的是理解直方图均衡化的目的，熟练运用软件对图像进行直方图均衡化。

【知识导航】

ERDAS 图像解译模块包含了 8 个方面的功能，依次是遥感图像的空间增强(Spatial Enhancement)、辐射增强(Radiometric Enhancement)、光谱增强(Spectral Enhancement)、高光谱工具(Hyper Spectral Tools)、傅里叶变换 (Fourier Analysis)、地形分析(Topographic Analysis)、地理信息系统分析(GIS Analysis)以及其他实用功能(Utilities)，每一项功能菜单中又包含若干具体的遥感图像处理功能。

辐射增强处理是对单个像元的灰度值进行变换达到图像增强的目的。ERDAS 提供的辐射增强命令及其功能如表 5-2 所示。

表 5-2　ERDAS 提供的辐射增强命令及其功能

命令	功能
LUT Stretch：查找表拉伸	通过修改图像查找表(Lookup Table)使输出图像值发生变化，是图像对比度拉伸的总和
Histogram Equalization：直方图均衡化	对图像进行非线性拉伸，重新分布图像像元值，使一定灰度范围内像元的数量大致相等
Histogram Match：直方图匹配	对图像查找表进行数学变换，使一幅图像的直方图与另一幅图像类似，常用于图像拼接处理
Brightness Inverse：亮度反转	对图像亮度值范围进行线性及非线性取反值处理
Haze Reduction：去霾处理	降低多波段图像及全色图像模糊度的处理方法
Noise Reduction：降噪处理	利用自适应滤波方法去除图像噪声
Destripe TM Data：去条带处理	对 Landsat TM 图像进行三次卷积处理去除条带

直方图均衡化(Histogram Equalization)实质上是对图像进行非线性拉伸，重新分配图像像元值，使一定灰度范围内的像元的数量大致相等。这样，原来直方图中间的峰值部分对比度得到增强，而两侧的谷底部分对比度降低，输出图像的直方图是一较平的分段直方图。如果输出数据分段值较小，会产生粗略分类的视觉效果。直方图均衡化的本质就是将直方图不符合正态分布的原始图像经过一个转换函数变成直方图基本符合正态分布的新图像，从而达到图像增强的目的。

对一个波段的图像进行直方图均衡化的具体步骤如下：

(1)统计原图像每一灰度级的像素数和累积像素数。

(2)计算每一灰度级 x_a 均衡化后对应的新值，并对其四舍五入取整，得到新灰度级 x_b 。

(3)以新值替代原灰度值，形成均衡化后的新图像。

(4)根据原图像像素统计值，对应找到新图像像素统计值，作出新直方图。

直方图均衡化后的每个灰度级的像素频率理论上应相等,其直方图顶部形态应为理想的直线,但实际上均衡化后的直方图并非如此。这是由于图像是离散函数,各灰度级的像素个数有限,在一些灰度级处可能没有像素,在另外一些灰度级处则像素很多,所以不会产生理想的直线形态。

总体上,直方图均衡化的特点是:

(1)各灰度级中像素出现的频率近似相等。

(2)原图像上像素出现频率低的灰度级被合并,实现压缩;像素出现频率高的灰度级被拉伸,突出细节信息。

【实施过程】

通过 ERDAS 软件对遥感图像进行直方图均衡化的具体过程如下。

ERDAS 图标面板菜单条:Main→Image Interpreter→Radiometric Enhancement→Histogram Equalization→Histogram Equalization 对话框。

ERDAS 图标面板工具条:点击 Interpreter 图标→Radiometric Enhancement→Histogram Equalization→Histogram Equalization 对话框,如图 5-6 所示。

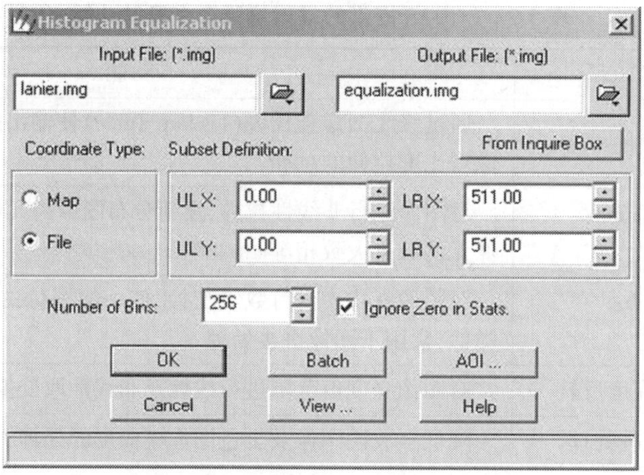

图 5-6　Histogram Equalization 对话框

在 Histogram Equalization 对话框中,需要设置下列参数:

(1)确定输入文件(Input File):lanier. img。

(2)定义输出文件(Output File):equalization. img。

(3)文件坐标类型(Coordinate Type):File。

(4)处理范围确定(Subset Definition):ULX/Y,LRX/Y(缺省状态为整个图像范围,可以应用 Inquire Box 定义窗口)。

(5)输出数据分段(Number of Bins):256。

(6)输出数据统计时忽略零值:Ignore Zero in Stats. 。

(7)点击"View..."按钮打开模型生成器视窗,浏览 Equalization 功能的空间模型。

(8)File→Close All(退出模型生成器视窗)。

(9)OK(关闭 Histogram Equalization 对话框,执行直方图均衡化处理)。

活动三　去霾处理

资源与器材：一幅原始遥感图像。

本活动的主要目的是理解去霾处理的目的，熟练运用软件对图像进行去霾处理。

视频 5-2　去霾处理

【知识导航】

去霾处理（Haze Reduction）的目的是降低多波段图像（Landsat TM）或全色图像的模糊度。对于多波段图像，该方法的实质是缨帽变换方法，首先对图像进行主成分变换，找出与模糊度相关的成分并剔除，然后进行主成分变换回到 RGB 彩色空间，达到去霾的目的。对于全彩色图像，该方法采用点扩展卷积反转进行处理，并根据情况选择 5×5 或 3×3 的卷积算子分别用于高频模糊度或低频模糊度的去除。

【实施过程】

通过 ERDAS 软件对遥感图像进行去霾处理的具体过程如下。

ERDAS 图标面板菜单条：Main→Image Interpreter→Radiometric Enhancement→Haze Reduction→Haze Reduction 对话框。

ERDAS 图标面板工具条：点击 Interpreter 图标→Radiometric Enhancement→Haze Reduction→Haze Reduction 对话框，如图 5-7 所示。

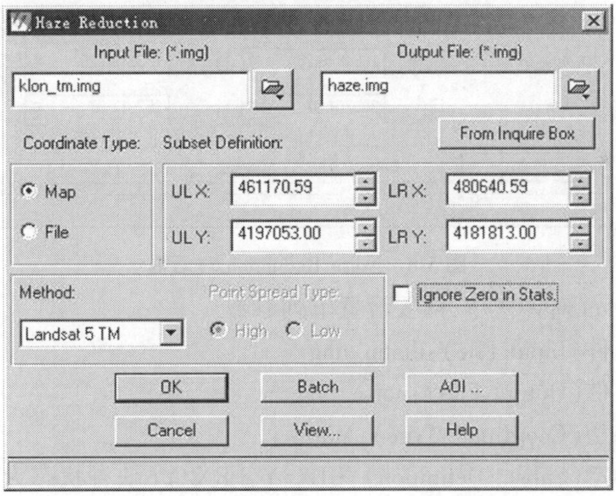

图 5-7　Haze Reduction 对话框

在 Haze Reduction 对话框中，需要设置下列参数：

（1）确定输入文件（Input File）：klon_tm. img。

（2）定义输出文件（Output File）：haze. img。

（3）文件坐标类型（Coordinate Type）：Map。

（4）处理范围确定（Subset Definition）：ULX/Y，LRX/Y（缺省状态为整个图像范围，可以应用 Inquire Box 定义窗口）。

（5）处理方法选择（Method）：Landsat 5 TM。

（6）OK（关闭 Haze Reduction 对话框，执行去霾处理）。

活动四　降噪处理

资源与器材:一幅原始遥感图像。

本活动的主要目的是理解降噪处理的目的,熟练运用软件对图像进行降噪处理。

视频 5-3　降噪处理

【知识导航】

降噪处理(Noise Reduction)是利用自适应滤波方法去除图像中的噪声,该技术在沿着边缘或平坦区域去除噪声的同时,可以很好地保持图像中一些微小的细节。

【实施过程】

通过 ERDAS 软件对遥感图像进行降噪处理的具体过程如下。

ERDAS 图标面板菜单条:Main→Image Interpreter→Radiometric Enhancement→Noise Reduction→Noise Reduction 对话框。

ERDAS 图标面板工具条:点击 Interpreter 图标→Radiometric Enhancement→Noise Reduction→Noise Reduction 对话框,如图 5-8 所示。

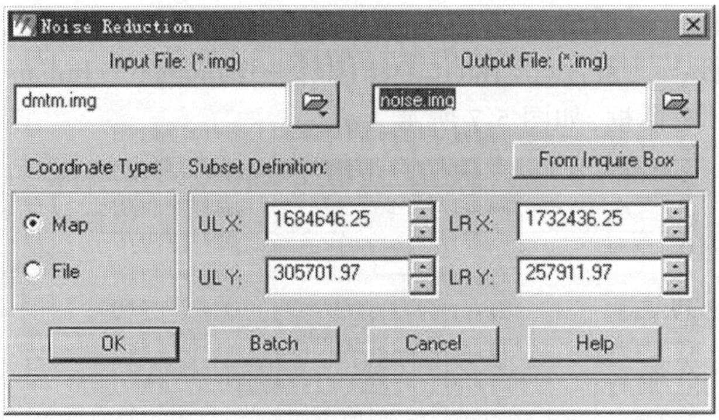

图 5-8　Noise Reduction 对话框

在 Noise Reduction 对话框中,需要设置下列参数:

(1)确定输入文件(Input File):dmtm. img。

(2)定义输出文件(Output File):noise. img。

(3)文件坐标类型(Coordinate Type):Map。

(4)处理范围确定(Subset Definition):ULX/Y,LRX/Y(缺省状态为整个图像范围,可以应用 Inquire Box 定义窗口)。

(5)OK(关闭 Noise Reduction 对话框,执行降噪处理)。

活动五　去条带处理

资源与器材:一幅原始遥感图像。

本活动的主要目的是理解去条带处理的目的,熟练运用软件对图像进行去条带处理。

视频 5-4　去条带处理

【知识导航】

去条带处理(Destripe TM Data)是针对 Landsat TM 的图像特点对其原始数据进行三次卷积,以达到去除扫描条带的目的。在操作过程中,只有一个关于边缘处理的选择项需要用户定义，其中的两项分别是 Reflection（反射）和 Fill（填充），前者是应用图像边缘灰度值的镜面反射值作为图像边缘以外的像元值，这样可以避免出现晕光；后者则是统一将图像边缘以外的像元以 0 值填充，呈黑色背景。

【实施过程】

通过 ERDAS 软件对遥感图像进行去条带处理的具体过程如下。

ERDAS 图标面板菜单条：Main→Image Interpreter→Radiometric Enhancement→Destripe TM Data→Destripe TM 对话框。

ERDAS 图标面板工具条：点击 Interpreter 图标→Radiometric Enhancement→Destripe TM Data→Destripe TM 对话框，如图 5-9 所示。

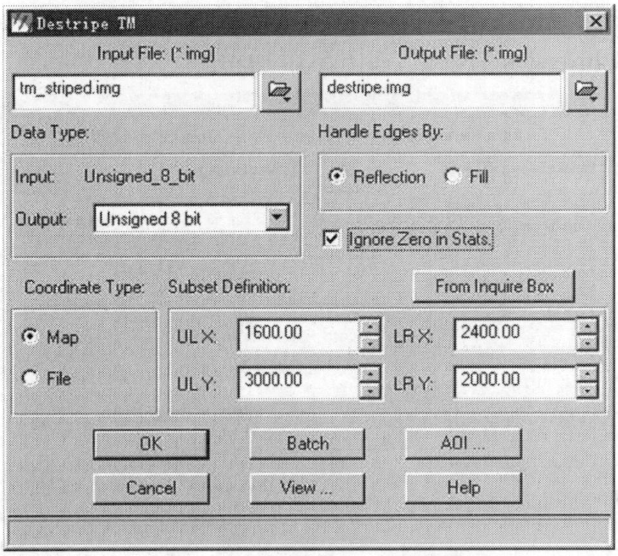

图 5-9　Destripe TM 对话框

在 Destripe TM 对话框中，需要设置下列参数：

（1）确定输入文件（Input File）：tm_striped. img。

（2）定义输出文件（Output File）：destripe. img。

（3）输出数据类型（Output Data Type）：Unsigned 8 bit。

（4）输出数据统计时忽略零值：Ignore Zero in Stats. 。

（5）边缘处理方法（Handle Edges By）：Reflection。

（6）文件坐标类型（Coordinate Type）：Map。

（7）处理范围确定（Subset Definition）：ULX/Y，LRX/Y（缺省状态为整个图像范围，可以应用 Inquire Box 定义窗口）。

（8）OK（关闭 Destripe TM 对话框，进行去条带处理）。

活动六　亮度反转处理

资源与器材：一幅原始遥感图像。

本活动的主要目的是理解亮度反转处理的目的，熟练运用软件对图像进行亮度反转处理。

视频 5-5　亮度反转处理

【知识导航】

亮度反转处理(Brightness Inverse)是对图像亮度范围进行线性或非线性取反,产生一幅与输入图像亮度相反的图像,原来亮的地方变暗,原来暗的地方变亮。其中包含两个反转算法:一个是条件反转(Inverse)、一个是简单反转(Reverse),前者强调输入图像中亮度较暗的部分,后者则简单取反、同等对待。

【实施过程】

通过 ERDAS 软件对遥感图像进行去条带处理的具体过程如下。

ERDAS 图标面板菜单条:Main→Image Interpreter→Radiometric Enhancement→Brightness Inversion→Brightness Inversion 对话框。

ERDAS 图标面板工具条:点击 Interpreter 图标→Radiometric Enhancement→Brightness Inversion→Brightness Inversion 对话框,如图 5-10 所示。

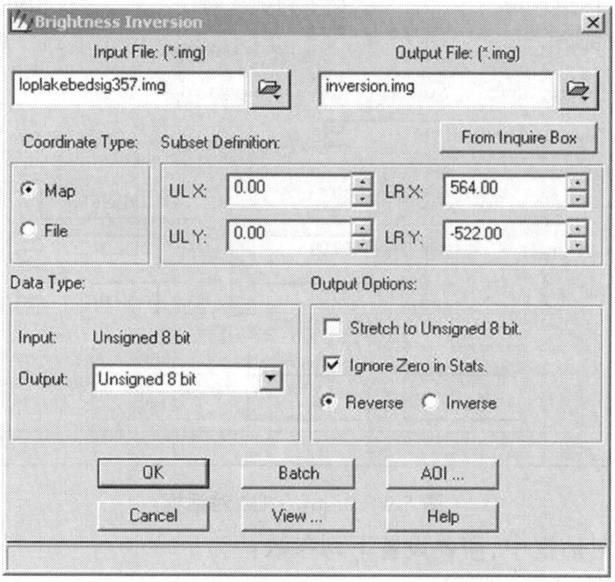

图 5-10　Brightness Inversion 对话框

在 Brightness Inversion 对话框中,需要设置下列参数:

(1)确定输入文件(Input File):loplakebedsig357. img。

(2)定义输出文件(Output File):inversion. img。

(3)文件坐标类型(Coordinate Type):Map。

(4)处理范围确定(Subset Definition):ULX/Y,LRX/Y(缺省状态为整个图像范围,可以应用 Inquire Box 定义窗口)。

(5)输出数据类型(Output Data Type):Unsigned 8 bit。

(6)输出数据统计时忽略零值:Ignore Zero in Stats. 。

(7)输出变换选择(Output Options):Reverse 或 Inverse。

Reverse:简单反转,简单取反,输出图像与输入图像等量相反。

Inverse:条件反转,条件判断,强调输入图像中亮度较暗的部分。

(8)点击"View..."按钮打开模型生成器视窗,浏览 Inverse/Reverse 功能的空间模型。

(9)File→Cloose All(退出模型生成器视窗)。

(10)点击“OK”按钮(关闭 Brightness Inversion 对话框,执行亮度反转处理)。

任务小结:

本任务主要是学习遥感图像辐射增强处理的方法,使学生能够理解辐射增强处理的原理,能熟练运用软件对遥感图像进行各种直方图均衡化、去霾处理、降噪处理、去条带处理、亮度反转处理。

任务考核:

要求学生通过计算机能够完成本任务所涉及的 5 种辐射增强处理。

任务二 遥感图像的空间增强处理

任务目标:

1. 掌握遥感图像空间增强的概念,理解各种空间增强处理方法的区别。
2. 掌握遥感图像空间增强处理的软件操作过程。

学习过程:

1. 通过多媒体教学,学习遥感图像空间增强的基本概念和分类。
2. 通过视频学习遥感图像空间增强的处理方法。
3. 在计算机上实习,练习对遥感图像进行空间增强处理操作过程。

学习成果:

1. 理解遥感图像空间增强的概念及各种空间增强处理方法的区别。
2. 对遥感图像进行直方图均衡化处理。
3. 对遥感图像进行去霾处理。
4. 对遥感图像进行降噪处理。
5. 对遥感图像进行去条带处理。
6. 对遥感图像进行亮度反转处理。

任务实施:

本任务主要介绍遥感图像的空间增强处理,包括卷积增强、平滑、边缘增强、锐化等处理。

活动一 遥感图像空间增强概述

资源与器材:原始遥感图像和经过空间增强处理后的新图像。

本活动的主要目的是理解遥感图像空间增强的概念和原理。

【知识导航】

辐射增强主要是通过单个的运算在整体上改善图像的质量,而空间域增强则是有目的地突出图像上的某些特征,如突出边缘或线状地物;也可以去除某些特征,如抑制在图像获取或传输过程中产生的各种噪声。空间域增强的目的性很强,处理后的图像从整体上可能与原图像差异很大,但却突出了需要的信息或者抑制了不需要的信息,从而达到增强的目的。空间增强的方法强调了像元与其周围相邻像元的关系,采用空间域中邻域处理的方法,在被处理像元周围的像元的参与下进行运算处理,这种方法也叫“空间滤波”。空间滤波主要包括平滑和锐化。

一、卷积增强

卷积增强是通过卷积运算来改变图像的空间频率特征,以实现平滑和锐化的目的。卷积运算是在空间域上对图像进行邻域检测的运算。运算过程是选定一定卷积函数,又称“模板”,实际是一个 $M\times N$ 图像,如 3×3、5×7、7×7 等。二维的卷积运算是在图像中使用模板来实现运算的。

如图 5-11 所示,从图像左上角开始开一个与模板同样大小的活动窗口,使图像窗口与模板像元的灰度值对应相乘再相加。假定模板大小为 $M\times N$,窗口为 $\Phi(m,n)$,运算模板为 $t(m,n)$,则模板运算为

$$r(i,j)=\sum_{m=1}^{M}\sum_{n=1}^{N}\Phi(m,n)t(m,n) \tag{5-3}$$

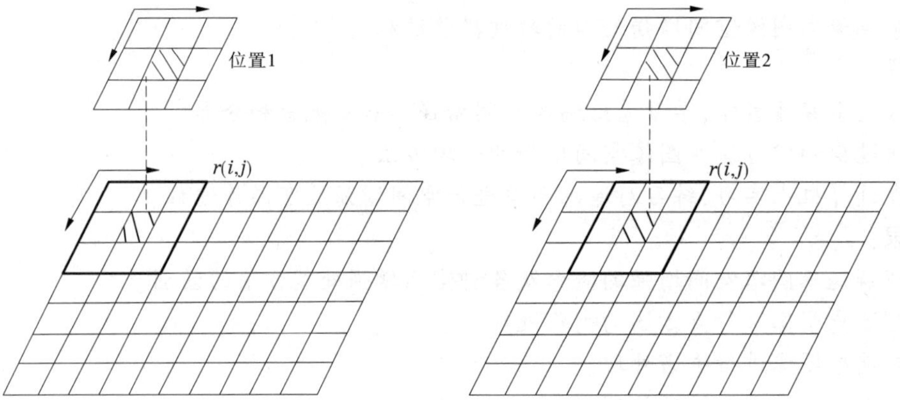

图 5-11　卷积增强模板运算示意图

将计算结果 $r(i,j)$ 放在窗口中心的像元位置,成为新像元的灰度值。然后,活动窗口向右移动一个像元,再按上述公式将模板做同样的运算,仍旧把计算结果放在移动后的窗口中心位置上,依次进行,逐行扫描,直到全幅图像扫描一遍结束,则新图像生成。

在实际应用中,经常使图像窗口与模板像元的灰度值对应相乘再相加,相加的总和再除以模板内所有值的和作为中心像元新的灰度值。模板运算的公式为:

$$r(i,j)=\sum_{m=1}^{M}\sum_{n=1}^{N}\Phi(m,n)t(m,n)/\sum_{m=1}^{M}\sum_{n=1}^{N}\Phi(m,n) \tag{5-4}$$

从图 5-12 可以看出,模板的大小为 3×3,从图像的左上角开始运算时,中心像元位于第 2 行第 2 列,则第 1 行第 1 列的像元无法进行模板计算;模板移动到右侧及下侧时也会出现同样的情况。因此,新图像比原图像左右各少 1 列,上下各少 1 行。若模板为 5×5,则各少 2 行 2 列,以此类推。为了保持图像大小不变,可在新图像的上下、左右各加 1 行或 1 列,使所加像元的值与相邻像元相同或全部为 0。由于新的灰度值位于窗口的中心,所以模板的大小 $M\times N$ 一般取奇数,而且常取 $M=N$。

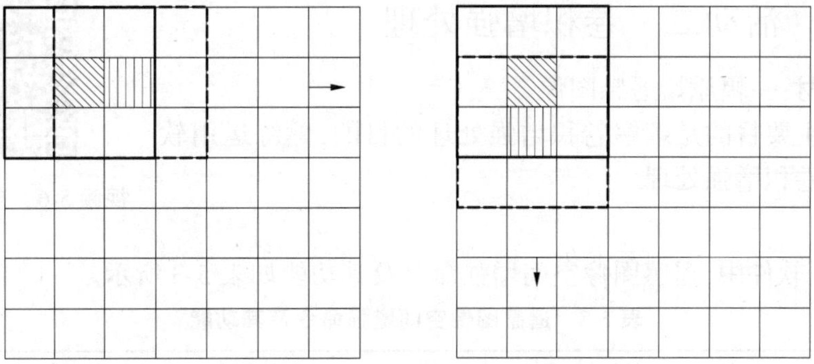

图 5-12 3×3 模板窗口示意图

二、平滑

图像中出现某些亮度变化过大的区域,或出现不该有的亮点("噪声")时,采用平滑的方法可以减小变化,使亮度平缓或去掉不必要的"噪声"点。具体方法有以下几种。

(一)均值平滑

它是将每个像元在以其为中心的区域内取平均值来代替该像元值,以达到去掉尖锐"噪声"和平滑图像的目的。区域范围取作 $M\times N$ 时,求均值公式为

$$r(i,j)=\frac{1}{MN}\sum_{m=1}^{M}\sum_{n=1}^{N}\Phi(m,n)t(m,n) \tag{5-5}$$

具体计算时常用 3×3 的模板做卷积运算,其模板为

$$t(m,n)=\begin{bmatrix}\frac{1}{9}&\frac{1}{9}&\frac{1}{9}\\\frac{1}{9}&\frac{1}{9}&\frac{1}{9}\\\frac{1}{9}&\frac{1}{9}&\frac{1}{9}\end{bmatrix}\quad 或\quad t(m,n)=\begin{bmatrix}\frac{1}{8}&\frac{1}{8}&\frac{1}{8}\\\frac{1}{8}&0&\frac{1}{8}\\\frac{1}{8}&\frac{1}{8}&\frac{1}{8}\end{bmatrix} \tag{5-6}$$

(二)中值滤波

它是将每个像元在以其为中心的邻域内取中间亮度值来代替该像元值,以达到去尖锐"噪声"和平滑图像的目的。具体计算方法与模板卷积方法类似,仍采用活动窗口的扫描方法。取值时,将窗口内所有像元按亮度值的大小排列,取中间值作为中间像元的值。所以,$M\times N$ 取奇数为好。

一般来说,图像亮度为阶梯状变化时,取均值平滑比取中值滤波要明显得多,而对于突出亮点的"噪声"干扰,从去"噪声"后对原图的保留程度来看取中值要优于取均值。

三、锐化

为了突出图像的边缘、线状目标或某些亮度变化率大的部分,可采用锐化方法。有时可通过锐化直接提取需要的信息。锐化后的图像已不再具有原遥感图像的特征而成为边缘图像。锐化的方法很多,主要有罗伯特梯度、索伯尔梯度、拉普拉斯算法等。

活动二　卷积增强处理

视频 5-6　卷积增强处理

资源与器材:一幅原始遥感图像。

本活动的主要目的是理解卷积增强处理的目的,熟练运用软件对图像进行卷积增强处理。

【知识导航】

在 ERDAS 软件中,遥感图像空间增强命令及其功能如表 5-3 所示。

表 5-3　遥感图像空间增强命令及其功能

命令	功能
Convolution:卷积增强	用一个系数矩阵对图像进行分块平均处理
Non-directional Edge:非定向边缘增强	首先应用两个正交卷积算子分别对图像进行边缘探测,然后将两个正交结果进行平均化处理
Focal Analysis:聚焦分析	使用类似卷积滤波的方法,选择一定的窗口和函数,对输入图像文件的数值进行多种变换
Texture:纹理分析	通过二次变异等分析增强图像的纹理特征
Adaptive Fliter:自适应滤波	应用自适应滤波对 AOI 进行对比度拉伸处理
Resolution Merge:分辨率融合	不同空间分辨率遥感图像的融合处理
Crisp:锐化处理	增强整景图像亮度而不使其专题内容发生变化

卷积增强 (Convolution)是将整个图像按照像元分块进行平均处理,用于改变图像的空间频率特征。卷积增强处理的关键是卷积算子——系数矩阵的选择,该系数矩阵又称为卷积核(Kernal)。ERDAS 将常用的卷积算子放在一个名为 default. klb 的文件中,分为 3×3、5×5、7 × 7 三组,每组又包括"Edge Detect/Edge Enhance/Low Pass/High Pass/Horizontal/Vertical/Summary"等 7 种不同的处理方式。

【任务实施】

通过 ERDAS 软件对遥感图像进行卷积增强的具体过程如下。

ERDAS 图标面板菜单条:Main → Image interpreter→ Spatial Enhancement→ Convolution→ Convolution 对话框。

ERDAS 图标面板工具条:点击 Interpreter → Spatial Enhancement → Convolution → Convolution 对话框,如图 5-13 所示。

在 Convolution 对话框中,需要设置下列参数:

(1)确定输入文件(Input File):lanier. img。

(2)定义输出文件(Output File):convolute. img。

(3)选择卷积算子(Kernel Selection):Kernel。

(4)卷积算子文件(Kernel Library):default. klb。

(5)卷积算子类型(Kernel):3×3 Edge Detect。

(6)边缘处理方法(Handle Edges By):Reflection。

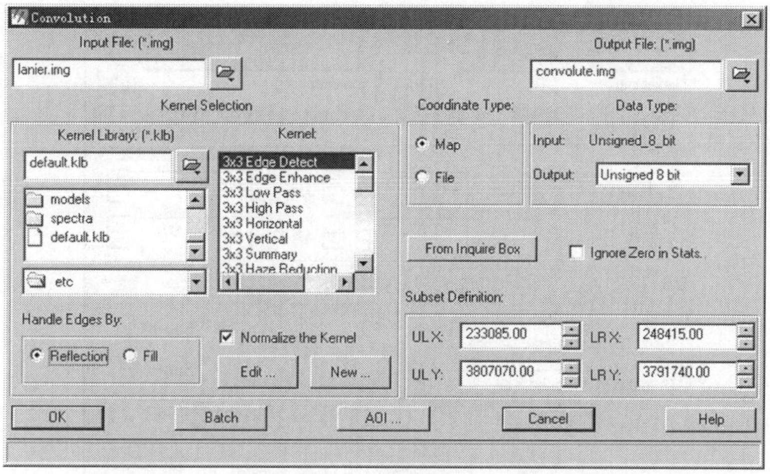

图 5-13　Convolution 对话框

(7)卷积归一化处理:Normalize the Kernel。

(8)文件坐标类型(Coordinate Type):Map。

(9)处理范围确定:ULX/Y、LRX/Y 按默认值。

(10)输出数据类型(Output Data Type):Unsigned 8 bit。

(11)按“OK”按钮(关闭 Convolution 对话框,执行卷积增强处理)。

活动三　非定向边缘增强

视频 5-7　非定向边缘增强

资源与器材:一幅原始遥感图像。

本活动的主要目的是理解非定向边缘增强处理的目的,熟练运用软件对图像进行非定向边缘增强。

【知识导航】

非定向边缘检测(Non-directional Edge)是卷积增强的一个应用,其目的是突出边缘、轮廓、线状目标信息,起到锐化的效果。它使用两个常用的滤波器(Sobel 滤波器和 Previtt 滤波器),首先通过水平检测算子(Horizontal)和垂直检测算子(Vertical)分别对遥感图像进行边缘检测,然后将两个检测结果进行平均化处理。非定向边缘检测的操作非常简单,关键是滤波器的选择。Sobel 滤波器是在 Previtt 滤波器的基础上对 4-邻域采用加权方法进行差分,因而对边缘的检测更加精确。非定向边缘检测完全可以在卷积增强(Convolution)里面自定义 Sobel 和 Previtt 算子,从而实现非定向边缘检测的功能。

【任务实施】

通过 ERDAS 软件对遥感图像进行非定向边缘检测的具体过程如下。

ERDAS 图标面板菜单条:Main → Image interpreter→ Spatial Enhancement→Non-directional Edge→Non-directional Edge 对话框。

ERDAS 图标面板工具条:点击 Interpreter → Spatial Enhancement → Non-directional Edge→Non-directional Edge 对话框,如图 5-14 所示。

在 Non-directional Edge 对话框中,需要设置下列参数:

(1)确定输入文件(Input File):lanier. img。

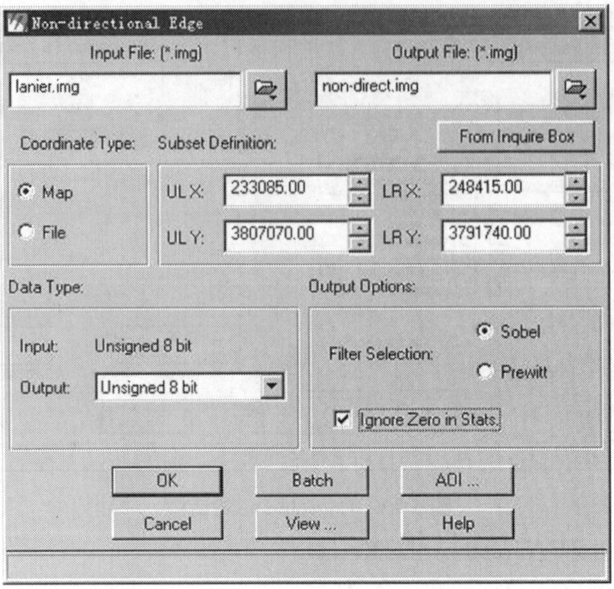

图 5-14　Non-directional Edge 对话框

(2)定义输出文件(Output File):non-direct. img。

(3)文件坐标类型(Coordinate Type):Map。

(4)处理范围确定(Subset Definition):ULX/Y,LRX/Y(缺省状态为整个图像范围,可以应用 Inquire Box 定义窗口)。

(5)输出数据类型(Output Data Type):Unsigned 8 bit。

(6)选择滤波器(Filter Selection):Sobel。

(7)输出数据统计时忽略零值:Ignore Zero in Stats. 。

(8)按"OK"按钮(关闭 Non-directional Edge 对话框,执行 Non-directional Edge 增强处理)。

活动四　锐化增强处理

视频 5-8　锐化增强处理

资源与器材:一幅原始遥感图像。

本活动的主要目的是理解锐化增强处理的目的,熟练运用软件对图像进行锐化增强处理。

【知识导航】

锐化增强处理实质上是通过对图像进行卷积滤波处理,使整景图像的亮度得到增强而不使其专题内容发生变化,从而达到图像增强的目的。根据其底层的处理过程,又可以分为两种方法:其一是根据用户定义的矩阵(Custom Matrix)直接对图像进行卷积处理(空间模型为 Crisp-greyscale. gmd);其二是首先对图像进行主成分变换,并对第一主成分进行卷积滤波,然后进行主成分逆变换(空间模型为 Crisp-Minmax. gmd)。由于上述变换过程是在底层的空间模型支持下完成的,操作过程比较简单。

【任务实施】

通过 ERDAS 软件对遥感图像进行锐化增强的具体过程如下。

ERDAS 图标面板菜单条：Main → Image interpreter→ Spatial Enhancement→Crisp→Crisp 对话框。

ERDAS 图标面板工具条：点击 Interpreter→ Spatial Enhancement→Crisp→Crisp 对话框，如图 5-15 所示。

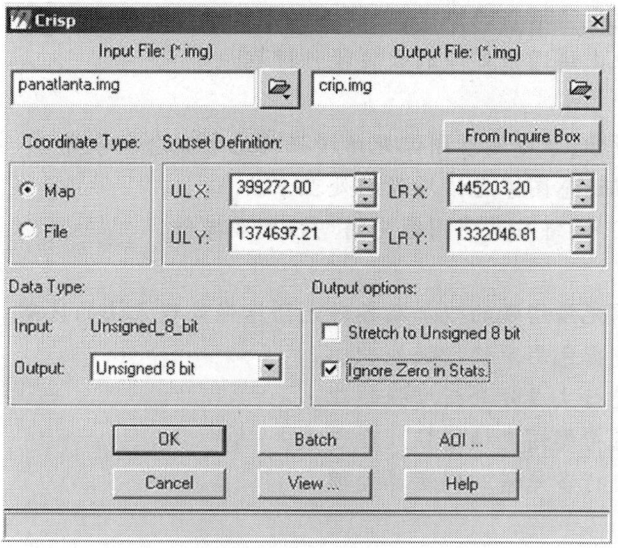

图 5-15 Crisp 对话框

在 Crisp 对话框中，需要设置下列参数：

(1)确定输入文件(Input File)：panatlanta. img。

(2)定义输出文件(Output File)：crip. img。

(3)文件坐标类型(Coordinate Type)：Map。

(4)处理范围确定(Subset Definition)：ULX/Y，LRX/Y(缺省状态为整个图像范围，可以应用 Inquire Box 定义窗口)。

(5)输出数据类型(Output Data Type)：Unsigned 8 bit。

(6)输出数据统计时忽略零值：Ignore Zero in Stats.。

(7)点击“View...”按钮打开模型生成器视窗，浏览 Crisp 功能的空间模型。

(8)退出模型生成器视窗：File →Close All。

(9)按“OK”按钮(关闭 Crisp 对话框，执行锐化增强处理)。

任务小结：

本任务主要学习空间增强的基本概念和原理，同时介绍了几种空间增强处理方法。最后通过计算机演示学习利用软件对遥感图像进行空间增强处理的操作过程，要求学生能够熟练掌握软件操作。

任务考核：

要求学生通过计算机完成本任务所涉及的三种空间增强处理。

任务三　遥感图像的光谱增强处理

任务目标:

1. 掌握遥感图像光谱增强的概念,理解各种光谱增强处理方法的区别。
2. 掌握遥感图像光谱增强处理的软件操作过程。

学习过程:

1. 通过多媒体教学,学习遥感图像光谱增强的基本概念和分类。
2. 通过视频学习遥感图像光谱增强的处理方法。
3. 在计算机上实习,练习遥感图像光谱增强处理操作。

学习成果:

1. 理解遥感图像光谱增强的概念及各种光谱增强处理方法的区别。
2. 对遥感图像进行色彩变换增强处理。
3. 对遥感图像进行主成分分析增强处理。
4. 对遥感图像进行缨帽变换增强处理。
5. 对遥感图像进行多光谱四则运算处理。

任务实施:

本任务主要介绍遥感图像的光谱增强处理,包括色彩变换、主成分变换、缨帽变换、多光谱图像的四则运算。

活动一　色彩变换

视频 5-9　色彩变换

资源与器材:一幅原始遥感图像。

本活动的主要目的是理解色彩变换处理的目的,熟练运用软件对图像进行色彩变换处理。

【知识导航】

光谱增强处理是基于多波段数据对每个像元的灰度值进行变换,达到图像增强的目的。ERDAS 提供的光谱增强命令及其功能如表 5-4 所示。

亮度值的变化可以改善图像的质量,但就人眼对图像的观察能力而言,一般正常人眼只能分辨 20 级左右的亮度级,而对彩色的分辨能力则可达 100 多种,远远大于对黑白亮度值的分辨能力。不同的色彩变换可大大增强图像的可读性。色彩变换(RGB to IHS)是将遥感图像从红(R)、绿(G)、蓝(B)三种颜色组成的彩色空间变换到以亮度(Intensity)、色度(Hue)、饱和度(Saturation)作为定位参数的彩色空间。亮度(I)、色度(H)、饱和度(S)模型不是基于色光混合来再现颜色的,但它表示的彩色与人眼看到的更为接近。其中,I 表示整个图像的明亮程度,取值范围是 0~1;H 代表像元的颜色,取值范围是 0~360;S 代表颜色的纯度,取值范围是 0~1。

【任务实施】

通过 ERDAS 软件对遥感图像进行色彩变换的具体过程如下。

ERDAS 图标面板菜单条:Main→Image Interpreter→Spectral Enhancement→RGB to IHS→RGB to IHS 对话框。

表 5-4　ERDAS 提供的光谱增强命令及其功能

命令	功能
Principal Components：主成分变换	将具有相关性的多波段图像压缩到完全独立的较少的几个波段，使遥感图像更易于分析
Inverse Principal Components：主成分逆变换	与主成分变换操作正好相反，将主成分变换图像依据当时的变换特征矩阵重新恢复到 RGB 彩色空间
Decorrelation Stretch：去相关拉伸	首先对图像的主成分进行对比度拉伸处理，然后进行主成分逆变换，将图像恢复到 RGB 彩色空间
Tasseled Cap：缨帽变换	在植被研究中旋转数据结构轴优化图像显示效果
RGB to IHS：色彩变换	将图像从红(R)、绿(G)、蓝(B)彩色空间转换到亮度(I)、色度(H)、饱和度(S)彩色空间
IHS to RGB：色彩逆变换	将图像从亮度(I)、色度(H)、饱和度(S)彩色空间转换到红(R)、绿(G)、蓝(B)彩色空间
Indices：植被指数	用于计算反映矿物及植被的各种比率和指数
Natural Color：自然色彩变换	模拟自然色彩对多波段数据变换输出自然色彩图像

ERDAS 图标面板工具条：点击 Interpreter 图标→Spectral Enhancement→RGB to IHS→RGB to IHS 对话框，如图 5-16 所示。

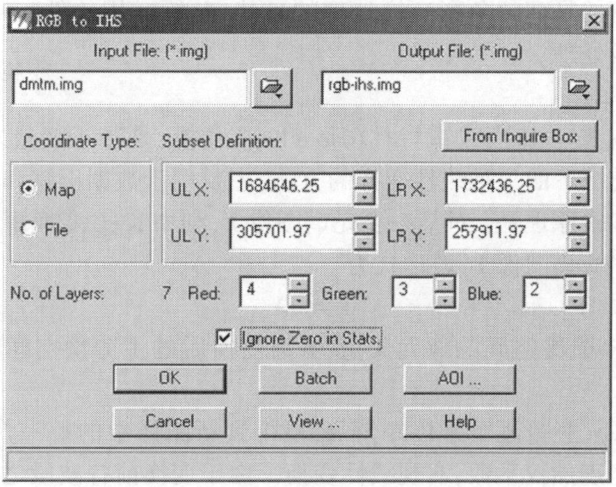

图 5-16　RGB to IHS 对话框

在 RGB to IHS 对话框中，需要设置下列参数：

(1)确定输入文件(Input File)：dmtm. img。

(2)定义输出文件(Output File)：rgb-ihs. img。

(3)文件坐标类型(Coordinate Type)：Map。

(4)处理范围确定(Subset Definition)：ULX/Y，LRX/Y(缺省状态为整个图像范围，可以应用 Inquire Box 定义子区)。

(5)确定参与色彩变换的三个波段：Red：4/Green：3/Blue：2。

(6)输出数据统计时忽略零值：Ignore Zero in Stats. 。

(7)按"OK"按钮(关闭 RGB to IHS 对话框,执行 RGB to IHS 变换)。

色彩变换结果如图 5-17、图 5-18 所示。

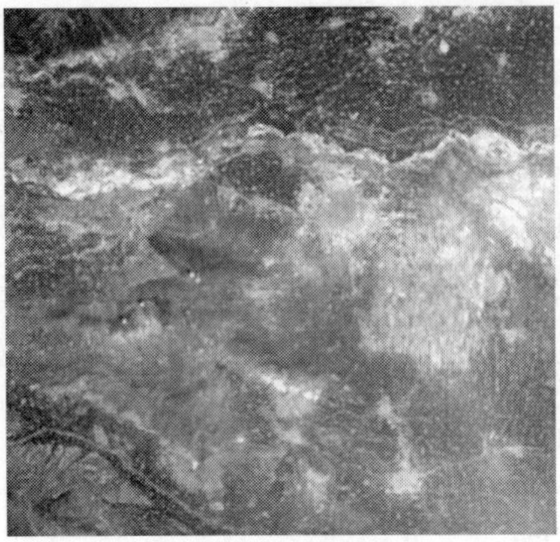

图 5-17　RGB 影像

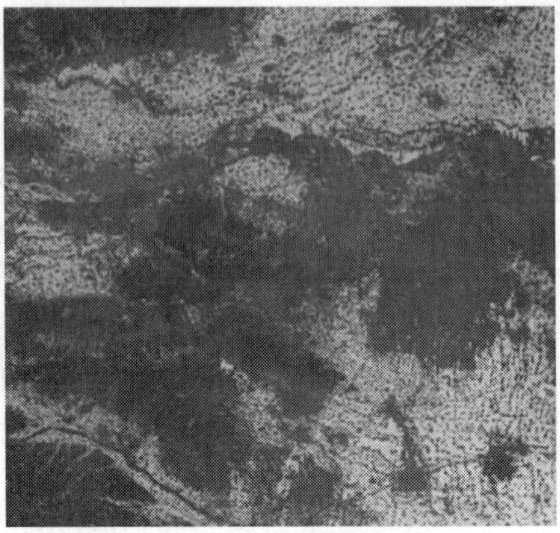

图 5-18　IHS 影像

活动二　主成分变换

视频 5-10　主成分变换

资源与器材:一幅原始遥感图像。

本活动的主要目的是理解色彩变换处理的目的,熟练运用软件对图像进行色彩变换处理。

【知识导航】

主成分变换又称 K-L 变换或霍特林(Hotelling)变换,是基于变量之间的相关关系,在尽量不丢失信息的前提下的一种线性变换的方法,主要用于数据压缩和信息增强。

主成分变换的基本原理是:对某一多光谱图像 X,利用 K-L 变换矩阵 A 进行线性组合,从而产生一组新的多光谱图像 Y,表达式为

$$Y = AX \tag{5-7}$$

式中:X 为变换前的多光谱空间的像元矢量;Y 为变换后的主分量空间的像元矢量;A 为变换矩阵。

对图像中每一像元矢量逐个乘以矩阵 A,便得到新图像中的每一像元矢量。A 的作用是给多波段的像元亮度加权系数,实现线性变换。由于变换前各波段之间有很强的相关性,经过 K-L 变换组合,输出图像 Y 的各分量 y_i 之间将具有最小的相关性。

K-L 变换的特点是:

从几何意义来看,变换后的主分量空间坐标系与变换前的多光谱空间坐标系相比旋转了一个角度,而且新坐标系的坐标轴一定指向数据信息量较大的方向。以二维空间为例,假定某图像像元的分布呈椭圆状,那么经过旋转后,新坐标系的坐标轴一定分别指向椭圆的长半轴和短半轴方向——主分量方向,因为长半轴这一方向的信息量最大。

就变换后的新波段主分量而言,它们所包括的信息量不同,呈逐渐减少趋势。事实上,第一主分量集中了最大的信息量,常占 80%以上。第二、第三主分量的信息量依次很快递减,到了第 n 分量,信息几乎为零。由于 K-L 变换对不相关的噪声没有影响,所以信息减少时,便突出了噪声,最后的分量几乎全是噪声。所以,这种变换又可分离出噪声。

基于上述特点,在遥感数据处理时,常运用 K-L 变换作数据分析前的预处理,主要目的有两个:

(1)数据压缩。以 TM 影像为例,共有 7 个波段(除去分辨率低的第 6 波段,经常使用 TM1~TM5 和 TM7 共 6 个波段),处理起来数据量很大。进行 K-L 变换后,7 维的多光谱空间变换成 7 维的主分量空间,这时亮度不再与地物光谱值直接关联,但第一或前二或前三个主分量,已包含了绝大多数的地物信息,足够分析使用,同时数据量却大大减少。应用中常常只取前 3 个主分量做假彩色合成,数据量可减少到 43%,即实现了数据压缩,也可作为分类前的特征选择。

(2)图像增强。K-L 变换后的前几个主分量,信噪比大,噪声相对小。因此,突出了主要信息,达到了增强图像的目的。此外,将其他增强手段与之结合使用,会收到更好的效果。

【任务实施】

通过 ERDAS 软件对遥感图像进行 K-L 变换的具体过程如下。

ERDAS 图标面板菜单条:Main→Image Interpreter→Spectral Enhancement→Principal Comp→Principal Components 对话框。

ERDAS 图标面板工具条:点击 Interpreter 图标→Spectral Enhancement→Principal Comp→Principal Components 对话框,如图 5-19 所示。

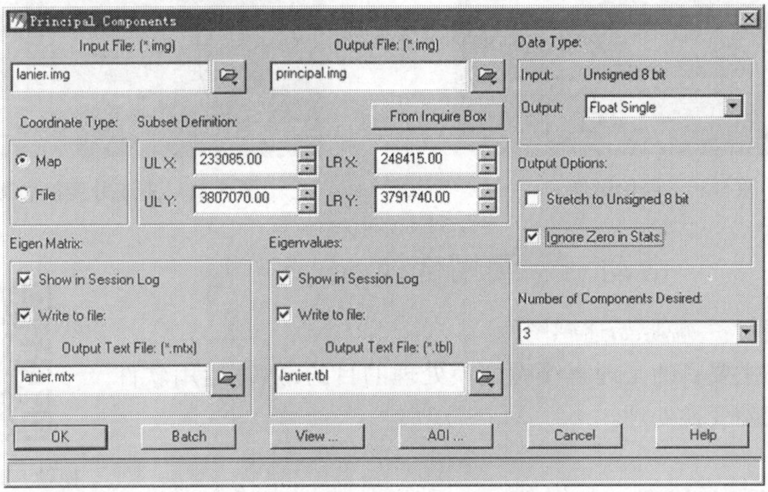

图 5-19 Principal Components 对话框

在 Principal Components 对话框中,需要设置下列参数:

(1)确定输入文件(Input File):lanier. img。

(2)定义输出文件(Output File):principal. img。

(3)文件坐标类型(Coordinate Type):Map。

(4)处理范围确定(Subset Definition):ULX/Y,LRX/Y(缺省状态为整个图像范围,可以应用 Inquire Box 定义子区)。

(5)输出数据类型(Output Data Type):Float Single。

(6)输出数据统计时忽略零值:Ignore Zero in Stats. 。

(7)特征矩阵输出设置(Eigen Matrix):两种方式选一种。

(8)在运行日志中显示:Show in Session Log。

(9)写入特征矩阵文件:Write to file(必选项,逆变换时需要)。

(10)特征矩阵文件名(Output Text File):lanier. mtx。

(11)特征数据输出设置(Eigenvalues):两种方式选一种。

(12)在运行日志中显示:Show in Session Log。

(13)写入特征数据文件:Write to file。

(14)特征矩阵文件名(Output Text File):lanier. tbl。

(15)需要的主成分数量(Number of Components Desired):3。

(16)按"OK"按钮(关闭 Principal Components 对话框,执行主成分变换)。

主成分变换如图 5-20、图 5-21 所示。

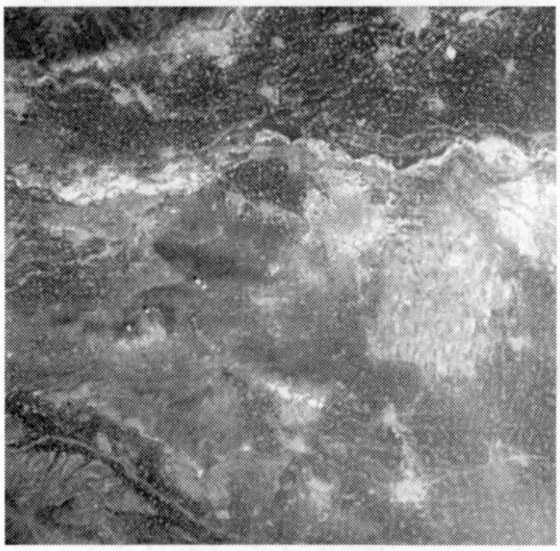

图 5-20 原始影像

图 5-21 主成分变换后影像

活动三 缨帽变换

资源与器材:一幅原始遥感图像。

本活动的主要目的是理解缨帽变换处理的目的,熟练运用软件对图像进行缨帽变换处理。

视频 5-11 缨帽变换

【知识导航】

1976 年,Kauth 和 Thomas 构造了一种新的线性变换方法——Kauth-Thomas 变换,简称 K-T 变换,形象地称为"缨帽变换"。缨帽变换旋转坐标空间,但旋转后的坐标轴不是指到主成分的方向,而是指到另外的方向,这些方向与地物有密切的关系,特别是与植物生长过程和土壤有关。缨帽变换既可以实现信息压缩,又可以帮助解译分析农作物特征,因此有很大的实际应用意义。目前,这个变换主要用于 MSS 数据与 TM 数据两种遥感图像。

K-T 变换是对原图像的坐标空间进行平移和旋转,变换后新的坐标轴具有明确的景观含义,可与地物直接联系。其变换公式为

$$Y = BX \tag{5-8}$$

式中:X 为变换前多光谱空间的像元矢量;Y 为变换后的新坐标空间的像元矢量;B 为变换矩阵。

【任务实施】

通过 ERDAS 软件对遥感图像进行 K-T 变换的具体过程如下。

方法一：ERDAS 图标面板菜单条：Main→Image Interpreter→Spectral Enhancement→Tasseled Cap→Tasseled Cap 对话框。

方法二：ERDAS 图标面板工具条：点击 Interpreter 图标→Spectral Enhancement→Tasseled Cap→Tasseled Cap 对话框，如图 5-22 所示。

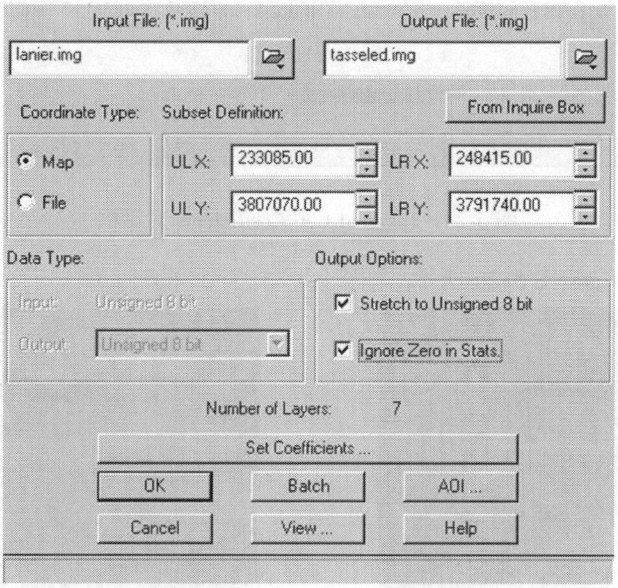

图 5-22 Tasseled Cap 对话框

在 Tasseled Cap 对话框中，需要设置下列参数：

(1)确定输入文件(Input File)：lanier. img。

(2)定义输出文件(Output File)：tasseled. img。

(3)文件坐标类型(Coordinate Type)：Map。

(4)处理范围确定(Subset Definition)：ULX/Y，LRX/Y(缺省状态为整个图像范围，可以应用 Inquire Box 定义子区)。

(5)输出数据选择(Output Options)：两项选择。

(6)输出数据拉伸到 0～255：Stretch to Unsigned 8 bit。

(7)输出数据统计时忽略零值：Ignore Zero in Stats. 。

(8)定义相关系数(Set Coefficients)：点击“Set Coefficients...”按钮。

(9)打开 Tasseled Cap Coefficients 对话框，如图 5-23 所示。

(10)首先确定传感器类型(Sensor)：Landsat 5 TM。

(11)定义相关系数(Coefficinet Definition 对话框)。

(12)按“OK”按钮(关闭 Tasseled Cap Coefficients 对话框)。

(13)按“OK”按钮(关闭 Tasseled Cap Coefficients 对话框，执行缨帽变换)。

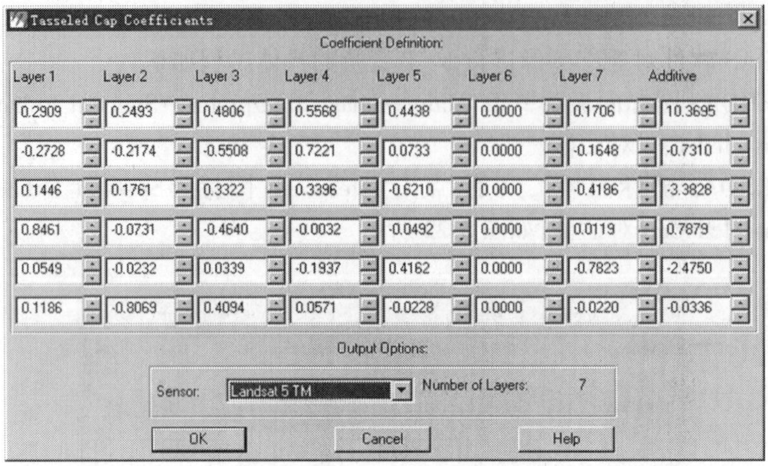

图 5-23 Tasseled Cap Coefficients 对话框

缨帽变换如图 5-24、图 5-25 所示。

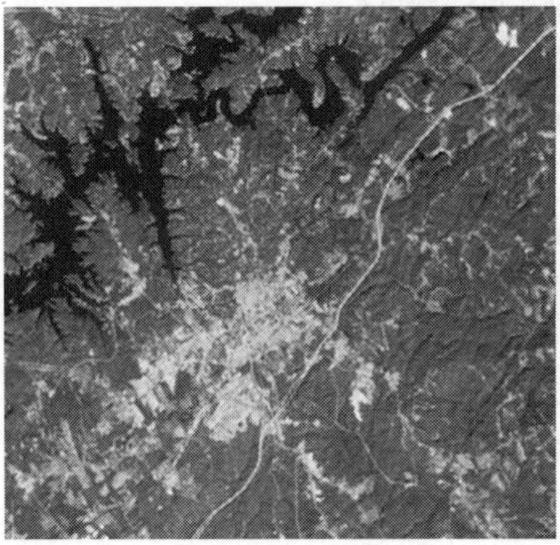

图 5-24 原始影像

图 5-25 缨帽变换后影像

活动四 多光谱图像的四则运算

视频 5-12 多光谱四则运算

资源与器材:一幅原始遥感图像。

本活动的主要目的是理解多光谱图像进行四则运算的目的,熟练运用软件对图像进行四则运算处理。

【知识导航】

两幅或多幅单波段影像,完成空间配准后,通过一系列运算,可以实现图像增强,达到提取某些信息或去掉某些不必要信息的目的。

多光谱的四则运算有:

(1)差值运算。

(2)比值运算。

(3)乘法运算。

(4)求和运算。

一、差值运算

两幅同样行、列数的图像，对应像元的亮度值相减就是差值运算，即

$$f_D(x,y)=f_1(x,y)-f_2(x,y) \tag{5-9}$$

差值运算应用于两个波段时，相减后的值反映了同一地物光谱反射率之间的差。由于不同地物反射率差值不同，两波段亮度值相减后，差值大的被突出出来。例如，健康的植被在0.65 μm附近有一个明显的吸收谷，反射率很低；在0.7~0.8 μm处是一个陡坡，反射率急剧上升，并在0.8~1.3 μm形成一个高的、反射率可达40%或更大的反射峰，这种反射光谱曲线是含有叶绿素植物的共同特点（叶绿素反射特征），即红外波段植被与浅色土壤、红波段的植被与深色土壤及水体反射率接近，无法分开。当用红外波段减红波段时，植被的反射率差异很大，相减后的差值就大，而土壤和水在这两个波段反射率差值就很小，因此相减后的图像可以把植被信息突出出来。如果不作相减，在红外波段上的植被和土壤、在红波段上植被和水体均难区分。因此，图像的差值运算有利于目标和背景反差较小的信息提取，如冰雪覆盖区、黄土高原区的界线特征、海岸带的潮汐线等。

差值运算还常用于研究同一地区不同时相的动态变化，如监测森林火灾发生前后的变化和计算过火面积；监测水灾发生前后的水域变化和计算受灾面积及损失；监测城市在不同年份的扩展情况及计算侵占农田的比例等。

二、比值运算

两幅同样行、列的图像，对应像元的亮度值相除（除数不为0）就是比值运算，即

$$f_R(x,y)=\frac{f_1(x,y)}{f_2(x,y)} \tag{5-10}$$

比值运算可以检测波段的斜率信息并加以扩展，以突出不同波段间地物光谱的差异，提高对比度。该运算常用于突出遥感影像中的植被特征、提取植被类别或估算植被生物量，这种算法的结果称为植被指数，常用算法为：近红外波段/红波段或近红外/（近红外+红）。例如，TM4/TM3、AVHRR2/AVHRR1、（TM4－TM3）/（TM4＋TM3）、（AVHRR2－AVHRR1）/（AVHRR2+AVHRR1）等，效果都很好。

比值运算可以降低传感器灵敏度随空间变化造成的影响，降低地形导致的阴影影响。由于地形起伏及太阳倾斜照射，使得山坡的向阳处与阴影处在遥感影像上的亮度有很大区别，同一地物向阳面和背阴面亮度不同，给判读解译造成困难，特别是在计算机分类时不能识别。由于阴影的形成主要是地形因子的影响，比值运算可以去掉这一因子的影响，使向阳与背阴处都毫无例外地只与地物反射率的比值有关。

比值处理还有其他多方面的应用。例如，对研究浅海区的水下地形有效，对土壤富水性差异、微地貌变化、地球化学反应引起的微小光谱变化，对与隐伏构造信息有关的连续性特征等都能有不同程度的增强效果。

三、乘法运算

两幅同样行、列数的图像，对应像元的亮度值相乘就是乘法运算，即

$$f_D(x,y)=f_1(x,y)\times f_2(x,y) \tag{5-11}$$

乘法运算可用来遮掉图像的某些部分。例如,使用一个二值图像f_1(图像上需要被完整保留下来的区域的像素值为1,而被抑制掉的区域的像素值为0)去乘图像f_2,可抹去图像f_2的某些部分。图像处理中,这个操作被称为掩膜。

四、求和运算

两幅同样行、列数的图像,对应像元的亮度值相加就是求和运算,即

$$f_D(x,y)=f_1(x,y)+f_2(x,y) \tag{5-12}$$

求和运算主要用于对同一区域的不同时段图像求平均,这样可以削弱图像的随机噪声,或者获取特定时段的平均统计特征。进行加法运算的图像的成像日期不应相差太大。例如,使用NOVV或者MODIS图像研究地表植被的季节变化时,可以将相邻5 d的图像数据进行平均处理。

【任务实施】

通过ERDAS软件对遥感图像进行四则运算的具体过程如下。

ERDAS图标面板菜单条:Main→ Image Interpreter→Utilities→Operators→Two Input Operators对话框。

ERDAS图标面板工具条:点击Interpreter图标→Utilities→Operators→Two Input Operators对话框,如图5-26所示。

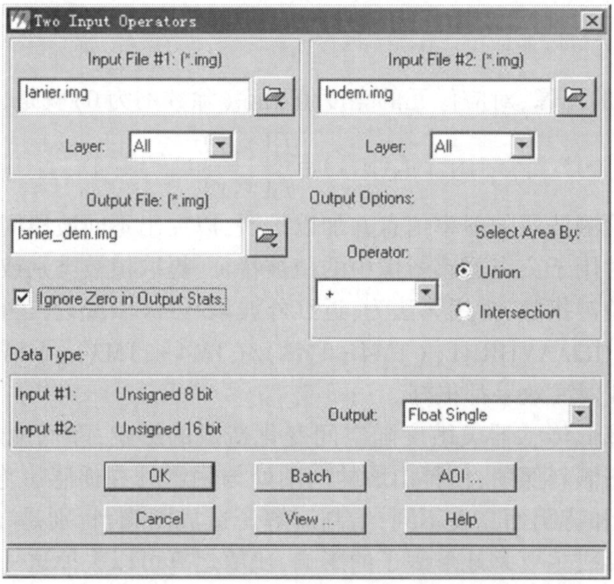

图5-26　Two Input Operators对话框

在Two Input Operators对话框中,确定下列参数:

(1)确定第一幅输入图像(Input File # 1):lanier. img。

(2)选择图像数据层(Layer):All。

(3)确定第二幅输入图像(Input File # 2):Indem. img。

(4)选择图像数据层(Layer):All。

(5)确定输出图像(Output File):lanier_dem. img。

(6)输出数据统计时忽略零值:Ignore Zero in Output Stats.。

(7)选择代数运算类型(Operator):根据需要选择+,-,*,/。

(8)确定代数运算规则(Select Area By):Union。

(9)确定输出数据类型(Output):Float Single。

(10)按"OK"按钮:点击确定关闭 Two Input Operators 对话框。

任务小结:

本任务讲授遥感图像的光谱增强处理方法,重点介绍了色彩变换法、主成分分析法、缨帽变换法、四则运算法,并通过计算机演示光谱增强处理几种方式的操作过程,要求学生能够理解其含义,并能熟练操作软件进行光谱增强处理。

任务考核:

要求学生通过计算机完成本任务讲述的四种光谱增强处理方法。

任务四　遥感图像的融合

任务目标:

1. 掌握遥感图像融合的概念,理解遥感图像融合目的。
2. 掌握遥感图像融合的软件操作过程。

学习过程:

1. 通过多媒体教学,学习遥感图像融合的基本概念。
2. 通过视频学习多源遥感图像融合方法、遥感图像与非遥感图像的融合方法。
3. 在计算机上实习,练习对遥感图像进行遥感图像融合的操作过程。

学习成果:

1. 理解遥感图像融合的概念和目的。
2. 对两幅不同波段的遥感图像进行图像融合。
3. 对遥感图像和 DEM 进行图像融合。

任务实施:

本任务主要介绍遥感图像融合处理,包括分辨率融合、遥感图像与 DEM 融合等。

活动一　遥感图像融合的认知

资源与器材:两幅不同波段和时相的遥感图像及融合后的遥感图像。

本活动的主要目的是理解遥感图像融合的概念,对比分析遥感图像融合前后的变化、区别。

【知识导航】

一、遥感图像融合的概念

不同的遥感数据具有不同的空间分辨率、波谱分辨率和时相分辨率,如果能将它们各自的优势综合起来,可以弥补单一图像上信息的不足。这样不仅扩大了各自信息的应用范围,而且大大提高了遥感影像分析的精度。

多源遥感图像融合是将多种遥感平台中,多时相遥感数据之间以及遥感数据与非遥感数据之间的信息组合匹配的技术。融合后的图像数据将更有利于综合分析。

二、遥感图像融合层次

根据信息抽象的程度,遥感图像数据可以分为像素层、特征层和决策层。相应的,遥感图像融合可分为三个层次,分别为像素级融合、特征级融合以及决策级融合。在不同的融合层次上,原始图像的预处理程度和信息处理的层次都不相同。

(一)像素级融合

像素级融合是指对配准后的遥感图像直接进行像素值的融合,不涉及特征提取和决策,最终生成融合图像。由于不对图像作其他预处理,而是直接对图像像素值所反映的目标和背景信息进行融合,因此是最低层次的图像融合。

(二)特征级融合

特征级融合是一种中间层次的融合,它利用图像分割等算法从原始图像中提取出边缘、纹理和区域等特征,然后对这些特征进行综合分析与融合处理。

(三)决策级融合

决策级融合是遥感图像融合的最高层次,它首先对单个图像进行预处理,完成特征提取和特征识别,然后依据一定的准则,对提取出的特征各自做出决策,最后将这些独立的决策综合起来,给出最终决策。

三、遥感图像融合的一般过程

在对遥感图像进行融合时,不同的融合方法在过程上会有所不同,但是一般遥感图像融合分为下面 4 个阶段进行:

(1)选择融合的图像。选取适合做图像融合的波段图像。

(2)图像配准。使用特定的数学算法分别对待融合的图像进行配准。

(3)图像融合。将变换后的几幅图像使用一定的融合方法进行结合,使得融合图像同时包含几幅原图像中的信息。

(4)图像评价。不一样的融合方法在融合图像的性能方面将会各有所不同,选用特定的评价方法对不同融合方法的融合图像进行评价,从而对融合方法的性能做出准确的判断。对图像进行评价有两种方式:第一种是用眼睛直接观察的主观评价,主观评价要求观察者拥有一定的知识结构基础;第二种采用具体的数学评价算法对图像进行客观评价。一般情况下会选取主观评价和客观评价相结合的综合评价方法进行评价。

活动二　分辨率融合

资源与器材:不同空间分辨率的两幅遥感图像。

本活动的主要目的是理解分辨率融合的概念,掌握分辨率融合的软件操作过程。

视频 5-13　分辨率融合

【知识导航】

分辨率融合是针对不同空间分辨率的遥感图像的融合处理,使处理后的遥感图像既具有较好的空间分辨率,又具有多光谱特性,从而达到图像增强的目的。图像分辨率融合的关键是融合前两幅图像的配准(Rectification)以及处理过程中融合方法的选择,只有将不同空间分辨率的图像精确地进行配准,才可能得到满意的融合效果。而对于融合方法的选择,则取决于被融合图像的特征以及融合的目的,同时需要对融合方法的原理有正确的认识。

【任务实施】

通过 ERDAS 软件对遥感图像进行分辨率融合的具体过程如下。

ERDAS 分辨率融合提供 3 种方法:主成分变换融合(Principal Component)、乘积变换融合(Multiplicative)和比值变换融合(Brovey Transform)。

ERDAS 图标面板菜单条:Main → Image interpreter→ Spatial Enhancement →Resolution Merge→Resolution Merge 对话框。

ERDAS 图标面板工具条:点击 Interpreter→ Spatial Enhancement→Resolution Merge→Resolution Merge 对话框,如图 5-27 所示。

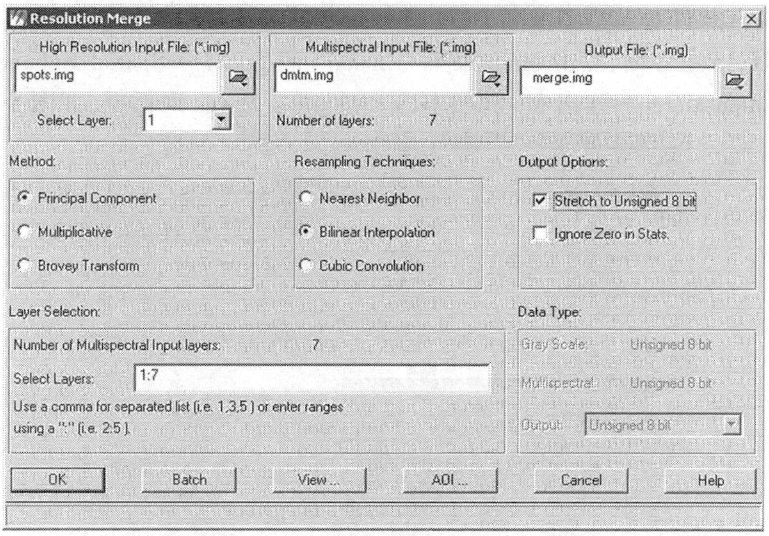

图 5-27　Resolution Merge 对话框

在 Resolution Merge 对话框中,需要设置下列参数:

(1)确定高分辨率输入文件(High Resolution Input File):spots. img。

(2)确定多光谱输入文件(Multispectral Input File):dmtm. img。

(3)定义输出文件(Output File):merge. img。

(4)选择融合方法(Method):Principal Component(主成分变换法融合)。

系统提供的另外两种融合方法是:Multiplicative(乘积变换融合)和 Brovey Transform(比值变换融合)。

(5)选择重采样方法(Resampling Techniques):Bilinear Interpolation。

(6)输出数据选择(Output Options):Stretch to Unsigned 8 bit。

(7)输出波段选择(Layer Selection):Select Layers 1:7。

(8)按“OK”按钮(关闭 Resolution Merge 对话框,执行分辨率融合)。

活动三　遥感图像与 DEM 融合

视频 5-14　遥感图像与 DEM 融合

资源与器材:一幅遥感图像、一幅 DEM 图像。

本活动的主要目的是理解遥感数据和非遥感数据融合的目的,掌握遥感数据和非遥感数据融合的软件操作过程。

【知识导航】

非遥感数据与遥感数据融合是提高遥感影像解译精度的重要方法之一。彩色空间变换时,利用 IHS(亮度、色度和饱和度)彩色空间的特点,在信息融合方面取得了较好的效果。在遥感影像的处理中,它多用于多源影像的复合,将不同传感器获得的同一景物的影像或者是同一传感器获得的不同分辨率的影像经过色彩变换处理后,获得一幅合成影像,提高图像的解译能力。

【任务实施】

通过 ERDAS 软件对遥感图像和 DEM 进行融合的具体过程如下:

(1)在 ERDAS 主界面,点击 Main 菜单→Image interpreter→ Spatial Enhancement→Modified IHS Resolution Merge→弹出 Modified IHS Resolution Merge 对话框,如图 5-28 所示。

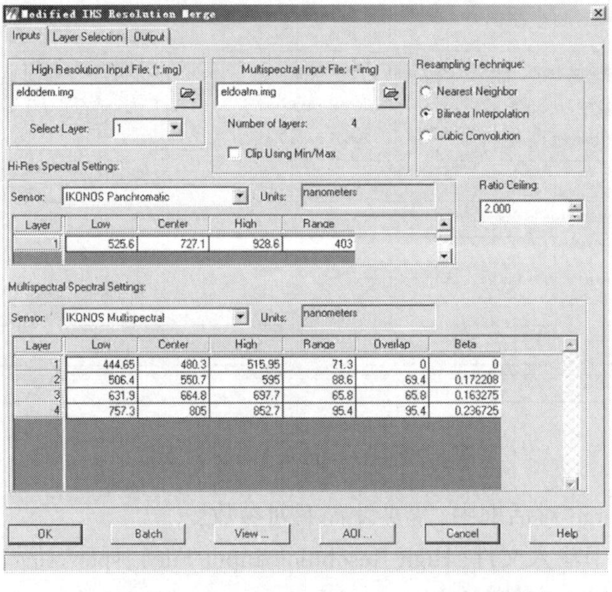

图 5-28　Modified IHS Resolution Merge 对话框

(2)在 Inputs 标签下,给定输入的高分辨率影像和多光谱影像文件,Select Layer 显示影像的层数。重采样方式 Resampling Technique,这里选择双线性内插方式(Bilinear Interpolation),Number of Layers 不勾选,只有采样方式为三次卷积时才勾选。

(3)在 Layer Selection 标签下,Computation method 点选 Iterate on multiple RGB to combinations,点击 Add to Iteration List,其他默认。

(4)在 Output 标签下,点击右侧的打开文件夹图标,给定输出文件名,如 Dem_image_Merge. img,其他默认;点击“OK”按钮,执行操作,结果如图 5-29 所示。

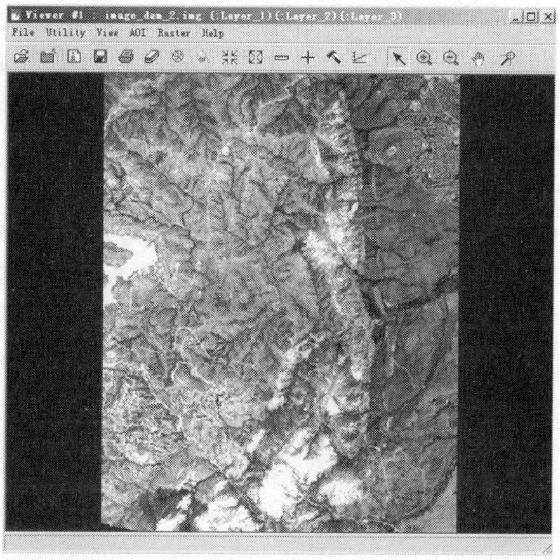

图 5-29 执行 Modified IHS Resolution Merge 的结果

任务小结：

本项目主要介绍遥感图像融合的概念和目的、遥感图像融合的一般过程，重点介绍了分辨率融合、遥感图像和非遥感图像数据的处理方法和操作过程。

任务考核：

能够通过软件完成遥感图像多分辨率融合，以及遥感图像与 DEM 的融合。

思政小课堂

高分卫星遥感图像在东盟国家的应用

高分卫星遥感图像
在东盟国家的应用

随着我国"一带一路"倡议的持续推进，以及高分工程的加速建设，在"一带一路"沿线地区大力发展我国高分系列遥感卫星的图像应用，已经成为拓展我国软实力、宇航走出去的重要内容。东盟是我国"一带一路"倡议海上丝绸之路的起点，其战略意义不言而喻。

近年来，我国以高分二号为代表的亚米级、高分辨率民用遥感卫星崛起，THEOS 老龄化趋势不断加速，东盟国家卫星遥感影像的需求呈现井喷式发展。我国的遥感影像数据在东盟国家多个领域展开应用，如公路分析与提取、城市泥沙遗撒追踪与分析、发现森林火灾等。

以农业为例，东盟国家多以农业经济为主，农作物丰富，历来受到东盟各国的关注，特别是越南、缅甸和泰国等东南亚国家，是世界主要水稻、小麦、甘蔗、黄麻、橡胶、棕榈油的生产国。以前，大多通过欧、美、日等国家卫星数据，进行大尺度高光谱分辨率观测。高分卫星系统正式运行后，通过综合利用我国高分辨率卫星的不同光谱谱段，与国外高光谱中分辨率卫星数据互相融合交叉使用，可以在原有分析基础上，对预测精度、分类准确度和分析正确性进行进一步的提升。特别是针对东盟国家同一地区植被种植结构相对单一，且面积广大的特点尤为适用。在回归分析与分层抽样中，对农业统计也能起到辅助作用。

环境保护是这个时代的重要主题，绿水青山就是金山银山。但是如何保证重点区域的生态安全,就成了棘手的问题。2017 年 4 月 13 日,中央第七环境保护督察组向甘肃省反馈督察意见时特别指出,“祁连山等自然保护区生态破坏问题严重”,应高度重视祁连山生态环境保护工作,坚决清退采、探矿项目,切实推进祁连山生态保护与修复。通过对祁连山地区的遥感信息提取,测得该地的地物参数,取得该地的生态概况,从而达到更好的保护的目的。通过案例的学习,可以有效地让学生理解生态保护,树立正确观念,养成环保习惯。

由此可看出,我国的遥感技术正在逐步走出国门,走向世界,得到更多国家的认可和青睐。不管在任何领域应用,遥感影像在生成专业标准化产品之前都要经过影像的预处理、影像的增强处理,尤其是利用多源遥感影像融合技术进一步达到突出兴趣区目标物的目的。

通过这样一个案例,引导学生对科学的探索,建立民族自豪感,培养学生的爱国情怀和科学情操。

(资料来源:卫星应用)

复习题

1. 简述遥感图像增强的概念及遥感图像增强的方法。
2. 什么叫遥感图像的直方图均衡化?
3. 如何进行遥感图像的去霾处理?
4. 如何进行遥感图像的降噪处理?
5. 如何进行遥感图像的去条带处理?
6. 如何进行遥感图像的亮度处理?
7. 如何理解遥感图像的空间增强?
8. 何谓卷积增强?
9. 何谓遥感图像的平滑处理?
10. 何谓遥感图像的锐化处理?
11. 简述遥感图像光谱增强处理的概念及方法。
12. 简述遥感图像的色彩变换方法。
13. 简述遥感图像的主成分变换方法。
14. 简述遥感图像的缨帽变换方法。
15. 多光谱图像的四则运算有哪些内容?
16. 简述遥感图像融合的概念及方法。

项目六　遥感图像的解译与分类

项目概述

遥感图像解译是通过对遥感图像所提供的目标特征信息进行分析、推理与判断，最终达到识别目标或现象的目的。本项目主要涉及三个内容：任务一介绍了遥感图像的解译与计算机分类；任务二介绍了遥感图像的非监督分类法；任务三介绍了遥感图像的监督分类法。通过三个任务的学习，可以对遥感图像解译有一个直观的认识和了解，能利用非监督分类法和监督分类法对遥感图像作一般的分类处理。

学习目标

1. 学习遥感图像解译的原理和一般流程。
2. 学习利用遥感非监督法进行遥感图像初始分类的方法。
3. 学习利用遥感监督分类法的基本方法。

学习成果

1. 制作一幅基于非监督法的遥感分类图像。
2. 制作一幅基于监督法的遥感分类图像。
3. 理解遥感图像解译的基本方法和一般过程。
4. 通过所学知识，能对内容简单的遥感图像进行初步解译，获得解译标志。

任务一　遥感图像的解译与计算机分类

任务目标：

1. 掌握遥感影像解译原理。
2. 掌握遥感影像解译一般过程。
3. 掌握遥感影像计算机分类方法与精度评定。

学习过程：

课堂学习，展示大量原始和解译后的遥感图像，让学生们有直观的感受。

学习成果：

1. 遥感图像非监督分类法的概念。
2. 遥感图像非监督分类法的过程。

3. 获得一幅分类图像。

任务实施:

本任务主要介绍遥感图像的解译、计算机分类方法。

活动一　遥感图像解译原理与分类

资源与器材:一幅遥感图像、已经完成解译的解译标志图、一幅计算机分类图。

本活动的主要目的是理解遥感图像解译的原理与过程、遥感图像的分类方法。

【知识导航】

一、遥感图像解译原理

遥感图像是通过亮度值或像素值的高低差异及空间变化而表示不同地物的差异的,如不同类型的植被、土壤、岩石及水体等,这是区分不同影像地物的物理依据。遥感图像分类就是利用计算机通过对遥感图像中各类地物的光谱信息和空间信息进行分析,选择特征,并用一定的手段将特征空间划分为互不重叠的子空间,然后将图像中的各个像素划归到各个子空间去。遥感图像分类中的特征就是能够反映地物光谱信息和空间信息并可用于遥感图像分类处理的变量,如多波段图像的每个波段都可作为特征,多波段图像的各种处理结果也可以作为分类的特征空间构成一个特征向量。

遥感图像分类的理论依据是:遥感图像中的同类地物在相同的条件(纹理、地形、光照以及植被覆盖等)下,应具有相同或相似的光谱信息特征和空间信息特征,从而表现出同类地物的某种内在的相似性,即同类地物像素的特征向量将集群在同一特征空间区域;而不同的地物其光谱信息和空间信息特征不同,将集群在不同的特征空间区域。

由于地物的成分、性质、分布情况的复杂性和成像条件,以及一个像素或瞬时视场里往往有两种或多种地物的情况,即混合像素,使得同类地物的特征向量也不尽相同,也使得不同地物类型的特征向量之间的差别也不都是截然的。应指出的是,同类地物的各像素特征向量虽然不是完全集中在一个点上,但也不是杂乱无章地分布的,而是相对密集地分布在一起形成集群,当像素数目较大时,近似地呈多维正态分布。当然,各个集群之间往往不能十分清楚地分开,不同集群之间一般有少部分重叠交叉的情况,一个集群就是一个类别,每个类别的像素值都可以看作是随机变量。

二、遥感图像解译一般过程

遥感图像计算机解译的一般过程为:

(1)根据图像解译目的选取特定区域的遥感数字图像,需考虑图像的空间分辨率、光谱分辨率、成像时间、图像质量等。

(2)根据研究区域,收集与分析地面参考信息及有关数据。

(3)根据解译要求和图像数据的特征,选择合适的图像分类方法和算法,制定分类系统,确定分类类别。

(4)找出代表这些类别的统计特征。

(5)为了测定总体特征,在监督分类中可选择具有代表性的训练场地进行采样,测定其特征。在非监督分类中,可用聚类等方法对特征相似的像素进行归类,测定其特征。

(6)对遥感图像中各像素进行分类。

(7)分类精度检查。

(8)对判别分析的结果进行统计检验。

三、遥感图像计算机分类方法与精度评定

(一)遥感图像计算机分类方法

遥感图像的计算机分类就是利用计算机对地球表面及其环境在遥感图像上的信息进行属性的识别和分类,从而达到识别图像信息所相应的实际地物,提取所需地物信息的目的。与遥感图像的目视判读技术相比较,它们的目的是一致的,但手段不同,目视判读是直接利用人类的自然识别功能,而计算机分类是利用计算机技术进行人工模拟人类的识别功能。遥感图像计算机分类方法包括监督分类法、非监督分类法、模糊聚类方法、神经元网络方法、支持向量机分类法、面向对象的分类方法和决策树分类法等。但最常用最主要的两种分类方法还是监督分类法和非监督分类法。

监督分类法是在已知类别的训练场地上提取各类别训练样本,通过选择特征变量、确定判别函数或判别式,把影像中的各个像元点划归到各个给定类的分类。它的基本思想是首先根据类别的先验知识确定判别函数和相应的判别准则,利用一定数量的已知类别样本的观测值确定判别函数中的待定参数,然后将未知类别的样本观测值代入判别函数,再根据判别准则对该样本的所属类别做出判定。

非监督分类法也称为聚类,它是事先无法知道类别的先验知识,在没有类别先验知识的情况下将所有样本划分为若干类别的方法。它的基本思想是事先不知道类别的先验知识,仅根据地物的光谱特征的相关性或相似性来进行分类,再根据实地调查数据比较后确定其类别属性。

监督分类与非监督分类各有其优缺点。在实际工作中,常常将监督分类法与非监督分类法相结合,取长补短,使分类的效率和精度进一步提高。基于最大似然原理的监督分类法的优势在于如果空间聚类呈现正态分布,那么它会减小分类误差,而且分类速度较快。监督分类法的主要缺陷是必须在分类前圈定样本性质单一的训练样区,而这可以通过非监督分类法来进行。即通过非监督分类法将一定区域聚类成不同的单一类别,监督分类法再利用这些单一类别区域"训练"计算机。通过"训练"后的计算机将其他区域分类完成,这样避免了使用速度比较慢的非监督分类法对整个影像区域进行分类,使分类精度在得到保证的前提下分类速度得到了提高。

具体可按以下步骤进行:

第一步,选择一些有代表性的区域进行非监督分类。这些区域尽可能包括所有感兴趣的地物类别。这些区域的选择与监督分类法训练样区的选择要求相反,监督分类法训练样区要求尽可能单一,而这里选择的区域要求包含的类别尽可能多,以便使所有感兴趣的地物类别都能得到聚类。

第二步,获得多个聚类类别的先验知识。这些先验知识的获取可以通过判读和实地调查得到。聚类的类别作为监督分类的训练样区。

第三步,特征选择。选择最适合的特征图像进行后续分类。

第四步,使用监督分类法对整个影像进行分类。根据前几步获得的先验知识以及聚类

后的样本数据设计分类器,并对整个影像区域进行分类。

第五步,输出标记图像。由于分类结束后影像的类别信息也已确定,所以可以将整幅影像标记为相应类别输出。

(二)分类精度评定

分类后专题图的正确分类程度(也称可信度)的检核,是遥感图像定量分析的一部分。分类精度评价包括定性评价和定量评价。定性评价即由具有一定专业知识的专家通过目视判断来定性地对分类结果进行主观评价。定量评价往往需要采用客观的评价指标进行,通常选用某种评价指标[如总体分类精度(Overall Accuracy)、Kappa 系数、每一类的生产者精度(Producer's Accuracy)和用户精度(User's Accuracy)、错分误差(Errors of Commission)、漏分误差(Errors of Commission)等]把分类图与标准数据(图件或地面实测调查)进行比较,然后用正确分类的百分比来表示分类精度。在实际工作中,多采用抽样方式以部分像素或部分类别代替整幅图像进行精度分析。抽样方法主要包括:①监督分类的样本区;②试验场抽样;③随机抽样。

第一种方式对纯化监督训练样区比较有用,但作为检核最后分类图精度不是最好的方式。第二种方式比较好,它是特定的一些供分析用的试验场,有目的地、均匀地分布于各个区域,也有不少场地是随机分布的,数量较多,类别也较多,测定的数据存在计算机中,有些尚需实时测定。第三种方式完全随机地取样,当然也要根据特殊应用中研究区域的性质和制图类别而设计采样区,一般不是取单个像元,而是取随机像元群,因为这样容易在航片或地图上确定样区位置。样区内的信息由地面测量从航片或地图中提取。

在实际应用中,上述评价指标都可以通过混淆矩阵(Confusion Matrix)获得,因此一般采用混淆矩阵来进行分类精度的评定。

任务小结:

本任务的主要目的是学习遥感图像解译的原理及一般过程,使学生了解遥感图像的两种分类方法,根据分类结果确定地物的属性,学会如何利用遥感图像进行解译工作。

任务考核:

选择一幅学校周边地区的光学影像,让学生们理解遥感影像的几何特性,学习利用影像进行目视解译。

任务二　遥感图像的非监督分类法

任务目标:

1. 掌握遥感影像非监督分类法的概念。
2. 了解遥感影像非监督分类的方法。
3. 掌握遥感影像非监督分类的一般过程。

学习过程:

1. 课堂学习,观看遥感影像非监督分类的视频。
2. 课堂学习,观察和分析遥感影像非监督分类的结果。

学习成果:

1. 遥感图像非监督分类法的概念。

2. 遥感图像非监督分类的过程。

3. 获得一幅分类图像。

任务实施：

本任务主要介绍遥感图像的非监督分类的一般过程。

活动一　非监督分类法

资源与器材：ERDAS 遥感图像处理软件、一幅待分类的遥感图像、分类指导文件。

本活动的主要目的是掌握遥感图像非监督分类法的概念和分类过程。

视频 6-1　遥感图像的非监督分类法

【知识导航】

一、非监督分类法的概念

非监督分类是指人们事先对分类过程不施加任何的先验知识，而仅凭遥感影像地物的光谱特征的分布规律，即自然聚类的特性进行“盲目”的分类。其分类的结果只是对不同类别达到了区分，但并不能确定类别的属性。其类别的属性是通过分类结束后目视判读或实地调查确定的。非监督分类也称聚类分析。一般的聚类算法是先选择若干个模式点作为聚类的中心，每一中心代表一个类别，按照某种相似性度量方法（如最小距离法）将各模式归于各聚类中心所代表的类别，形成初始分类。然后由聚类准则判断初始分类是否合理，如果不合理就修改分类，如此反复迭代运算，直到合理。

与监督分类法的先学习后分类不同，非监督分类法是边学习边分类，通过学习找到相同的类别，然后将该类区与其他类区分开；但是非监督分类法与监督分类法都是以图像的灰度为基础的，是通过统计计算这些特征参数（如均值、协方差等）进行分类的，所以也有一些共性。

二、非监督分类的方法

（一）*K*-均值算法聚类

K-均值算法的聚类准则是使每一聚类中，多模式点到该类别的中心的距离的平方和最小。其基本思想是，通过迭代，逐次移动各类的中心，直至得到最好的聚类结果，其算法框图如图 6-1 所示。

这种算法的结果受到所选聚类中心的数目、初始位置以及模式分布的几何性质和读入次序等因素的影响，并且在迭代过程中又没有调整类数的措施，因此可能产生不同的初始分类得到不同的结果，这是这种方法的缺点。可以通过其他的简单的聚类中心试探方法，如最大最小距离定位法，找出初始中心，提高分类效果。

（二）ISODATA 算法聚类分析

ISODATA（Iterative Self-Organizing Data Analysis Techniques Algorithm）算法也称为迭代自组织数据分析算法。它与 *K*-均值算法有两点不同：第一，它不是每调整一个样本的类别就重新计算一次各类样本的均值，而是在每次把所有样本都调整完毕之后才重新计算一次各类样本的均值，前者称为逐个样本修正法，后者称为成批样本修正法；第二，ISODATA 算

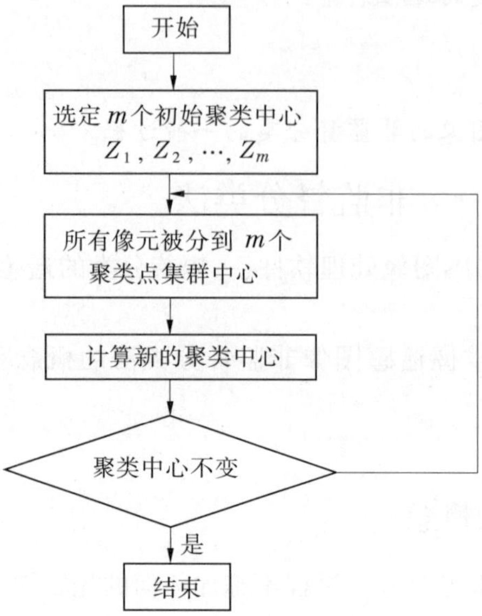

图6-1　K-均值算法框图

法不仅可以通过调整样本所属类别完成样本的聚类分析,而且可以自动地进行类别的“合并”和“分裂”,从而得到类数比较合理的聚类结果。

该算法的优点是:聚类过程不会在空间上偏向数据文件的最顶或最底下的像素,因为它是一个多次重复的过程,该算法对蕴含于数据中的光谱聚类组的识别非常有效,只要让其重复足够的次数,其任意给定的初始聚类组平均值对分类结果无关紧要。缺点是:比较费时,因为可能要重复许多次;没有解释像素的空间同构型。

非监督分类在整个分类过程中不受类别先验知识的影响,因此分类所得的每个类别究竟代表什么实际地物仍然不清楚。要确定这些类别与实际地物之间的关系还需进行归纳分析,通常在类别中进行抽样,然后到实地进行辨认,或者根据有关的旧图或其他参考资料确定所分类别的属性。此外,没有类别的先验知识也很难保证分类中所有的特征是对被分类别最具判断能力的特征。采用监督分类法可以在一定程度上解决这些问题。监督分类法以实际地物类别的先验知识为基础,根据每一类别的具体情况进行分类特征处理及判别函数计算。因此,分类所得的每一类别都有实际物理意义。监督分类法是遥感图像计算机分类中最常用的方法。

三、非监督分类的一般过程

非监督分类是以不同影像地物在特征空间中类别特征的差别为依据的一种无先验(已知)类别标准的图像分类方法,是以集群为理论基础,通过计算机对图像进行集聚统计分析的方法。根据待分类样本特征参数的统计特征,建立决策规则来进行分类,而不需事先知道类别特征。把各样本的空间分布按其相似性分割或合并成一个群集,每一个群集代表的地物类别需经实地调查或与已知类型的地物加以比较才能确定。

非监督分类的主要步骤如下:

(1)初始分类。选择若干个模式点作为聚类的中心,每一个中心代表一个类别,根据地物光谱特征的相关性或相似性(如最小距离法)将各模式归于各聚类中心所代表的类别,进行初始分类。

(2)分类合并。由聚类准则判断初始分类是否合理,并设置迭代次数,如果不合理就修改分类。

(3)分类后处理。分类后处理包括诸多过程,最主要的有更改类别(如像元数、最大最小值、平均值、直方图、协方差等)颜色、分类统计分析。

(4)判断迭代是否停止,若不满足条件,继续迭代;相反,迭代停止,输出分类结果。

【实施过程】

ERDAS IMAGINE 使用 ISODATA 算法(基于最小光谱距离公式)来进行非监督分类。聚类过程始于任意聚类平均值或一个已有分类模板的平均值;聚类每重复一次,聚类的平均值就更新一次,新聚类的均值再用于下次聚类循环。ISODATA 实用程序不断重复,直到最大的循环次数已达到设定阈值,或者两次聚类结果相比,有达到要求百分比的像元类别已经不再发生变化。运用 ERDAS 软件进行非监督分类涉及的主要命令及其功能如表 6-1 所示。

表 6-1 运用 ERDAS 软件进行非监督分类涉及的主要命令及其功能

命令	功能
Data Preparation	数据预处理
Classifier	分类处理
Unsupervised Classification	非监督分类
Raster Tools	栅格图像工具
Attributes	属性表格
Column Properties	列属性表
AS Is	将当前色选择为系统中的某种颜色
Formula	利用公式计算为字段赋值
Flicker	闪烁显示
Opacity	设置层的不透明度
Initializing options	初始化选项
Clustering options	聚类选项

一、分类过程

第一步,调出非监督分类对话框。

调出非监督分类对话框的方法有以下两种:

(1)在 ERDAS 图标面板工具条中,点击 DataPrep 图标 → Data Preparation → Unsupervised Classification → Unsupervised Classification 对话框,如图 6-2 所示。

(2)在 ERDAS 图标面板工具条中,点击 Classifier 图标 → Classification → Unsupervised Classification → Unsupervised Classification 对话框,如图 6-3 所示。

可以看到,两种方法调出的 Unsupervised Classification 对话框是有一些区别的。

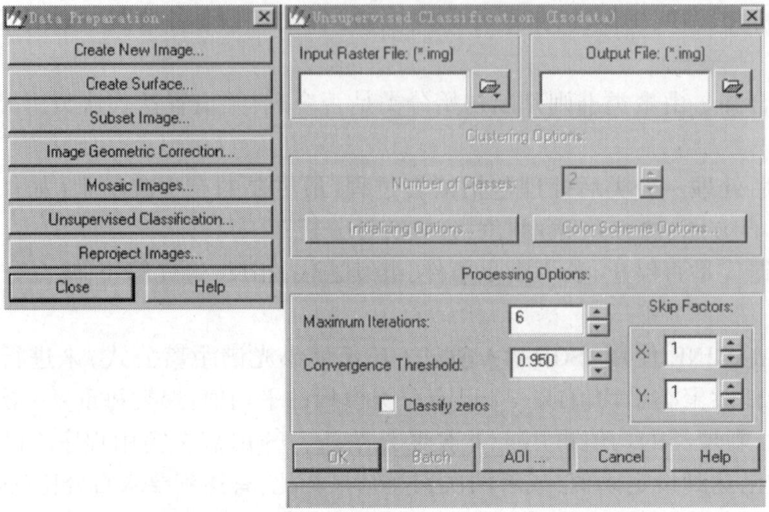

图 6-2　Unsupervised Classification 对话框(一)

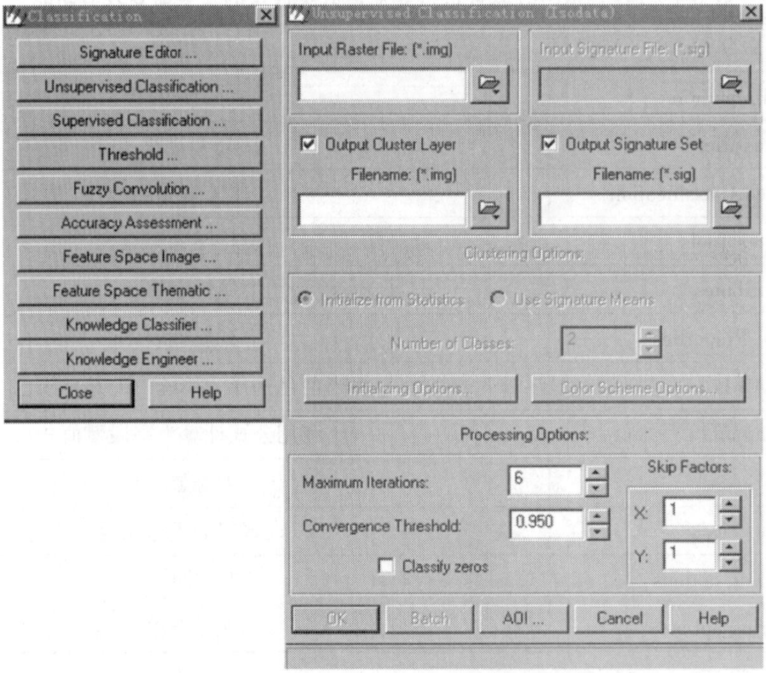

图 6-3　Unsupervised Classification 对话框(二)

第二步,进行非监督分类。

在 Unsupervised Classification 对话框(见图 6-4)中设置如下参数:

(1)确定输入文件(Input Raster File):lazhoucity. img(要被分类的图像)。

(2)确定输出文件(Output Cluster Layer):lz-isodat. img(将产生的分类图像)。

(3)选择生成分类模板文件:Output Signature Set(将产生一个模板文件)。

(4)确定分类模板文件(Filename):lz-isodat. sig。

(5)对 Clustering Options 选择 Initialize from Statistics 单选框。

Initialize from Statistics 是指由图像文件整体或其 AOI 区域的统计值产生自由聚类,分

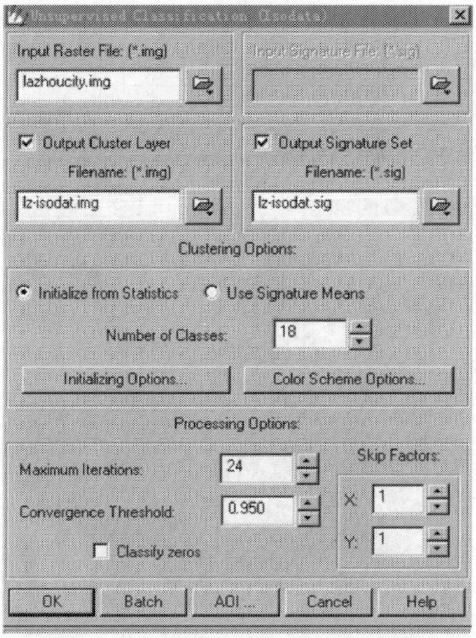

图 6-4 非监督法分类对话框参数设置

出类别的多少由自己决定。Use Signature Means 是基于选定的模板文件进行非监督分类,类别的数目由模板文件决定。

(6)确定初始分类数(Number of Classes):18。

实际工作中一般将分类数取为最终分类数的 2 倍以上。

①点击"Initializing Options..."按钮,可以调出 File Statistics Options 对话框以设置 ISODATA 的一些统计参数。

②点击"Color Scheme Options..."按钮,可以调出 Output Color Scheme Options 对话框以决定输出的分类图像是彩色的还是黑白的。

这两个设置项使用缺省值。

(7)定义最大循环次数(Maximum Iterations):24。

最大循环次数(Maximum Iterations)是指 ISODATA 重新聚类的最多次数,这是为了避免程序运行时间太长或没有达到聚类标准而导致的死循环。一般在应用中将循环次数取 6 次以上。

(8)设置循环收敛阈值(Convergence Threshold):0.950。

收敛阈值(Convergence Threshold)是指两次分类结果相比保持不变的像元所占最大百分比,此值的设立可以避免 ISODATA 无限循环下去。

(9)点击"OK"按钮,关闭 Unsupervised Classification 对话框,执行非监督分类,获得一个初步的分类结果,如图 6-5 所示。

二、分类评价

获得一个初步的分类结果以后,可以应用分类叠加(Classification Overlay)方法来评价检查分类精度。其方法如下:

第一步,显示原图像与分类图像。

图 6-5　非监督法分类结果

在视窗中同时显示 lazhoucity. img 和 lz-isodat. img：两个图像的叠加顺序为 lazhoucity. img 在下、lz-isodat. img 在上，lazhoucity 显示方式用红(4)、绿(5)、蓝(3)。

第二步，打开分类图像属性并调整字段显示顺序。

在视窗工具条中点击图标，或选择 Raster 菜单项，选择 Tools 菜单：

(1)打开 Raster 工具面板。

(2)点击 Raster 工具面板图标或在视窗菜单条中选择：Raster→Attributes。

(3)打开 Raster Attribute Editor 对话框(lz-isodat. img 的属性表)。

如图 6-6 所示，属性表中的 19 个记录分别对应产生 18 个类及 Unclassified 类，每个记录都有一系列的字段。如果想看到所有字段，需要用鼠标拖动浏览条，为了方便看到关心的重要字段，需要调整字段显示顺序。

Raster Attribute Editor 对话框菜单条：Edit → Column Properties → Column Properties 对话框，如图 6-7 所示。

在 Columns 中选择要调整显示顺序的字段，通过 Up、Down、Top、Bottom 等几个按钮调整其合适的位置，通过选择 Display Width 调整其显示宽度，通过 Alignment 调整其对齐方式。如果选择 Editable 复选框，则可以在 Title 中修改各个字段的名字及其他内容。

(4)在 Column Properties 对话框中调整字段顺序，最后使 Histogram、Opacity、Color、Class_Names 四个字段的显示顺序依次排在前面。

(5)点击“OK”按钮(关闭 Column Properties 对话框)。

(6)返回 Raster Attribute Editor 对话框(lz-isodat. img 的属性表)。

第三步，给各个类别赋相应的颜色(如果在分类时选择了彩色，这一步就可以省去)。

在 Raster Attribute Editor 对话框(lz-isodat. img 的属性)中：

(1)点击一个类别的 Row 字段从而选择该类别。

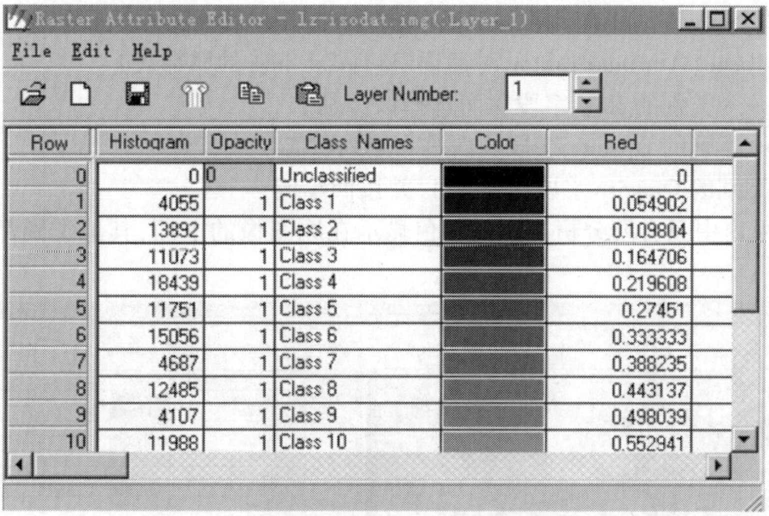

图 6-6 Raster Attribute Editor 对话框

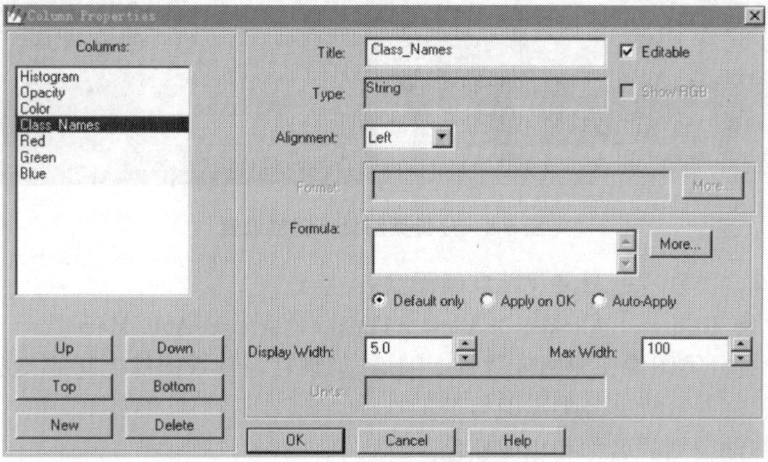

图 6-7 Column Properties 对话框

(2)右键点击该类别的 Color 字段(颜色显示区)。

(3)AS Is 菜单→选择一种颜色。

(4)重复以上步骤直到给所有类别赋予合适的颜色。

第四步,不透明度设置。

由于分类图像覆盖在原图像上面,为了对单个类别的判别精度进行分析,首先要把其他所有类别的不透明程度(Opacity)值设为 0(改为透明),而要分析的类别的透明度设为 1,即不透明。

在 Raster Attribute Editor 对话框(lz-isodat. img 的属性表)中:

(1)右键点击 Opacity 字段的名字。

(2)Column Options 菜单+Formula 菜单项。

(3)Formula 对话框。

(4)在 Formula 对话框的 Formula 输入框中(用鼠标点击右上数字区)输入 0。

（5）点击“Apply”按钮（应用设置）。

（6）返回 Raster Attribute Editor 对话框（lz-isodat. img 的属性表）。

（7）点击一个类别的 Row 字段从而选择该类别。

（8）点击该类别的 Opacity 字段从而进入输入状态。

（9）在该类别的 Opacity 字段中输入 1，并按回车键。

此时，在视窗中只有要分析类别的颜色显示在原图像的上面，其他类别都是透明的，如图 6-8 所示。

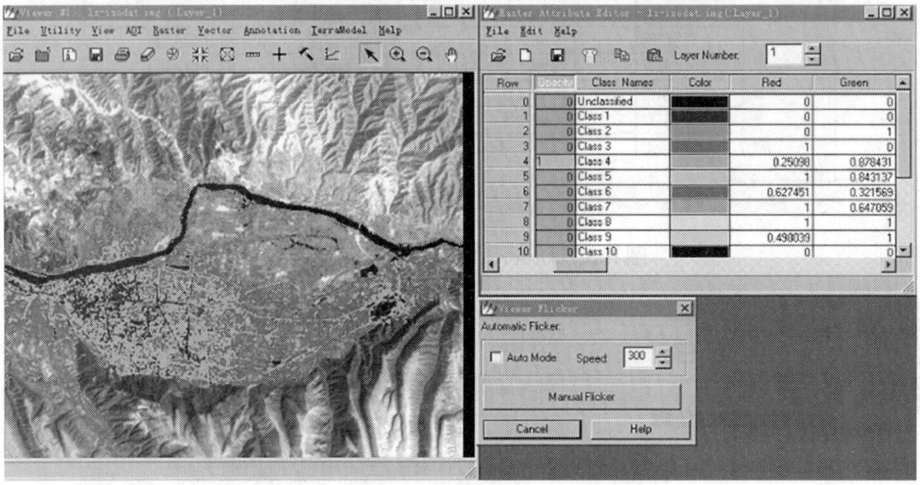

图 6-8　分类类别显示调整设置

第五步，确定类别专题意义及其准确程度。

视窗菜单条：Utility → Flicker → Viewer Flicker 对话框→Auto Mode。

本步是设置分类图像在原图像背景上闪烁，观察它与背景图像之间的关系，从而断定该类别的专题意义，并分析其分类准确与否。

第六步，标注类别的名称和相应颜色。

在 Raster Attribute Editor 对话框（lz-isodat. img 的属性表）中：

（1）点击刚才分析类别的 Row 字段从而选择该类别。

（2）点击该类别的 Class Names 字段从而进入输入状态。

（3）在该类别的 Class Names 字段中输入其专题意义（如居民区），并按回车键。

（4）右键点击该类别的 Color 字段（颜色显示区）。

（5）AS Is 菜单→选择一种合适的颜色。

重复以上（3）、（4）、（5）三步直到对所有类别都进行了分析与处理。注意，在进行分类叠加分析时，一次可以选择一个类别，也可以选择多个类别同时进行。

任务小结：

本任务的主要目的是通过遥感影像非监督分类的操作，使学生理解遥感影像非监督分类的概念、方法和一般流程，熟练操作软件。

任务考核：

选择一景高分一号卫星影像，分别利用 *K*-均值聚类法和 ISODATA 算法完成该景影像的非监督分类工作。

任务三　遥感图像的监督分类法

任务目标：

1. 掌握遥感影像监督分类法的概念。
2. 了解遥感影像监督分类的方法。
3. 掌握遥感影像监督分类的一般过程。

学习过程：

1. 课堂学习，观看遥感影像监督分类的视频。
2. 课堂学习，观察和分析遥感影像监督分类的结果。

学习成果：

1. 理解遥感图像监督分类法的概念。
2. 掌握遥感图像监督分类的流程。
3. 获得一幅基于监督分类的遥感分类图。

任务实施：

本任务主要介绍遥感图像监督分类法的概念、方法和一般过程。

活动一　遥感图像的监督分类法

资源与器材：ERDAS 软件、一幅原始遥感图像、一幅制作完成的遥感分类图。

本活动的主要目的是掌握遥感图像监督分类的基本方法、流程及分类后处理技术。

视频 6-2　遥感图像的监督分类

【知识导航】

一、监督分类法的概念

监督分类是一种常用的精度较高的统计判决分类，其基本思想是：首先根据已知的样本类别和类别的先验知识，确定判别函数和相应的判别准则，其中利用一定数量的已知类别的样本的观测值求解待定参数的过程称为学习或训练，然后将未知类别的样本的观测值代入判别函数，再依据判别准则对该样本的所属类别做出判定。

二、监督分类的方法

（一）最小距离分类法

基于距离判别函数和判别规则的分类方法称为最小距离分类法。距离判别函数的建立是以地物光谱特征在特征空间中按集群方式分布为前提的，它的基本思想是设法计算未知矢量 X 到有关类别集群之间的距离，哪类离它最近，该未知矢量就属于哪类。

距离判别函数不像概率判别函数那样偏重集群分布的统计性质，而是偏重几何位置。但它又可以从概率判别函数出发，通过概念的简化而导出，而且在简化的过程中，其判别函数的类型可以由非线性的转化为线性的。距离判别规则是按最小距离判别的原则进行的。

由于其具有计算简单的特点,在分类实践中得以经常使用。最小距离分类法的主要步骤为:

(1)确定地区和波段,配准备分量。

(2)选择训练区。

(3)根据各训练区图像数据,计算 M。

(4)将训练区外图像像元按距离最小的规则进行判别,得到各类别。

(5)产生分类图像。

(6)检验结果如果错误较多需要重新选择训练区。

(7)输出专题图像。

这种方法的优点是:由于每一个像素总归有一个样本平均值与之最为靠近,因此不存在不分类的像素,计算量小,只计算均值参量,而且矩阵计算也比较简单,因此这种方法节省计算时间;另外,这种方法只用均值一个参数,避免用协方差矩阵,就避免了在样本数较少的情况下,协方差矩阵计算不准确而引起的误差。缺点是:有些不应分类(按用户指明的某一限度)的像素被分类,但这一问题可以通过设定阈值除去那些离分类最远的像素得以缓解;没有考虑到类型的变化性,如城市类型的像素,其差异很大,可能与范本的平均值之间的距离要大些,如果用这种判别规则,有些本属于城市类型的像素,则可能被误分,相反,对于内部变化较小的类型(如水体)就可能分类像素过当,即把本不属于这类的像素归入这类,因为属于该类的像素与其平均值的距离肯定比不属于该类的像素与其平均值的距离近。

(二)最大似然贝叶斯分类法

基于概率判别函数和贝叶斯判别规则的分类方法称为最大似然贝叶斯分类法。该方法利用了遥感数据的统计特征,假定各类的分布函数为正态分布,在多变量空间中形成椭圆或椭球分布,也就是当各方向上散布情况不同时按正态分布规律用最大似然判别规则进行判决,得到较高准确率的分类结果。

由特征空间的概念可知,地物点可以在特征空间找到相应的特征点,并且同类地物在特征空间中形成一个从属于某种概率分布的集群。由此,可以把某特征矢量 X 落入某类集群 w_i 的条件概率 $P(w_i/X)$ 当成分类判别函数(概率判别函数);把 X 落入某集群的条件概率最大的类为 X 的类别,这种判别规则就是贝叶斯判别规则。贝叶斯判别是以错分概率或风险最小为准则的判别规则。

假设,同类地物在特征空间服从正态分布,则根据贝叶斯公式、类别 w_i 的概率密度函数可得

$$P(w_i/X)=\frac{P(X/w_i)\cdot P(w_i)}{P(X)} \tag{6-1}$$

式中:$P(w_i)$ 为 w_i 类别出现的概率,也称先验概率;$P(X/w_i)$ 为在 w_i 类别中出现 X 的条件概率,也称 w_i 类别的似然概率;$P(w_i/X)$ 表示后验概率。

当使用概率判别函数进行分类时,不可避免地会出现错分现象,分类错误的总概率由后验概率函数重叠部分的面积给出。错分概率是类别判别分界两侧做出不正确判别的概率之和。很容易看出,贝叶斯判别边界使这个数为最小,因为这个判别边界无论是向左移还是向右移都将包括不是1类便是2类的一个更大的面积,从而增加总的错分概率。由此可见,贝叶斯判别规则是错分概率最小的最优准则。其分类步骤如下:

(1)确定需要分类的地区和使用的波段及特征分类数,检查所用各波段或特征分量是否已经相互位置配准。

(2)根据已掌握的典型地区的地面情况,在图像上选择训练区。

(3)计算参数。根据选出的各类训练区的图像数据确定先验概率。

(4)分类。将训练区以外的图像像元逐个、逐类地加以判别,对于每个像元,分几类就计算几次,最后比较大小,选择最大值得出类别。

(5)产生分类图。给每一类别规定一个值,如分 10 类,就定每一类分别为 1, 2,…,10,分类后的像元值便用类别值代替,最后得到的分类图像就是专题图像。由于最大灰阶值等于类别数,在监视器上显示时需要给各类加上不同的颜色。

(6)检验结果。如果分类中错误较多,需要重新选择训练区重做以上各步,直到结果满意。

这种方法的优点是:对符合正态分布的样本 P 聚类组而言,是监督分类中较准确的分类器。与马氏距离一样,通过协方差矩阵考虑了类型内部的变化。缺点是:扩展后的等式计算量较大,当输入波段增加时,计算时间相应增加;最大似然是参数形式的,意味着每一输入波段必须符合正态分布;在协方差矩阵中有较大值时,易于对范本分类过头,如果在聚类组或训练样本中的像素分布较分散,则范本的协方差矩阵中会出现大值。

(三)监督分类的一般过程

监督分类法意味着对类别已有一定的先验知识,根据这些先验知识,就可以有目的地选择若干个"训练样区"。这些"训练样区"的类别是已知的。利用"训练样区"的数据去"训练"判别函数就建立了每个类别的分类器,然后按照分类器对未知区域进行分类。分类的结果不仅使不同的类别区分开了,而且类别的属性也知道了。

监督分类的主要步骤如下:

(1)确定感兴趣的类别数。先确定要对哪些地物进行分类,这样就可以建立这些地物的先验知识。

(2)特征变换和特征选择。根据感兴趣地物的特征进行有针对性的特征变换,变换之后的特征影像和原始影像共同进行特征选择,以选出既能满足分类需要,又尽可能少参与分类的特征影像,加快分类速度,提高分类精度。

(3)选择训练样区。训练样区指的是图像上那些已知其类别属性,可以用来统计类别参数的区域。因为监督分类关于类别的数字特性都是从训练样区获得的,所以训练样区的选择一定要保证类别的代表性。训练样区选择不正确便无法得到正确的分类结果。训练样区的选择要注意准确性、代表性和统计性三个问题。准确性就是要确保选择的样区与实际地物的一致性;代表性一方面指所选择区为某一地物的代表,另一方面还要考虑到地物本身的复杂性,所以必须在一定程度上反映同类地物光谱特性的波动情况;统计性是指选择的训练样区内必须有足够多的像元,以保证由此计算出的类别参数符合统计规律。实际应用中,每一类别的样本数都在 10^2 数量级左右。

(4)确定判别函数和判别规则。一旦训练样区被选定,相应地物类别的光谱特征便可以用训练区中的样本数据进行统计。如果使用最大似然法进行分类,那么就可以用样本区中的数据计算判别函数所需的参数 M_i 和 Σ_i。同理,对于最小距离法计算 Σ_i 和 M_i,如果使用盒式分类法则可用样区数据算出盒子的边界,判别函数确定之后,再选择一定的判别规则就可以对其他非样本区的数据进行分类。

(5)根据判别函数和判别规则对非训练样区的图像区域进行分类。

【实施过程】

遥感图像的监督分类法涉及的 ERDAS IMAGINE 的主要命令及其功能如表 6-2 所示。

表 6-2　本活动涉及的 ERDAS IMAGINE 的主要命令及其功能

图标	命令	功能
	Image Classification	图像分类
	Signature Editor	定义、编辑特征模板
	view signature columns	显示特征类字段列
	Classifier	图像分类处理
	Unsupervised Classification	非监督分类
	Supervised Classification	监督分类
	Evaluate	模板评价
	Separability	计算分类模板之间的可分离性
	Contingency	计算图像 AOI 符合分类的可能性
	Open Signature File	打开已有分类模板文件
	New Signature Editor	打开新的分类模板编辑器
	Create New Signature	依据 AOI 区域建立新的分类模板
	Replace Signature	用所选 AOI 替代当前分类模板
	Merge Signatures	合并所选择的一组分类模板
	Display Statistics	显示分类模板的统计特征值
	Mean Plot	绘制分类模板各波段平均光谱曲线
	Recode Classes	分类重编码
	Display Histograms	显示所分类模板的统计直方图
	Scroll Signature Down	向下移动分类模板标记符号“>”
	Scroll Signature Up	向上移动分类模板标记符号“<”
	Accuracy Assessment	分类精度评估
	Clump	聚类统计
	Sieve	过滤分析
	Eliminate	去除分析

一、定义分类模板

ERDAS IMAGINE 的监督分类是基于分类模板来进行的,而分类模板的生成、管理、评价和编辑等功能是由分类模板编辑器来负责的。毫无疑问,分类模板生成器是进行监督分类时一个不可缺少的组件。

在分类模板生成器中,生成分类模板的基础是原图像和(或)其特征空间图像。因此,显示这两种图像的视窗也是进行监督分类的重要组件,具体过程如下。

第一步,显示需要进行分类的图像。

在视窗中显示 <ERDASHOME> execise \ ljxtm. img(Red4/Green5/Blue3、选择 Fit to Frame),其他使用缺省设置。

第二步,打开模板编辑器并调整显示字段。

在 ERDAS 图标面板工具条中,点击 Classifier 目标 → Classification 菜单→ Signature Editor 菜单项 → Signature Editor 对话框,如图 6-9 所示。

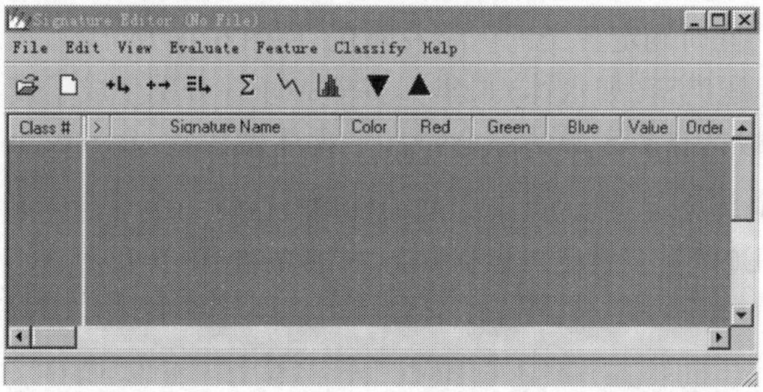

图 6-9 Signature Editor 对话框

从图 6-9 中可以看到有很多字段,有些字段对分类的意义不大,不用显示这些字段,所以要进行如下调整:

在 Signature Editor 对话框菜单条中:View → Columns → View Signature Columns 对话框,如图 6-10 所示。

(1)点击最上一个字段 Column 向下拖拉直到最后一个段,此时,所有字段都被选择上,并用黄色(缺省色)标识出来。

(2)按住 Shift 键的同时分别点击 Red、Green、Blue 三个字段,Red、Green、Blue 三个字段将从选择集中被清除。

(3)点击"Apply"按钮。

(4)点击"Close"按钮。

从 View Signature Columns 对话框可以看到 Red、Green、Blue 三个字段不再显示。

第三步,获取分类模板信息。

可以分别应用 AOI 绘图工具、AOI 扩展工具、查询

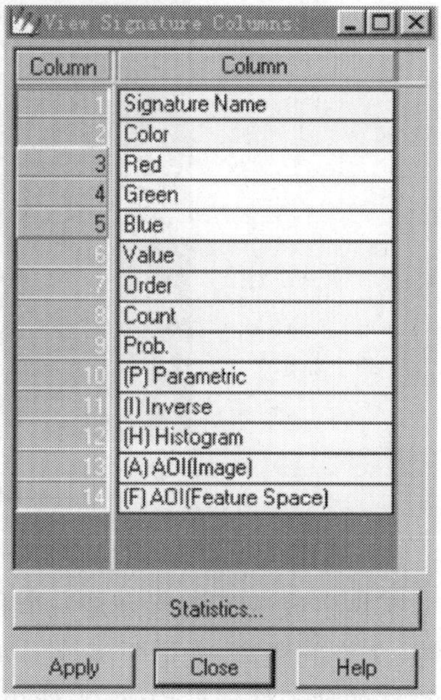

图 6-10 View Signature Columns 对话框

光标等三种方法,在原始图像或特征空间图像中获取分类模板信息。

(1)应用 AOI 绘图工具在原始图像中获取分类模板信息。

无论是在原始图像中还是在下面要讲的特征空间图像中,都是将 AOI 区域作为分类模板信息的来源。首先练习如何用 AOI 绘图工具获取分类模板信息。

在显示有 ljxtm. img 图像的视窗中:

①点击图标或者选择 Raster 菜单项→选择 Tools 菜单。

②打开 Raster 工具面板。

③点击 Raster 工具面板的图标。

④在视窗中选择红色区域,绘制一个多边形 AOI。

⑤在 Signature Editor 对话框中,点击图标,将多边形 AOI 区域加载到 Signature 分类模板中。

⑥在 Signature Editor 对话框中,改变刚才加入模板的 Signature Name 和 Color。

⑦重复上述操作过程以多选择几个红色区域 AOI,并将其作为新的模板加入到 Signature Editor 当中,同时确定各类的名字及颜色,如图 6-10 所示。

如果对同一个专题类型(如水体)采集了多个 AOI 并分别生成了模板,可以将这些模板合并,以便该分类模板具有多区域的综合特性。具体做法是:在 Signature Editor 对话框中,将该类的 Signature 全部选定,然后点击合并图标,这时一个综合的新模板生成,原来的多个 Signature 同时存在(如果必要也可以删除),如图 6-11、图 6-12 所示。

图 6-11　分类特征模板的建立

(2)应用 AOI 扩展工具在原始图像中获取分类模板信息。

扩展生成 AOI 的起点是一个种子像元。与该像元相邻的像元被按照各种约束条件来考察,如空间距离、光谱距离等。如果被接受,则与原种子一起成为新的种子像元组,并重新计算新的种子像元平均值(当然也可以设置为一直沿用原始种子的值)。以后的相邻像元将以新的平均值来计算光谱距离,但空间距离一直是以最早的种子像元来计算的。

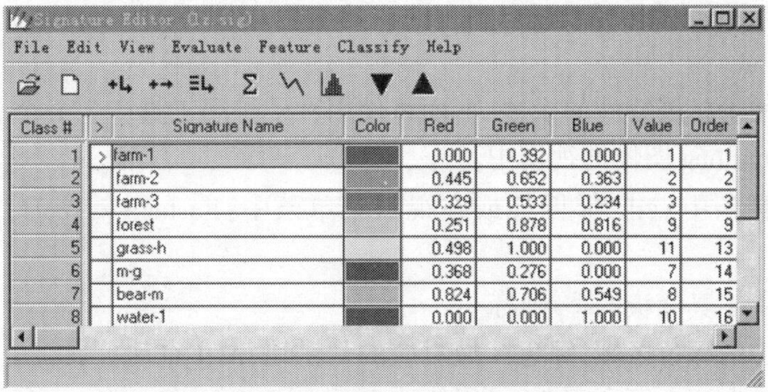

图 6-12 从图像上获取的分类特征类别

应用 AOI 扩展工具在原始图像中获取分类模板信息，首先必须设置种子像元特性，过程如下。

在显示有 ljxtm. img 图像的视窗中：

①AOI Seed Properties 菜单→Region Growing Properties 对话框，如图 6-13 所示。

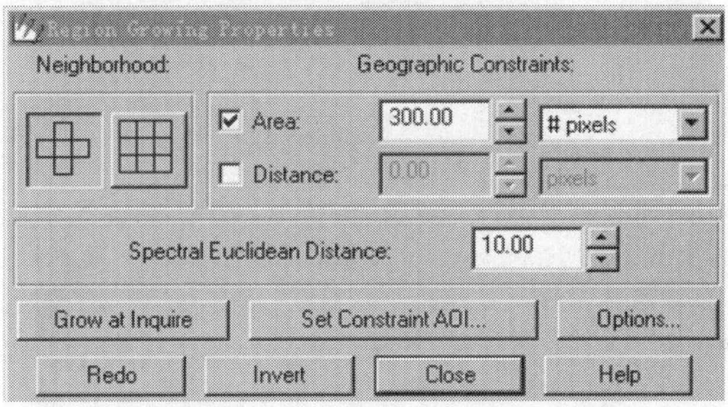

图 6-13 Region Growing Properties 对话框

②在 Neighborhood 中选择按四个相邻像元扩展，表示被点击像元的上、下、左、右 4 个像元与被点击像元是相邻的，而表示其周围 8 个像元都与被点击像元相邻。这里选择。

③在 Geographic Constraints 中设置地理约束，Area 确定每个 AOI 所包含的最多像元数或者面积，而 Distance 确定 AOI 所包含像元距被点击像元的最大距离，这两个约束可以只设置一个，也可以设置两个或者一个也不设置。在此处只设置面积约束为 300 个像元。

④在 Spectral Euclidean Distance 中设置波谱欧氏距离，本约束是指 AOI 可接受的像元值与种子像元平均值之间的最大光波欧氏距离（两个像元在各个波段数值之差的平方和的二次根），大于该距离将不被接受。此处设置距离为 10。

⑤点击"Options..."按钮，打开 Region Grow Options 面板以确定扩展设置。Region Grow Options 面板上有三个复选框。在种子扩展的过程中可能会有些不符合条件的像元被符合条件的像元包围，选择 Include Island Polygons 使这些不符合条件的像元以岛的形式被删除，如果不选择则全部作为 AOI 的一部分。Update Region Mean 是指每一次扩展后是否重新计算种子的平均值，如果选择该复选框则重新计算，如果不选择该复选框则以原始种子的值为平均值。Buffer Region Boundary 复选框是指对 AOI 产生缓冲区，该设置在选择 AOI

编辑 DEM 数据时比较有用,可以避免高程的突然变化。这里选择 Include Island Polygons 和 Update Region Mean。

至此完成了种子扩展特性的设置,下面将使用种子扩展工具产生一个 AOI。

在显示有 ljxtm. img 图像的视窗中:

①在视窗工具条中点击图标或在视窗菜单条中:Raster → Tools,打开 Raster 工具面板。

②点击 Raster 工具面板的图标。

③点击视窗中的绿色区域,绿色区域对应的是耕地,AOI 自动扩展将生成一个针对耕地的 AOI。如果扩展 AOI 不符合需要,可以修改 Region Growing Properties 直到满意。注意,在 Region Growing Properties 对话框中修改设置之后,直接点击“Redo”按钮就可重新对刚才点击的像元生成新的扩展 AOI,如图 6-14 所示。

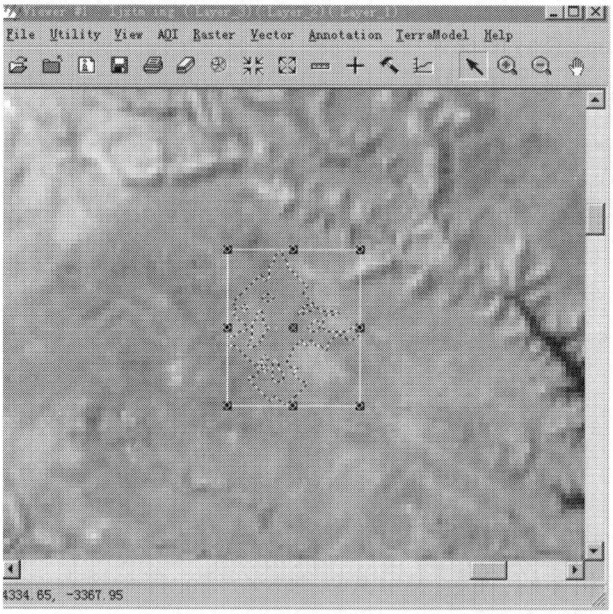

图 6-14　利用扩展 AOI 工具获取分类特征

④在 Signature Editor 对话框中,点击图标,将扩展 AOI 区域加载到 Signature 分类模板中。

⑤在 Signature Editor 对话框中,改变刚才加入模板的 Signature 的名字(Name)和颜色(Color)。

⑥重复上述操作步骤,选择多 AOI 区域,并将其作为新的模板加入到 Signature Editor 中,同时确定各类别的名字及颜色。

(3)应用查询光标扩展方法获取分类模板信息。

该方法与第(2)种方法大同小异,只不过第(2)种方法是在选择扩展工具后,用点击的方式在图像上确定种子像元,而本方法是要用查询光标(Inquire Cursor)确定种子像元,种子扩展的设置与第(2)种方法完全相同。

在显示有 ljxtm. img 图像的视窗中点击:Utility Inquire Cursor,在视窗中出现一个十字光标,十字交点可以准确定位一个像元的位置,将十字光标交点移动到种子像元上,点击 Region Growing Properties 对话框的"Grow at Inquire"按钮,产生一个新的 AOI。在 Signature Editor 对话框中,点击图标,将 AOI 区域加载到 Signature 分类模板中,如图 6-15 所示。

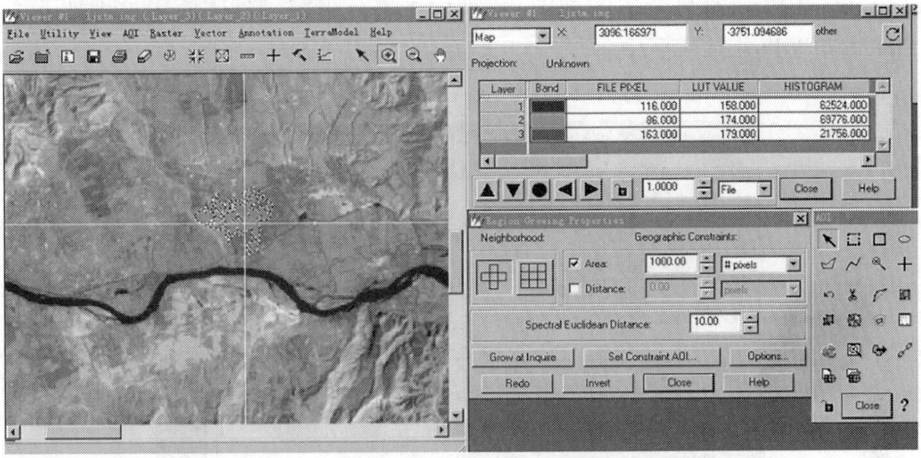

图 6-15　AOI 区域加载到 Signature 分类模板

第四步,保存分类模板。

以上分别用不同方法产生了分类模板,下面将该模板保存起来。

在 Signature Editor 对话框菜单条:File → Save,打开 Save Signature File As 对话框;确定是保存所有的模板还是只保存被选中的模板;确定文件的目录和名字(. sjg 文件);点击"OK"按钮。

二、评价分类模板

分类模板建立之后,就可以对其进行评价、删除、更名、与其他分类模板合并等操作。分类模板的合并可使用户应用来自不同训练方法的分类模板进行综合复杂分类,这些模板训练方法包括监督、非监督、参数化和非参数化。

分类模板评价工具包括:

(1) Alarms:分类报警工具。

(2) Contingency Matrix:可能性矩阵。

(3) Feature Objects:特征对象。

(4) Feature Space to Image Masking:特征空间到图像掩膜。

(5) Histograms:直方图方法。

(6) Signature Separability:分类的分离性。

(7) Statistics:分类统计分析。

当然,不同的评价方法各有不同的应用范围。例如,不能用 Signature Separability 工具对非参数化(由特征空间产生)分类模板进行评价,而且分类模板中应具有 5 个以上的类别。

(一) 报警评价

第一步,产生报警掩膜。

分类模板报警工具根据平行六面体决策规则(Parallelepiped Division Rule)将那些原属于或估计属于某一类别的像元在图像视窗中加亮显示,以示警报。一个报警可以针对一个类别或多个类别进行。如果没有在 Signature Editor 中选择类别,那么当前活动类别(Signature Editor 中“>”符号旁边的类别)就被用于进行报警。具体使用过程如下:

在 Signature Editor 对话框中:

(1)View → Image Alarm,打开 Signature Alarm 对话框,如图 6-16 所示。

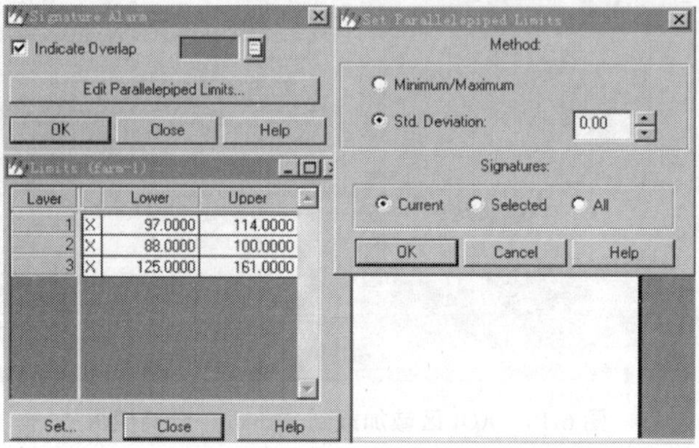

图 6-16 Signature Alarm 对话框

(2)选中 Indicate Overlap。

(3)点击“Edit Parallelepiped Limits...”按钮。

(4)Limits 对话框。

(5)点击“Set...”按钮,打开 Set Parallelepiped Limits 对话框。

(6)设置计算方法(Method):Std. Deviation。

(7)选择使用的模板(Signatures):Current。

(8)OK(关闭 Set Parallelepiped Limits 对话框),返回 Limits 对话框。

(9)Close(关闭 Limits 对话框),返回 Signature Alarm 对话框。

(10)OK(执行报警评价,形成报警掩膜),Close(关闭 Signature Alarm 对话框)。

根据 Signature Editor 中指定的颜色,选定类别的像元显示在原始图像视窗中,并覆盖在原图像之上,形成一个报警掩膜,如图 6-17 所示。

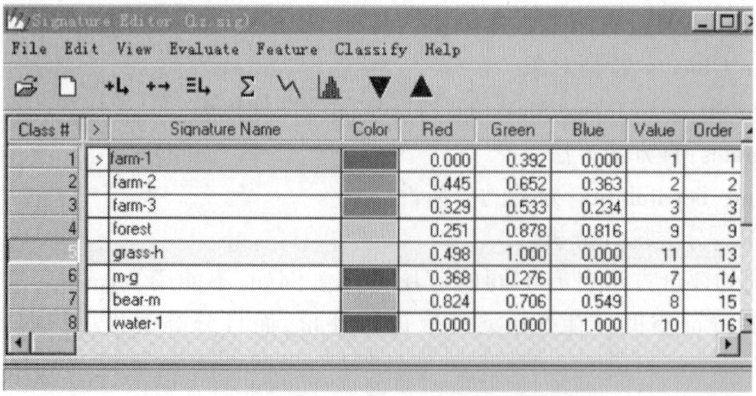

图 6-17 Signature Editor 类别调整对话框

第二步,利用 Flicker 功能查看报警掩膜。

第三步,删除分类报警掩膜。

视窗菜单条:View → Arrange Layers 菜单→打开 Alarm Mask 对话框,如图 6-18 所示。

图 6-18 Alarm Mask 对话框

(1)右键点击 Alarm Mask 图层。

(2)弹出 Layer Options 菜单→选择 Delete Layer。

(3)Alarm Mask 图层被删除。

(4)Apply(应用图层删除操作)。

(5)提示 Verify Save on Close → NO。

(6)Close(关闭 Arrange Layers 对话框)。

(二)可能性矩阵

可能性矩阵(Contingency Matrix)评价工具是根据分类模板,分析 AOI 训练区的像元是否完全落在相应的类别之中。通常期望 AOI 区域的像元都分到它们参与训练区的类别当中,实际上 AOI 中的像元对各个类别都有一个权重值,AOI 训练区只是对类别模板起一个加权的作用。Contingency Matrix 工具可同时应用于多个类别,如果没有在 Signature Editor 中确定选择集,则所有的模板类别都将被应用。

可能性矩阵的输出结果是一个百分比矩阵,它说明每个 AOI 训练区中有多少个像元分别属于相应的类别。AOI 训练区的分类可应用下列几种分类原则:平行于六面体(Parallelepiped)、特征空间(Feature Space)、最大似然(Maximum Likelihood)、马氏距离(Mahalanobis Distance)。

下面说明可能性矩阵评价工具的使用方法。

在 Signature Editor 对话框中:

(1)在 Signature Editor 中选择所有类别。

(2)在菜单条中:Evaluation → Contingency Matrix。

(3)打开 Contingency Matrix 对话框,如图 6-19 所示。

(4)选择非参数规则(Non-parametric Rule):Feature Space。

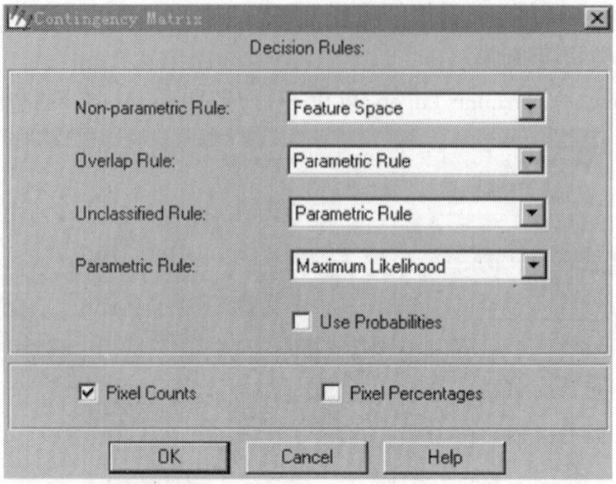

图 6-19　Contingency Matrix 对话框

(5)选择叠加规则(Overlap Rule):Parametric Rule。

(6)选择未分类规则(Unclassified Rule):Parametric Rule。

(7)选择参数规则(Parametric Rule):Maximum Likelihood。

(8)选择像元总数作为评价输出统计:Pixel Counts。

(9)OK(关闭 Contingency Matrix 对话框,计算分类误差矩阵)。

之后,IMAGINE 文本编辑器(Text Editor)被打开,分类误差矩阵将显示在编辑器中供查看、统计,该矩阵的局部(以像元数形式表达部分)如下:从矩阵中可以看到在 260 个应该属于 farm-1 类别的像元中有 6 个属于了 farm-2,有 254 个仍旧属于 farm-1,属于其他类的数目为 0,其实 farm-1 与 farm-2 都是农用地,因此这个结果是令人满意的。从百分比来说,如果误差矩阵值小于 85%,则模板需要重新建立。

(三)由特征空间模板产生图像掩膜

只有产生于特征空间 Signature 才可使用本工具,使用时可以基于一个或者多个特征空间模板。如果没有选择集,则当前处于活动状态(位于“>”符号旁边)的模板将被使用。如果特征空间模板被定义为一个掩膜,则图像文件会对该掩膜下的像元做标记,这些像元在视窗中也将被显示表达出来(Highlighted)。因此,可以直观地知道哪些像元将被分在特征空间模板所确定的类型之中。必须注意,在本工具使用过程中,视窗中的图像必须与特征空间图像相对应。

下面是本工具 Signature Editor 对话框的使用过程:

(1)选择要分析的特征空间模板。

(2)Feature → Masking → Feature Space to Image。

(3)打开 FS to Image Masking 对话框,如图 6-20 所示。

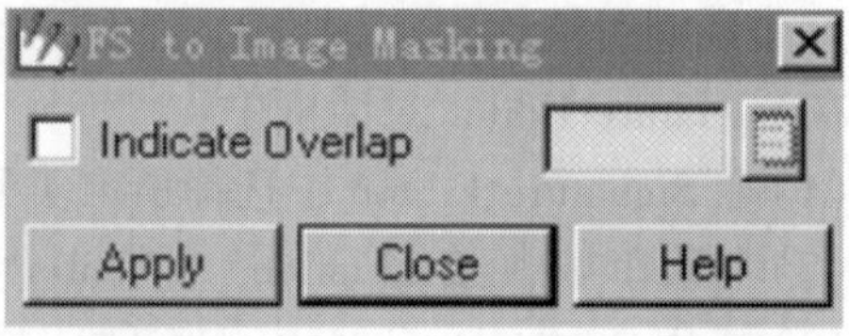

图 6-20　FS to Image Masking 对话框

(4)不选择 Indicate Overlap 复选框(选择 Indicate Overlap 复选框意味着“属于不只一个特征空间模板的像元”将用该复选框后边的颜色显示)。

(5) Apply(应用参数设置,产主分类掩膜)。

(6) Close(关闭 FS to Image Masking 对话框)。

(四)模板对象图示

模板对象图示工具可以显示各个类别模板(无论是参数型还是非参数型)的统计图,以便比较不同的类别,统计图以椭圆形式显示在特征空间图像中。每个椭圆都是基于类别的平均值及其标准差,可以同时产生一个类别或多个类别的图形显示。如果没有在模板编辑器中选择类别,那么当前处于活动状态(位于"》"符号旁边)的类别就被应用,模板对象图示工具还可以同时显示两个波段类别均值、平行六面体和标识(Label)。由于是在特征空间图像中绘画椭圆,所以特征空间图像必须处于打开状态。

在 Signature Editor 对话框中:

(1) 菜单条:Feature → Objects。

(2) 打开 Signature Objects 对话框。

(3) 确定特征空间图像视窗(Viewer):2。

(4) 确定绘制分类统计椭圆:选择 Plot Ellipses 选框。

(5) 确定统计标准差(Std. dev.):4。

(6) OK(执行模板对象图示,绘制分类椭圆)。

显示特征空间图像的 Viewer#2 中显示出特征空间及所选类别的统计椭圆,这些椭圆的重叠程度反映了类别的相似性。如果两个椭圆不重叠,说明它们代表相互独立的类型,正是分类所需要的。然而,重叠是肯定有的,因为几乎没有完全不同的类别。如果两个椭圆完全重叠或重叠较多,则这两个类别是相似的,对分类而言,这是不理想的。

(五)直方图方法

直方图绘制工具通过分析类别的直方图对模板进行评价和比较,本功能可以同时对一个或多个类别制作直方图。如果处理对象是单个类别(选择 Single Signature),那就是当前活动类别(位于")"符号旁边的那个类别);如果是多个类别的直方图,那就是处于选择集中的类别。下面是操作过程。

在 Signature Editor 对话框中:

(1) 选定某一或者某几个类别。

(2) 在菜单条中:View → Histograms。

(3) 打开 Histograms Plot Control Pane 对话框。

(4) 在 Histograms Plot Control Pane 对话框中,需要设置下列参数。

①确定分类模板数量(Signature):All Selected Signatures。

②确定分类波段数量(Bands):All Bands。

(5) 点击"Plot" 按钮(绘制分类直方图),如图 6-21、图 6-22 所示。

(六)类别的分离性

类别的分离性工具用于计算任意类别间的统计距离,这个距离可以确定两个类别间的差异程度,也可用于确定在分类中效果最好的数据层。类别间的统计距离是基于下列方法计算的:欧氏光谱距离、Jeffries-Matusta 距离、分类的分离度(Divergence)、转换分高度(Transformed Divergence)。类别的分离性工具可以同时对多个类别进行操作,如果没有选择任何类别,则它将对所有的类别进行操作。

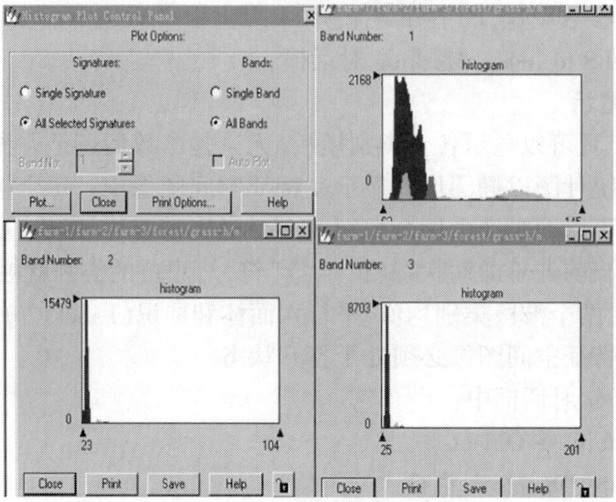

图 6-21　绘制分类直方图

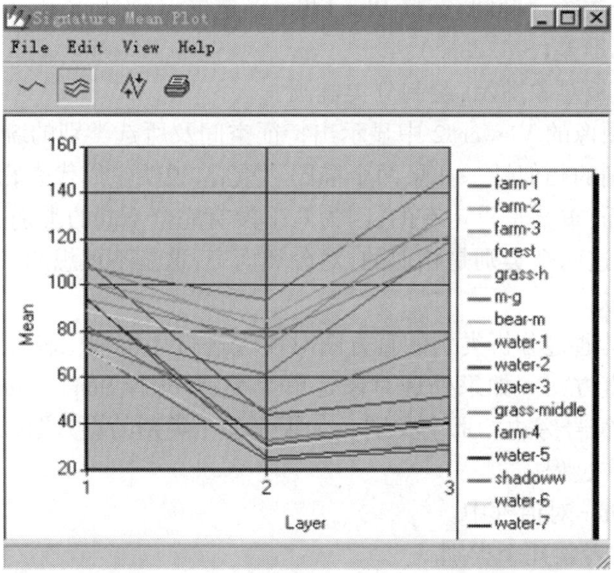

图 6-22　Signature Mean Plot 窗口

在 Signature Editor 对话框中进行下列设置:

(1)选定某一个或者某几个类别。

(2)Evaluate → Separability,打开 Signature Separability 对话框(见图 6-23)。

(3)确定组合数据层数(Layers Per Combination):3。

Layers Per Combination 是指本工具将基于几个数据层来计算类别间的距离,例如可以计算两个类别在综合考虑 6 个层时的距离,也可以计算它们在 1、2 两个层上的距离。

(4)选择计算距离的方法(Distance Measure):Transformed Divergence。

(5)确定输出数据格式(Output Form):ASCII。

(6)确定统计结果报告方式(Report Type):Summary Report。

选择 Summary Report,则计算结果只显示分离性最好的两个波段组合的情况,分别对应最小分离性和平均分离性最大;如果选择 Complete Report,则计算结果不只显示分离性最好的两个波段组合,而且要显示所有波段组合的情况。

(7)点击"OK"按钮,执行类别的分离性计算,并将结果显示在 ERDAS 文本编辑器视窗中;点击"Close"按钮,关闭 Signature Separability 对话框。在文本编辑器窗口中,可以对报告结果进行分析,也可以仅将结果保存在文本文件中。

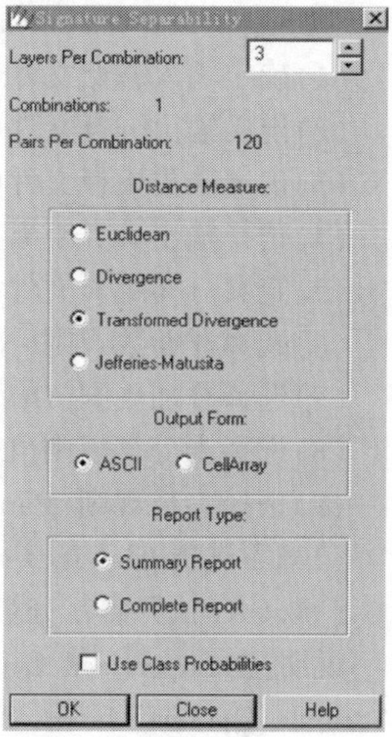

图 6-23　Signature Separability 对话框

三、执行监督分类

在监督分类过程中,用于分类决策的规则是多层次的,如对非参数模板有特征空间、平行六面体等方法,对参数模板有最大似然法、Mahalanobis 距离法、最小距离法等。当然,非参数规则与参数规则可以同时使用,但要注意应用范围,如非参数规则只能应用于非参数型模板,对于参数型模板,要使用参数型规则。另外,如果使用非参数型模板,还要确定叠加规则(Overlap Rule)和未分类规则(Unclassified Rule)。下面是执行监督分类的操作过程。

在 ERDAS 图标面板菜单条中:Main→ Image Classification→ Classification 菜单或 ERDAS。在图标面板工具条中:点击 Classifier 图标→Classification 菜单→菜单项→Supervised Classification 对话框,如图 6-24 所示。

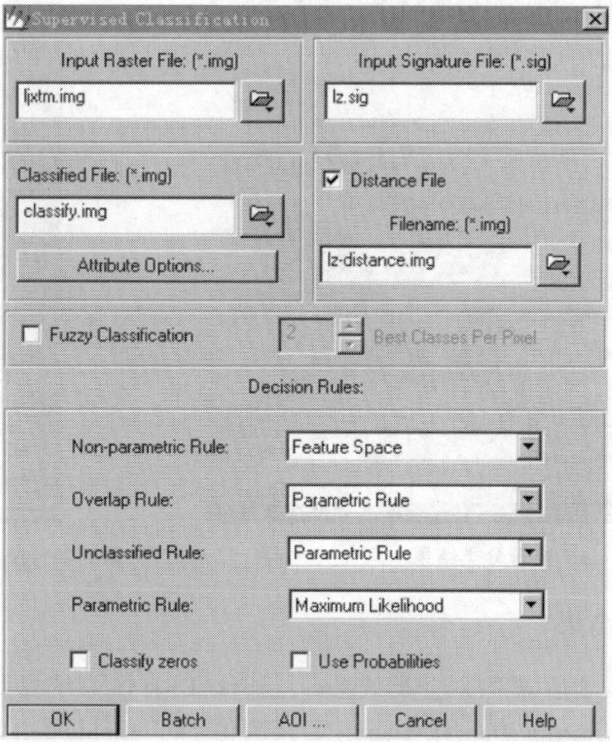

图 6-24　Supervised Classification 对话框

在 Supervised Classification 对话框中,需要确定下列参数:

(1)确定输入原始文件(Input Raster File):ljxtm. img。

(2)定义输出分类文件(Classified File):classify. img。

(3)确定分类模板文件(Input Signature File):lz. sig。

(4)选择输出分类距离文件:Distance File(用于分类结果进行阈值处理)。

(5)定义分类距离文件(Filename):lz-distance. img。

(6)选择非参数规则(Non-parametric Rule):Feature Space。

(7)选择叠加规则(Overlap Rule):Parametric Rule。

(8)选择未分类规则(Unclassified Rule):Parametric Rule。

(9)选择参数规则(Parametric Rule):Maximum Likelihood。

(10)不选择 Classify zeros(分类过程中是否包括 0 值)。

(11)OK(执行监督分类,关闭 Supervised Classification 对话框),如图 6-25 所示。

说明:在 Supervised Classification 对话框中,还可以定义分类图的属性表项目:点击"Attribute Options"按钮,打开 Attribute Options 对话框,如图 6-26 所示。通过 Attribute Options 对话框,可以确定模板的哪些统计信息能被包括在输出的分类图像层中。这些统计值是基于各个层中模板对应的数据计算出来的,而不是基于被分类的整个图像。在 Attribute Options 对话框上做出选择:点击"Close"按钮,关闭 Attribute Options 对话框,返回 Supervised Classification 对话框。

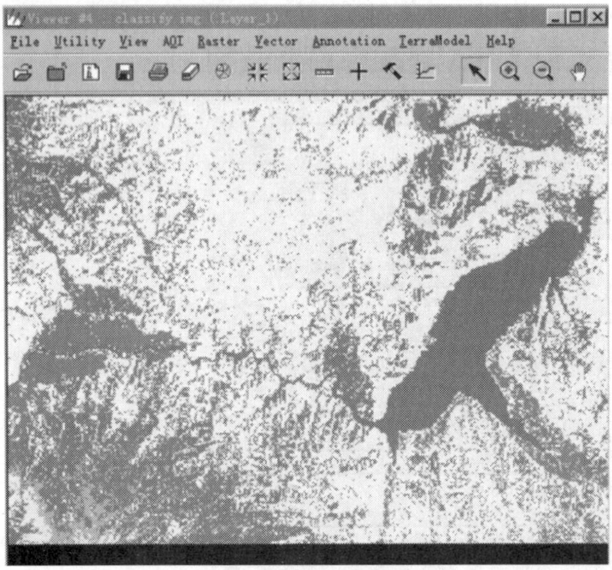

图 6-25　监督分类结果

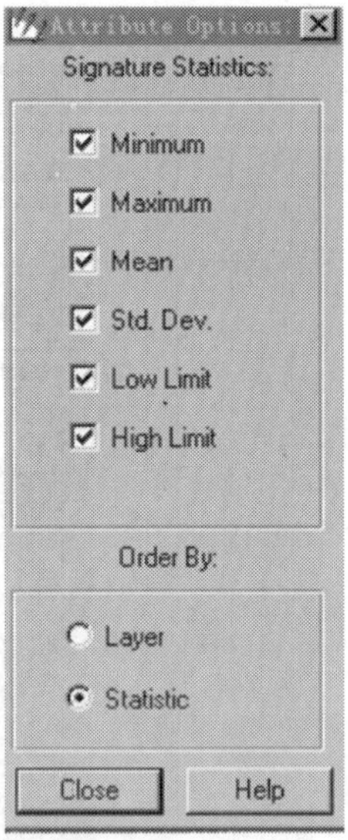

图 6-26　Attribute Options 对话框

四、评价分类结果

执行了监督分类之后,需要对分类效果进行评价,ERDAS 系统提供了多种分类评价方法,包括分类叠加(Classification Overlap)、定义阈值(Thresholding)、分类重编码(Recode Classes)、精度评估(Accuracy Assessment)等,下面将有侧重地进行介绍。

(一)分类叠加

分类叠加就是将专题分类图像与分类原始图像同时在一个视窗中打开,将分类专题层置于上层,通过改变分类专题的透明度(Opacity)及颜色等属性,查看分类专题与原始图像之间的关系。对于非监督分类结果,通过分类叠加方法来确定类别的专题特性,并评价分类结果;对于监督分类结果,该方法只是查看分类结果的准确性。

(二)分类重编码

对分类像元进行了分析之后,可能需要对原来的分类重新进行组合(如将林地 1 与林地 2 合并为林地),给部分或所有类别以新的分类值,从而产生一个新的分类专题层。

(三)精度评估

精度评估是将专题分类图像中的特定像元与已知分类的参考像元进行比较,在实际工作中常常是将分类数据与地面真值、先前的试验地图、航空像片或其他数据进行对比的途径之一。下面是具体的操作过程。

第一步,在视窗中打开原始图像。

在 Viewer 中打开分类前的原始图像,以便进行精度评估。

第二步,启动精度评估对话框。

在 ERDAS 图标面板菜单条中:Main → Image Classification → Classification 或 ERDAS。在图标面板工具条中:点击 Classifier 图标 → Classification 菜单 → 选择 Accuracy Assessment 菜单项 → 打开 Accuracy Assessment 对话框,如图 6-27 所示。

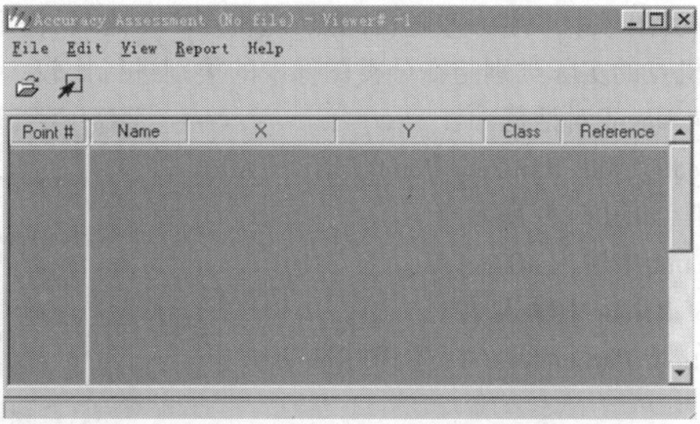

图 6-27 Accuracy Assessment 对话框

Accuracy Assessment 对话框中显示了一个精度评估矩阵(Accuracy Assessment Cellarray)。精度评估矩阵中将包含分类图像若干像元的几个参数和对应的参考像元的分类值。这个矩阵值可以使用户对分类图像中的特定像元与作为参考的已知分类的像元进行比较,参考像元的分类值是用户自己输入的,矩阵数据保存在分类图像文件中。

第三步,打开分类专题图像。

在 Accuracy Assessment 对话框菜单条中:File → Open,打开 Classified Image 对话框。在 Classified Image 对话框中确定与视窗中对应的分类专题图像,点击"OK"按钮,关闭 Classified Image 对话框,返回 Accuracy Assessment 对话框。

第四步,将原始图像视窗与精度评估视窗相连接。

在 Accuracy Assessment 对话框中:

(1)在工具条中,点击 Select Viewer 图标或在菜单条中选择 View 菜单的 Select Viewer。

(2)将光标在显示有原始图像的视窗中点击一下。

(3)原始图像视窗与精度评估视窗相连接。

第五步,在精度评价对话框中设置随机点的色彩 Accuracy Assessment 对话框:菜单条 View→Change colors 菜单项,打开 Change colors 面板,如图 6-28 所示。

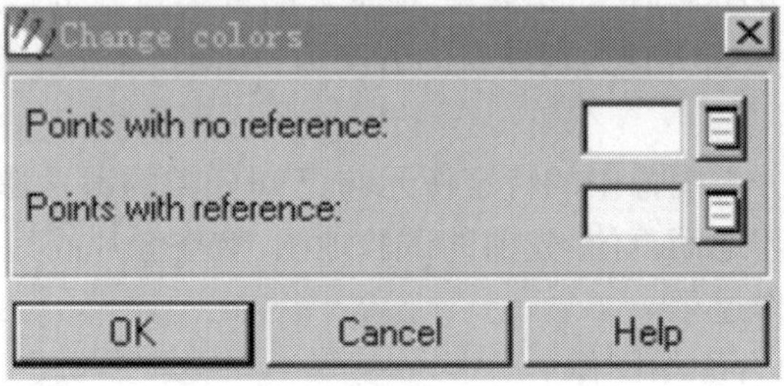

图 6-28 Change colors 面板

(1)在 Points with no reference 中确定没有真实参考值的点的颜色。

(2)在 Points with reference 中确定有真实参考值的点的颜色。

(3)点击"OK"按钮(执行参数设置),返回 Accuracy Assessment 对话框。

第六步,产生随机点。

本步操作将在分类图像中产生一些随机的点,随机点产生之后,需要用户给出随机点的实际类别。然后,随机点的实际类别与在分类图像中的类别进行比较。

在 Accuracy Assessment 对话框中:

(1) Edit → Create/Add Random Points, 打开 Add Random Points 对话框,如图 6-29 所示。

(2)在 Search Count 中输入 1024。

(3)在 Number of Points 中输入 20。

(4)在 Distribution Parameters 中选择 Random 单选框。

(5)点击"OK"按钮,按照参数设置产生随机点,返回 Accuracy Assessment 对话框。

可以看到在 Accuracy Assessment 对话框的数据表中出现了 10 个比较点,每个点都有点号、X/Y 坐标值、Class、Reference 等字段,其中点号、X/Y 坐标值字段是有属性值的。

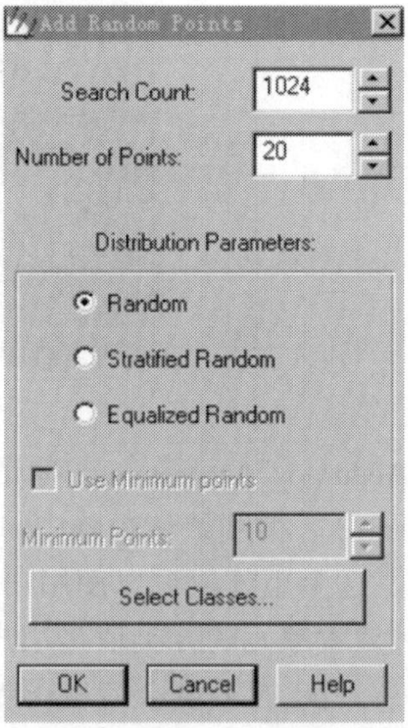

图 6-29 Add Random Points 对话框

说明:在 Add Random Points 对话框中,Search Count 是指确定随机点过程中使用的最多分析像元数,当然这个数目一般都比 Number of Points 大很多,Number of Points 设为 20 说明是产生 20 个随机点,如果是做正式的分类评价,必须产生 20 个以上的随机点。选择 Random 意味着将产生绝对随机的点位,而不使用任何强制性规则。Equalized Random 是指每个类别具有同等数目的比较点。Stratified Random 是指点数与类别涉及的像元数成比例,但选择该复选框后可以确定一个最小点数(选择 Use Minimum Points),以保证小类别也有足够的分析点。

第七步,显示随机点及其类别。

在 Accuracy Assessment 对话框中:

(1)View → Show All(所有随机点均以第五步设置的颜色显示在视窗中)。

(2)Edit → Show Class Values(各点的类别号出现在数据表的 Class 字段中)。

第八步,输入参考点的实际类别值。

在 Accuracy Assessment 对话框中:

在数据表的 Reference 字段输入各个随机点的实际类别值(若不需要输入参考点的实际分类值,它在视窗中的色彩就变为第五步设置的 Point With Reference 颜色)。

第九步,设置分类评价报告输出环境及分类评价报告。

在 Accuracy Assessment 对话框中:

(1)Report → Options,通过点击确定分类评价报告的参数。

(2)Report→Accuracy Report(产生分类精度报告)。

(3)Report→Cell Report(报告有关产生随机点的设置及窗口环境)。

(4)所有报告将显示在 ERDAS 文本编辑器窗口中,可以保存为文本文件:File → Save Table(保存分类精度评价数据表);File → Close(关闭 Accuracy Assessment 对话框)。

通过对分类的评价,如果对分类精度满意,则保存结果,如果不满意,则可以进一步做有关的修改,如修改分类模板等,或应用其他功能进行调整。

五、分类后处理

无论是监督分类还是非监督分类,都是按照图像光谱特征进行聚类分析的,因此都带有一定的盲目性。所以,对获得的分类结果需要再进行一些处理工作,才能得到最终相对理想的分类结果,这些处理操作就统称为分类后处理。

(一)聚类统计

无论是利用监督分类还是非监督分类,分类结果中都会产生一些面积很小的图斑。无论是从专题制图的角度,还是从实际应用的角度,都有必要对这些小图斑进行剔除。ERDAS 系统中的 GIS 分析命令 Clump、Sieve、Eliminate 可以联合完成小图斑的处理工作。

聚类统计(Clump)是通过地物分类专题图像计算每个分类图斑的面积,记录相邻区域中最大图斑面积的分类值等操作,产生一个 Clump 类组输出图像,其中每个图斑都包含 Clump 类组属性;该图像是一个中间文件,用于进行下一步处理。

在 ERDAS 图标面板菜单条中:Main → Image Interpreter→ GIS Analysis → Clump → Clump 对话框,或 ERDAS 图标面板工具条中:点击 Interpreter 图标 → GIS Analysis → Clump → Clump 对话框。在 Clump 对话框中,需要确定下列参数:

(1)确定输入文件(Input File):classify. img。

(2)定义输出文件(Output File):classify_clump. img。

(3)文件坐标类型(Coordinate Type):Map。

(4)处理范围确定(Subset Definition):ULX/Y, LRX/Y (缺省状态为整个图像范围,可以应用 Inquire Box 定义子区)。

(5)确定聚类统计邻域大小(Connect Neighbors):8 (统计分析将对每个像元四周的 8

个相邻像元进行)。

(6)点击"OK"按钮(关闭 Clump 对话框,执行聚类统计分析)。

(二)过滤分析

Sieve 功能是对经 Clump 处理后的 Clump 类组图像进行处理,按照定义的数值大小,删除 Clump 图像中较小的类组图斑,并给所有小图斑赋予新的属性值 0。显然,这里引出了一个新的问题,就是小图斑的归属问题,可以与原分类图对比确定其新属性,也可以通过空间建模方法、调用 Delerows 或 Zonel 工具进行处理(详见空间建模联机帮助)。Sieve 经常与 Clump 命令配合使用,对于无须考虑小图斑归属的应用问题,有很好的作用。

在 ERDAS 图标面板菜单条中:Main → Image Interpreter → GIS Analysis → Sieve,在 Sieve 对话框中,或在 ERDAS 图标面板工具条中:点击 Interpreter 图标 → GIS Analysis → Sieve → Sieve 对话框。在 Sieve 对话框中,需确定下列参数:

(1)确定输入文件(Input File):classify. img。

(2)定义输出文件(Output File):classify_sieve. img。

(3)文件坐标类型(Coordinate Type):Map。

(4)处理范围确定(Subset Definition):ULX/Y,LRX/Y(缺省状态为整个图像范围,可以应用 Inquire Box 定义子区)。

(5)确定最小图斑大小(Minimum Size):16 pixels。

(6)点击"OK"按钮(关闭 Sieve 对话框,执行过滤分析)。

(三)去除分析

去除分析是用于删除原始分类图像中的小图斑或 Clump 聚类图像中的小 Clump 类组,与 Sieve 命令不同,删除的小图斑将合并到相邻的最大的分类当中。如果输入图像是 Clump 聚类图像,经过 Eliminate 处理后,将小类图斑的属性值自动恢复为 Clump 处理前的原始分类编码。显然,Eliminate 处理后的输出图像是简化了的分类图像。

在 ERDAS 图标面板菜单条中:Main → Image Interpreter → GIS Analysis → Eliminate → Eliminate 对话框,或在 ERDAS 图标面板工具条中:点击 Interpreter 图标→ GIS Analysis → Eliminate → Eliminate 对话框。在 Eliminate 对话框中,需要确定下列参数:

(1)确定输入文件(Input File):classify. img。

(2)定义输出文件(Output File):classify_eliminate. img。

(3)文件坐标类型(Coordinate Type):Map。

(4)处理范围确定(Subset Definition):ULX/Y,LRX/Y(缺省状态为整个图像范围,可以应用 Inquire Box 定义子区)。

(5)确定最小图斑大小(Minimum):16 pixels。

(6)确定输出数据类型(Output):Unsigned 4 bit。

(7)点击"OK"(关闭 Eliminate 对话框,执行去除分析)。

(四)分类重编码

作为分类后处理命令之一的分类重编码,主要是针对非监督分类而言的,由于非监督分类之前,用户对分类地区没有什么了解,所以在非监督分类过程中,一般要定义比最终需要多一定数量的分类数;在完全按照像元灰度值通过 ISODATA 聚类获得分类方案后,首先将专题分类图像与原始图像对照,判断每个分类的专题属性,然后对相近或类似的分类通过图像重编码进行合并,并定义分类名称和颜色。当然,分类重编码还可以用在很多其他方面,作用有所不同。

在 ERDAS 图标面板菜单条中:Main → Image Interpreter → GIS Analysis → Recode → Recode 对话框,或在 ERDAS 图标面板工具条中:点击 Interpreter 图标→ GIS Analysis → Recode → Recode 对话框。在 Recode 对话框中,需要确定下列参数:

(1)确定输入文件(Input File):classify. img。

(2)定义输出文件(Output File):classify_recode. img。

(3)设置新的分类编码(Setup Recode):点击 Setup Recode 按钮。

(4)打开 Thematic Recode 表格。

(5)根据需要改变 New Value 字段的取值(直接输入)。

(6)点击"OK"按钮(关闭 Thematic Recode 表格,完成新编码输入)。

(7)确定输出数据类型(Output):Unsigned 4 bit。

(8)点击"OK"按钮(关闭 Recode 对话框,执行图像重编码,输出图像将按照 New Value 变换专题。分类图像属性,产生新的专题分类图像),可以在视窗中打开重编码后的专题分类图像。

查看分类属性表的方法如下。

在视窗菜单条中:File → Open → Raster Layer 文件名(File Name):classify_recode. img。

在视窗菜单条中:Raster → Attributes → 打开 Raster Attribute Editor 属性表。

任务小结:

本任务的主要目的是通过遥感影像监督分类的操作,使学生理解遥感影像监督分类的概念、方法和一般流程,熟练操作软件。

任务考核:

选择一景高分一号卫星影像,分别利用最小距离分类法和最大似然贝叶斯分类法完成该景影像的监督分类工作。

思政小课堂

首届国际高分遥感图像解译大赛成功举办

在高分对地观测系统重大专项支持下,中国科学院空天信息创新研究院联合国际地球和遥感技术协会和国际摄影测量与遥感协会 2020 年成功举办了首届国际高分遥感图像解译大赛,吸引来自德国、英国、澳大利亚、日本等 22 个国家的 701 支队伍 2 023 人参加。

大赛发布了第一套大规模、高质量、精细化标注的国产高分辨率遥感图像数据集,样本数量超 40 万幅,覆盖近 30 类典型目标和地物要素;上线了国内首套遥感解译全自动在线测试评估平台,形成统一的测试环境、测试数据、测试流程和评价指标,测试算法超过 5 000 件,访问量 110 万人次。大赛成果约 30%正向国土、交通、水利、农林、减灾、应急、国防等行业转化,实现遥感产学研链路共同发展,打造高分专项和我国遥感应用的重要科技创新与展示平台。

(资料来源:中国科学院空天信息创新研究院)

复习题

1. 简述遥感图像解译的概念。
2. 简述遥感图像解译的原理与一般流程。
3. 简述遥感图像计算机分类的方法及精度评定。
4. 何谓非监督分类法?
5. 遥感图像非监督分类的方法有哪些?
6. 简述 K-均值聚类法。
7. 简述 ISODATA 算法聚类分析。
8. 非监督分类的基本步骤有哪些?
9. 何谓监督分类法?
10. 简述遥感图像的最小距离分类法。
11. 简述最大似然贝叶斯分类的基本原理和基本过程。
12. 遥感图像分类结果如何评价?
13. 遥感图像分类后处理有哪些方法?

项目七 认识微波遥感技术

项目概述

微波遥感具有全天时、全天候，穿透性及对地表地物几何形状、介电性质的敏感性、多波段多极化的散射特性等独特优势，已经成为遥感技术研究的热点，成为对地观测中十分重要的前沿领域。本项目涉及两个任务，任务一主要介绍了微波遥感的数据处理，任务二简要介绍了雷达干涉测量。微波响应使人们从一个完全不同于光和热的视角去观察世界。微波遥感技术在地质构造、海洋监测、找矿、土壤水分动态监测、洪涝灾害、干旱区找水、农林资源调查及军事等方面有重要应用。

学习目标

1. 了解微波遥感的基本概念。
2. 认识微波遥感的发展现状。
3. 学习 SAR 图像的辐射特性和几何特性。
4. 比较学习 SAR 图像与光学图像的差异与联系。

学习成果

1. 能利用框图对微波遥感的发展进行简单梳理。
2. 能列表表达 SAR 图像与光学图像的区别与联系。
3. 能对 SAR 图像进行解译，获得解译标志图。
4. 获得一幅解译图像。

任务一 微波遥感数据处理

任务目标：

1. 了解微波遥感的现状和发展。
2. 掌握 SAR 图像的辐射特性、几何特性等基本知识。
3. 了解 SAR 图像解译的基本流程。

学习过程：

1. 课堂学习，观察和分析 SAR 图像与光学图像的不同。
2. 课堂学习，观察和分析遥感影像非监督分类的结果。

学习成果:

1. 微波遥感的概念。
2. 理解 SAR 图像的辐射特性与几何特性。
3. 建立 SAR 图像的解译标志。
4. 获得一幅已完成的解译图像。

任务实施:

本任务主要介绍微波遥感的原理、图像特性、SAR 图像的解译。

活动一　掌握微波遥感原理与图像特性

资源与器材:微波遥感图像、微波遥感 PPT、光学图像。

本活动的主要目的是理解微波遥感图像的辐射特性、几何特性。

【知识导航】

一、微波遥感概述

微波遥感是指用微波设备来探测、接收被测物体在微波波段(波长为 1 mm~1 m)的电磁辐射和散射特性,以识别远距离物体的技术,是 20 世纪 60 年代后期发展起来的一门遥感新技术。与可见光、红外遥感技术相比,微波遥感技术具有全天候昼夜工作能力,能穿透云层,不易受气象条件和日照水平的影响;能穿透植被,具有探测地表下目标的能力;获取的微波图像有明显的立体感,能提供可见光照相和红外遥感以外的信息,具有重大的军事、经济意义,日益受到重视。

微波遥感按其工作原理可分为主动遥感(或有源微波遥感)和被动遥感(或无源微波遥感)两类。主动遥感是通过传感器(主要为雷达遥感)向探测目标发射微波信号,并接收其与目标作用后的后向散射信号,形成遥感数字图像或模拟图像,可分为侧视雷达遥感和全景雷达遥感。前者的应用较为广泛,并根据向地面发射微波波束的天线特点,分为真实孔径雷达系统和合成孔径雷达系统。被动遥感则是利用微波辐射计或微波散射计等传感器接收自然状况下地面反射和发射的微波,通常不能形成影像。

由于微波的波长比可见光、红外线要长几百至几百万倍,因此微波遥感器所获得的图像的空间分辨力较低。为提高微波遥感器的空间分辨力,多采用脉冲压缩技术、合成孔径技术、超分辨率技术等进行改进。

可以说,微波遥感技术的发展与 SAR 技术的发展是密不可分的。1978 年,美国发射了世界上第一颗 SAR 卫星 SEASAT,引领了 SAR 图像应用技术的一个发展热潮;1981 年首次利用哥伦比亚航天飞机搭载 SAR 系统 SIR-A 进行试验,1984 年又进行了航天飞机搭载 SIR-B 的试验。SIR-A 和 SIR-B 系统提供了大量的地面雷达数据,为 SAR 的应用提供了丰富的资料。20 世纪 90 年代以后,机载和星载 SAR 蓬勃发展,多颗 SAR 卫星相继升空,获取了大量的 SAR 图像,为 SAR 图像定位技术研究奠定了良好基础。欧洲空间局(European Space Agency,ESA)于 1991 年发射了 ERS-1;日本于 1992 年发射了 JERS-1;苏联于 1991 年发射了 Almaz-1;1994 年 4 月和 10 月,美国航天飞机两次搭载了 SIR-C/X-SAR;1995 年,加拿大发射的 RADARSAT-1 卫星第一次全面得到各种立体配置的立体像对,该系统能够以多种工作模式运行,能够获取不同分辨率、不同侧视角的 SAR 图像,为系统分析立体

SAR 图像定位理论提供了良好的条件。加拿大遥感中心的 Toutin、伦敦大学的 Chen 等利用 RADARSAT-1 数据进行立体 SAR 图像测图。随着 SAR 数据源的增多和计算机技术的发展,目前比较著名的遥感图像处理软件 PCL、ERDAS、Vexcel、Helevea 等均推出了立体 SAR 模块。

美国国家航空航天局的 Graham 等利用干涉 SAR 图像进行地形测绘。1996 年 Ferretti 等提出了多基线 InSAR 数据生成高精度 DEM 的概念和方法,为解决复杂地形区的干涉处理难题提供了新思路。2000 年,美国实施了具有里程碑意义的航天飞机雷达地形测绘任务(Shuttle Radar Topography Mission,SRTM),利用 InSAR 技术进行了全球高精度的地形测绘,展示了 InSAR 技术的巨大优势。2007 年,德国宇航局 DLR 发射 TerraSAR-X 卫星,开启了高分辨率 SAR 对地观测时代;2010 年,德国发射了 TanDEM-X 卫星,与 TerraSAR-X 构成双星编队,以太阳同步轨道近距离编队飞行,形成分布式 SAR 系统,类似于一个很灵活的双天线 InSAR 系统,可以减少时间去相干和大气效应对干涉图像质量及精度的影响。意大利帕维亚大学的 Dell'Acqua 等联合利用高分辨率 SAR 图像及干涉 SAR 图像进行地表特征提取与快速测图。在 InSAR 数据处理方面,国外已相继出现了专门的商业软件和开源软件,如瑞士的 Gamma 软件、加拿大的 EarthView InSAR 软件、ASF(Alaska Sar Facility)的 InSAR 软件、ERDAS 软件和 ENVI 软件中的 InSAR 处理模块、Doris InSAR 软件、NEST 软件、PolSARpro 软件和 S1 Toolbox 软件等。

我国自 20 世纪 70 年代开始研究 SAR 对地观测技术,建设自主知识产权的硬件系统是发展我国 SAR 图像测绘事业的根基。20 世纪 70 年代末,中国科学院电子学研究所研制出我国首台机载 SAR 样机,并成功在云南腾冲进行了对地观测试验。2004 年,中国科学院电子学研究所成功研制了"机载干涉 SAR 系统",获取了 InSAR 数据并进行了地形测量试验。"十一五"期间,中国科学院电子学研究所等单位承担了国家 863 重点项目"高效能航空 SAR 遥感应用系统",进行了自主知识产权的机载多波段多极化干涉 SAR 系统研制,该系统可获取 0.5~5 m 分辨率的极化与干涉 SAR 数据;战略支援部队信息工程大学地理空间信息学院科研人员先后对 SAR 图像纠正、立体定位 InSAR 处理以及多基线 InSAR 处理等关键技术进行了系统而深入的研究;中国测绘科学研究院、西安测绘研究所、武汉大学等单位的科研人员对 SAR 构像模型、单幅 SAR 图像定位以及立体 SAR 测图等技术进行了研究;西安电子科技大学、北京航空航天大学等单位科研人员从 SAR 信号模型出发,研究了 InSAR、多通道 InSAR 及多输入多输出(Mutiple Input Mutiple Output,MIMO)InSAR 等处理技术。2006 年起,国家西部地形图空白区测图工程启动,利用 5 年时间完成了 200 万 km^2、5 032 幅 1:5万地形图和地表覆盖图测图任务。西部 1:5万地形图空白区测图工程分布区域大多地形和气候复杂多样,交通条件恶劣,对测图技术提出了更高的要求。例如,常年云雾覆盖的横断山脉地区,采用常规光学观测手段难以完成测图任务,而利用具有自主知识产权的机载 SAR 系统就实现了 X 波段干涉 SAR 数据和 P 波段极化 SAR 数据的获取,解决了该区域数据获取的难题,InSAR 及立体 SAR 测量技术在该区域地形测绘中发挥了重要的作用。

总体而言,我国对微波遥感技术的研究起步较晚,技术成熟度与实用化程度均比国外有所落后。为了促进我国 SAR 对地观测技术的发展,提高以 SAR 作为重要观测手段之一的测绘信息保障能力,国家出台了一系列纲领性文件。2006 年,国务院发布的《国家中长期科学和技术发展规划纲要(2006—2020 年)》将高分辨率对地观测列为重大专项,旨在发展我国对地观测技术。为了促进对 SAR 数据的处理能力,“十二五”期间该专项特别开设了“SAR 图像三维信息重建技术”“SAR 遥感图像高精度定位技术”和“SAR 图像地物要素智能化提取技术”等专题。针对当前海量多源 SAR 图像处理和信息提取的技术瓶颈,着眼于高精度地形测绘、土地利用与植被覆盖监测等国家重大应用需求,国家 863 计划地球观测与导航技术领域设置了“面向对象的高可信 SAR 处理系统”主题项目,以期提高我国 SAR 数据的应用能力。2007 年《国务院关于加强测绘工作的意见》强调积极开展基础地理信息变化监测和综合分析工作,及时提供地表覆盖生态环境等方面的变化信息,为加强和改善宏观调控提供科学依据。2012 年我国全面启动基础地理国情监测工作,雷达摄影测量将发挥不可或缺的应用价值。在高分辨率对地观测重大专项国家 863 计划、基础地理国情监测等科技计划的支持下,我国正在全面开展 SAR 图像高精度定位与三维信息提取等微波遥感关键技术研究。

微波遥感技术在地形测绘领域的应用,有两件大事凸显了其快速、全天时、全天候等优势。第一件大事是 2000 年美国奋进号航天飞机执行的航天飞机雷达地形测绘任务,仅在 11 d 的时间里就获取了全球 80%陆地表面的干涉 SAR 数据,并对这些数据进行处理,生成了绝对平面精度 20 m、绝对高程精度 16 m 的全球 DEM 数据。第二件大事是 2006—2011 年我国西部 1:5万地形图空白区测图工程,在该工程中,雷达摄影测量技术在常年云雾覆盖的横断山脉等地区的地形图测绘中发挥了重要作用。

除应用于地形测绘外,微波遥感还广泛应用于地表形变监测、城区测图与地下测图等领域。随着我国社会、经济快速发展,东南沿海城市地表沉降问题日益突出,水利枢纽工程、高速铁路、高速公路等大型线状地物形变监测需求迫切,非城市地区地质灾害的监测与防治任务加重。采用合成孔径雷达差分干涉测量(differential interferometric synthetic aperture radar, DInSAR)技术,对形变后获取的干涉数据和形变前获取的干涉数据(或在形变前 DEM 的支持下)进行差分干涉处理,能以厘米甚至毫米级的精度获取地表微量形变信息,在快速大范围地表形变监测、山体滑坡监测、地震位移测量、火山运动监测等领域均具有重要应用价值。

目前,微波遥感技术正向着稀少控制甚至无控制、多平台、多波段、多极化、多分辨率、多基线、阵列天线 SAR 成像以及摄影测量处理的高精度、自动化、智能化等方向发展。

二、SAR 图像解析基础

SAR 影像的灰度是地物单元后向散射回波强度的表现形式。理论及试验结果表明雷达 SAR 影像的灰度变化取决于后向散射系数 σ^0 的大小,而影响 σ^0 的因素可分为两类:一类因素为雷达系统的工作参数,主要包括工作极化、波长、波束入射角、探测方向等;另一类因素为地域参数,包括所照射区域物质的复介电常数、表面粗糙度、体散射、当地入射角、地域目标的几何形状和走向等。

(一)SAR 图像辐射特性

1. 极化

极化是指电磁波在一个振荡周期内空间一给定点上的电场强度矢量的方向。在微波遥感领域,极化是一种目标特征的载体,对提取地域微波散射特性十分重要,同一地区的不同极化电磁波与目标相互作用时,会导致目标对电磁波的响应不同,因此不同极化的图像会表现出差异,这种差异增加了识别地物目标的信息量,提高了雷达的探测能力。但由于地物目标的多变性(如表面粗糙度),很难断言某种极化最佳。一般来说,大多数自然地物目标对HH极化波能产生较强的回波,即HH极化的雷达图像能比较详细地反映地表面的结构,地形信息量丰富,故用于地形测绘和资源调查的SAR多采用HH极化方式。当地物目标本身大小远远大于雷达波长时,表面光滑的地物HH回波大于HV回波;同一图像中的两种地物目标,粗糙度大者在HV图像上显示较亮。当地物表面粗糙(如树木、农作物、耕地等),且回波与入射角无关(地表散射各向同性)时,HH和VV回波基本上没有什么差别。对于光滑表面的地物(如河滩、水体等),HH回波比VV回波低,图像色调会显示出差异。对于房屋建筑,HH的回波通常大于VV回波。交叉极化(HV、VH)的回波比同极化的回波低很多(通常低8~25 dB),例如在HH图像上明显的白色桥梁,在HV图像上的影像为深灰色。HV图像基本与HV图像效果相同,故实际上很少采用。

当采用极化波照射地物目标时,多数地物目标产生的回波的极化性质和照射波极化性质相同,少数地物目标的回波因受某种目标参数的影响,会发生电场矢量方向的改变,即回波的极化性质将不同于照射波的极化性质,此现象称为去极化。例如,雷达发射水平极化波时,去极化回波是指垂直极化波,又称交叉极化波。换言之,从参考极化到交叉极化(正交极化)的转换称为去极化,产生去极化现象的原因主要是地物目标表面(在某些情况下包括地表以下一定深度)几何形状不同,也与地物目标的湿度大小有关。当电磁波入射到一个由两个相互正交的面组成的几何体(双面角反射器)时,经过两次反射,电场矢量方向改变90°,产生去极化现象;当电磁波入射到一个由三个相互垂直的面组成的几何体(三面角反射器)时,经过三次反射电场矢量方向没有改变,不产生去极化现象,即电磁波发生偶数次反射时,产生去极化现象;当电磁波发生奇数次反射时,不产生去极化现象。

综上所述可以认为,不符合镜面反射又不太粗糙的目标,一般无去极化现象,若发射水平极化波,则HV回波低于HH回波,地物目标在图像上呈现亮的色调。相对粗糙的表面,常发生强烈的去极化现象,HV回波一般大于HH回波。当偶数次反射目标居多时,HV回波一定强;当奇数次反射目标居多时,HH回波一定强。但自然界物体千变万化,目标的几何形状引起的多次反射错综复杂,很难确定哪种反射占优势,所以一般图像上两种极化都不同程度地存在着。研究表明,HH和HV极化间的差异随着表面粗糙度的增加而减小,因此在HH和HV图像上的粗糙地物目标色调比较相似。

2. 复介电常数

复介电常数是描述物体表面电性能的复数介电常数,目标的复介电常数是影响雷达图像色调的一个重要因数,它是确定物体表面反射率和发射率的主要物理量。复介电常数 ε_λ 可以用电容率(介电常数) R 和电导率 κ 表示为

$$\varepsilon_\lambda=\varepsilon'_\lambda-\mathrm{j}\varepsilon''_\lambda=\frac{R}{\varepsilon_0}-\mathrm{j}\frac{\kappa}{2\pi f\varepsilon_0} \tag{7-1}$$

式中:ε_0 为真空介电常数;f 为频率;$\mathrm{j}=\sqrt{-1}$ 为复介电常数的实部,其随波长而变;ε''_λ 为复介电常数的虚部,它取决于组成物体物质的电导率 κ,即它反映了电磁波在传输过程中的损耗或衰减,当 $\varepsilon''_\lambda=0$(即没有传输损耗)时,物质为透明体,当 ε'_λ 和 ε''_λ 都很大时物体呈现金属性质,是良好的反射体。

复介电常数的大小与目标位体积物质的液态含水量几乎呈线性增长关系,即含水量高,则介电常数就大,其对电磁波反射率就高,回波就强,图像就亮,但穿透力就小;反之亦然。

自然界大多数地物目标(如植被土壤、岩石等)干燥时的介电常数为 3~8,而水的介电常数可接近 80,可见水的介电常数高,它对各种含水物质的影响极大,在雷达图像解译中,含水量经常是复介电常数的代名词,对植被土壤湿度的分析起着十分重要的作用。

影响复介电常数的另一因素是地物目标的电导率。微波能量的损失和衰减是地物目标电导率和波长的函数,一般来说,频率越高,物质的衰减作用越大,有效穿透越低,这对植被的回波影响较大。当频率高时,因为穿透能力差,回波主要来自植被上部;而频率低时,由于穿透力强,回波主要来自植被下面的地表面。另外,导电率大的物体,如金属有较大的复介电常数,其对雷达波是很强的反射体,在雷达图像上表现为浅色调影像。

3. 表面粗糙度

表面粗糙度有宏观范围粗糙度、中等尺度粗糙度和微观小尺度粗糙度之分,这里主要讨论在雷达分辨率单元范围内的微观粗糙度。微观粗糙度与宏观的地形高低起伏不同,它通常由砂、石砾等颗粒和植被枝、叶基准表面的结构所决定,一般以分辨率单元范围内高差的均方根来度量,即

$$h = \sqrt{\frac{1}{n}\left(\sum Z_i^2 - n\overline{Z}^2\right)} \tag{7-2}$$

式中:Z_i 为各取样点对基准面的高差;$\overline{Z}$ 为所有取样点高差的平均值;n 为取样点的数量。

表面粗糙度根据高差均方根 h 的大小分为光滑表面、中等粗糙表面、粗糙表面三种类型。如图 7-1 所示,两条入射波 AB 和 CD 在俯角为 β 时,入射到高差为 h 的地面上,引起的波程差为

$$\Delta r = 2h\sin\beta \tag{7-3}$$

这时,两条射线的相位差为

$$\Delta\varphi = \frac{2\pi}{\lambda}\Delta r = \frac{2\pi}{\lambda}2h\sin\beta \tag{7-4}$$

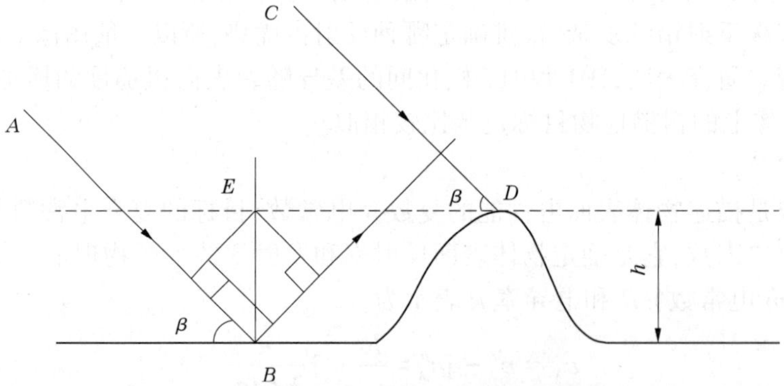

图 7-1　两路入射波波程差示意图

若 $\Delta\varphi<\pi/2$,则两射线将叠加而加强;若 $\Delta\varphi>\pi/2$,则两射线将因叠加而减弱。因此,瑞利准则取 $\Delta\varphi=\pi/2$ 作为光滑面与粗糙面的分界线。当 $\Delta\varphi=\pi/2$ 时,由式(7-4)可得

$$h = \frac{\lambda}{8\sin\beta} \tag{7-5}$$

因此,判别地物表面的瑞利准则为:当 $h<\lambda/8\sin\beta$ 时,为光滑表面;当 $h>\lambda/8\sin\beta$ 时,为

粗糙表面。

但是,按照这一准则不能区分不同粗糙程度的表面。为此,1971 年皮克(Peake)和奥立佛(Oliver)通过理论推导,进一步修改了瑞利准则,将表面状况分为三类。他们提出的准则如下:

(1)若 $h<\frac{\lambda}{25\sin\beta}$,则地物表面为光滑面;

(2)若 $h>\frac{\lambda}{4.4\sin\beta}$,则地物表面为粗糙面;

(3)若 $\frac{\lambda}{25\sin\beta}<h<\frac{\lambda}{4.4\sin\beta}$,则地物表面为中等粗糙面。

由地物表面分类准则可知,粗糙度不仅取决于 h,还与雷达工作波长 λ 和粗糙表面俯角 β 或入射角有关。因此,地物表面粗糙度是一个相对的而不是绝对的参数。对于同一地物表面,在固定俯角时,对不同的雷达波长可呈现光滑、中等粗糙或粗糙表面三种类型。同样,在给定雷达波长时,对不同的波束俯角,也呈现出不同的粗糙类型。光滑表面与粗糙表面的雷达回波强度与俯角的关系如图 7-2 所示。

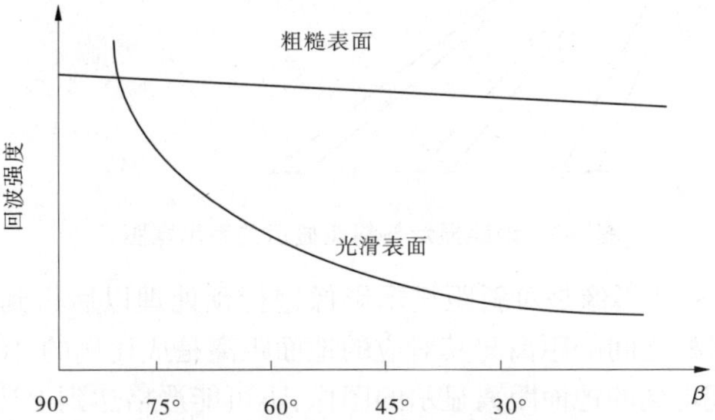

图 7-2 雷达回波强度与俯角的关系

地物表面粗糙度对雷达回波强度影响很大,因而也对雷达图像的辐射特性产生极大影响。

光滑表面对雷达波产生镜面反射,其规律服从菲涅尔定律,即反射角等于入射角,被反射的能量主要集中在反射波束中心线附近很小的立体角范围内,其他方向没有能量反射。因此,只有当雷达波束垂直入射地物表面时,才有很强的回波,一般情况下,几乎没有回波信号,故光滑表面在雷达图像上的色调为黑色。在实际应用中,静止的水面、机场跑道、平坦的道路、平屋顶等都可认为是光滑表面。

对于中等粗糙表面,被反射的能量不再完全集中在反射线的方向,而是在各个方向上均有反射能量的分布。这时镜面反射方向的能量仍占大部分,雷达天线可以接收到部分回波,故中等粗糙表面在雷达图像上为灰色调。

粗糙表面对雷达波产生漫反射,即入射波能量以入射点为中心,在整个半球空间内向四周各向同性地反射能量。此时无论雷达天线俯角如何变化,天线都可以接收到较强的回波,故粗糙表面在雷达图像上为亮色调。草地、森林、裸地等一般属于粗糙表面。

(二) SAR 图像几何特性

合成孔径雷达采用侧视成像的方式,在方位向上,按平台飞行的时序记录成像;在距离向上,按地物目标反射信息先后来记录成像。SAR 成像的这一特点使 SAR 影像上显示出距离向比例尺不一致、近距离压缩、叠掩、阴影等特殊的几何特点。

1. 斜距与地距显示

通常使用的 SAR 影像有两种:斜距显示的 SAR 影像和地距显示的 SAR 影像。利用 SAR 原始数据进行成像处理获取的 SAR 影像是斜距显示的 SAR 影像。对于斜距显示的 SAR 影像,距离向上每个像点的坐标与 SAR 天线到对应地面点的距离成正比。其实质是以天线为中心,以斜距为半径的同心圆在像面上的投影,如图 7-3 所示,地物 A、B、C 在斜距显示的 SAR 影像上的成像为 A'、B'和 C'。

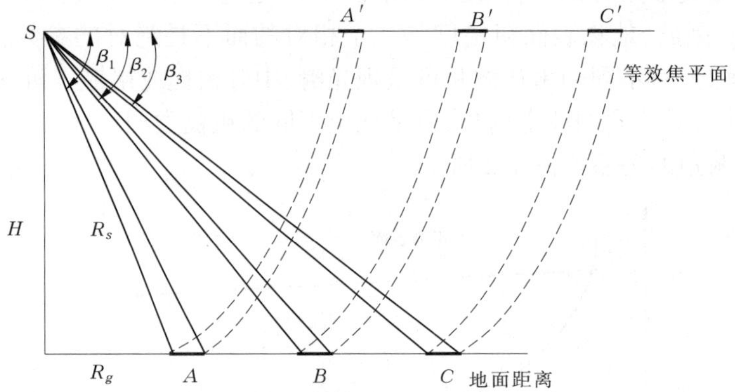

图 7-3 地距显示与斜距显示关系示意图

地面距离显示的 SAR 影像是对斜距显示影像进行预处理以后得到的。在地面距离显示的图像上,各地物目标之间的距离与其对应的地面距离是成比例的,图像比例尺是一个常数,但实际上经预处理得到的地面距离显示的图像,不可能严格达到上述要求。

如图 7-3 所示,设某一地物目标的斜距为 R_s,地距为 R_g,SAR 平台飞行高度为 H,俯角为 β,则有

$$R_g = R_s \cos\beta \tag{7-6}$$

或

$$R_g = \sqrt{R_s^2 - H^2} \tag{7-7}$$

由式(7-6)和式(7-7)可知,就平地而言,要将斜距 R_s 变换为地距 R_g,必须精确知道飞行高度 H 或俯角 β,对于丘陵地或山地,要严密进行斜距与地距之间的换算,还需要知道地物目标点的高程。在预处理中,要精确获取这些参数是困难的。

由式(7-6)可知,斜距与地距之间的转换是一个非线性关系,在将斜距显示的影像转换成地距显示的过程中,无论是采用在成像过程中加入延时补偿装置,还是根据雷达图像的辅助数据,按一定的数学模型来进行变换,都只能是近似的。

对于平地而言,地面显示的图像能较正确地反映地物目标间的几何关系,但对于山地、丘陵地,仍不能校正地面起伏、叠掩等影响,从一定意义上讲,地距显示的图像破坏了雷达系统成像的几何关系,斜距显示的图像虽然几何畸变较大,但仍保持了雷达系统成像的几何关系,这就为雷达图像进行精密几何校正提供了良好的基础。因此,相比较而言,斜距显示的图像是摄影测量用户理想的产品。

2. 近距离压缩

在斜距显示的图像上,地面上等间距的地物目标间距都缩短了,但近距端要比远距端缩短得更多,使图像产生几何畸变,这种现象称为近距离压缩,如图 7-4 所示。

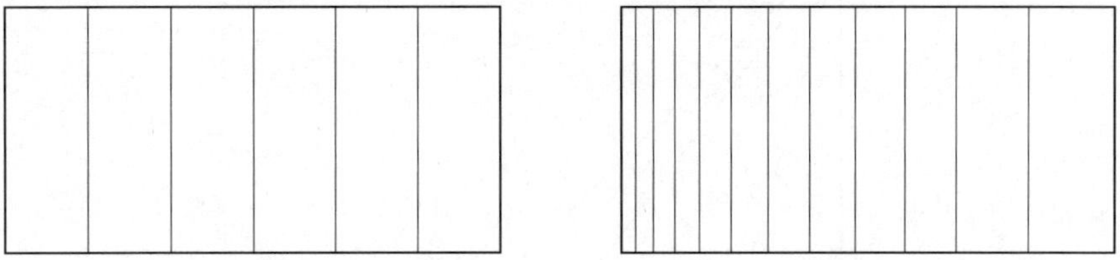

(a)无变形的图形　　(b)斜距投影变形的图形

图 7-4　近距离压缩示意图

在图 7-3 显示的几何关系中,设地距 $A=B=C=L$,则 $A'=L\cos\beta_1$,$B'=L\cos\beta_2$,$C'=L\cos\beta_3$,由于俯角 $\beta_1>\beta_2>\beta_3$,所以 $A'<B'<C'$。由此可见,在斜距显示的图像上,地物在近距离端被压缩,相对于近距离端而言,在远距离端则被拉长,因此 SAR 影像在远距离端的分辨率较近距离端要高。当俯角变化较大时,在近距离端地物目标影像变形明显,直线地物目标的影像变为曲线,方形田块变为菱形影像。当俯角变化较小时,影像变形不明显。

由于近距离压缩,斜距显示的图像在距离向上各处比例尺皆不相同,图像比例尺随天线俯角的增大而减小,即近距离端图像比例尺小,远距离端图像比例尺大。

3. 透视收缩

在斜距显示的雷达图像上,斜坡的长度按比例尺换算后总比其实际长度要短,这种现象称为透视收缩。

在斜距显示的雷达图像上,斜坡的长度是入射角 θ 的函数。所谓入射角,是指雷达波束与反射面法线间的夹角。当地面平坦时,入射角等于侧视角,如图 7-5(a)所示。设斜坡上天线 AB 的长度为 L,其在斜距显示的雷达影像上的投影 $A'B'$ 的长度为 L_F,则由图 7-6 可得:

$$L_F = L\sin\theta \tag{7-8}$$

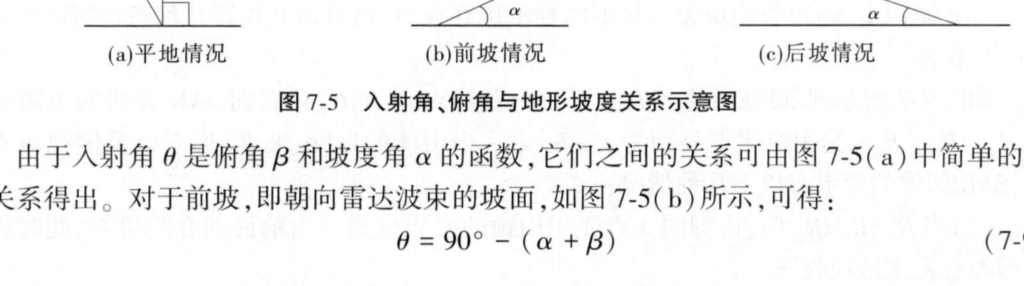

(a)平地情况　　(b)前坡情况　　(c)后坡情况

图 7-5　入射角、俯角与地形坡度关系示意图

由于入射角 θ 是俯角 β 和坡度角 α 的函数,它们之间的关系可由图 7-5(a)中简单的几何关系得出。对于前坡,即朝向雷达波束的坡面,如图 7-5(b)所示,可得:

$$\theta = 90° - (\alpha + \beta) \tag{7-9}$$

对于后坡,即背向雷达波束的坡面,如图 7-5(c)所示,可得:

$$\theta = 90° + \alpha - \beta \tag{7-10}$$

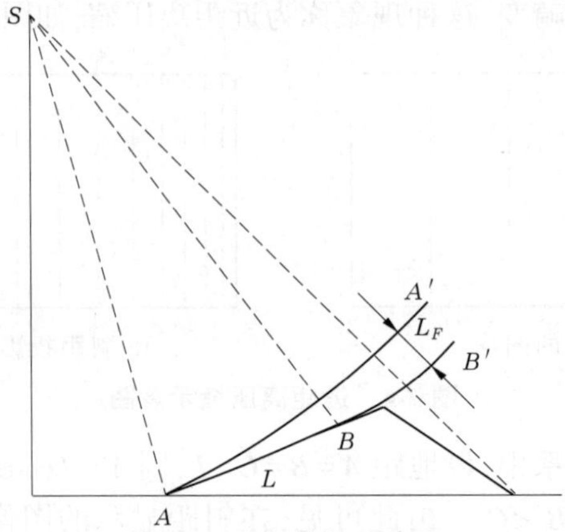

图 7-6　透视收缩示意图

由以上分析可得出透视收缩具有如下特点:

(1)透视收缩现象仅在距离向上出现。

(2)透视收缩是入射角 θ 的函数。入射角的绝对值越小,透视收缩越严重。雷达图像透视收缩百分比 F_p 定义为

$$F_p = (L - L_F)/L \times 100\% = (1 - \sin\theta) \times 100\% \tag{7-11}$$

表 7-1 列出了透视收缩百分比 F_p 与入射角 θ 的关系。

表 7-1　透视收缩百分比与入射角的关系

θ/(°)	90	80	70	60	50	40	30	20	10	0
F_p /%	0	1.5	6.0	13.4	23.4	35.7	50	65.8	82.6	100.0

(3)由式(7-8)和表 7-1 可知,当 θ =90° 时,$L_F = L$,即只有当雷达波束贴着斜坡入射时,斜坡的图像才不产生透视收缩。在其他情况下,L_F 均小于 L。当 θ = 0° 时,即雷达波束与斜坡正交时,透视收缩达到最大。

(4)对同样坡度的山坡,俯角 β 越大,则角 θ 越小,因此 L_F 也越小,即同样坡度的山坡越位于近距离端,则透视收缩越大。

(5)当前坡与后坡坡度角 α 相同,且俯角 β 也相同时,前坡入射角小于后坡入射角,故前坡的透视收缩比后坡严重。由于雷达图像透视收缩实际上是电磁波能量集中的表征,故前坡的图像要比后坡亮。

SAR 影像上,透视收缩现象总是不同程度地存在着,这是由其投影几何特性所决定的。

4. 叠掩

如图 7-7 所示,假设在山的前坡上有三个目标点 A、B、C,它们到 SAR 天线的距离分别为 R_A、R_B、R_C,其相应像点分别为 a、b、c。当山体的高度、坡度、形态以及侧视角不同时,SAR 影像的变形有以下几种情况:

(1)当 $R_A<R_B<R_C$ 时,山脚的 A 点先于山顶的 C 点成像。由前面的介绍可知,此时山坡的影像会发生透视收缩。

(2)当 $R_A = R_B = R_C$ 时,山脚的 A 点、山腰的 B 点,以及山顶的 C 点到达雷达天线的距离

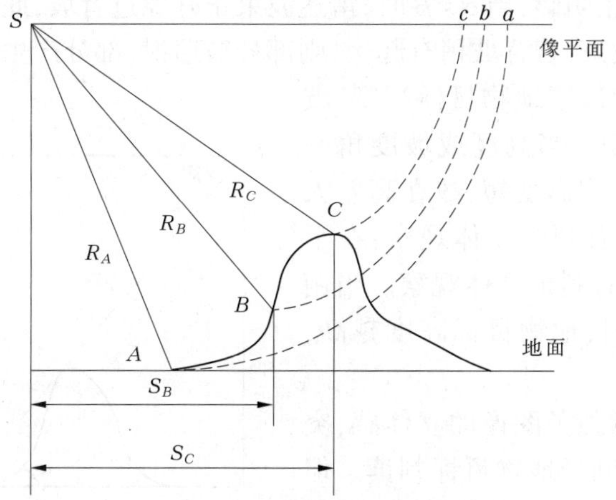

图 7-7　叠掩示意图

相等,脉冲反射信号同时被天线接收,此时像点 a、b、c 在图像上被压缩为一个像点。

(3)当 $R_A > R_C$ 时,透视收缩进一步发展,山顶的 C 点先于山脚的 A 点成像,此时顶部与底部的影像颠倒显示,这种现象称为顶底位移。

上述第二种和第三种情况统称为叠掩。在 SAR 影像上,叠掩是指地距大的目标先于地距小的目标成像,或多个地物目标成像为一个像点的现象。

SAR 影像的叠掩有如下特性:

(1)叠掩仅在距离向的前坡出现,后坡不会出现叠掩。

(2)雷达图像叠掩严重破坏了图像质量。一方面顶底位移使山顶点和山底点颠倒显示;另一方面,由于多个地面目标成像于一点,使回波信号成倍增加,从而叠掩区比周围景物更亮。

(3)叠掩的产生与入射角有关,由于入射角是俯角 β 和坡度角 α 的函数,故叠掩产生条件可以表示为:

$$\theta = 90° - (\alpha + \beta) < 0° \quad 或 \quad \alpha + \beta > 90° \tag{7-12}$$

另一种判读叠掩的方法是考察距离向像点的斜距是否减小。若减小,则出现叠掩。如图 7-7 所示,设地物目标 B 和 C 的地面距离为 S_B、S_C,相应斜距为 R_B、R_C,若 $S_C > S_B$ 且 $R_C \leq R_B$,则产生叠掩。

从上述判读叠掩的方法可知,并不是任何高出地面的地物目标都会产生叠掩,只有满足以上条件时,才会产生叠掩。当地物目标坡度较大,如陡峭的山地,或雷达波束俯角较大时,出现叠掩现象的概率也就随之增加。对于同样高度的目标,在近距离位置比在远距离位置所形成的叠掩更明显。

5. 阴影

沿直线传播的雷达波束,当受到高大地物目标的阻挡时,位于目标背面的地物由于接收不到电磁波,因而无法产生雷达回波,在雷达图像上其相应的位置会显示为暗区,此即为雷达阴影。

雷达阴影仅在背离雷达的方向出现,其产生取决于雷达波束的俯角 β 和坡度角 α 的关

系。如图7-8所示,当$\alpha > \beta$时,整个背坡均显示为雷达阴影;当$\alpha < \beta$时,整个背坡都能被雷达波束照射,不会产生阴影;当$\alpha = \beta$时,雷达波束正好擦过背坡,此时若背坡为光滑表面,则不可能接收到雷达波束,若背坡稍有起伏,则部分被照射,部分产生阴影。

雷达阴影的大小取决于地物目标高度、坡度角和雷达波束的俯角。当高度或坡度角一定时,随着俯角的增大,阴影变短,故在高差大的地区,采用大角探测有利于立体观察;在平坦地区,采用小角探测有利于立体观察。当俯角和背坡坡度角一定时,地物目标高度越高,阴影越长;反之亦然。

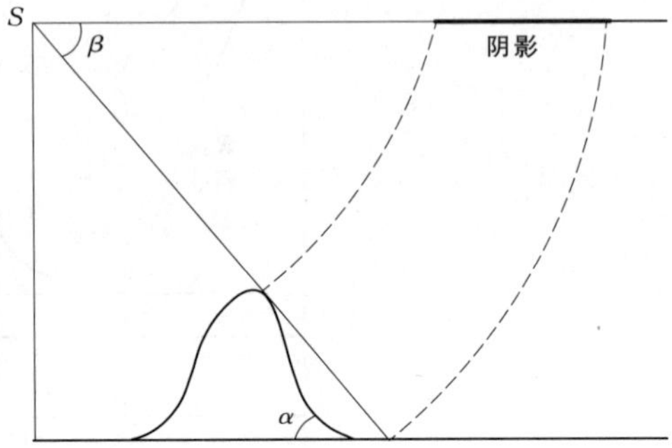

图7-8 雷达阴影

适当的雷达阴影增强了图像的立体感,突出了地物目标特征,有利于地物目标判读。但大面积的阴影,会造成阴影区内的信息丧失,不利于地物目标的判读和信息提取。

(三)SAR图像与光学图像的差异

1. 辐射特性差异

1)色调

广义而言,光谱中不同波长的光或某些不同波长的光混合,呈现出红、黄、绿、青、蓝、紫等不同的色彩表象,这些色彩的表象称为色调。色调是区别色与色之间的最主要特征。对于非彩色遥感图像而言,色调是指图像上黑白深浅的程度,它是地物目标电磁波辐射能量大小或地物目标波谱特征的综合反映。地物目标的属性、几何形状、分布范围和规律都通过色调差别反映在遥感图像上。因此,色调是图像判读的重要特征。色调差别用灰度表示。航摄像片上的灰度从白到黑分别为白、灰白、淡灰、灰、暗灰、深灰、淡黑、浅黑、黑、深黑等10级。在数字摄影测量中,根据人眼的视觉特性和实际工作需要,一般将图像灰度值量化到64~256个等级。

(1)雷达图像的色调。

雷达图像是记录地物目标微波后向散射强度的可视图像。地物目标微波后向散射强度愈强,影像色调愈浅;反之,影像色调愈深。影响地物目标微波后向散射强度强弱的主要因素有雷达系统参数和地域参数。

①雷达系统参数的影响。

雷达系统参数包括波长、入射角、极化方式、探测方向等。雷达工作波长对后向散射强度的影响有两个方面:其一,按波长去衡量地物目标表面的有效粗糙度,同一地物表面,在长波长时显得光滑,在短波长时显得粗糙;其二,波长不同,地物目标的复介电常数不同,对大多数地物目标而言,后向散射强度随波长的增长而降低,即同一地物目标,在波长较长的图像上色调较深,而在波长较短的图上色调较浅。波束入射角对粗糙表面的后向散射强度没有影响,对于平滑表面,入射角愈小,则地物目标的反射率就愈大,即后向散射强度愈强。因此,同一地物目标在侧视角(在平坦地区,侧视角等于入射角)小的图像上,其影像色调浅。在同一幅图像上,相同性质的地物目标,在近底点处可能比远底点处的色调浅。极化方式不同,地物目标在雷达图像上的色调也不同,一般地物目标在HH极化方式下后向散射强度最强,故多数雷达都采用 HH 极化方式获取地面图像。

②地域参数的影响。

地域参数主要包括所照射区域物质的复介电常数、表面粗糙度、体散射、当地入射角、地域目标的几何形状和走向等。粗糙地表面的后向散射强度强,光滑地表面的后向散射强度弱,但应指出,后向散射强度不仅与地表面粗糙度有关,而且与地物目标的几何形状(角反射器效应)和地表面的取向角(指向角)有关。一个光滑的金属表面,在某种取向时,后向散射强度可能很强,也可能很弱甚至没有。复介电常数越大的目标,其后向散射强度越强,影像色调也越浅;反之亦然。

由上述可知,雷达图像的色调受多种因素制约,影像判读时应综合考虑这些因素的影响。

(2)光学摄影像片色调。

光学(全色)摄影像片上的影像色调,主要取决于地物目标表面亮度。而地物目标表面亮度又与照度、地物目标亮度系数、地物目标表面粗糙度有关。

在太阳高度角相同时,若地物目标亮度系数(在照度相同条件下,地物表面的亮度与理想的绝白表面的亮度之比)相同,则照度大的部分亮度大,在像片上的影像色调就浅;反之则深。亮度系数大的地物目标,其影像色调浅;反之则深。地表面越粗糙,亮度系数越小,影像色调越深。光滑地表面,呈镜面反射,当反射光射入摄影机镜头时,则影像呈亮白色;否则影像为黑色。此外,光学摄影像片上的影像色调还受到摄影时的天气、光和冲洗条件等因素的影响。

2)阴影

由于雷达是以一定的俯角侧视工作的,故在图像上将出现地物目标的阴影。雷达图像上的阴影仅在距离向背离雷达的方向上出现,即阴影方向与雷达探测方向一致,其阴影长度与地物目标高度、俯角的大小有关,但由于合成孔径雷达属主动式传感器,故雷达图像上阴影的方向和长度与太阳方位角和太阳高度角无关。

光学摄影机属被动式传感器(收集来自地面的电磁波),故其像片上阴影的方向取决于太阳方位角,阴影的长度取决于目标的高度和太阳高度角。

3)斑点噪声

由于合成孔径雷达发射相干电磁波,因此各小散射体目标的回波是相干的。由于这些回波相互干涉,造成实际点目标回波的振幅和相位并不完全由地物目标的散射系数决定,而是围绕散射系数值有很大的随机起伏,这种随机起伏反映在图像上,会使具有均匀散射系数的目标并不具有均匀的灰度,因而出现许多斑点。

光学摄影像片(全色片)是地物目标对太阳光波反射能量的记录,故不会产生斑点效应。

2. 几何特性差异

雷达图像与光学摄影像片在几何特性上的差异主要从投影方式、观测方式、透视收缩、地形起伏引起的影像移位等方面来比较说明。

1)投影方式

合成孔径雷达图像属斜距投影类型,且在每一瞬间只构像一个点,故也属于动态传感器类型,即整幅影像在扫描构像过程中,传感器的位置和姿态随时间而不断地变化。

框幅式摄影像片属于中心投影类型,且整幅影像是在一次曝光瞬间全部形成,属于面积成像类型。因此,框幅式摄影像片上每个像点的构像方程式中,所对应的外方位元素参数是相同的,故框幅式摄影机属于静态传感器。当然,光学传感器中也有动态传感器类型,也可以是逐点(如 Landsat 卫星 TM 图像)、逐行(如 SPOT 卫星线阵列 CCD 扫描图像)或逐列(如中国科学探测和技术试验卫星全景摄影像片)扫描成像,但皆属于中心投影成像。

2)观测方式

合成孔径雷达一般都采用正侧视观测成像,即雷达波束以一定的侧视角射向被测绘的地区。这是为了提高距离分辨率,使图像上地物目标轮廓比较清晰,并有较好的对比度。侧视角越小(俯角越大),离底点越近的图像质量越差。一般来说,在离底点小于半航高的区域内,雷达不能成像,称为"死区"。

光学遥感图像除某些特殊需要,例如法国 SPOT 卫星,为了获取旁向立体和增加重复观测频率,缩短重复观测周期而采用侧视观测外,一般皆不采用侧视观测方式,而是采用近似垂直(竖直)观测方式。因侧视观测易造成摄影"死角",给地物目标判读带来困难,同时给像片的摄影测量处理带来不便。

3)透视收缩

在合成孔径雷达图像上,同一坡度的地物目标,在近距离端(俯角大)长度收缩严重,即离底点越近的地物目标,长度收缩越大;反之亦然。

光学摄影像片上透视收缩与雷达图像上透视收缩刚好相反,即离底点越近的地物目标,长度收缩越小;反之,长度收缩越大。

4)地形起伏引起的影像移位

在斜距显示的雷达图像上,地形起伏引起的影像移位为

$$dy = h\cos\varphi / m_y \tag{7-13}$$

式中:h 为地物目标点对基准面的高差;φ 为侧视角;m_y 为距离向图像比例尺分母。

由摄影测量学可知,在框幅式摄影像片上,地形起伏引起的影像移位 δ 为

$$\delta = hr/H \tag{7-14}$$

式中:H 为摄站对基准面的高度(航高);r 为像底点至像点的辐射距离。

在雷达图像和光学摄影像片上,由于地形起伏引起的摄影移位具有如下异同点:

(1)由地形起伏而引起的影像移位,在雷达图像上是由距离投影与垂直投影方式的差异而引起的;在光学摄影像片上是由中心投影与垂直投影方式的差异而引起的。两者影像位移的参照点(目标垂直投影点的像点)是相同的,而成像的像点位置是不同的,前者是距离投影的像点,而后者是中心投影的像点。

(2)不论是在雷达图像上,还是在光学摄影像片上,由地形起伏引起的影像移位的大小,皆与地物目标点相对于基准面的高差 h 成正比。

(3)在雷达图像上影像移位随影像距底点的辐射距增大(角增大)而减小。在光学摄影像片上,影像移位随影像距底点的辐射距增大而增大。

(4)在雷达图像上,高出基准面的地物目标影像移位的方向是向着底点移位;在光学摄影像片上则刚好相反。

5)叠掩

雷达图像上的叠掩表现为两种现象,即顶底位移和多个地物目标点成像于一个像点。

顶底位移现象是由雷达图像采用距离投影的结果，在中心投影的光学摄影像片上，不可能出现这种现象。但可能出现两个或两个以上的地物目标点成像为一个像点的现象，即在陡峭山地，当地形坡度方向和摄影光线重合时（相当于地面一线段的延长线通过投影中心），会出现多个地物目标点构像于一个像点的现象。

3. 影像分辨率差异

在地面距离显示的雷达图像上，距离向分辨率与线性调频脉冲信号的带宽 B 成反比，且随入射角（在平坦地区即为侧视角）变化而变化，即离底点越近，分辨率越低；离底点越远，分辨率越高。SAR 影像的方位向分辨率与平台飞行高度和作用距离无关。

光学摄影像片影像分辨率主要取决于镜头分辨率和摄影胶片分辨率。由于镜头存在着像差，故镜头中心部分的分辨率比边缘部分高，即光学摄影像片中心部分影像分辨率高，边缘部分影像分辨率低，且影像分辨率随平台飞行高度的增大而降低。

活动二　SAR 图像的解译

资源与器材：SAR 图像、微波遥感 PPT。

本活动的主要目的是掌握微波遥感图像的辐射校正及解译。

【知识导航】

对于 SAR 图像的解译，由于 SAR 成像机制的限制，其影像色调和人眼观察目标时的经验不相符，因而给 SAR 图像的解译带来较大困难。为了达到较好的解译效果，一般需要先消除辐射畸变和几何畸变的影响，再进行解译。

一、SAR 图像辐射校正

为了根据 SAR 图像强度准确获取地面点的后向散射信息，需要进行绝对辐射定标和辐射校正。如果 SAR 系统未进行绝对辐射定标和辐射校正，也可采用相对辐射校正或 SAR 图像增强方法，提高 SAR 图像的可视化效果和判读能力。

（一）SAR 图像增强

目前一些国产机载 SAR 系统在遥感测绘示范应用时，尚未进行天线方向图检测和辐射校正，获取的 SAR 强度图像受天线方向图和作用距离的影响较大，具体表现为近距端和远距端的 SAR 图像色调较暗，距离向中心部分色调较亮，给图像显示、判读和解译带来困难，影响了其测绘示范应用效能。

1. 影响机载 SAR 图像强度的主要因素

在 SAR 系统发射功率、调制波形和天线增益一定的前提下，影响机载 SAR 图像强度的主要因素是天线方向图和作用距离。

雷达天线方向图表征了雷达天线辐射特性与空间角度的关系。它对 SAR 成像强度和信噪比的影响最大。沿雷达天线方向图主瓣中心方向，SAR 成像强度最大，信噪比最高；从主瓣中心方向向两侧成像强度依次减弱，且夹角大于半功率角后强度减弱加剧。雷达天线方向图的影响会造成 SAR 图像沿距离向呈中间亮、两侧暗，中间信噪比高、两侧信噪比低的特点，给 SAR 图像显示和应用带来极大影响。

雷达作用距离对 SAR 成像强度的影响，可用雷达方程定量表达：

$$P_r = \frac{P_t G_t^2 \lambda^2}{(4\pi)^3 R^4}\sigma \tag{7-15}$$

式中：P_t 为雷达发射机的发射功率；G_t 为雷达天线的增益；λ 为波长；σ 为目标的有效散射面积；R 为目标和天线之间的距离。

由式(7-15)可知，若仅有作用距离的影响，则 SAR 成像强度与作用距离的 4 次方成反比，因此作用距离越远，SAR 图像强度越小、信噪比越低。作用距离的影响会造成 SAR 图像近距处亮、信噪比高，远距处暗、信噪比低的特点。

在机载 SAR 成像时，图像强度会受到雷达天线方向图和作用距离的综合影响，其总体变化趋势是：近距处和远距处 SAR 图像强度小、信噪比低，中心距离处 SAR 图像强度大、信噪比高。

由于实际成像时距离向采样范围较大，受天线方向图的影响，图像两侧的强度和信噪比均大幅度降低。在影响成像强度和信噪比的各因素中，天线方向图的影响会使靠近距离向两侧的图像亮度降低，而作用距离的影响会使图像沿距离向由近及远逐渐变暗。通常，可以截取信噪比和强度较好且均匀一致的距离向中心区域的图像进行测绘应用，但这种应用方案会减小 SAR 图像的测绘带宽，降低所获取数据的利用效能。

虽然成像时 SAR 图像中各像点的斜距 R 是已知的，但由于成像时超出了半功率角对应的覆盖范围，对作用距离的影响进行相对校正后，也难以获得强度均匀一致的 SAR 图像，仍然会中间亮、两侧暗。

2. 天线方向图未知的 SAR 图像增强

由于天线方向图和作用距离对 SAR 成像的共同影响，造成了 SAR 图像呈现沿距离向中间亮、两侧暗，中间信噪比高、两侧信噪比低的情况。天线方向图和作用距离引起的 SAR 成像强度的变化信息属于低频信息，相对而言，SAR 图像中目标后向散射特性不同引起的 SAR 成像强度的变化信息属于较高频信息。因此，可以通过低通滤波方法得到天线方向图和作用距离对 SAR 成像强度影响的规律，从而进行 SAR 图像增强处理。

为了削弱天线方向图和作用距离对 SAR 成像强度的影响，提高国产机载 SAR 图像的可视化效果和判读、解译能力，可采用通过方位向强度积分计算增强因子的 SAR 图像增强方案。该方案先对 SAR 图像进行方位向强度积分，再计算体现 SAR 图像强度随距离向变化规律的增强因子并进行增强处理，从而减弱天线方向图和作用距离对 SAR 图像的影响。

天线方向图未知的机载 SAR 图像增强方案主要包括以下 3 个步骤。

1) 方位向强度积分

为了稳健地获取天线方向图和作用距离对 SAR 成像强度的影响规律，可采用方位向强度积分策略。方位向强度积分是指对各距离采样点处的强度值沿方位向进行积分，若以 x 表示 SAR 图像距离向像元坐标，y 表示方位向像元坐标，$g(x,y)$ 表示像元 (x,y) 处的强度值，N 表示方位向的采样数，则距离向像元 x 处的强度积分值 $G_A(x)$ 为

$$G_A(x) = \sum_{y=1}^{N} g(x,y) \tag{7-16}$$

2) 增强因子计算

在方位向强度积分的基础上，为了找出 SAR 图像强度随距离向变化的规律，采用频域低通滤波方法计算距离向增强因子 $r(x)$。

$$r(x)=\frac{\max[G'_A(x)]}{G'_A(x)} \tag{7-17}$$

式中：$G'_A(x)$为滤波后结果；max 表示求最大值。

在 SAR 图像增强因子计算过程中，为了提高效率，所涉及的傅里叶变换及傅里叶逆变换均采用末尾补零的快速算法。

3）SAR 图像增强

利用获取的增强因子，对 SAR 图像逐像元进行增强处理，以减弱天线方向图、作用距离等因素对成像强度的影响，提高其可视化效果。增强处理公式为

$$g'(x,y)=r(x)g(x,y) \tag{7-18}$$

通过大量 SAR 图像增强试验，发现图像覆盖范围越大，增强效果越明显。分析其原因，主要是 SAR 图像覆盖范围越大，地物、地貌等因素对增强的影响越小；覆盖范围越小，越容易受到个别强散射体或弱反射体的影响。因此，从提高增强效果和稳健性方面考虑，可采用以下策略：

（1）对整个航线全部 SAR 强度数据沿方位向进行强度积分，从而增加统计量，减弱个别强散射体或弱散射区域对增强因子的影响。

（2）对于按方位向分块的 SAR 图像，可选择其中地物、地貌分布均匀的一景 SAR 图像作为基准计算增强因子，并利用该因子对所有 SAR 图像进行增强处理。

（3）在基准 SAR 图像选择时，可优先考虑覆盖范围内均为平坦地区，且无居民地、人工建筑物等明显强散射目标和大面积水域等弱散射区域的 SAR 图像。

（二）SAR 图像地形辐射校正

在山区，地形起伏会引起后向散射截面面积的变化，当地入射角也会随着地形的起伏而变化，对 SAR 后向散射系数影响较大，可采用式（7-19）进行地形辐射校正：

$$\sigma'=\sigma_0\frac{\sin\theta_{\mathrm{DEM}}}{\sin\theta_0} \tag{7-19}$$

式中：σ'为地形辐射校正后的后向散射系数；σ_0为地形辐射校正前的后向散射系数；θ_{DEM}为当地入射角；θ_0为名义入射角。

二、典型地物的解译

在进行 SAR 图像解译时，需要依据地物形状、大小、色调、纹理、阴影、位置布局和活动特征等标志解译。物体或区域的形状，可以用来区分自然地物与人工地物；物体的大小是物体区别于周围环境的重要特征；色调是最基本的因素，反映了地物的后向散射特性；纹理是描述、识别物体的重要依据，它对色调的影响显著，纹理信息在地质和农业制图等方面具有重要的应用价值；阴影可以用来判断地形和建筑物的高度。为了提高解译效果，可辅以光学影像，或者采用多极化 SAR 图像进行影像解译。

一般来说，物体在 SAR 图像上的形状与地物形状是相似的，如铁路、桥梁在雷达图像上仍是线状，盐田耕地仍呈现明显的格状。下面介绍几种典型地物要素的解译经验。

（1）居民地。在 SAR 图像上，居民地是比较容易识别的目标之一。居民地主要由房屋、街道及居民地内或外围的树木组成。地表与房屋的墙面可构成反射器，不同高度的房屋也是强反射体，房顶也有较强的后向散射能力，居民地内树木的体散射能力显著，所以居民地

在 SAR 图像中一般呈亮色调,如图 7-9 所示。由于居民地的后向散射系数较大,较小的独立房屋在 SAR 图像中一般表现为一个亮点或亮斑。

(2)道路。SAR 图像中的道路表现为明显的线状或条带状。决定公路在 SAR 图像中色调的因素较多,如公路的材料、地势、公路两边是否有行道树、探测角度、探测波波长及极化方式等,见图 7-10。

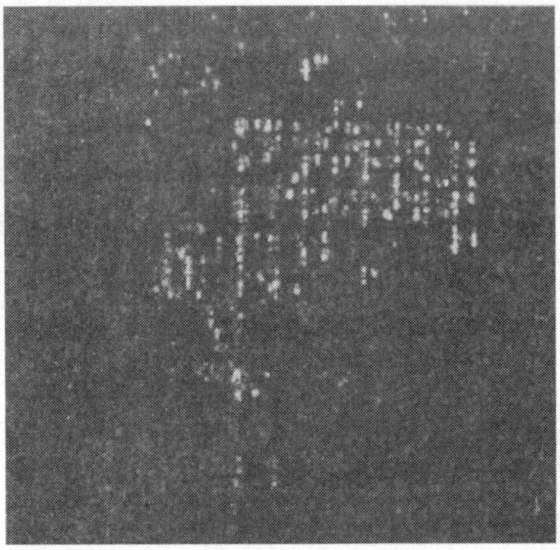

图 7-9　SAR 图像中的居民地

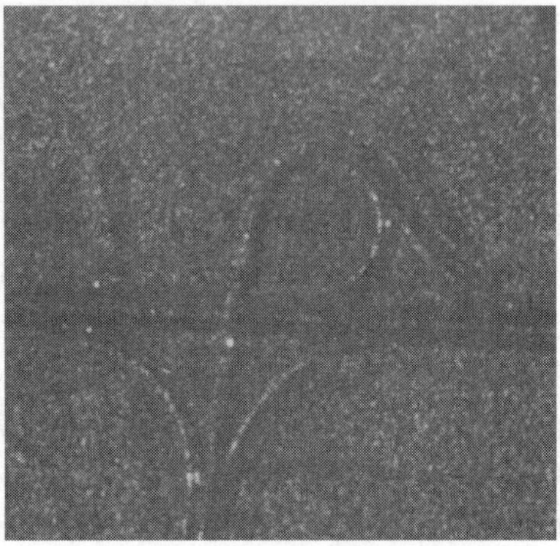

图 7-10　SAR 图像中的道路

(3)水系。如图 7-11 所示,沟渠、河流在 SAR 图像中的色调一般是中间黑,两边或一边有亮线。亮线一般是由两边的岸线形成的。由于水体一般形成镜面反射,它对微波的后向散射能力很弱,在 SAR 图像中呈暗色调,如图 7-12 所示为 SAR 图像中的湖泊。

图 7-11　SAR 图像中的沟渠

图 7-12　SAR 图像中的湖泊

任务小结:

本任务的主要目的是通过 SAR 图像辐射特性和几何特性的学习,使学生了解雷达影像与光学影像的差异,通过这种差异的对比分析学会如何利用 SAR 图像进行解译工作。

任务考核:

选择一幅学校周边地区的 SAR 影像和光学影像,通过对比让学生们真实体会 SAR 影像的辐射特性和几何特性,并学习利用 SAR 影像进行目视解译。

任务二　雷达干涉测量

任务目标:

1. 掌握 InSAR 基本原理。

2. 了解 InSAR 处理基本流程。

学习过程：

1. 课堂学习，观察雷达干涉测量干涉条纹现象和物理学实验中杨氏干涉现象的联系。

2. 课堂学习，观察和分析雷达干涉测量流程中每一步操作后干涉条纹的变化情况。

学习成果：

1. 理解 InSAR 的基本原理。

2. 理解 InSAR 数据处理的基本流程。

3. 制作 DEM、DSM。

任务实施：

本任务主要介绍 InSAR 原理与数据处理流程等。

活动一　InSAR 原理与数据处理

资源与器材：课件、由 InSAR 获取的 DEM。

本活动的主要目的是理解 InSAR 的原理、流程和 DEM 的获取方法。

【知识导航】

一、InSAR 基本原理

InSAR 获取 DEM 技术的基本原理是利用具有干涉成像能力的两副 SAR 天线或一副天线重复观测来获取同一地区具有一定视角差的两幅具有相干性的单视复数图像，并根据其干涉相位信息反演地表的高程信息，从而重建相应地区的 DEM。

根据安装在平台上天线数目的多少和数据获取方式的不同，InSAR 系统可分为双(多)天线系统和单天线系统。双(多)天线系统是在 SAR 平台上安置两(多)副天线，其中一副天线向地面发射雷达波，两(多)副天线同时接收地面的后向散射回波，从而得到相应地区的两(多)幅单视复数图像。采用该方式可以同时获取同一地区的主、辅图像，图像间的相干性较好，有利于干涉处理和应用，但它对硬件技术要求较高，成本较昂贵；单天线系统是在 SAR 平台上安置一副天线，通过对同地区的重复飞行进行观测，得到测区两幅具有相干性的 SC 图像。由于两次成像之间具有一定的时间间隔，地面状况和散射特性可能已发生变化，并且难以保证合适的基线参数，因此与双(多)天线系统相比，该方式获取的图像相干性较差。

如图 7-13 所示，设天线相位中心 A_1 的高程为 H，地面点 P 的高程为 h，天线相位中心 A_1 对目标点 P 成像时的侧视角为 θ，两天线相位中心之间的距离为基线(长度)B，基线 B 与水平方向的夹角为 α，沿视线方向的基线分量为平行基线 B，与视线方向垂直的基线分量为垂直基线 B，R 和 R' 分别为两天线相位中心到目标点 P 的斜距，ΔR 为相应的斜距差($\Delta R=R-R'$)。

根据 InSAR 的几何关系可知，地面点 P 的高程 h 为

$$h = H - R\cos\theta \tag{7-20}$$

式中，侧视角 θ 与基线水平角 α 及俯角 β 的关系为

$$\theta = \pi/2 + \alpha - \beta \tag{7-21}$$

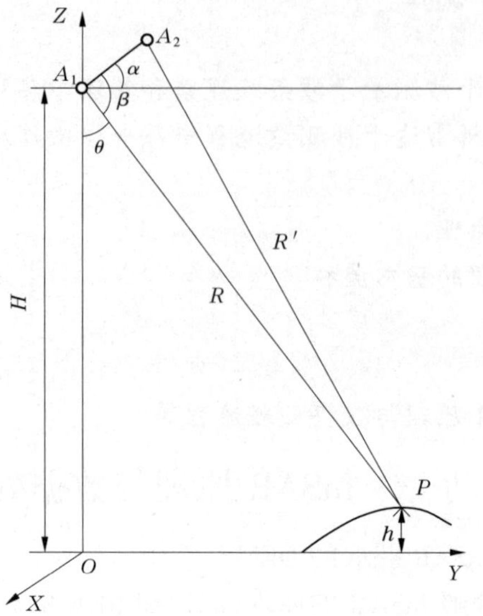

图 7-13　InSAR 几何结构

在 ΔA_1A_2P 中,有余弦定理

$$\cos\beta = \frac{R^2 + B^2 - R'^2}{2RB} = -\frac{\Delta R}{B} + \frac{B}{2R} - \frac{\Delta R^2}{2RB} \tag{7-22}$$

则

$$\beta = \arccos\left(-\frac{\Delta R}{B} + \frac{B}{2R} - \frac{\Delta R^2}{2RB}\right) \tag{7-23}$$

因此,地面点 P 的高程 h 为

$$h = H - R\cos\left[90° + \alpha - \arccos\left(-\frac{\Delta R}{B} + \frac{B}{2R} - \frac{\Delta R^2}{2RB}\right)\right] \tag{7-24}$$

记 λ 为雷达波波长,对于重复轨道类型的 InSAR 系统而言,ΔR 与理论干涉相位 $\Delta\varphi$ 的关系为

$$\Delta R = -\lambda\Delta\varphi/4\pi \tag{7-25}$$

对于双天线类型的 InSAR 系统而言,ΔR 与 $\Delta\varphi$ 的关系为

$$\Delta R = -\lambda\Delta\varphi/2\pi \tag{7-26}$$

若两次成像,地面散射特性没有发生变化,地表也不存在形变,忽略大气相位延迟和相位噪声等因素的影响,则可根据已经定标好的干涉参数(包括基线参数),由解缠干涉相位反演地面点的高程值 h,再根据 SAR 图像几何构像模型,确定对应地面点的平面坐标。

二、InSAR 处理流程

InSAR 获取 DEM 的工作流程如图 7-14 所示,主要包括图像粗匹配、图像精匹配、干涉图、去平地效应、质量图计算、干涉图滤波、残差点统计、相位解缠、干涉参数定标、高程信息反演等。其中,预滤波和去平地效应为可选步骤。

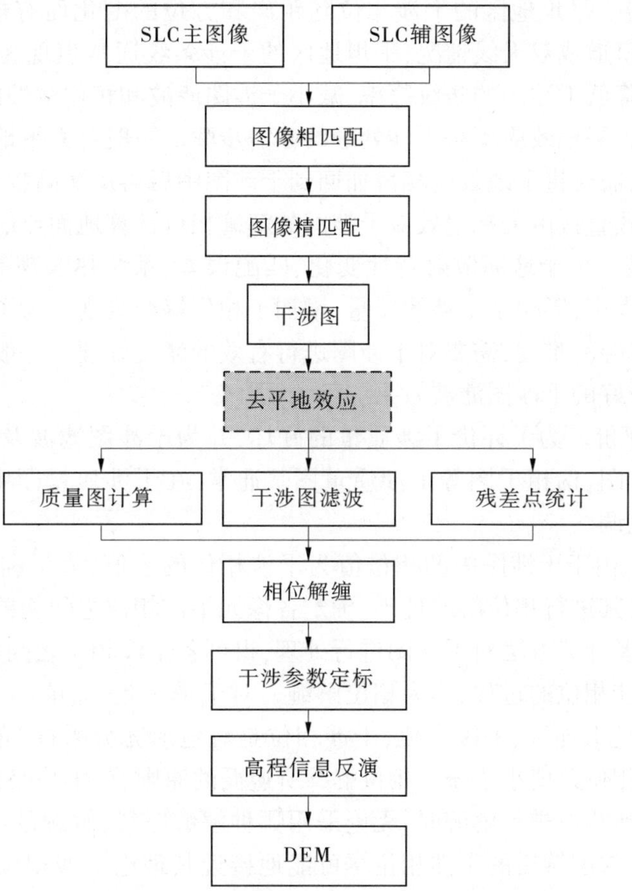

图 7-14 InSAR 获取 DEM 的工作流程

(1)复数图像配准。复数图像配准是 InSAR 处理中最基础的一步,为了得到高质量的干涉图,必须对主、辅图像进行子像元级的配准处理,以获取可靠的干涉相位。由于复数图像中既含图像的强度信息又含图像的相位信息,因此可采用的匹配测度较多,既可以用复数图像的相干系数为测度进行匹配,又可以用强度图像的相关系数为测度进行匹配,还可以用相位差的平方和最小为测度进行匹配。对星载重复轨道 InSAR 主、辅图像的配准,由于主、辅图像之间的相对偏移量未知,通常采用粗匹配、像元级匹配、子像元级匹配和配准模型计算 4 步来完成配准任务;而对于机载双天线 InSAR 主、辅图像的配准,由于图像之间的相对偏移量较小且可以进行预先估计,可以只采用像元级匹配、子像元级匹配和配准模型计算 3 步来完成配准任务。

(2)预滤波。由于基线和多普勒参数等因素的影响,InSAR 主、辅图像在距离向和方位向存在频谱偏移,从而引起干涉图中的相位噪声。为了提高主、辅图像精匹配的精度和干涉图获取的质量,可在距离向和方位向进行预滤波处理。预滤波不是干涉处理的必需步骤,可根据频谱偏移量的大小决定是否进行预滤波处理,通常的干涉处理均不采用预滤波。

(3)干涉图生成。计算出配准模型后,对主、辅图像的复数值进行重采样,并将主、辅图像相应像元的复数值进行共轭相乘,计算干涉图。

(4)去平地效应。平坦地区的干涉相位随距离和方位的变化而有规律地变化,称为平地效应。对于平行轨道或双天线情况,平坦地区的干涉条纹通常表现为沿方位的一系列竖直平行条纹。为了降低干涉图的条纹频率,减小干涉图滤波和相位解缠的难度,可进行平地效应的去除工作。去平地效应不是干涉处理的必需步骤。一般对去平地效应的干涉图进行滤波和解缠之后,还需要将平地效应相位加回到干涉图中后再反演高程信息。当然,也可以依据一定的数学公式直接由去平地效应干涉图的解缠相位计算地面点的高程值。

(5)干涉图滤波。由于地面散射特性变化、匹配误差、系统热噪声等因素的影响,干涉图中存在大量相位噪声,影响了干涉图质量,增加了相位解缠难度。为了减少干涉图中的相位噪声,降低相位解缠的难度,需要对干涉图进行有效的滤波处理。一般可采用零中频矢量滤波方法,来获得较好的干涉图滤波效果。

(6)干涉质量评价。为了评价干涉质量的好坏,并为干涉图滤波及相位解缠提供参考依据,可以计算相干图、伪相干图等干涉质量图。通常,在干涉质量图中,高相干区呈亮色调,低相干区呈暗色调。

(7)相位解缠。由于干涉图中的相位值为干涉相位的主值,为了利用干涉图获取地面的高程信息,必须对其进行相位解缠处理,确定各像元干涉相位之间相差的整周期数。采用一定的数学方法或者计算方法对干涉图进行处理,得到各干涉相位之间相差的整周期数,从而获得连续变化干涉相位的过程,称为相位解缠。对于单一频率、单一基线的干涉图,在相位解缠时,均基于"地形连续、平缓变化,干涉相位是对地形充分采样"的假定条件,此时相邻像元之间的绝对相位差值小于 π。相位解缠所遵循的原则有:①与路径无关,即干涉图中任意两点之间的干涉相位进行解缠时,无论采用哪种解缠路径,解缠的结果均应相同;②精确性和可靠性,即要求解缠后的干涉相位尽可能地接近其理论干涉相位值。常用的相位解缠方法有枝切法、质量图法、最小费用最大流法、最小 L^p 范数法等。

(8)基线估计与干涉参数定标。为了利用解缠后的干涉相位计算出相应地面点的高程信息,需要进行基线参数估计或干涉参数定标。由于高程精度受基线参数影响较大,一般情况下,基线参数误差将引起 DEM 中明显的"斜坡"效应,因此需要采用较合适的基线估计方法来精确估计基线参数或建立解缠相位与高程之间的精确模型。通常,对于单个干涉像对,为了精确地进行基线估计或干涉参数定标,需要利用至少 2 个地面高程控制点;在大区域干涉处理中,为了减少对地面控制点数量的需求,可采用区域网平差基线估计或干涉参数定标方法;在难以获取地面控制点的区域,也可采用平地干涉相位进行基线估计。

(9)DEM 重建和正射影像制作。获得了地面点的高程信息之后,可根据主、辅图像中的像点坐标及定向参数,由 SAR 图像的构像模型,进行 DEM 重建和正射影像制作。DEM 重建及正射影像制作方法包括直接法和间接法两种方法。

任务小结:

本任务的主要目的是通过 InSAR 基本原理和处理流程的学习,使学生拓宽视野,初步了解如何通过雷达影像实现地形测图。

任务考核:

给学生提供两幅 ENVISAT ASAR 数据,通过演示让学生们试着模仿如何用软件处理雷达影像,观察干涉条纹的变化,了解 InSAR 处理流程。

思政小课堂

我国首颗C波段轻小型商业合成孔径雷达遥感卫星“海丝一号”成功发射

我国首颗C波段轻小型商业合成孔径雷达遥感卫星“海丝一号”成功发射

“海丝一号”应厦门大学等单位需求，由长沙天仪空间科技研究院有限公司为卫星总体，中国电子科技集团有限公司第三十八研究所为载荷总体联合研制，是国际首颗C波段、轻小型、基于有源相控阵天线的商业合成孔径雷达遥感卫星；创造实现了基于有源相控阵天线的轻小型合成孔径雷达卫星载荷平台一体化设计等。

“海丝一号”2020年12月22日成功发射，2020年12月27日成功获取首批高质量图像、空间分辨率最高可达1 m，相关技术指标处于同类产品国际先进水平；标志着国内首次形成C波段合成孔径雷达遥感卫星商业化设计、制造和运营全流程能力。

（资料来源：长沙天仪空间科技研究院有限公司；中国电子科技集团有限公司第三十八研究所；厦门大学）

复习题

1. 简述微波遥感的要领及发展现状。
2. SAR图像的辐射特性和几何特性有哪些？
3. 简述SAR图像的辐射校正及典型地物的解译特点。
4. 简述InSAR的基本原理。
5. 简述InSAR处理的基本流程。

项目八　遥感专题制图与应用

项目概述

遥感专题是遥感技术在各个具体领域的专门应用。本项目主要选取了土地利用图、遥感影像地图、植被指数图三个专题图的制作和一个变化检测技术的应用,同时,融入无人机遥感这一新技术在测绘工程中的应用,与遥感影像分类相结合的专题应用,可以有效解决其他领域对遥感信息的急迫需求,同时可以拓展遥感应用领域,发挥遥感信息的重要作用。

学习目标

1. 掌握遥感土地利用现状的基本原理、内容、方法和流程。
2. 掌握遥感影像地图制作的内容、流程和方法。
3. 掌握遥感植被指数图的制作方法。
4. 掌握遥感变化检测的一般方法。
5. 掌握无人机 DSM、DEM、DOM 和 DLG 的生产方法。

学习成果

1. 能准确阐述遥感土地利用现状监测的流程。
2. 能准确叙述遥感影像地图制作的流程。
3. 能准确阐述遥感植被指数图的制作过程。
4. 能利用软件进行 DSM、DEM、DOM 和 DLG 的生产作业。

任务一　遥感土地利用监测

任务目标:

1. 理解遥感土地利用现状监测的意义。
2. 掌握遥感土地利用现状图制作的内容、方法及意义。
3. 能理解土地利用现状图制作的技术要素。
4. 能理解遥感土地利用现状图的应用领域。

学习过程:

1. 课堂课件学习,理解遥感土地利用现状图制作的基本理论知识。
2. 课堂学习,观看遥感影像地图应用的视频,了解遥感专题信息的用途。
3. 课内学习,动手制作一幅遥感影像地图。

学习成果：

1. 掌握遥感土地利用现状图制作的内容、方法和流程。
2. 用学习的知识制作一幅遥感土地利用现状图。
3. 用表格的形式列举遥感土地利用现状图的作用。

任务实施：

本任务主要介绍遥感土地利用现状图的基本知识及制作过程。

活动一 遥感土地利用现状图的制作

视频 8-1 遥感土地利用现状图的制作

【知识导航】

一、土地利用遥感监测的原理

土地利用主要是研究各种土地的利用现状，它是一种地球表面的社会利用状态，包括工业用地、农业用地、林业用地、住宅用地、商业用地等。以林业用地来看，分为经济林地、防护林地、用材林地、薪炭林地；从土地覆盖来看，仅反映其自然布局，有森林、草场、农田等；从其生态环境来看，又有针叶林地、阔叶林地和针阔混交林地等。

土地利用状况是人们依据土地本身自然属性和社会需求，经过长期改造和利用的结果。依据土地的用途和利用方式，土地利用的分类系统有不同类别和等级，也就是土地是分类且分等定级的。一级分类，如耕地、园地、林地、草地、城乡居民及工矿用地、交通用地、水面滩涂用地、未分地块等；二级分类，如耕地又可以分为水田、水浇地、旱地、菜地、园地等。利用遥感技术进行土地利用现状调查，以摸清土地的数量及分布状况，是遥感应用中最早、基础性最强的一项工作。

土地利用图是表达土地资源的利用现状、地域差异和分类的专题图。跟土地有关的各类图主要有土地利用现状图、土地资源开发利用图、土地利用类型图、土地覆盖图、土地利用区划图及各种土地规划图。从目前使用情况来看，土地利用图用途最广，在制图时要求能反映土地的实际利用状况、利用方式、利用类型，各个用地块的分布、数量，与环境的依存关系等。

二、土地利用图的制作内容、流程与方法

利用遥感技术制作土地利用现状图，其基本步骤包括遥感数据和辅助资料的收集、遥感图像的预算、图像判读与分析、解译标志的建立、图像监督分类法分类、分类后处理、图斑勾绘、专题图制作等，其制作流程如图 8-1 所示。

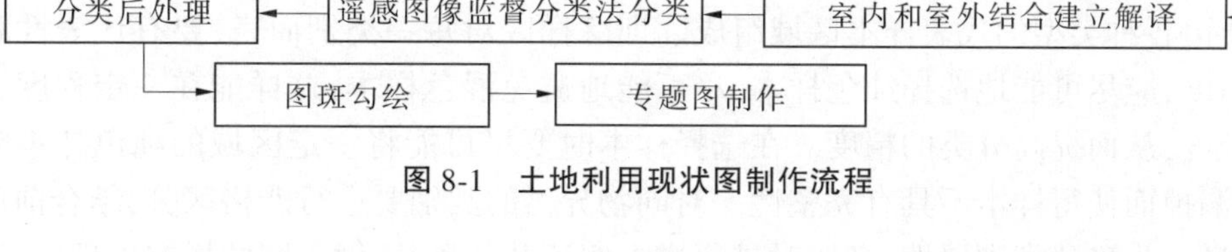

图 8-1 土地利用现状图制作流程

【实施过程】

本活动涉及的 ERDAS IMAGINE 主要命令及其功能如表 8-1 所示。

表 8-1　本活动涉及的 ERDAS IMAGINE 主要命令及其功能

命令	功能
Signature Editor	定义、编辑特征模板
View Signature Columns	显示特征类字段列
Supervised Classification	监督分类
Evaluate	模板评价
Separability	计算分类模板之间的可分离性
Contingency	计算图像 AOI 符合分类的可能性
Create New Signature	依据 AOI 区域建立新的分类模板
Merge Signatures	合并所选择的一组分类模板
Mean Plot	绘制分类模板各波段平均光谱曲线
Accuracy Assessment	分类精度评估
Classification Overlay	分类叠加
Thresholding	定义阈值
Clump	聚类统计
Sieve	过滤分析
Eliminate	去除分析
Recode Classes	分类重编码

一、根据土地利用的目的进行遥感影像判读

影像判读是对图像上的各种特征进行综合分析、比较、推理和判断,最后对感兴趣的对象进行提取,为后续应用打下坚实的基础。根据土地利用的技术要求,对一级分类的类别进行重点判读,主要涉及农用地、水域、居民地和工矿用地、交通用地及未用土地等。农用地中以耕地、林地、园地和其他用地为主,水域部分主要涉及河流、池塘、湖泊。综合运用形状、大小、纹理、色调、色彩、阴影、相关特征等进行判读和识别。

二、遥感影像监督分类法分类

根据用地调查的分析,按照监督分类法的流程,先建立分类模板,进行模板评价,执行监督分类法及分类后处理。

分类模板是分类前最为关键的信息,模板的好坏在一定程度上影响到分类的结果,分类模板主要由各种类型的代表样本区域组成。训练样区对每一类别而言,要有代表性和非常高的可信度,应尽可能地选择纯色样本,尽可能地避免混色样本,这样能在一定程度上提高样本的纯度,从而提高分类的精度。在选择样本时要尽可能将一定区域的纯色样本圈选完整,避免漏掉而使得样本不具有完整性。对同物异谱的类别要进行严格区分,结合前面的判读结果,进一步确认类别属性,必要时进行样本实证并分离开,做不同的样本处理。

分类模板建立之后，要对样本类别，特别是训练样本进行逐一检查样本质量，剔除不可靠的样本，对于剩余的样本，根据分类需要做必要的调整。例如，合并处理，经过综合地分析、比较、验证，从而建立质量较高的分类模板。受影像的精度所限，作为学习之用，训练样本主要选定了居民地、水系、耕地、植被四大类，如图 8-2 所示。

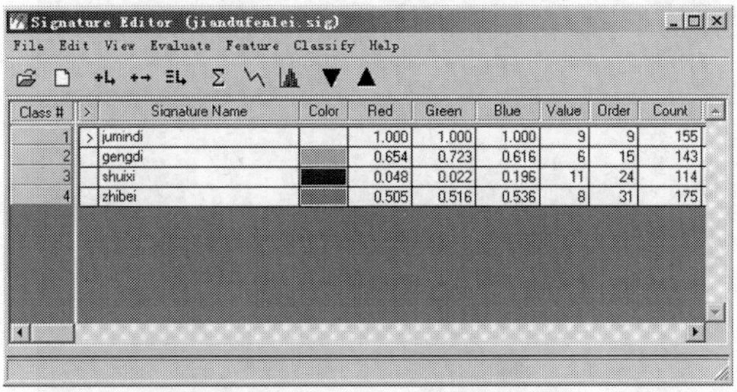

图 8-2　监督分类模板

三、监督分类评价

监督分类法结果一般采用统计方法来衡量训练样本之间的分离程度。根据统计所约定的规则对误差进行检查，即错分类别和漏分类别的误差。错分误差是指像元被分到一个错误的类别，而没有被正确分类；漏分误差，即像元没有被分到对应的类别。这两类误差都表明，无论怎么分，某一像元没有正确分类。由此，可以构建误差矩阵，即遥感分类上用得比较多的一种评价方法——混淆矩阵，如图 8-3 所示。利用经过分析、评价的分类模板，对遥感影像进行监督分类，得到分类的结果，如图 8-4 所示。

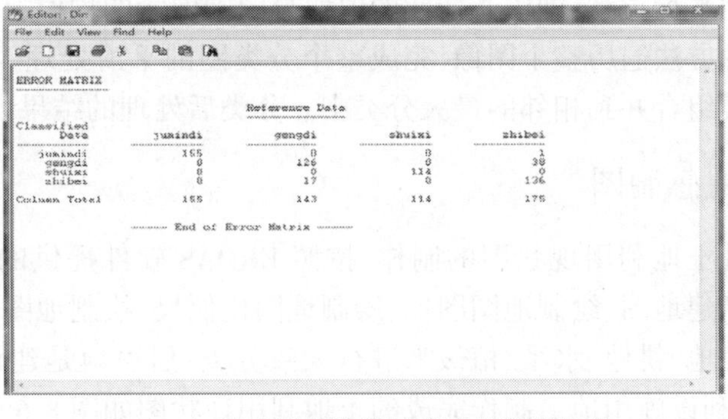

图 8-3　遥感图像监督法分类的混淆矩阵

四、分类后处理

纯粹利用光谱信息对遥感影像进行分类，在分类结果图上会出现所谓的噪声，即与分类中的其他类有明显区别，且不属于该类型容易造成误判的影响因素。产生噪声的原因很多，有原始影像在获取时本身带有各种随机噪声和系统噪声，也有混合像元在分类的边界产生的错误分类。还有一种比较特殊的情况，对于土地利用分类来说，需要圈起来标示到图上的

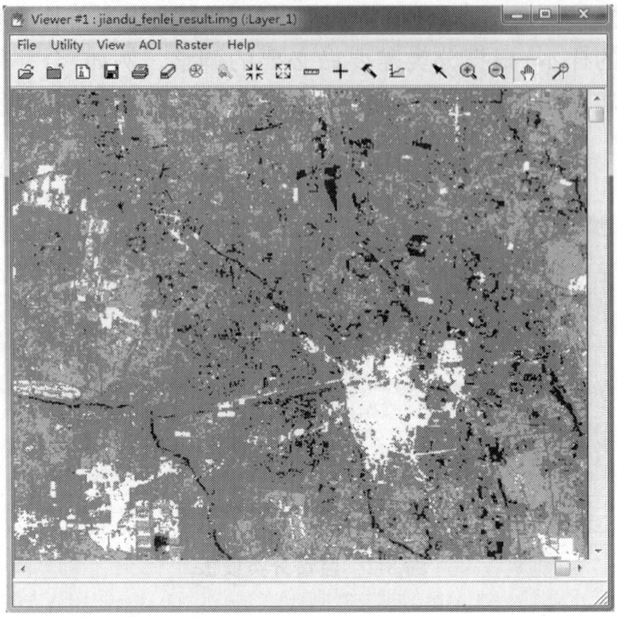

图 8-4　监督分类结果

都是所谓“图斑”级别的用地类型,而低于这一技术指标的要素,在测量制图处理时,往往会加以综合取舍,非常小无法列入制图要素的,一般情况下给予舍去,不表示到图上。在图像处理上,对于上述零星的类别,往往用综合的方法进行剔除,或者合并到某一相近的类别中。

分类后处理的方法主要有聚类统计分析、去除分析和过滤分析。聚类统计分析是对监督分类结果进行相邻区域像元类别数的统计,对于同类像元较多的类别,产生一个 Clump 图像组,即采用多数平滑技术进行聚类处理。其基本思想是根据周围相似度比较高的像元对中心像元的光谱的平均贡献,即中心像元的值取自周围像元的均值,从而平滑掉比较突出的像元值。利用这种方法遍历整个图像,完成整个分类图的平滑处理。去除分析是将聚类统计之后的较小聚类组合并到相邻的最大分类中。分类后处理的结果如图 8-5 所示。

五、土地利用遥感制图

基于遥感影像的土地利用现状图的制作,按照 ERDAS 软件提供的地图制图功能进行处理。主要步骤是新建地图、绘制地图图框、绘制地图比例尺、绘制地图图例、添加地图图名等。本例主要按居民地、耕地、水系、植被来进行大致分类,居民地是建设用地,耕地和植被是农用地,水系是水利设施用地。制作完成的土地利用现状图如图 8-6 所示。

任务小结:

本任务主要介绍了利用遥感影像进行土地利用现状图的制作,通过对土地利用现状专题信息的提取,制作了土地利用现状图,从而实现了对土地的实时动态监测,为土地的有效利用和社会经济的发展起到了良好的社会效益。

任务考核:

根据教学大纲的要求,教师针对学生的实际操作能力布置实践作业,使学生能运用常规的遥感图像处理软件完成土地利用现状图的制作。

图 8-5 分类后处理的结果

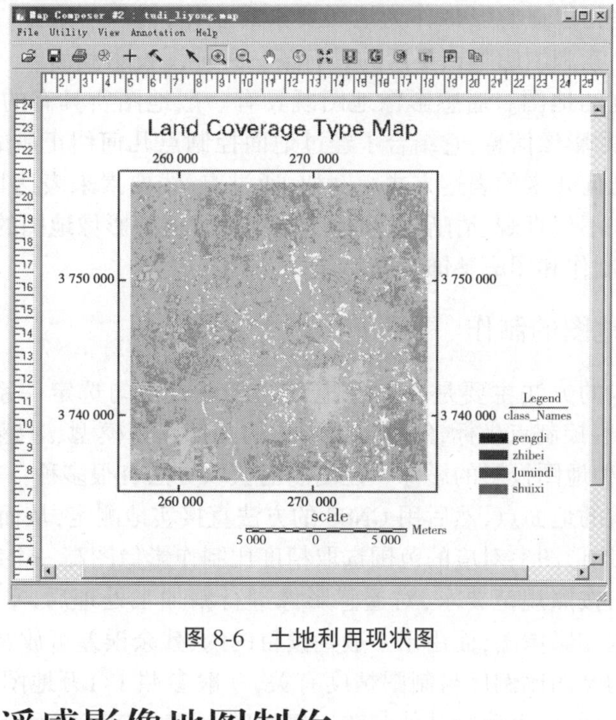

图 8-6 土地利用现状图

任务二 遥感影像地图制作

任务目标：

1. 掌握遥感影像地图制作的基本内容。
2. 掌握遥感影像地图制作的方法及意义。
3. 能理解遥感影像地图制作的技术要素。

4. 能理解遥感影像地图的应用领域。

学习过程：

1. 课堂课件学习，理解遥感影像地图制作的基本理论知识。
2. 课堂学习，观看遥感影像地图应用的视频，了解遥感专题信息的用途。
3. 课内学习，动手制作一幅遥感影像地图。

学习成果：

1. 掌握遥感影像专题制图的内容、方法和流程。
2. 用学习过的知识制作一幅遥感影像地图。
3. 用表格的形式来统计遥感专题地图的作用。

任务实施：

本任务主要介绍遥感影像地图的内容及制作方法。

活动一　遥感影像地图的制作

视频 8-2　遥感影像地图的制作

【知识导航】

一、遥感影像地图的概念

遥感影像地图是指以遥感影像作为地图要素的主体，辅以一定数量的线划及符号要素和图廓整饰要素的具有某一种地图投影和满足一定制图几何精度的地图。遥感影像地图既具有一般地图所具有的几何精度和线划要素，又具有极为丰富的影像信息，它结合了经过地面控制点几何纠正后的影像的优点，也结合了地图中常用的几何要素的表达方式。例如，通过点、线要素来表达具体的地物的方法，使得地图图面看起来不仅直观、清晰，信息还十分丰富。遥感影像地图的制作主要包括影像的纠正、线划要素的制作和图廓整饰三个部分。

二、遥感影像地图的制作

影像的纠正采取的方法主要是在影像控制的区域内均匀选定一系列地面控制点，用GNSS的方式测定这些控制点坐标，然后选用合适的几何纠正模型、遥感影像进行精确的几何纠正，获得符合某种地图投影的影像。控制点的获取方法有很多种：一种是在影像所在区域均匀布设一定数量的地面点，然后用GNSS的方法直接实地测定，从而获得高精度的地面控制点；另一种是从地形图上对应的范围选取精度比制作影像图高一个级别的图面控制点，获取其图解的坐标。按照规范要求，对遥感影像进行精加工处理后，平面位置误差控制在1~1.5个像元才能制作影像图，而用于一般判读目的的，残余误差可放宽至2~3个像元。

遥感影像地图的制图比例尺与制图精度有关，一般参照1:1万地图所用的1 m分辨率的遥感影像作为基本标准，来确定其他制图比例尺的大小，如表8-2所示。表8-2中列出了各种不同影像分辨率所对应的成图比例尺。

表 8-2　遥感影像分辨率与制图比例尺的近似对应关系

影像分辨率/m	0.4~0.5	0.8~1	2	3~5	19~21
制图比例尺	1:5 000	1:10 000	1:2.5万	1:5万	1:25万

遥感影像地图的制作,根据用图需要在制作影像时,可以采取影像融合的技术对图像进行处理。例如,为了突出水系要素,在 TM 图上可以采用 TM4、TM3、TM2 三个波段合成影像;为了突出城市信息,可以采用 TM7、TM4、TM2 波段;为了更好地显示植被,可以采用 TM5、TM4、TM3 波段合成一幅假彩色图像。这样可以使影像图面显示效果最佳,空间特征表达丰富,增大了影像图所承载的信息量。

跨景制作影像图时,尽量选择同一季节的影像,并制作影像基色和反差调整处理及镶嵌边平滑处理。对于高差很大的地区,应考虑投影误差的改正,尤其是高分辨率的遥感影像,如 IKONOS 必须做投影改正。将基准高程面设置在制图区域的平均高程面上,用 DTM 数据计算 *Y* 方向的投影差,并加以改正。必要时可以对影像文件坐标进行转换,使影像地图具有所需地图投影坐标。

影像地图上线划要素的制作,有些可以直接从图像上判读提取,如公路、铁路、城镇、机场等。必要时可以采用增强的方法,例如公路、铁路可以采用专题色彩填充表达,也就是影像上能清楚显示的要素均以影像来表示,而不用符号来表示,如河流、湖泊、山体、海岸线等;影像上能清楚显示,但又不能准确判读其位置和特征的,用说明注记表示;影像上重要地物无法识别的可以用符号表示,如小的居民点,农村道路等;影像上没有的要素用符号和注记表示,如高程注记、河流流向、山名、境界、高压线、地类界等。

三、制作流程

遥感影像地图的制作流程如图 8-7 所示。

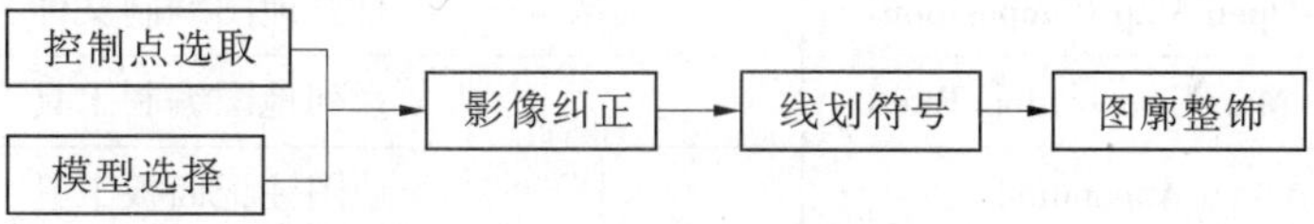

图 8-7 遥感影像地图的制作流程

四、遥感影像地图的制作要素

(一)影像要素

遥感影像地图主要以影像形式来表现,影像清晰、易辨,易于判读和表达,具有一定的几何精度和良好的现势性。色彩均匀、色调一致性好、反差适中、灰雾度小,能较好地反映该区域的地物地貌及地理景观,在影像达不到这个要求时,可以用线划和符号要素进行表达。

(二)线划及符号、说明注记要素

影像上表达不清楚的地方,一般用线条进行表示,有属性的用相应的符号表示,没有对应地物又需要表示的,可以用符号或者说明注记进行图面表示。

(三)地图整饰要素

地图整饰要素主要包括地理坐标、制作参考系、地图格网、绘图比例尺、地图图例、指北针、图名等要素。

【实施过程】

遥感影像地图的制作,主要涉及两大块,一块是遥感影像的制作,另一块是遥感影像地图的建立及附属要素的制作编辑。遥感影像的制作主要解决遥感影像的几何变形、属性及色彩调整等问题。这几步在前面已经涉及,这里不再重复。下面主要对遥感影像地图的建立及附属要素的编辑做一些介绍,内容包括新建地图、绘制地图图框、绘制网格线与坐标、绘制地图图例、绘制地图比例尺、绘制指北针、添加图名等,如图 8-8 所示。

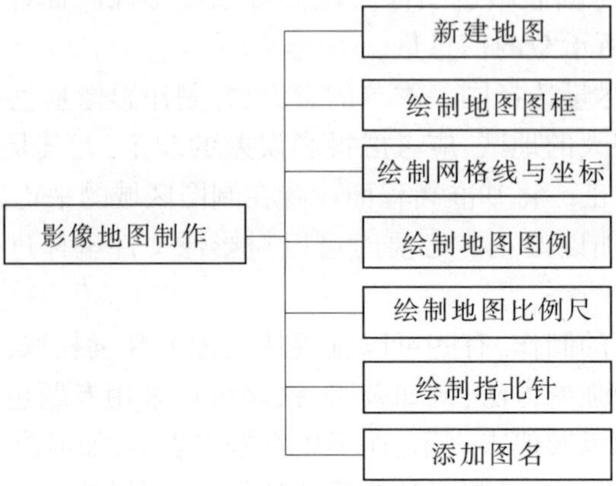

图 8-8　遥感影像地图制作内容

遥感影像地图制作以 ERDAS 软件为基础软件,其主要命令及其功能如表 8-3 所示。

表 8-3　遥感影像地图制作涉及的 ERDAS IMAGINE 主要命令及其功能

图标(标签)	命令	功能
	New Map Composition	创建地图编制文件
	Open Map Composition	打开地图编制文件
	Map Composition Tool	系列地图编制工具
	Annotation	地图注记面板工具
	Create Map Frame	创建地图制图框架
	Create Grid/Ticks	创建格网
	Create Scale Bar	绘制地图比例尺
	Create Legend	绘制地图图例
	Symbol Styles	绘制符号类型
	Create Symbol	绘制指北针
A	Create Text	创建文本(图名)
	Save Map Composition	保存制图文件

一、新建地图

遥感影像地图制作菜单如图 8-9 所示,在 Main 菜单中调用遥感影像地图编辑器 Map Composer。在新建地图对话框中,需要输入的是图幅的相关信息,包括图幅的文件名、地图文件存储的文件夹、图幅的宽度信息、高度信息、图幅的单位尺寸、屏幕显示比例尺、图幅的背景色彩等基本信息。这些信息可以根据制图的设计文件来填写,也可以根据系统提供的模板来定制。具体操作如下。

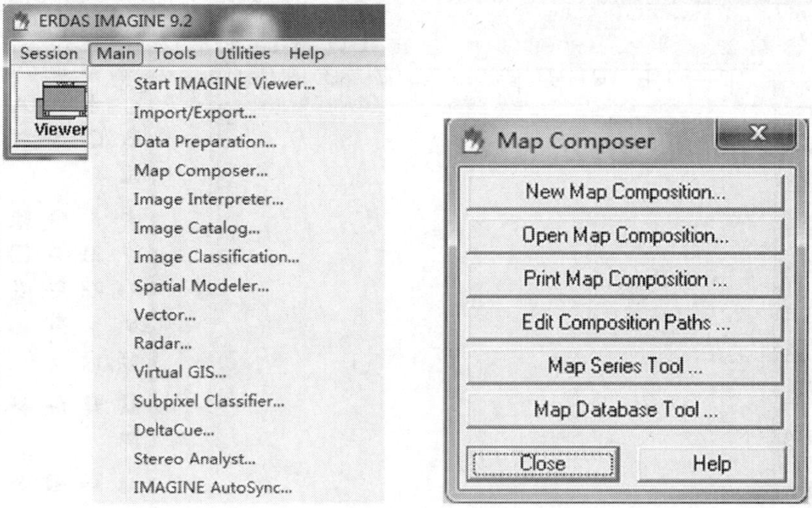

图 8-9 遥感影像地图制作菜单

在新建地图对话框(见图 8-10)中,通过点击确定文件存储的路径,接着在 New Name 空白框中输入影像地图的文件名,如 image-map. map,同时依次输入地图的图幅宽度 28. 00,图幅高度 28. 00,制图单位尺寸选择 centimeters 等,点击“OK”按钮。弹出地图制图窗口和 Annotation 注记面板(见图 8-11)。

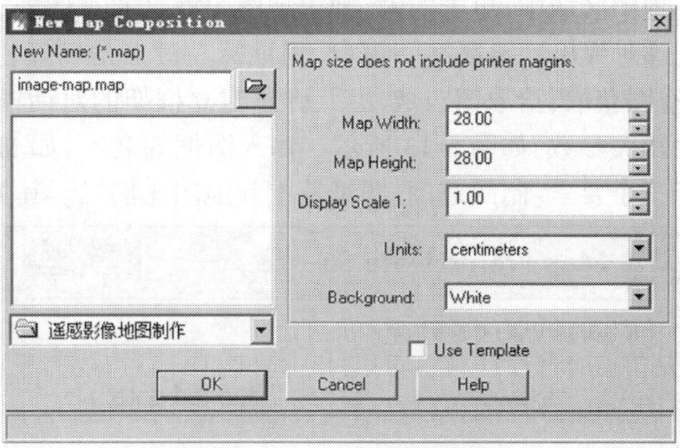

图 8-10 新建地图对话框

遥感影像地图的编制工作主要集中在地图制图窗口和 Annotation 注记面板之间的交互制图,在地图制图窗口中集成了主要菜单和主要快捷图标。在 Annotation 面板中有常用工具集,可以通过调用该面板的工具,在地图制图框中绘制几何注记,创建文字,绘制地图的图框、坐标网格线、图廓线、地图制图比例尺、图例和图名等基本信息。

二、绘制地图图框

地图图框的绘制有三种方式:第一种方式是通过选择 Annotation 注记面板中的多边形工具,在地图制图框界面空白处直接拖动绘制一个矩形或者其他形状的图框;第二种方式是直接从已经准备好的窗口中调用图框;第三种方式是从准备好的图像文件和矢量文件中间

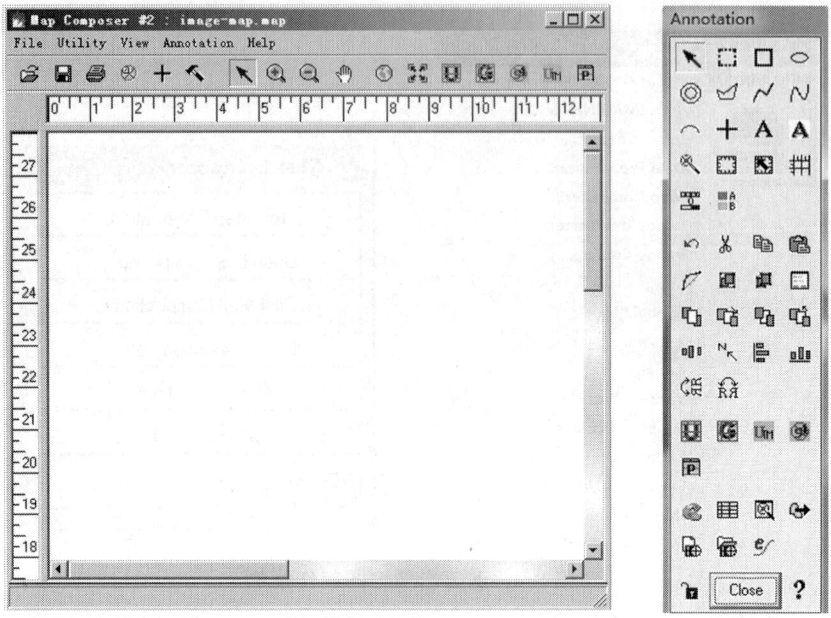

图 8-11　地图制图窗口与 Annotation 注记面板

接调用图框。下面以第二种方式为例介绍操作。

如图 8-11 所示,在 Annotation 注记面板中,选择(创建地图框架)按钮,将鼠标移动到地图制图窗口的白色地图区域中,单击左键,弹出地图图框来源对话框。如图 8-12 所示,点击“Viewer...”按钮,这时弹出让拾取某一窗口,用鼠标左键点击已经打开的待制图的遥感图像所在窗口,进行视图获取,拾取窗口成功后,弹出建立框架的对话框 Map Frame,在该窗口中设置地图图框的相关参数,如图 8-13 所示。输入图框的名字,如 MapFrame_1. img。地图图框的范围取决于三个要素:制图范围、图纸范围和地图比例尺。其关系如下:

图 8-12　地图图框来源对话框

(1)第一个选项是保持比例尺不变,改变制图范围和图框范围。

(2)第二个选项是制图范围不变,改变比例尺图框范围。

(3)第三个选项是保持图框范围不变,改变比例尺和制图范围。

在以上三个选项之间,根据绘制图框的需要进行选择,并设置好相应的参数大小。

这里选择第二个选项,图框宽度和高度选择 13.00;比例尺可以根据图像大小及制图需要设定,如输入 50 000,或者默认;制图范围可以自己设定,也可以选择使用整个图像(Use Entire Source)。完成以上设置之后,点击“OK”按钮,影像将置放于地图制图窗口中,如

图 8-14 所示。影像在图框中的位置可以点击进行调整，方法是当鼠标在影像上呈现箭头时，按住鼠标左键拖动位置即可。

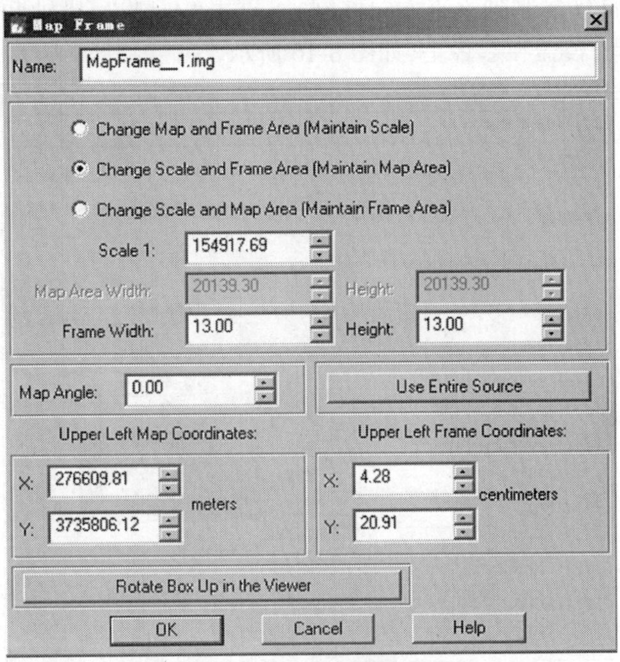

图 8-13　建立框架对话框

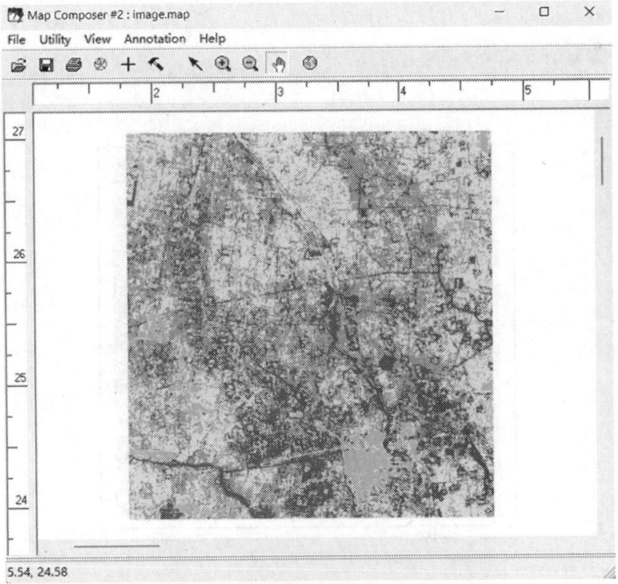

图 8-14　遥感专题制图影像

三、绘制格网线和坐标

在 Annotation 面板点击（创建格网点）图标，用鼠标点击地图制图窗口空白处，弹出格网和坐标定义的对话框，如图8-15所示。输入格网和坐标图层名，如tukuang，图廓线和图框的间距为0.200 cm，地图制图单位选择Meters，设置横轴的图廓线的内网长度为0.100 cm，点击“Copy to Vertical”（复制到垂直方向格网）。点击“Apply”，横轴和纵轴的格网绘制好，坐标标注在格网四周，覆盖在影像上，如图8-16所示。

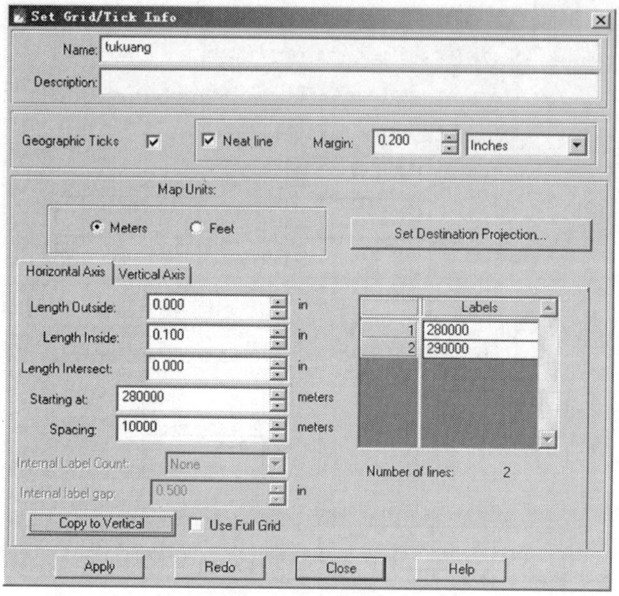

图8-15　格网和坐标设置

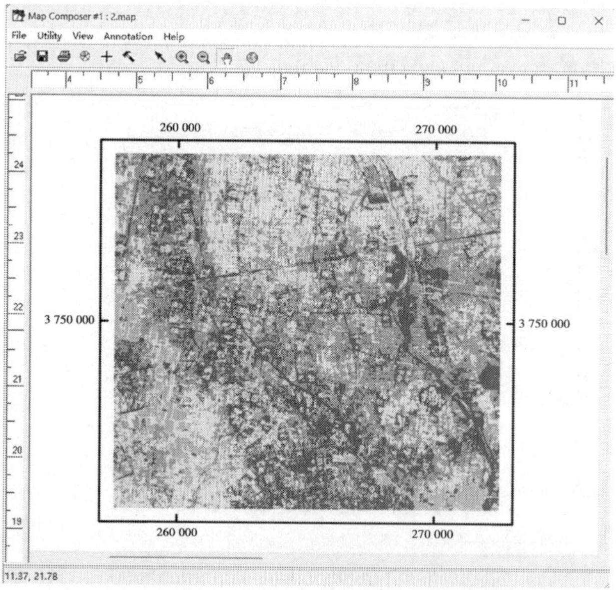

图8-16　绘制出格网和坐标

四、绘制地图比例尺

在Annotation面板点击（创建比例尺）按钮，鼠标移动到地图制图窗口空白处，点击左键,弹出地图比例尺指示器,如图 8-17 所示。鼠标移动到影像下方,点击影像,弹出比例尺设置对话框,如图 8-18 所示。输入比例尺图层名,如 bilichi,单位选择 Meters,定义的比例尺最大长度为 3.00 cm。点击“Apply”,比例尺图层绘制于地图制图窗口中,如图 8-19 所示。如果比例尺位置不合理,点击左键,并拖动比例尺图层到合适位置。

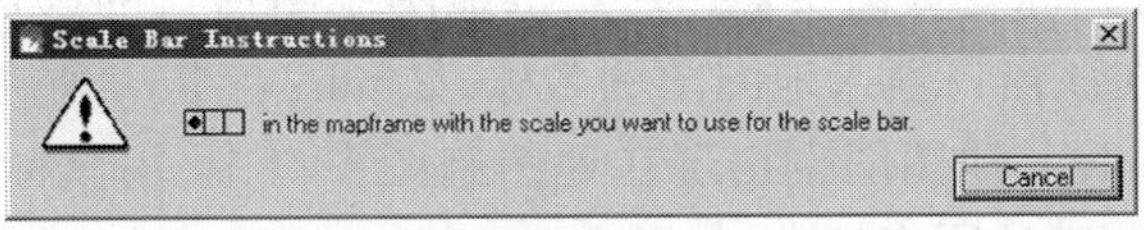

图 8-17 地图比例尺指示器

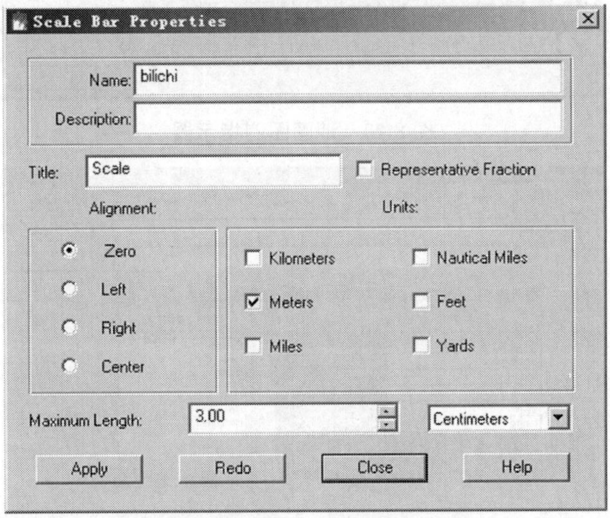

图 8-18 地图比例尺设置对话框

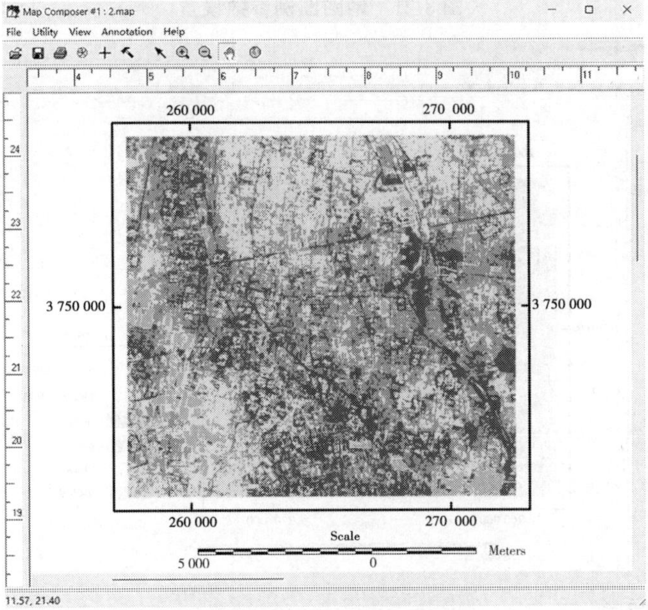

图 8-19 绘制出地图比例尺

五、绘制地图的图例

在 Annotation 面板中选择(Creat Legend)图标,点击鼠标左键,将鼠标移动到地图制图窗口空白处,单击鼠标左键,弹出地图图例指示器,如图 8-20 所示。再将鼠标移动至地图制图窗口的影像上,待光标变为箭头时,点击地图制图窗口的影像,弹出图例属性对话框,如图 8-21 所示。在该窗口填入地图图例名称,如 tuli;在 Row 所在列,选中 2~5 的 4 个分类项;然后点击"Apply",地图图例出现在地图制图窗口中,用鼠标左键拖动图例到合适的位置即可。图例绘制于地图窗口中,如图 8-22 所示。

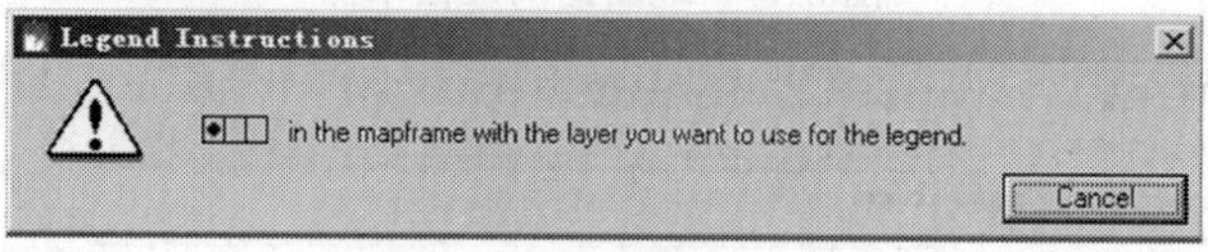

图 8-20　地图图例指示器

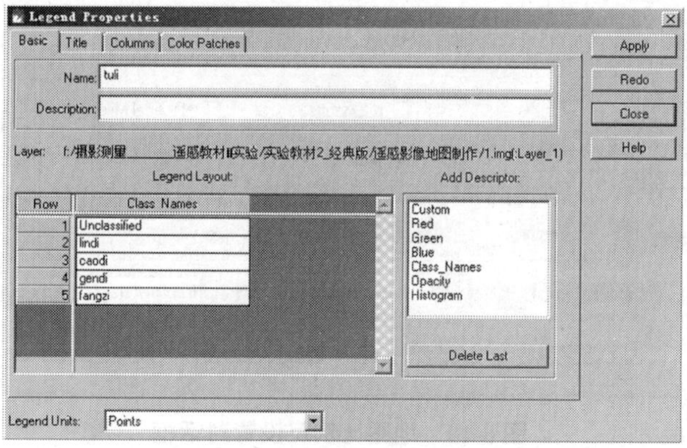

图 8-21　地图图例参数设置

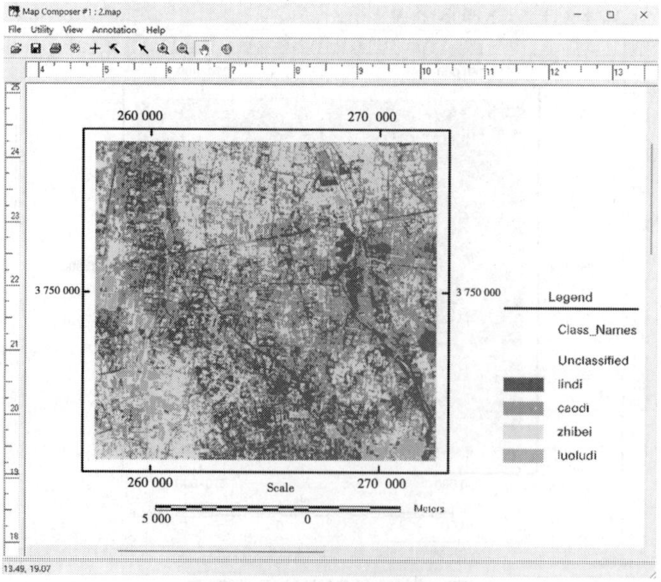

图 8-22　配置地图图例

六、绘制指北针

图 8-23 Style for Composer 对话框

在地图制图窗口的 Annotation 菜单下，单击样式 Style 菜单，打开 Style for Composer 对话框，如图 8-23 所示。点击右侧的▤图标，选择 other 项，弹出很多样式，在下拉菜单选择 Menu，在 Standard 选项卡下，选择 Black North Arrow 2，指定指北针的颜色、大小和单位，大小这里输入 30，其他默认，点击“OK”按钮，如图 8-24 所示。在地图制图窗口的 Annotation 面板上点击╋按钮，鼠标移动到地图制图窗口，在空白处右上角点击左键，放置指北针，如图 8-25 所示。

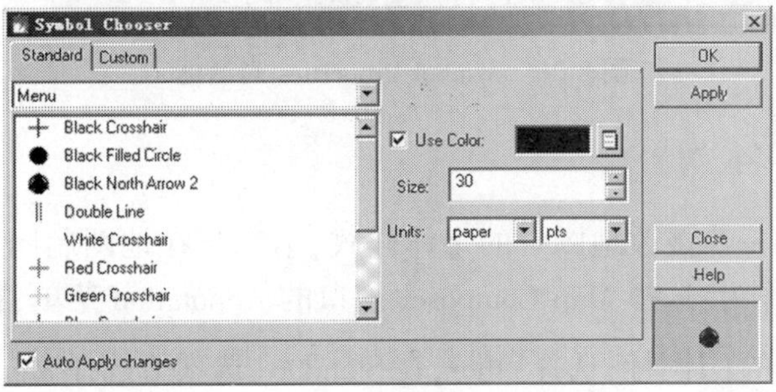

图 8-24 Symbol Chooser 对话框

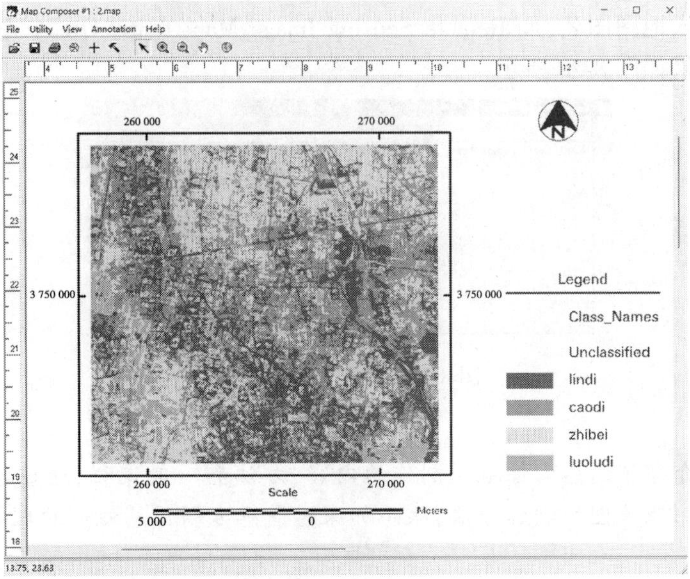

图 8-25 放置指北针

若要对指北针进行调整，在地图制图窗口中双击指北针图标，弹出 Symbol Properties 对话框，如图 8-26 所示，对指北针的坐标、单位、尺寸、旋转角度等进行调整。

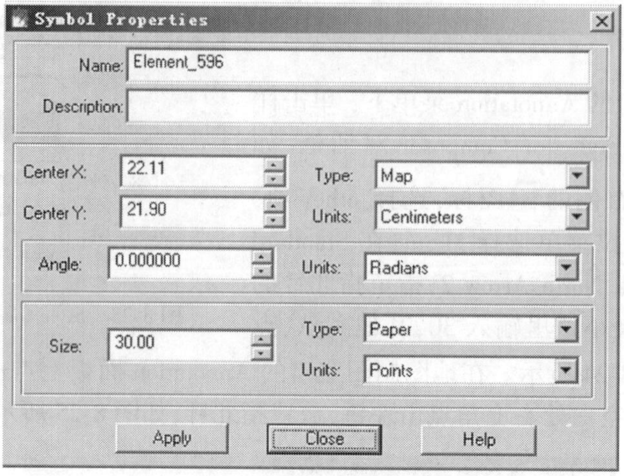

图 8-26　Symbol Properties 对话框

七、放置地图图名

本操作分两步,第一步更改地图中的字体样式;第二步在地图制图窗口中放置图名,并做适当调整。具体操作为:选择 Map Composer 窗口的 Annotation 菜单,在样式 Styles 对话框中选择 Text Style 右侧的▤图标,选择 other,在 Standard 选项下选择 Menu,选择 Black Galaxy Bold 字体。在 Custom 选项中可以进行更为专业的设计,对字体、字形、大小、下划线、颜色和阴影等都可以做更细致的设计。

在地图制图窗口的 Annotation 面板中,点击 **A** 图标,弹出注记文本对话框,如图 8-27 所示。在该框中输入地图图名,如 Remote Sensing Image Map,点击"OK"按钮,完成图名的添加。图名添加结果如图 8-28 所示。

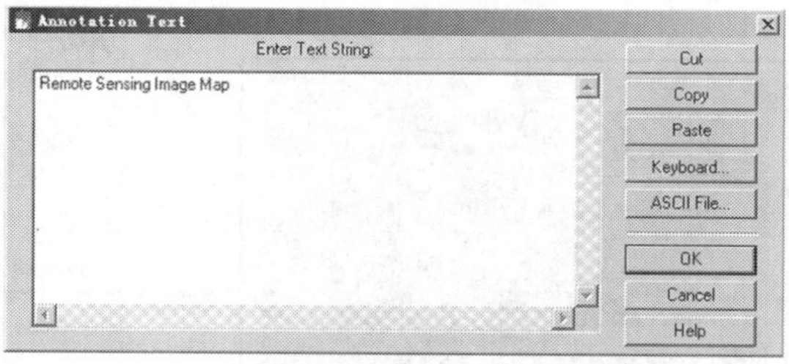

图 8-27　注记文本对话框

任务小结:

本任务主要介绍了遥感影像地图制作的内容、方法和一般流程,通过学习和实践锻炼,让学生掌握遥感影像地图的制作方法,从而加深对遥感专题信息处理的理解,提高专题地图制作的能力。

任务考核:

教师根据技能达标的要求,对学生提出考核。要求学生能熟练运用各种遥感图像处理软件,进行遥感专题地图的制作。

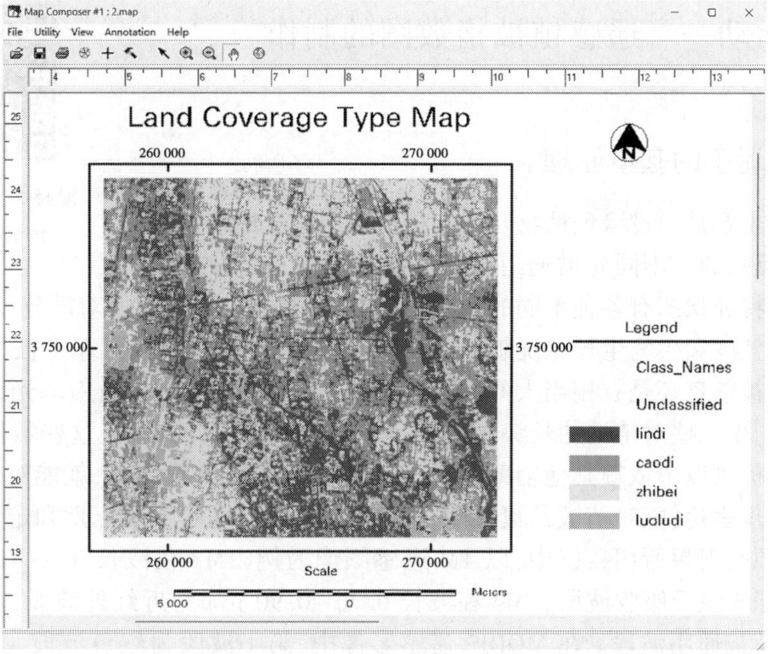

图 8-28 遥感影像地图图名添加

任务三 植被遥感

任务目标:

1. 理解遥感植被监测的意义。
2. 掌握利用遥感的方法进行植被指数图制作的内容、方法及意义。
3. 理解归一化遥感植被指数 NDVI 的意义。
4. 能利用常规遥感图像处理软件进行植被指数提取,并制作植被指数图。

学习过程:

1. 课堂课件学习,理解遥感植被长势监测的理论知识。
2. 课堂学习,理解运用遥感的方法制作植被指数图的基本知识。
3. 课堂学习,观看遥感动态监测植被的视频,了解遥感专题信息的用途。
4. 课内学习,动手制作一幅遥感植被指数图。

学习成果:

1. 掌握遥感植被监测的内容、方法和流程。
2. 用学习的知识制作一幅遥感植被指数专题图。
3. 用表格的形式列举遥感植被监测的意义。

任务实施:

本任务主要介绍植被遥感的原理及植被指数图的制作过程。

活动一　遥感植被指数图的制作

视频 8-3　遥感植被指数图的制作

【知识导航】

一、植被遥感的基本原理

植被遥感主要是通过绿色植物叶子和植被冠层的光谱特性及其差异、变化而反映的。不同光谱通道所获得的植被信息与植被的不同要素或某种特征状态有各种不同的特性。例如,可见光中绿光波段对区分植被敏感,红光波段对植被覆盖度和生物生长状况敏感。由于植被极其复杂,仅仅用单个波段或者数个单波段来提取植被信息还是有相当大的局限性。在实际工作中,往往是用多光谱遥感数据经过分析运算,产生一些对植被的长势、生物量有一定指示意义的数值,这些数值被称为植被指数。这种指标可以不依赖其他辅助资料,而仅依靠单纯的光谱信息,就能对植被生长的状态信息进行合理表达,能对植被的覆盖度、生产活力及生物量等开展定性和定量的评价。

目前,资源类卫星所用数据中,以 TM 遥感图像为例,TM3 在波长 0.63~0.69 μm 为红外波段,为叶绿素主要吸收波段;TM4 在波长 0.76~0.90 μm 为近红外波段,对绿色植被的差异敏感,为植被通用波段。在 MODIS 遥感影像中,第 1 波段为红色波段,其波长范围为 0.62~0.67 μm;第 2 个波段为近红外波段,其波长范围为 0.841~0.876 μm,可以用第 1 波段和第 2 波段来计算植被指数。从以上的分析中可以看出,在计算植被指数时,遥感数据的红色波段主要考虑叶绿素的吸收情况,近红外波段主要考虑植被对波段的反射情况。两者的差与和的比值,反映了植被对两种波段的敏感程度,进一步验证了比值植被指数对植被的生长状态及覆盖度的影响。

植被指数是遥感监测地面植物生长和分布的一种常规方法。利用植被指数提取的方法,在近红外波段和红光波段能够较好地反映植被之间的光谱反射特性及其差异。植被在红光波段 0.55~0.681 μm 有一个较强的吸收带,与叶绿素密度成反比;在近红外波段 0.725~1.1 μm 有一个较高的反射峰,与叶绿素密度成正比。通过对红光波段和近红外波段反射率的线性或非线性组合,可以消除地物光谱产生的影响。常见的植被指数包括差值指数 DVI、比值植被指数 RVI、归一化植被指数 NDVI。NDVI(Normalized Difference Vegetation Index)归一化遥感植被指数也称标准化植被指数,在植被遥感及植被物候研究中得到了大量应用。

归一化遥感植被指数的定义为

$$\mathrm{NDVI}=\frac{\mathrm{DN_{NIR}}-\mathrm{DN_{R}}}{\mathrm{DN_{NIR}}+\mathrm{DN_{R}}} \tag{8-1}$$

式中:DN 为波段的灰度值;NIR 为近红外波段;R 为红光波段。

归一化遥感植被指数被定义为近红外波段与可见光波段数值之差和这两个波段数值之和的比值,其比值的范围限定在[-1,1]。实际上,NDVI 是简单比值 RVI 经非线性的归一化处理所得的。它是植物生长状态及植被空间分布密度的最佳指标因子,与植被分布密度呈线性相关。

二、植被指数图的制作

植被指数图的制作过程一般包括计算、生产植被指数影像文件;对植被指数影像文件进行非监督分类法分类、分类重编码、制作植被指数图。

【实施过程】

本活动涉及的 ERDAS IMAGINE 主要命令及其功能如表 8-4 所示。

表 8-4　本活动涉及的 ERDAS IMAGINE 主要命令及其功能

命令	功能
Image Interpreter	影像解译模块
Spectral　Enhancement	图像光谱增强
Indices	计算反映矿物、植被的比率和指数
Image Classification	影像分类
Unsupervised	非监督法分类
Initiallize from Statistics	计算初始分类统计值
GIS Analisys	GIS 分析
Recode	分类重编码
New Map Composition	创建地图编制文件
Open Map Composition	打开地图编制文件
Map Composition Tool	系列地图编制工具
Create Map Frame	创建地图制图框架
Annotation	地图注记面板工具
Create Grid/Ticks	创建格网
Create Scale Bar	绘制地图比例尺
Create Legend	绘制地图图例
Create Text	创建文本
Save Map Composition	保存制图文件

植被指数图的制作过程可以分为 4 个部分:第一部分是制作植被指数影像文件,用于后续的影像非监督分类;第二部分是进行植被指数影像的非监督分类法分类;第三部分是进行分类的合并与调整,如用分类重编码的方法;第四部分是按专题制图的要求制作植被指数图。植被指数图制作流程如图 8-29 所示。

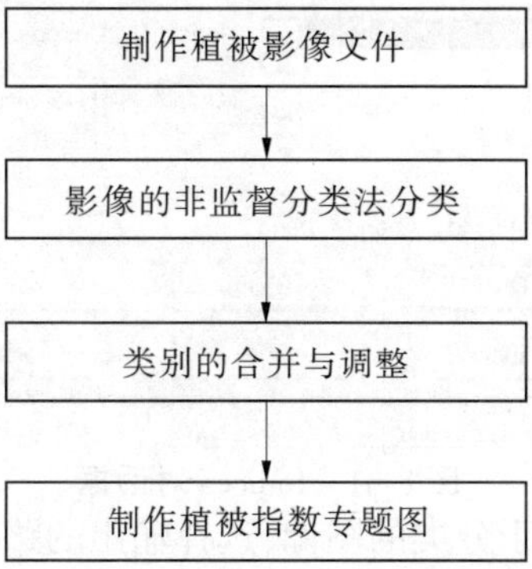

图 8-29　植被指数图制作流程

一、提取植被指数,制作植被指数影像

在 Main 菜单下,选择影像解译模块 Image Interpreter,选择 Spectral Enhancement(图像光谱增强)中的 Indices(植被指数)子菜单。操作过程如图 8-30、图 8-31 所示。

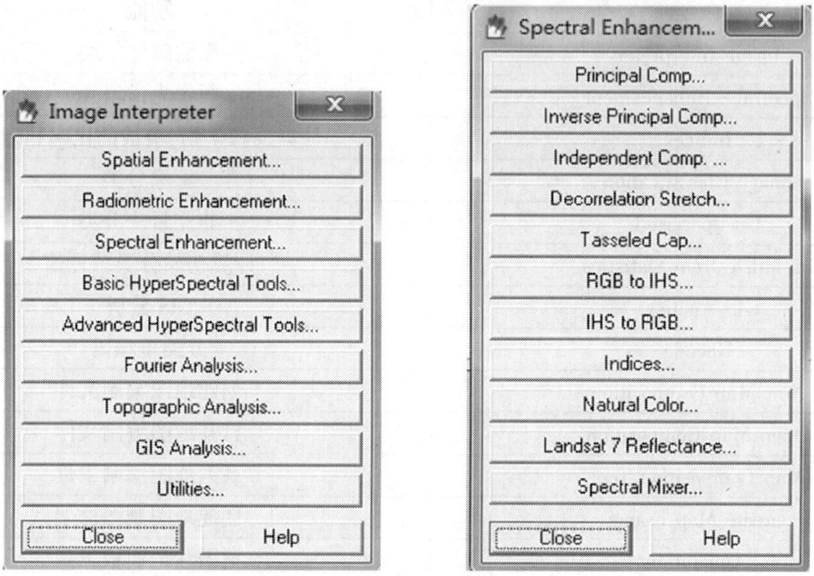

图 8-30　影像解译模块下的 Indices

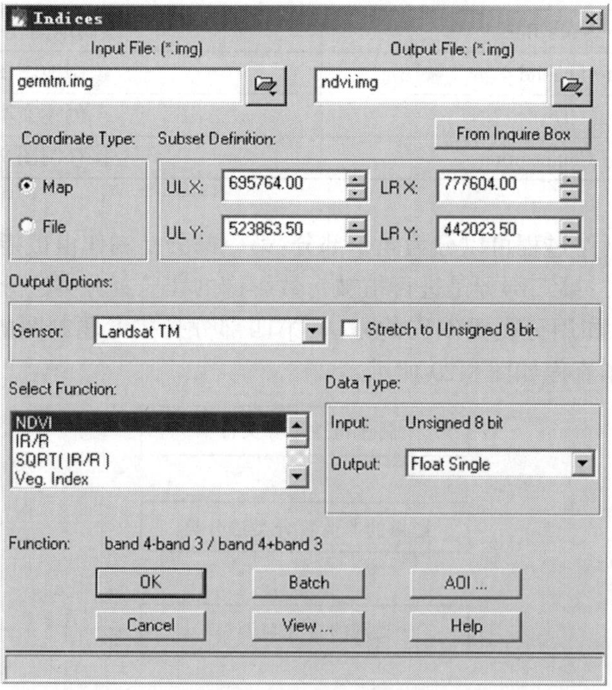

图 8-31　Indices 对话框

在图 8-31 的界面中,输入用于分类的图像,选择输出的路径,给定输出文件名,如 ndvi. img,传感器类型为 Landsat TM,实现的计算功能选择 NDVI 方法,采用的是波段 4 和波段 3 取差与波段 4 和波段 3 取和的比值来计算,输出类型为单精度 Float Single 类型。点击"OK"按

钮,执行自动计算,获得植被指数图,如图 8-32 所示。

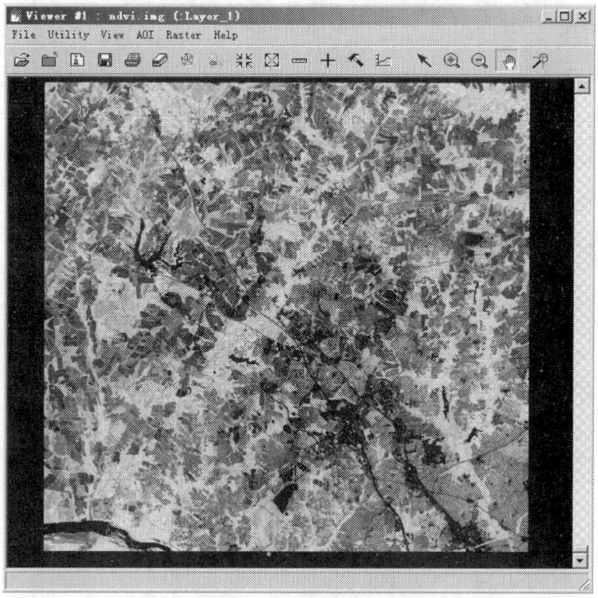

图 8-32 植被指数图

二、对植被指数影像进行非监督分类法分类

在 Main 菜单下,选择 Image Classification,再选择 Unsupervised Classfication,如图 8-33、图 8-34 所示。

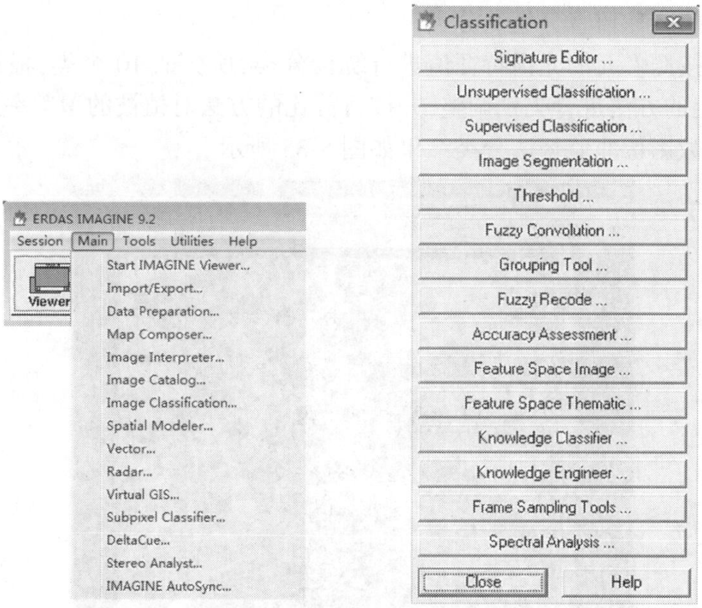

图 8-33 非监督分类法分类

在影像分类界面中,输入文件,如 ndvi. img,输出文件,如 ndvi_fenlei. img。在初始聚类方法(Initialize from Statistics)上依然按照图像的像素值进行自由聚类,自由聚类分类的类别

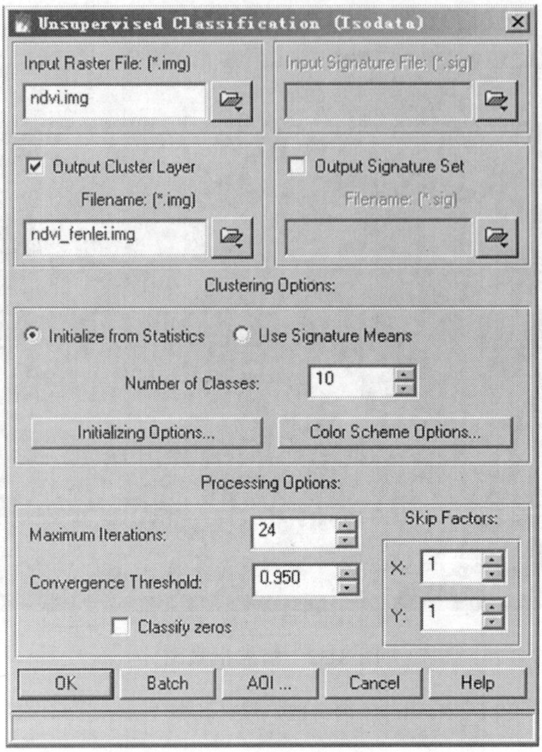

图 8-34　**非监督分类法界面**

数确定为 10,迭代循环次数为 24,设置迭代收敛的阈值为 0.950,参数定义完毕之后,点击“OK”按钮,自动执行非监督分类法分类。

聚类的过程按照像元的光谱特征值进行统计分类,所分的 10 个类,根据影像判读的结果,可以按照一定的方法进行类别调整,并按百分比的方法对植被的覆盖率进行类别所占比例处理。植被指数影像非监督法分类结果如图 8-35 所示。

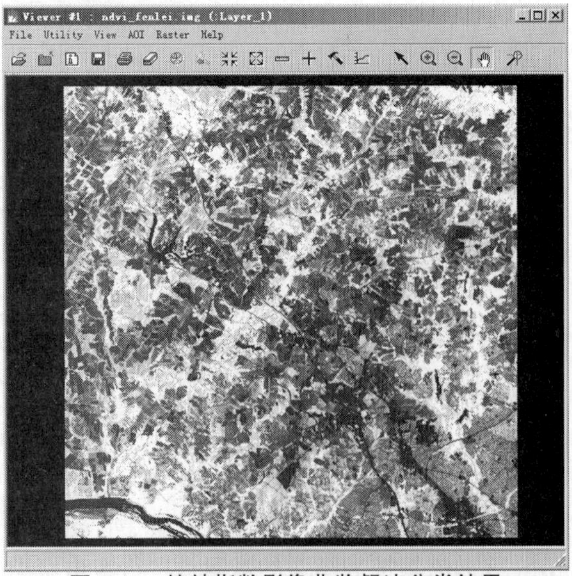

图 8-35　**植被指数影像非监督法分类结果**

三、分类重编码处理

分类重编码的处理，主要是解决类别合并、合并后的色彩处理、执行分类重编码，最后得到分类重编码之后的影像。具体操作如下。

在 Main 菜单的 Interpreter 模块下，选择 GIS Analisys 中的 Recode 子菜单，弹出分类重编码对话框，在该对话框中，输入文件为植被指数非监督分类图，如 ndvi_fenlei. img，输出文件，如 ndvi_fenlei_recode. img。点击 Setup Recode，把 10 个类别两两合并，通过改变 New Value 值合并，合并处理为 5 个类别，如图 8-36 所示。分类重编码后，回到 ERDAS 界面，打开分类重编码影像，在 Raster 菜单的 Tools 工具中，点击属性 Attribute 表格，对分类后的类别颜色进行调整，如图 8-37 所示。对植被指数图进行分类重编码的结果如图 8-38 所示。

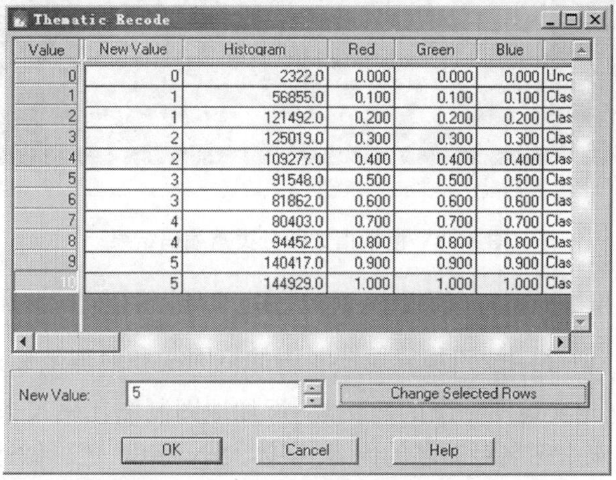

图 8-36　分类重编码

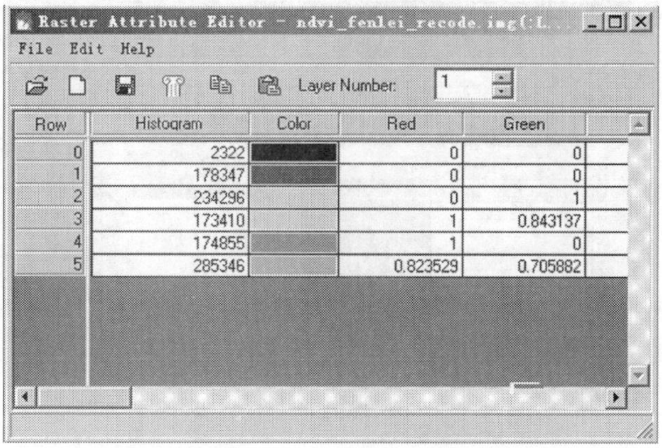

图 8-37　分类属性对话框

四、植被指数专题图的制作

在 Main 菜单下调用专题制图菜单 Map Composer，点击新建地图，得到新建专题地图的对话框，输入文件名，如 NDVI. map，定义地图宽度参数为 28，高度参数为 28，制图单位选择 centimeters，背景根据自己需要设定，点击“OK”按钮。

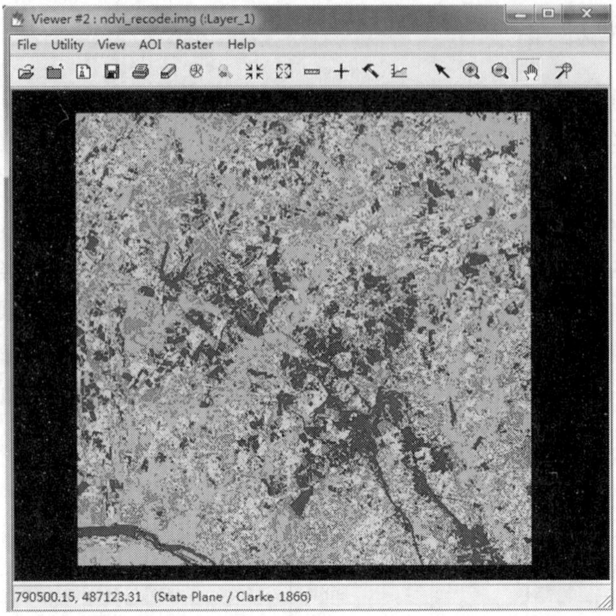

图 8-38　植被指数图分类重编码结果

在地图制图窗口和 Annotation 面板中,通过按钮定义地图图框,按照需要定义制图范围、图框范围和制图比例尺;通过按钮加载地图制图的格网线和地理坐标;通过按钮定义地图图例;通过按钮定义地图制图的比例尺,添加地图制图比例尺条;通过 A 按钮来添加图名,添加图名后,双击图名对图名的内容、字体大小、字型、色彩做适当的修改,如图 8-39 所示。

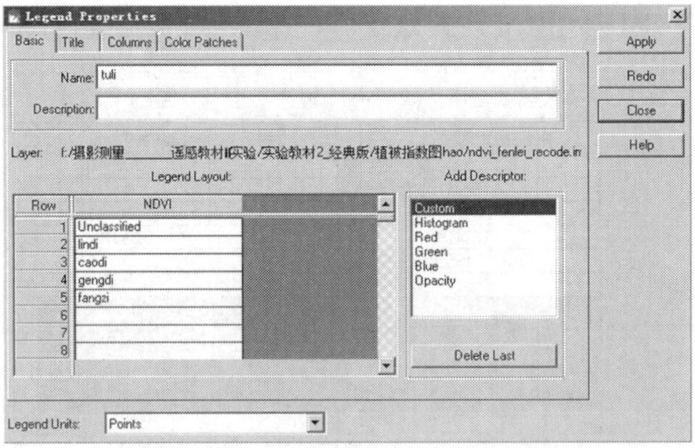

图 8-39　植被指数图图例属性设置

在 Annotation 面板中,点击按钮,得到新建图例对话框,输入文件名 NDVI. map,在对话框左侧新建一个字段,点击右键,字段改名为 NDVI,根据分类重编码的结果,在 Row 列中输入植被指数所占百分比,然后点击鼠标左键选中此行,点击“Apply”完成,得到植被指数图,如图 8-40 所示。

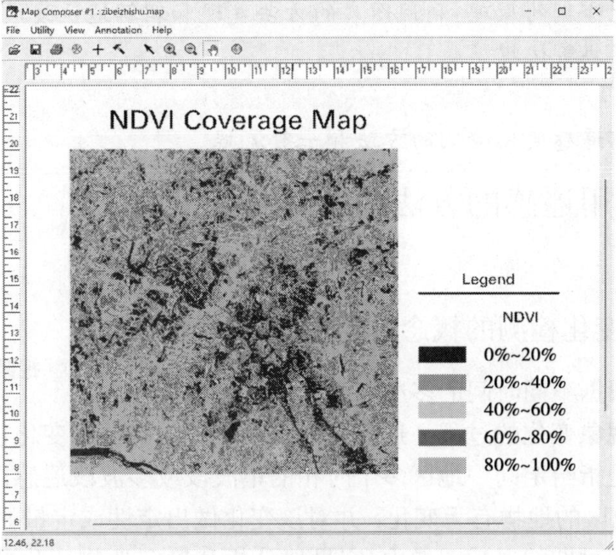

图 8-40 植被指数图

任务小结：

本任务主要介绍了遥感植被指数 NDVI 的提取过程，从而获得植被指数文件，根据植被指数文件，结合植被长势监测的情况和地图制图的需要，制作了植被指数专题地图，理论与实践有效结合，使学生真正掌握植被指数专题制作的方法，从而加深对植被专题地图制作意义的理解。

任务考核：

教师根据大纲的要求，布置实践作业，使学生能运用常规遥感图像处理软件，进行植被指数图的制作。

任务四 遥感变化检测

任务目标：

1. 理解遥感变化检测的意义。
2. 掌握利用遥感的方法进行遥感变化检测的内容、方法及意义。
3. 能利用常规的方法进行遥感变化检测信息提取，并制作检测结果图。
4. 能利用图表的形式表达检测变化的趋势。

学习过程：

1. 课堂课件学习，理解遥感变化检测的理论知识。
2. 课堂学习，理解运用不同时相的遥感影像检测地物的方法。
3. 课堂学习，观看遥感动态检测地物的视频，了解遥感变化检测的意义。
4. 课内学习，动手制作一幅遥感影像变化检测结果图。

学习成果：

1. 掌握遥感变化检测的内容、方法和流程。
2. 用学习的知识制作一幅遥感变化检测结果图。

3. 结合遥感变化检测的原理,利用图表的方法发现和理解地区发展的变化情况,为地区宏观经济的发展提供决策依据。

任务实施:

本任务主要介绍遥感变化检测的方法和一般流程。

活动一 利用遥感的方法检测地物的变化

【知识导航】

一、遥感影像变化检测的概念、内容及意义

视频 8-4 遥感变化检测

变化检测就是根据不同时间的多次观测来确定一个物体的状态变化或确定某种现象变化的过程。这是目前学术界公认的关于变化检测的权威定义。遥感影像的变化检测是指给定同一地区多个时相的单波段或多波段遥感图像, 采用图像处理的方法, 检测出该地区的地物有无变化, 并对该变化做出定性或定量的分析。

这种检测从不同时期的遥感图像中,定量地分析和确定地物变化的特征及过程。它涉及变化的类型、分布状况及变化信息的描述,即需要确定变化前后的地物类型、界限和分析变化的属性。变化检测的研究对象为地物,包括自然地物和人造地物,其中人造地物在军事上常被称为目标。描述地物的特性包括空间分布特性、波谱反射与辐射特性、时相变化特性。

遥感变化检测的主要内容概括来说包含以下 4 个方面:

(1)试验区内的地物类别是否有了变化。

(2)变化地物的区域在哪里,即确定变化区域。

(3)确定变化地物的属性,即确定出变化地物前后的属性。

(4)分析变化信息在时间和空间中的分布模式和规律。

前两个问题是遥感变化检测中最基本和共性的问题,是所有遥感变化检测共同的问题。后面两个问题则要结合具体的实例进行具体分析。

地表生态系统和人类社会活动都是动态发展、不断演变的。社会经济活动对自然资源的开发和利用日益增多,人类活动引起的地表环境的变化越来越剧烈。为了加强自然资源和国土空间的合理规划与利用,促进经济的全面发展和社会的进步,迫切需要对各种自然资源进行持续有效的检测与管理。遥感技术以其快速、准确、周期短等优势在自然资源的变化检测中发挥着重要影响。

遥感影像变化检测就是从不同时期的遥感数据中分析确定、定量评价地表随时间的变化而引起影像像元光谱响应发生变化的特征与过程。实时精确地获取地表变化信息对更好地保护生态环境、管理自然资源、研究社会发展,以及理解人类活动与自然环境之间的关系和交互作用有着重要的意义。自动化和半自动化的多时相遥感影像变化检测技术已经广泛应用到土地调查、城市研究、生态系统监测、灾害监测评估以及军事侦察等中。

二、遥感影像变化检测的流程

遥感影像变化检测的一般流程大致可以概括为以下四步:

第一步,进行不同时相遥感影像的预处理,通过预处理解决数据的配准问题,进行辐射校正,减弱数据获取过程中环境因素的影响,从而减少变化检测中各种外界因素的影响,保

证变化检测的客观性和科学性。

第二步，通过合理的算法实施变化检测，分析不同地物之间的光谱特征、空间特征、纹理特征等的差异，提取变化信息，确定未变化信息，对信息进行分析和描述，得到检测结果。

第三步，检测结果的后处理与输出。

变化检测的后处理是指对得到的检测结果进行再次处理以满足实际需求。主要方法包括滤波处理、数学形态学处理等。在通常情况下，像元级的变化检测是将变化和未变化的区域以二值图的方式进行表示。在特征级和目标级的变化检测中，不仅需要标注出变化的特征或目标，而且需要输出描述特征或目标变化的各种参数。变化检测的结果根据用户的需要可以以报表的形式输出，也可以以变化图的形式输出，还可以存储在数据库中。

第四步，精度评价。全面、准确地评价变化检测结果的精度，具体流程如图 8-41 所示。

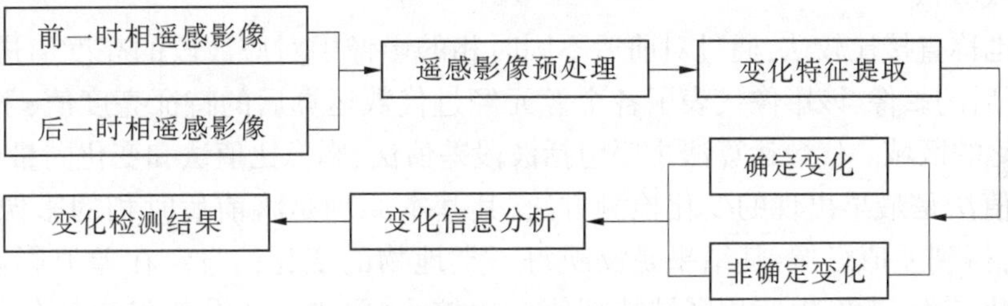

图 8-41　遥感影像变化检测的一般过程

三、遥感影像变化检测的方法

（一）遥感信息变化检测的方法分类

（1）从变化检测的信息层次角度，可以分为像素级变化检测、特征级变化检测和目标级变化检测三个层次。

（2）从使用的算法角度出发，可以分为直接分析法、影像代数运算检测、多通道数据变换的检测、图像分类的检测、结构特征分析的检测等。

（3）从应用的角度出发，可以分为土地覆盖的变化检测、人工地物的变化检测、土壤植被指数的变化检测等。

（4）按数据源不同，可以分为利用新旧影像的变化检测、利用新影像与旧时相影像的变化检测、利用立体像对的三维变化检测三类。

（二）常用的变化检测方法

1. 影像变换法

从多时相影像数据中提取出的特征信息能够起到突出变化地物、区分变化类别、提高检测精度的效果，这类方法统称为影像变换法。该方法是通过数据变换，消除或者减少影像各个波段之间的相关性，用尽量少的波段表达更多的有效信息，以实现影像降维的目的。此方法既提高了检测的效率，又保证了变化检测的精度。最具代表性的影像变换法主要有主成分分析法、典型相关分析法、缨帽变换法。

主成分分析法（PCA 法）也称 K-L 变换，是在统计特征的基础上的线性变换，即误差最小的正交变换。对于多波段遥感影像，某些波段之间存在很大的相关性，运用 K-L 变换可以把原始图像中的有用信息集中到特征空间图像中去，从而剔除冗余信息、重复信息，达到压缩数据的目的。K-L变换用于变化检测主要通过两种方式实现:一种是先对不同时相的影像进行PCA变换,再计算主分量的差值,提取变化信息;另一种是先将影像合成为一幅新影像,再进行不同分量的PCA变换。由于变换会损失波长信息,它的不足之处是容易产生伪变换信息。

缨帽变换法也称K-T变换,是一种线性特征变换,是对植被检测比较敏感的一种方法。随着植被的生长,植被的绿度信息会越来越丰富,而土壤的亮度信息会越来越少,通过代数变换计算就可以检测出植被的变化。

上述变换方法主要用于:①两幅多时相影像的所有光谱通道进行共同变换;②变换多光谱差值影像,虽然这些变换各自具有优缺点,但是由于本质作用在于变换影像,所以其核心部分和技术难点仍是变化阈值的确定。

2. 影像代数法

该方法也称直接比较法,通过对前后不同时相的影像中对应波段的亮度值进行简单的运算,得到运算后的影像,该影像代表了各个像元经过代数运算后的特征亮度值,主要目的是突出影像上变化的区域。代数运算法主要包括波段差值法、影像比值法和变化向量分析法。

波段差值法是最早出现的变化检测方法,其基本原理是将前后时相的影像对应波段的灰度值做差,得到差值影像,其结果是反映每一类地物的变化信息。在差值影像中,变化区域特征值变化较大,未发生变化区域特征值变化较小,要进一步分析发生变化的区域,则需要做阈值分割。该方法的优点是操作简单,容易实现;缺点是只能发现哪些区域有变化,但不知晓变化区域的类型,另外一个问题是随着类型的增加,阈值的划分比较困难。

影像比值法是将前后两幅不同时相的影像对应波段的像元灰度值做比值,得到影像的比值图像。比值大于1或者小于1的,认为像元表示的地物有变化,比值等于1的代表像元表示的地物未变化。该方法类似于波段差值法,方法简单、易于操作,可以克服因地形起伏和光照的影响,有抑制噪声的作用,可消除同物异谱现象。

变化向量分析法(Change Vector Analysis,CVA))是波段差值法的扩展。其原理是将前后两幅不同时相影像波段上的像元各自构建成一个一维的向量,然后用两个向量做差值,得到差值向量。变化向量的长度代表变化强度,变化向量的方向代表不同地物变化类型。变化向量分析法是目前应用最广泛的方法,同时为许多其他变化检测方法提供基础数据。该方法的优势在于可以利用全部的波段来检测变化像元,从而可以克服由单一波段比较带来的信息缺失,而且可以通过变化向量的方向提供变化类型的信息,缺点是阈值的选取比较困难。

3. 分类后比较法

分类后比较法主要是通过监督或非监督分类法来获取影像地物分类图,该方法不仅可获得变化发生的位置,还可提供变化的类型信息,因此常与其他检测算法结合使用。利用神经网络法、支持向量机法、面向对象的方法和决策树方法等,对要分析的遥感影像进行分类,在分类的基础上进行变化比较。通过采用直接比较法和分类后比较法,认为分类后比较法更适用于研究。

4. 基于图像空间特征的方法

图像的空间特征主要包括光谱统计特征、纹理特征、结构特征。这种方法的原理是特征提取技术,通过提取图像的特征信息,如方差、边界、轮廓等来实现变化检测。特征级变化检测是采用一定的算法先从原始图像中提取特征信息，如边缘、形状、轮廓、纹理等，然后对这些特征信息进行综合分析与变化检测。由于特征级的变化检测是对特征进行关联处理，把特征分成有意义的组合，因而它对特征属性的判断具有更高的可信度和准确性。

5. 面向对象的检测方法

面向对象的处理是高分辨率遥感影像解译领域的重要思想。面向对象的变化检测是以分割地物对象作为处理单元，综合考虑对象的光谱、空间和纹理信息，提高变化检测结果的精度和完整性。面向对象的检测方法，是针对高分辨率影像提出来的，该方法在对影像分析时，不仅考虑影像的光谱信息，而且兼顾地物之间的空间信息。面向对象法，顾名思义是针对对象进行处理分析，而不同于传统的基于像素进行分析。所以，影像分割是以面向对象法为前提的，就是把影像分割成一个个对象，充分利用对象的光谱、形状、大小、上下文等特征进行变化检测。

四、遥感变化检测的应用领域

变化检测是遥感对地观测中应用最广泛的技术之一，在环境、资源、城市、灾害、军事等领域都起到了重要作用。总结起来，遥感变化检测技术的应用领域如表 8-5 所示。

表 8-5　遥感变化检测技术的应用领域

应用领域	具体方向
生态系统监测	旱地变化监测 植被变化监测 沙地变化监测 自然保护区监测 冰层覆盖情况监测 山地检测与影响评估 滑坡监测
城市变化研究	城市扩展和不透水面变化监测 建筑物变化检测 森林变化监测 湖泊环境监测 湿地环境监测 海岸环境监测
灾害评估与监测	地震损害评估 海啸损害评估 漏油工业区监测和影响评估
军事应用	战争对环境的影响评估 核试验场检测 军事打击效果评估
土地资源调查	用地覆盖、土地利用监测

【实施过程】

一、变化检测的意义

变化检测是根据同一地区两个不同时期的遥感图像来计算其变化和差异的,系统根据人为设定的阈值将重点变化的区域进行显示和标明,同时输出两个分析结果图像,其一是图像变化文件,其二是主要变化区域文件。变化检测在遥感图像处理上是一个非常重要的应用,也能及时发现变化区域的范围、大小,为决策部门提供有力的数据保障。本活动运用 ERDAS 软件进行变化检测涉及的主要命令及其功能如表 8-6 所示。

表 8-6　运用 ERDAS 软件进行变化检测涉及的主要命令及其功能

命令	功能
Image Interpreter	影像解译模块
Utilities	使用菜单
Change Detection	变化检测
As Percent	按比例变化检测
As Value	按绝对数值检测

二、数据准备

试验数据是同一地区在两个不同年份的遥感图像数据,文件名分别为 atl_spotp_87. img、atl_spotp_92. img,如图 8-42、图 8-43 所示。通过目视判读和对比分析发现,这两幅图像上有部分区域范围发生了较大变化,需要对其变化的范围进行标明,这就是遥感图像检测可以实现的任务。

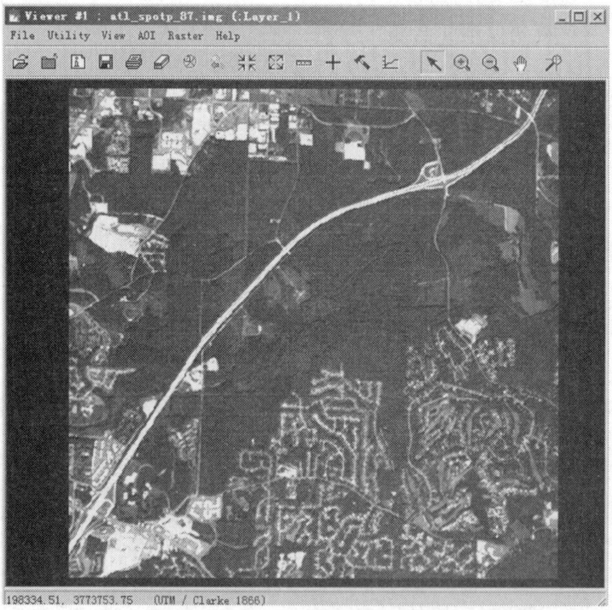

图 8-42　变化前的遥感图像

三、实现过程

(1)在 ERDAS 图标面板工具条中,单击 Main,选择 Image Interpreter→Utilities→Change

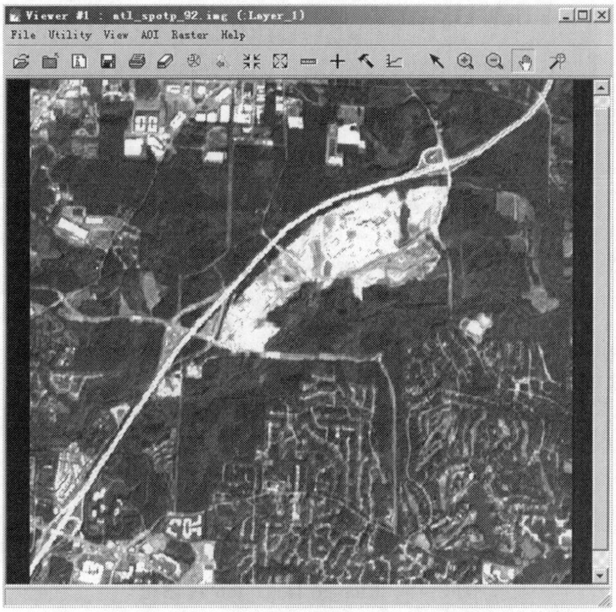

图 8-43　变化后的遥感图像

Detection,打开 Change Detection 对话框,如图 8-44、图 8-45 所示。

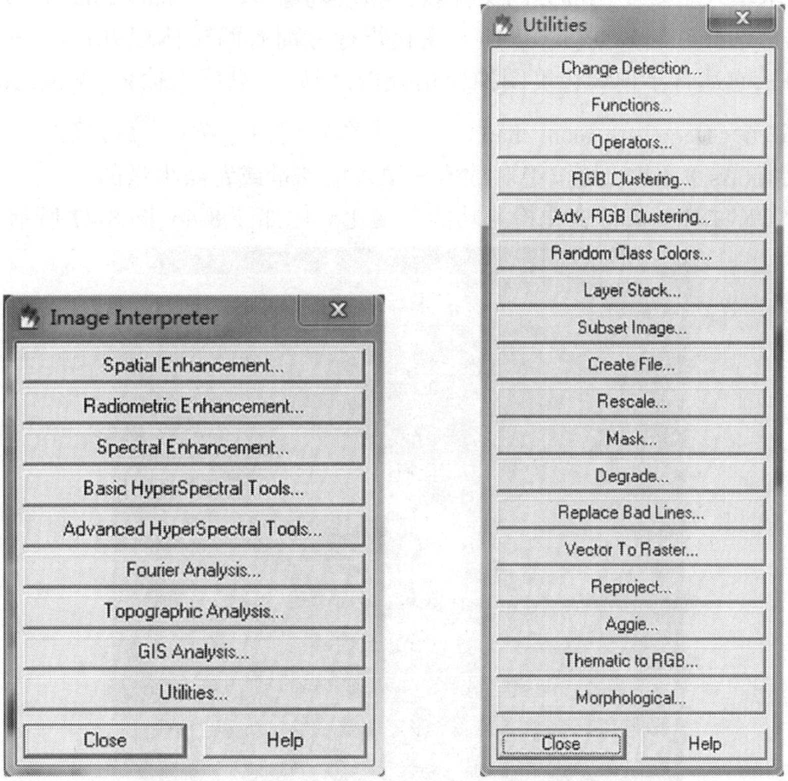

图 8-44　变化检测菜单

(2)在该界面中,主要涉及输入输出文件名的给定、层的选择、变化比例或数值的设定、颜色的调整等。

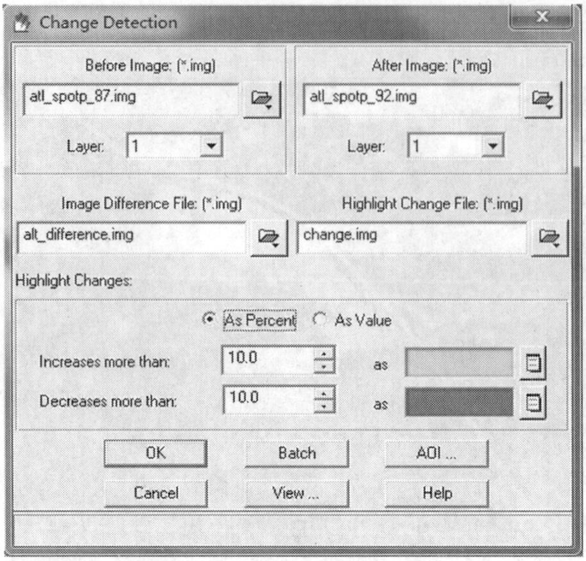

图 8-45　Change Detection 对话框

输入部分要求提供变化前的影像,例如 alt_spotp_87. img,同时,要求提供变化后的影像 alt_spotp_92. img。输出部分需要填入图像变化部分的文件名,例如可以输入 alt_difference. img。同时,要求填入主要变化部分的文件名,例如这里输入 alt_change. img。变化前和变化后的图像数据都选择一层数据(layer 1)。变化指标方面有两种体现方式:一种是按变化比例(As Percent),它适合于连续色度图像变化分析,例如这里可以输入:增加(Increases more than)10,或者减少(Decreases more than)10,点击右侧的白色按钮可以设置颜色;另一种方式是变化数值(As Value),是按绝对数值来填入增加量或者减少量的。

(3)点击"OK"按钮,执行变化检测功能。变化对比如图 8-46、图 8-47 所示。

图 8-46　遥感图像一般变化区域

图 8-47 遥感图像主要变化区域

任务小结：

本任务主要介绍了遥感变化检测的内容、方法、流程，通过理论与实践的结合，使学生理解变化检测的方法和意义，从而加深了对运用遥感图像进行检测的理论知识的理解。

任务考核：

根据大纲的要求，教师布置实践作业，使学生能运用不同的遥感图像处理软件进行遥感动态监测处理。

任务五 无人机 DSM、DEM、DOM 的生产

任务概述：

无人机遥感数据处理主要是以低空无人机获取的多角度影像为基础，通过无人机空中三角测量和多视角影像密集匹配，实现无人机多视角影像对真实场景的三维建模。本任务主要以无人机实景三维建模的技术过程为基础，完成解析空中三角测量及无人机 DSM、DEM、DOM、DLG 生成等任务。DEM、DOM、DLG 数字产品在交通、水利、电力、建筑、农田、政府决策、军事等多个领域有重要应用。

任务目标：

1. 理解无人机解析空中三角测量的作用与意义。
2. 理解无人机解析空中三角测量的基本概念。
3. 能利用软件进行无人机解析空中三角测量的操作处理。
4. 能对解析空中三角测量的质量进行合格性判定。
5. 能理解 DSM、DEM、DOM 的概念和作用。
6. 能利用软件进行 DSM、DEM、DOM 的生产。

学习过程:

1. 课堂课件学习,理解无人机解析空中三角测量的基本理论知识。
2. 课堂学习,观看无人机解析空中三角测量的软件演示。
3. 课内学习,上机动手学习解析空中三角测量的操作。
4. 课内学习,上机动手学习 DSM、DEM、DOM 生产操作。

学习成果:

1. 掌握无人机解析空中三角测量的操作方法。
2. 能描述无人机解析空中三角测量的作用。
3. 能描述解析空中三角测量完成的情况。
4. 能利用软件独立制作 DSM、DEM、DOM 产品。

任务实施:

本任务主要介绍遥感土地利用现状图的基本知识及制作过程。

活动一　无人机解析空中三角测量

视频 8-5　无人机实景三维建模

【知识导航】

一、解析空中三角测量的基本原理

无人机解析空中三角测量是利用无人机连续拍摄的,具有多个角度和高重叠度的影像,根据影像内在的几何特性,依据少量的野外控制点,在室内以多视觉几何摄影测量方法建立起一个与实地完全一致的数字模型,从而获得更多加密点的三维坐标信息的过程。

二、解析空中三角测量的作用

(1)为内业三维模型建立、正射影像图制作等提供定向控制点和像片定向内外方位元素等参数。

(2)在地籍测量中用于测定一定范围内界址点的统一坐标。

(3)单元模型中大量地面点坐标的计算。

(4)解析近景摄影测量和非地形摄影测量,用于建筑物变形测量、工业测量等领域。

三、解析空中三角测量的主要特点

(1)在不受通视条件的影响下,可以将大部分野外测量工作转至室内完成。

(2)不接触被测量目标,即可测定其几何位置和形状。

(3)在大范围内可以快速测定地面点位,节省外业测量的工作量。

(4)整体平差时区域内部精度均匀,且不受区域大小限制。

四、解析空中三角测量的类型

(1)按平差模型分为航带法、独立模型法和光束法。

(2)按加密区域大小可以分为单航带法和区域网法。

(3)按区域网与平差方法相结合分为航带法区域网平差、独立模型法区域网平差、光束法区域网平差。

五、解析空中三角测量步骤

(1)内定向处理:导入待处理的影像数据,设置相机参数,对影像数据进行检查,实现对无人机原始影像数据的像片畸变纠正并恢复曝光瞬间摄影光束的形状。

(2)匹配连接点:无人机倾斜摄影的影像会获得很多同名像点,根据影像数据进行特征点提取,然后对提取的特征点进行特征匹配,根据匹配的结果计算多张影像之间的相对定向元素,从而构建空中三角测量的基本框架。

(3)绝对定向处理:根据外业测量的地面控制点,对自动空中三角测量的结果进行定向处理,实现影像上的像点与对应地面点的相互关联,解算出绝对定向元素和每张影像在像控点所在坐标下的准确位置和姿态。

【实施过程】

ContextCapture 3D,软件业界称为 Smart 3D,软件安装完成后,桌面一般会有三个图标,代表不同的功能。Context Capture Center Master 称为建模的主程序,Context Capture Center Engine 称为建模引擎,建模流程主要由其引导和控制,跑模型时需要打开,Context Capture Center Viewer 是模型浏览器,对重建后的模型进行浏览、旋转、缩放、简单量测等功能。

(1)在桌面点击 ContextCapture 3D 软件快捷图标,启动 Smart 3D 建模软件。Smart 3D 软件的创建工程界面如图 8-48 所示。

(2)在 Smart 3D 软件的创建工程界面,有三个选项:Start a new project(创建一个新工程)、Open a recent project(打开一个最近使用的工程)、Open an existing project(打开一个已经存在的工程)。这里选择第一个选项 Start a new project。

(3)新建工程信息设置,如图 8-49 所示,在 Project name 中输入新的工程文件名 0226-job,在 Project location 选项中,保存路径可以默认为 C:/,也可以在其他电脑盘新建文件夹,点击"Browse..."按钮,选中该文件夹,确定,更改保存路径,最后点击"OK"按钮。

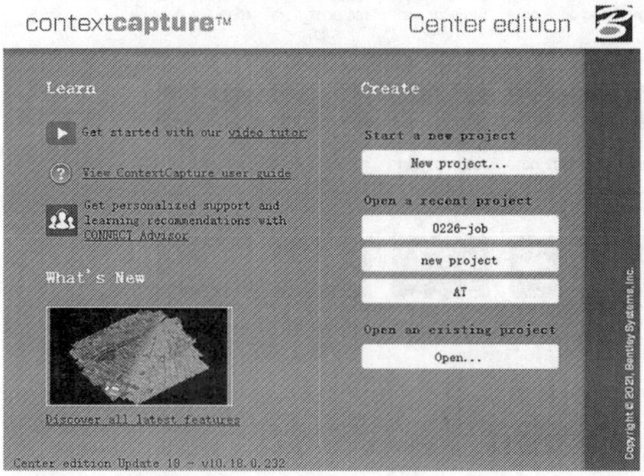

图 8-48　Smart 3D 创建工程

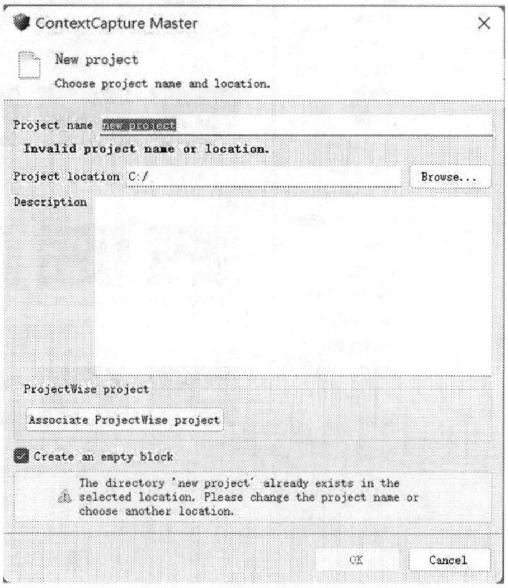

图 8-49　New project 界面

(4)添加需要建模的影像。在 Center edition(0226-job. ccm)工程界面,选择 Photos 标签,点击 Add photos... 按钮,如图 8-50 所示,选择 Add photo selection,双击打开数据文件夹 data,点击该文件夹空白处,用键盘组合键 Ctrl+A 选中全部照片,点击打开按钮,添加全部建模的照片,如图 8-51 和图 8-52 所示。

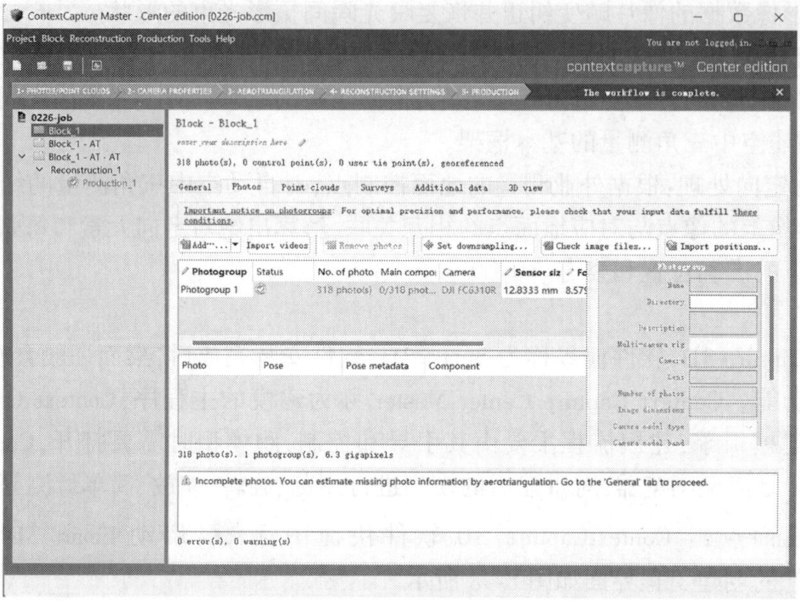

图 8-50　影像 Block 添加界面

图 8-51　data 文件夹数据

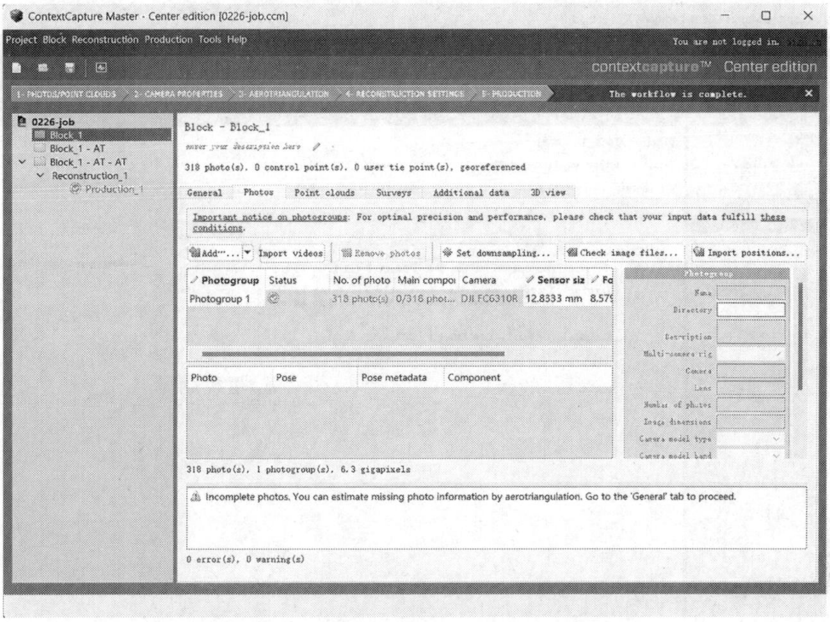

图 8-52　添加照片后显示一个照片组

(5)点击标签 Check image files...,点击“start”按钮,开始影像文件检查。

(6)点击 General 标签,选择右上角按钮 Submit aerotriangulation(提交空三计算),进行自动空中三角测量计算,选择第一项,利用 Context Capture Center Engine 进行空三计算,如图 8-53 所示。点击“next”两次,点击“Submit”提交。自动空中三角测量运行,如图 8-54 所示。

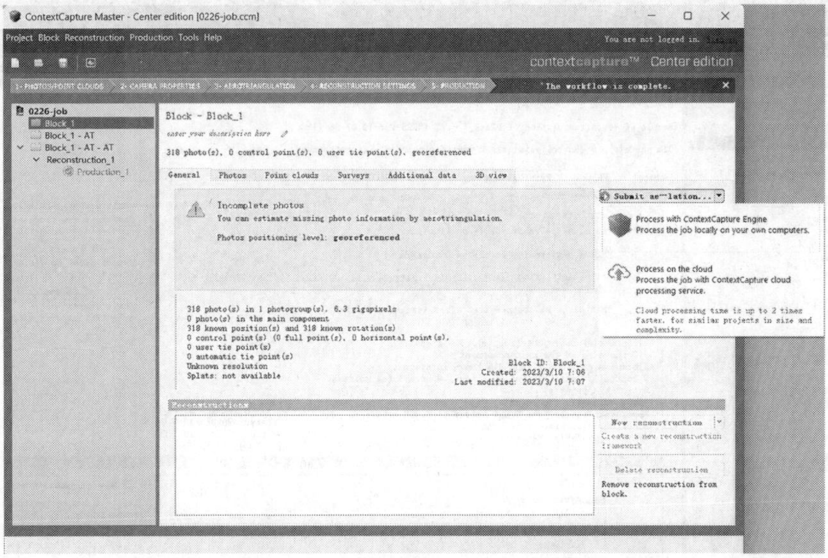

图 8-53　自动空中三角测量计算

(7)第一次空三结束后,可能会存在不合格的情况,剔除不合格的照片,可以第二次提交空三计算;直到合格。另外,如果空三计算无法进行的情形,可能是没有打开 Context Capture Center Engine 软件,打开即可进行空三计算。

(8)经过第二次提交空三计算,显示 Complete data,没有任何警告信息,自动空中三角测

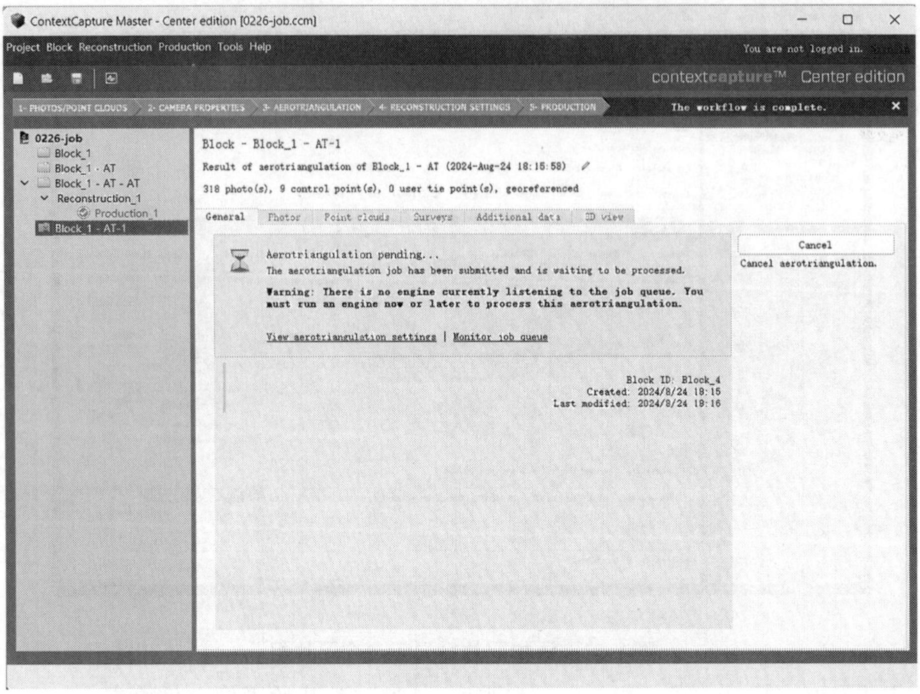

图 8-54　自动空中三角测量运行界面

量完成后如图 8-55 所示。

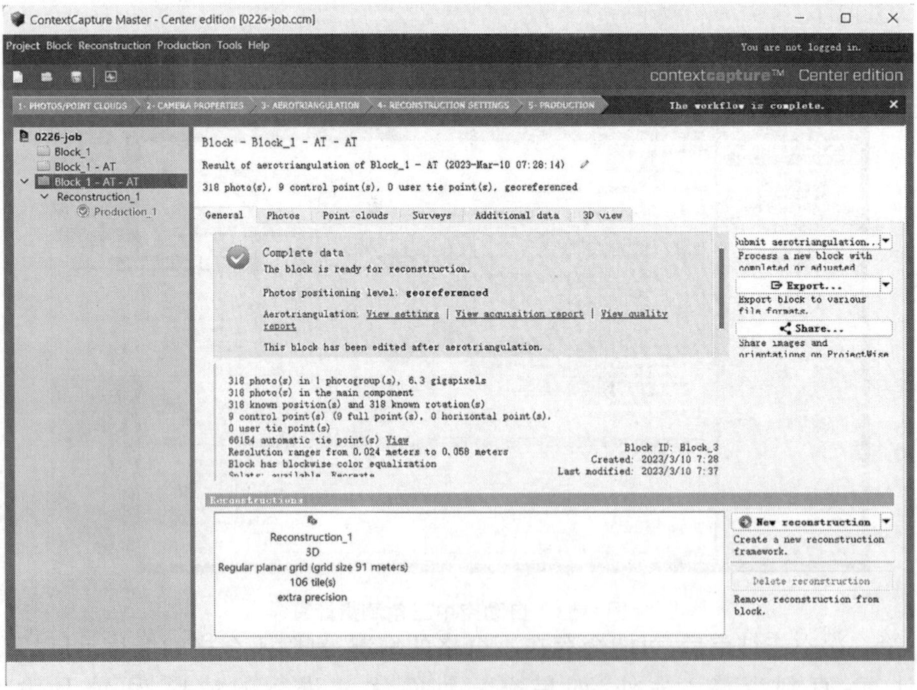

图 8-55　自动空中三角测量完成界面

任务小结：

本任务主要介绍了利用 Smart 3D 软件进行无人机倾斜摄影的空中三角测量任务，通过自动空中三角测量的新建工程及设置，实现了对倾斜摄影照片的空中三角测量计算工作，当空三成果合格后，可以为后续倾斜摄影与实景三维建模的模型重建打下良好的基础。

任务考核：

根据课程标准的要求，教师对学生的实操能力布置实践作业，使学生能运用 Smart 3D 倾斜摄影与建模软件完成某一地表的三维模型重建。

活动二　无人机 DSM、DEM、DOM 的生产

【知识导航】

一、DSM、DEM、DOM 的概念和作用

数字表面模型（Digital Surface Model，DSM）是指包含了地表建筑物、桥梁和树木等高度的地面高程模型。它不仅包含了地形三维信息，还包括人工地物（如建筑物、桥梁等）和自然地物（如树木等），即是地形与地面有一定高度的地物及其他对象构成的复合三维表面体。

数字高程模型（Digital Elevation Model，DEM）是在一定范围内通过规则或不规则格网点描述地面高程信息的数据集，用于反映区域地貌形态的空间分布。DEM 是起伏地面的数字表达，它是地形起伏的三维有限数字序列，用一系列地面点的平面坐标（X，Y）及其高程（Z）组成的数据阵列。

数字正射影像（Digital Orthophoto Map，DOM）是利用数字高程模型对航空影像、遥感影像或者无人机影像，经过逐像元进行投影差改正，再按影像重叠进行镶嵌，根据图幅范围进行裁剪生成的影像数据，它一般是带千米格网、内外图廓、注记的正射性质的平面图。

在测绘中，DEM 可用于绘制等高线、坡度坡向图、立体透视图，制作正射影像、立体景观图、立体匹配片、立体地形模型等。在工程应用中，可以用于面积和体积计算，及各种剖面图的绘制、分析和线路设计。在军事领域中，可以用于巡航导弹的导航、无人飞行器航线规划等。在遥感应用中，DEM 可以转化为一个波段图像，作为分类的辅助数据。在规划设计中，可以用于土地利用现状的分析、各种规划和洪水险情预测等。

DOM 具有精度高、信息丰富、直观逼真、获取快捷等特点。在 GIS 分析中，DOM 可以作为背景图层信息，也可以提取自然资源和社会经济发展的历史信息，为城市公共设施规划和灾害防治等提供可靠的依据，在地形图的更新、修测方面也有一定的指导作用。

二、获取方法

数字高程模型是由平面数据和高程数据两部分组成的，获取数字高程模型的原始数据主要是获取地面点的三维坐标。数据获取的方法主要有摄影测量与遥感的方法、地形图数字化、野外数据采集法、利用空间传感器采集法、水下地形数据采集的方法等。

三、应用

DEM 作为一种地表的三维描述，在测绘、道路、水利、桥梁、建筑场地、地质调查、通信工

程、军事设施等国民经济和国防建设领域有着广泛的应用。通过 DEM 与各种应用场景的结合,可以获得不同的地形参数,用于不同的空间分析,为地理学研究提供了新的思路和重要的技术手段。DEM 的典型应用有断面图的显示与制作、坡度计算、地貌学应用、水文学应用、地质灾害调查等。

【实施过程】

本活动将利用自动空中三角测量的合格成果进行带控制点的刺点工作,刺点完成后,即可在绝对坐标系下再进行一次空三提交,完成基于测量坐标系下的空中三角测量工作,为后续实景三维模型的重建工作打下基础。

具体操作如下:

(1)在 ContextCapture Center Master 主程序界面,选择 Surveys 标签,点击右侧的 Survey Points 标签,点击“Add”按钮,选择 Custom text format(wizard)格式,如图 8-56 所示。点击 File name 右侧的 … 按钮,选择 data 文件夹下的控制点文件 KZD3. txt,打开,点击 Next,如图 8-57 所示。

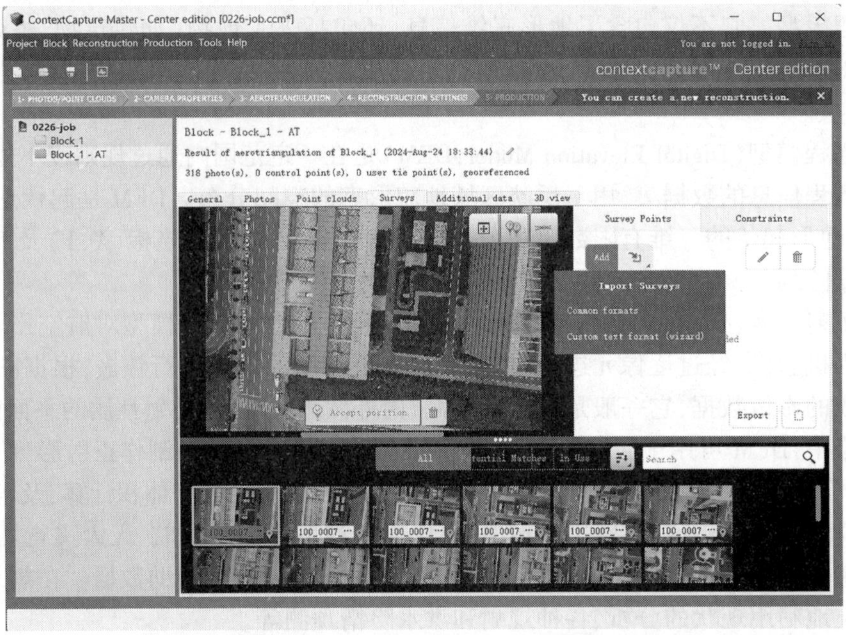

图 8-56　导入 Custom text format(wizard)控制点界面

(2)在 File name 界面,显示当前导入的控制点,点击“Next”,在 spatial reference system 空间参考系界面,选择 WGS84 坐标系,点击“Next”。

(3)在 Fields 界面 Fields selection 选项,第一列 Column1 中,Role 下选择 Name;第二列 Column2 中,Role 下选择 Longitude;第三列 Column3 中,Role 下选择 Latitude;第四列 Column4 中,Role 下选择 Height,点击“Import”,如图 8-58 所示。

(4)控制点导入成功,如图 8-59 所示。

(5)现在开始选刺控制点。选刺控制点时,先了解控制点的分布,这里一共导入了 9 个控制点,分别以 p1、p2、p3、p4、p5、p6、p7、p8、p9 命名,可以查看有关点之记或地面采集控制点所拍摄的照片,辅助控制点的刺点。以 p1 点为例,在界面右下角搜索框内填入 0247 照片,点搜索按钮,下方找到 0247 照片,点击该照片,在照片中间部分会出现一个黄色的圆圈,

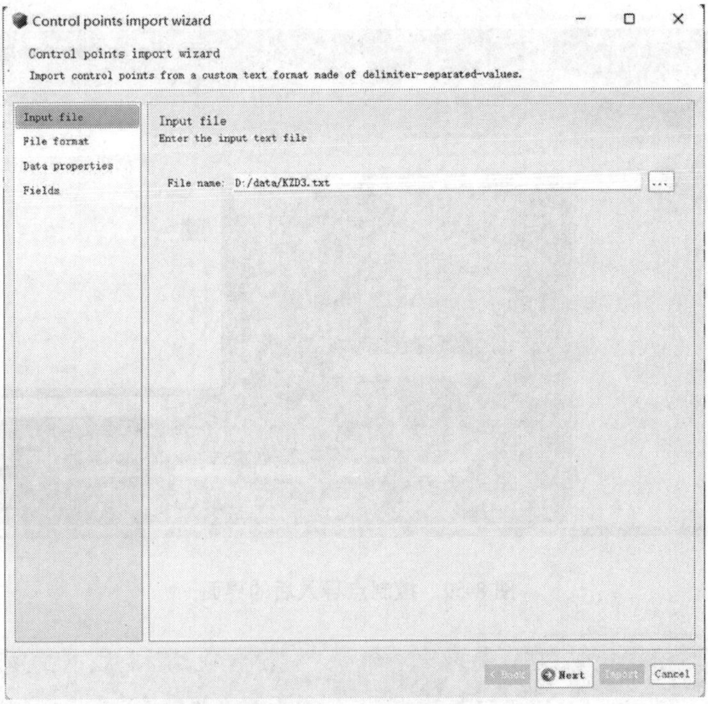

图 8-57 导入控制点文件

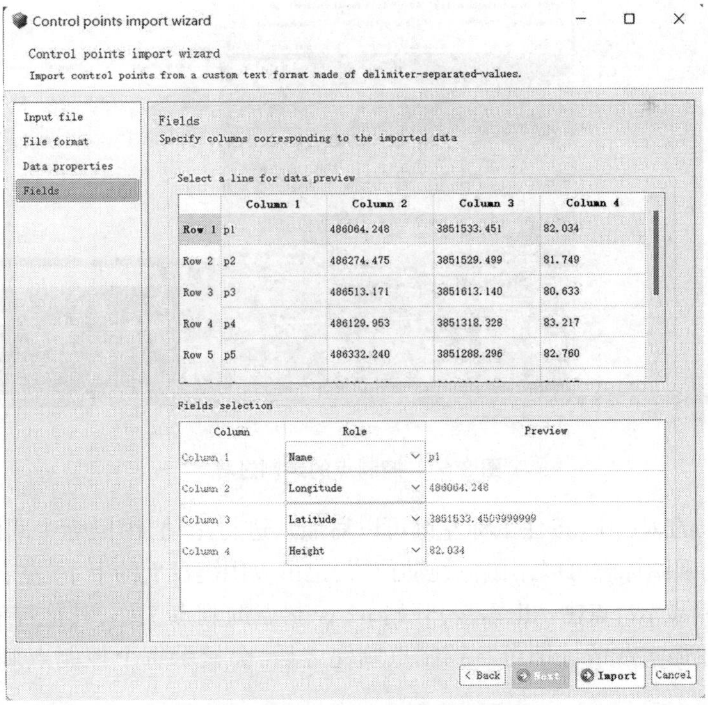

图 8-58 选择与文本对应的信息

用鼠标左键拖动该圈到地面布标的控制点处,使黄色圆圈的十字中心对准地面靶标的中心,点“Accept position”,即完成了第一张像片的刺点工作,一个控制点至少需要在 3 张包含该地面靶标的清晰照片上刺点。控制点 p1 刺点如图 8-60~图 8-62 所示。

图 8-59　控制点导入后的界面

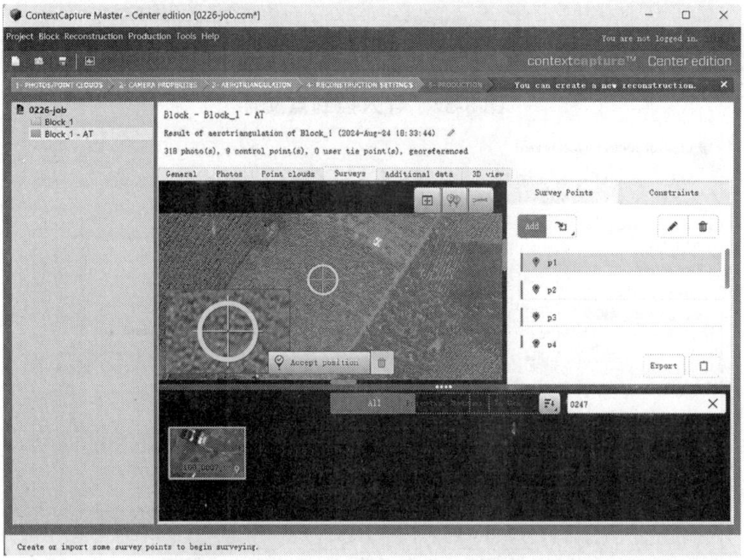

图 8-60　控制点的选刺过程

注意:控制点的刺点中,按住鼠标左键可以对照片进行拖动,用鼠标中间滚轮可以对图像进行缩放,刺点的圆圈标志可以用鼠标拖动位置,也可以用键盘上的上下、左右光标移动。

(6)双击控制点 p2,点击 All 标签,开始 p2 控制点的刺点工作,其他控制点的刺点工作与此类似,大家加强实践锻炼即可。控制点刺完之后,会显示每个控制点刺的像片数量,如图 8-63 所示。

(7)刺点工作结束后,可以将控制点分为两类:一类做控制点用,一类做检查点用。设置完成后即可再次提交空三,空三合格后即可进行倾斜摄影的三维重建工作。

(8)在空三结束的界面,点击右下角的"New construction"按钮,选择 3D 重建,建立一个三维重建工程,Reconstruction_1,如图 8-64 所示。

图 8-61　控制点 p1 的刺点

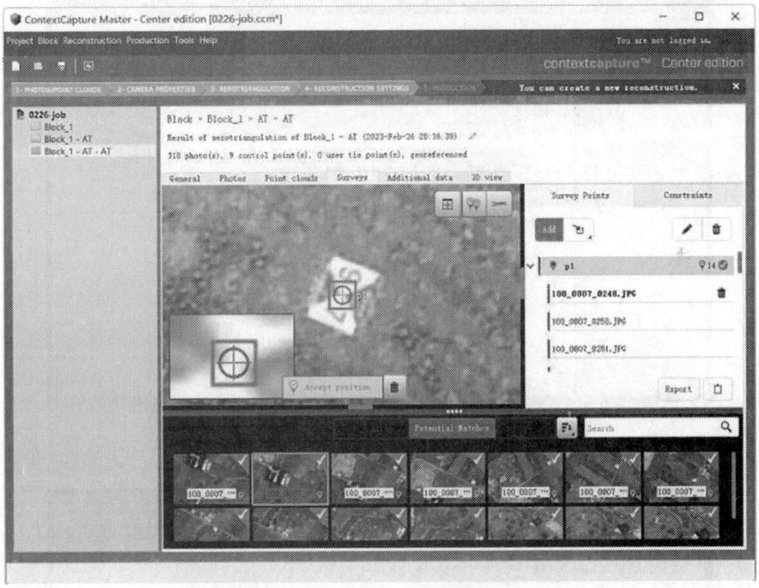

图 8-62　控制点 p1 的全部刺点情况

(9)根据三维重建模型的需要和已经具备的硬件条件进行相关设置。点击 Spatial framework 标签,设置瓦片大小,根据跑模型的电脑内存进行设置,这里瓦片大小设置为 30,将耗费至少 11 GB 内存。同时,根据需要可以设置重建范围大小,点击右侧笔形工具,通过鼠标拖动调整重建模型的范围,如图 8-65 所示。

(10)选择 General 标签,选择 Submit Reconstruction 提交重建,选择 next,选择 3D mesh,进行三维模型重建,选择 orthophoto/DSM,生产正射影像和数字表面模型 DSM,如图 8-66 所示。这里可以选择 Open Scene Graph Binary(OSGB)模型。点击 next,在选择重建模型范围大小界面,点击 next,最后点 Submit 提交。三维模型重建结果如图 8-67 所示。

图 8-63　控制点刺完后的界面

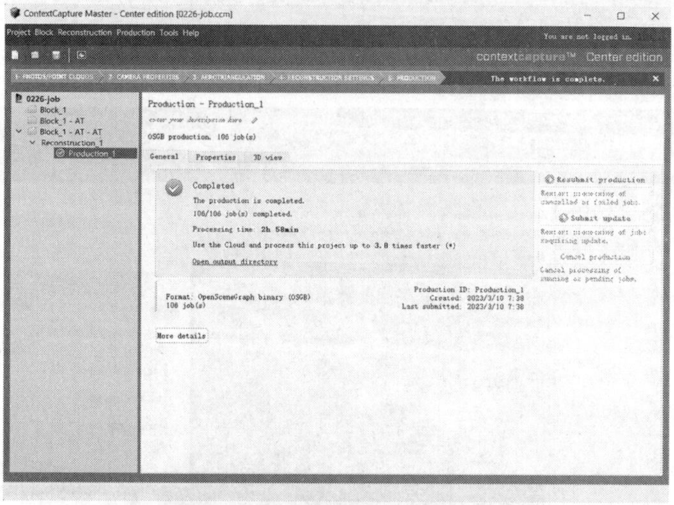

图 8-64　创建三维重建工程界面

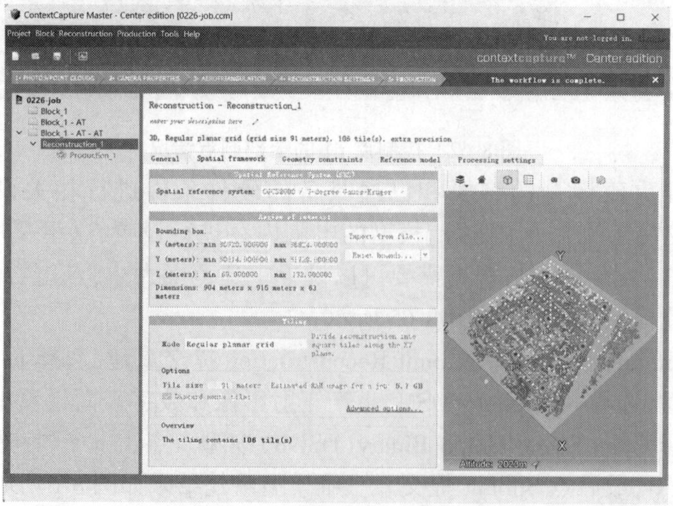

图 8-65　倾斜摄影三维模型重建的 Spatial framework 设置

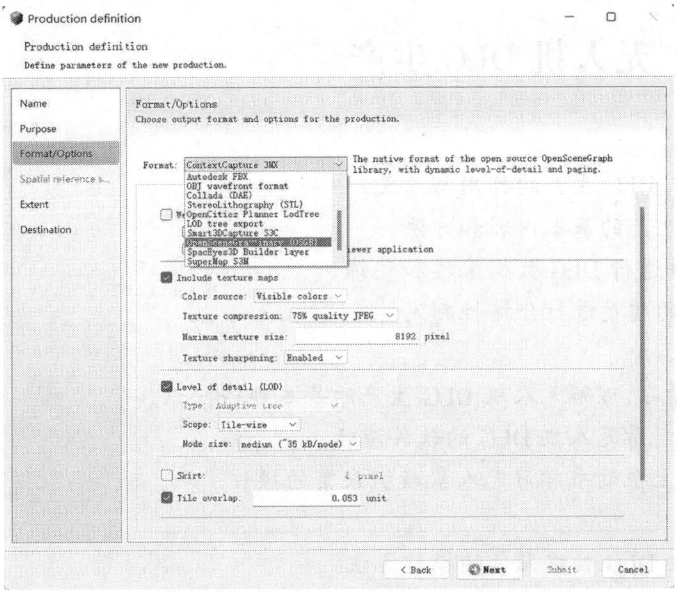

图 8-66 三维模型重建设置界面

图 8-67 重建后的三维模型

任务小结：

本任务主要介绍了利用无人机遥感影像进行实景三维建模，展示地表真实的起伏状态，同时，生产高精度 DSM、DEM、DOM，通过 DEM/DOM 提供的数据支持，可以将其应用到工程设计、施工、监测等各个领域，也可以为规划设计和各种资源调查提供基础底图。

任务考核：

根据教学大纲的要求，教师对学生的建模能力布置实践作业，使学生能独立完成实景三维建模的任务。

任务六　无人机 DLG 生产

任务目标:

1. 理解无人机 DLG 生产的作用与意义。
2. 理解 DLG 生产的基本内容和方法。
3. 能利用软件进行 DLG 数据采集和整饰。
4. 能对 DLG 的质量进行合格性判定。

学习过程:

1. 课堂课件学习,理解无人机 DLG 生产的基本理论知识。
2. 课堂学习,观看无人机 DLG 的软件演示。
3. 课内学习,上机动手学习无人机数据采集的操作。

学习成果:

1. 掌握无人机 DLG 数据采集的操作方法。
2. 能描述无人机 DLG 生产的作用。
3. 能描述无人机 DLG 生产完成的情况。
4. 能利用软件进行 DLG 采集的质量检查。

活动一　无人机 DLG 生产

视频 8-6　无人机 DLG 采集

【知识导航】

一、DLG 的基本概念

数字线划图(Digital Line Graph,DLG)是按照一定的比例尺将测区内各类地物和地貌缩小后,经过制图综合以点、线、面和特定的地图符号,表达地形要素的地理信息矢量数据集。点要素在矢量数据中表示为一组坐标及相应的属性值;线要素表示为一串坐标组及相应的属性值;面要素表示为首尾点重合的一串坐标组及相应的属性值。数字线划图是国家基础地理信息数字成果的主要组成部分。

地球表面上的自然和社会经济现象统一用规范的符号系统来表示,这些符号总称为地形图图式符号。图式是测绘和使用地形图的重要依据,目前使用的地形图图式是国家标准《国家基本比例尺地图图式 第 1 部分:1∶500 1∶1 000 1∶2 000 地形图图式》(GB/T 20257.1—2017)。

二、DLG 内业采集的地形要素分类

地形图的图式符号,按照地形要素的性质可以分为如下九类:

(1)测量控制点:包括三角点、水准点、GNSS 等级点、导线点、埋石图根点等。

(2)水系及附属设施:包括水库、湖泊、池塘、河流、沟渠、井、泉、水池、滩涂、陡岸、岛屿、航行标志、拦水坝、水闸、高架水渠等。

(3)居民地及设施:包括街区式居民地、散列式居民地、窑洞等各种类型的居民地;设施包括垣栅、门顶、门墩、室外楼梯、柱梁等;独立地物类包括烟囱、水塔、教堂、庙宇、宝塔、独立

树、纪念碑等,工况设施包括传送带、龙门吊、起重设备等;公共设施包括通信塔、公园、影剧院、体育场、电视台等。

(4)道路及设施:包括各等级道路,如铁路、高速公路、国道、省道、县道、乡道及桥梁、涵洞、隧道、加油站、立交桥、路标等。

(5)管线及附属设施:包括通信线、电力线、变电站、各种管道及检修井等。

(6)境界:包括国界、省界、地区界、县界、乡界、保护区界等。

(7)地貌:包括反映地表高低起伏的等高线和特征地貌元素,如冲沟、陡坎、土堆、坑穴、山洞、梯田坎等。

(8)土质及植被:包括地类界、森林、疏林、幼林、竹林、灌木林、草地、菜地、耕地、盐碱地、石块地、沙地等。

(9)注记:行政区划名称、单位、居民地名称、各种地物名称、各种数字注记、各种说明注记。

三、DLG 内业采集各类地形要素的一般要求

(1)地形要素采集时,遵循内业定位、外业定性的原则。

(2)点状要素能按比例表示时,应按实际形状采集,不能按比例表示时,应精确测定其定位点或定线点。有方向性的点状要素应先采集其定位点,再采集其方向点(线)。

(3)线状地物采集时,应视其变化测定,适当增加地物点的密度,以保证曲线的准确拟合。

(4)利用模型采集要素时,尽可能使采集影像清晰可辨,原则上不综合表示,可适当取舍,保证要素完整齐全、精度可靠。

(5)各类建筑物、构筑物及主要附属设施数据均应采集。房屋以墙基为主,临时性建筑物可舍去不表示。建筑物、构筑物轮廓凸凹部分在图上小于 0.5 mm 时,可予以综合。

(6)水系及附属物,应按实际形状采集。水渠应测记渠底高程,标记渠深;堤坝应测记顶部及坡地高程;泉、井应测记泉井的出水口高程,并测记井台至水面深度。

(7)对于成像不清楚的有阴影树木遮挡的地物地面要尽可能地采集,并在相应区域进行标记,以便于外业核查及补绘。

(8)采集依比例尺地物时,应以地物的外围轮廓线为准,垂直模型采集以切准地物顶部为宜,三维模型采集以切准模型平整部位为宜,采集半依比例尺地物时应采集其中心线,采集不依比例尺地物时应采集其中心点。

(9)地上管线的转角点均应实测,管线直线部分的支架线杆和附属设施密集时,可适当取舍。

(10)地貌一般以等高线和高程注记配合表示,特征地貌以相应符号表示,山顶、鞍部、凹地、山脊、谷底及斜坡变换处,应测记高程点。

(11)具有多种属性的线状地物(线状地物、面状地物公共边,线状地物与面状地物边界的重合部分)只可采集一次,但应处理好各种属性之间的关系。

(12)涉及军事设施和国家保密单位的名称注记不采集。

(13)符号的方向与配置。符号一般按真方向表示,除此之外,均垂直于南北图廓线。土质和植被的说明性符号,可按整列式、散列式、相应式三种情况配置说明性符号。

四、应用

数字线划图是各类地形要素在地理数据库里分层存储的矢量数据集。它既有精确的空间信息,也有完善的属性信息和拓扑关系。因此,可以计算空间点之间的距离、坡度、坡向、高差,可以进行面积量算,也可以绘制断面图,勾绘分水线、合水线等。根据工程建设的需要,数字线划图一般可以用于线路工程的选线设计、规划设计。例如,在道路规划设计中,选线设计可以采用 1∶10 000 的地形图,道路初步设计和施工设计也可以用 1∶2 000 的地形图。在管道、电力线选线、大坝选址等线路工程中,利用地形图选线时,进行距离、坡度分析,以降低施工难度和减少建设成本。

【实施过程】

本次数字线划图的采集采用清华山维公司的 EPS 软件进行训练。根据地物的性质,分别介绍几种典型地物的采集方法。

一、房屋的采集

(一)基于房屋面的采集

这种房屋的采集模式是采集清晰墙面上的一点,软件会自动拟合计算出房角点,采集的过程中直接采集墙面,所以省去了房檐的改正。

操作方法:

(1)点击右侧工具图标“常用编码”,调出“建成房屋”,鼠标左键点击“建成房屋”,鼠标变成十字形状态,移动鼠标,在右侧三维模型窗口找到一个清晰的墙面,鼠标左键采集一点,将鼠标放至同一墙面的房檐上,同时按住 Shift+A 键,将第一点高程升至房檐。

(2)在同一墙面选择第二点。

(3)在其他墙面按住 Ctrl 键,只在该墙面上用鼠标左键点一个点,回到第一个面时,仍然按住 Ctrl 键,用鼠标左键选择第一个墙面上的任意一点。

(4)按 X 键回退到第一个房角点,按 Z 键回到第一个点,再按 X 键将第一点退回到房角点,按 C 键闭合。

(5)在弹出的界面录入房屋的建筑材料或结构、层数。

(6)检查房屋采集质量:选中刚才绘制的房屋,将鼠标左键放至地面,在三维模型窗口点击键盘上的 A 键,拉出房屋的三维框线,建立白膜。旋转三维模型,观察采集的房屋线条是否贴住墙面及贴合的程度,以此来判断房屋采集的质量。采集结果如图 8-68 所示。

(二)基于房角的采集

(1)快捷图标选择“建成房屋”。

(2)开启快捷键 Shift+A,锁定绘制房屋时的高程。

(3)依次按顺序方向或逆序方向采集房屋的角点,采集完角点后,按 C 键闭合,自动录入房屋的结构和层数。

二、道路的采集

(一)一般道路边线的采集

(1)点击主界面右侧的“交通”快捷菜单,选择“内部道路边线”。

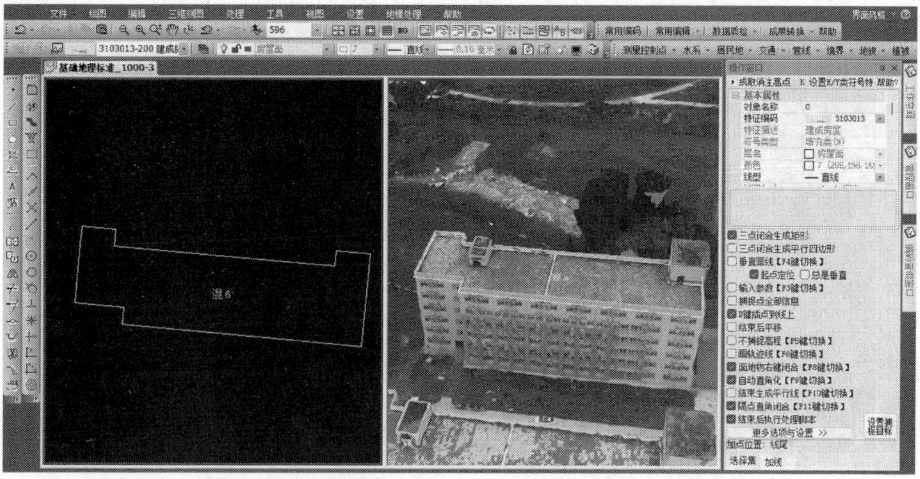

图 8-68　基于面的房屋采集

(2)用多义线绘制道路边线。绘制的过程中,默认 1 为直线,2 为曲线,3 为圆弧,若遇到曲线则需要点击键盘上的 2 键,切换为曲线状态,开始绘制曲线,曲线绘制完成后按 1 键,重新切换至绘制直线状态,如图 8-69 所示。

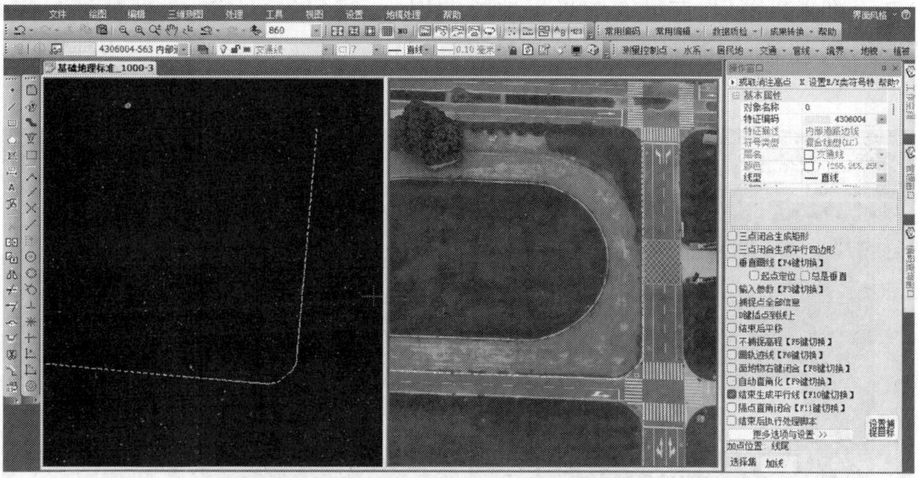

图 8-69　一般道路的采集

(二)道路的采集(平行线生成)

(1)点击"交通"快捷菜单,选择"内部道路边线",在右侧采集信息栏勾选"结束生产平行线"。

(2)鼠标左键开始采集道路边线,待一边采集完毕后,将鼠标左键停留在道路对边的某一点上,点击鼠标右键,即可自动生成另一条道路边线,如图 8-70 所示。

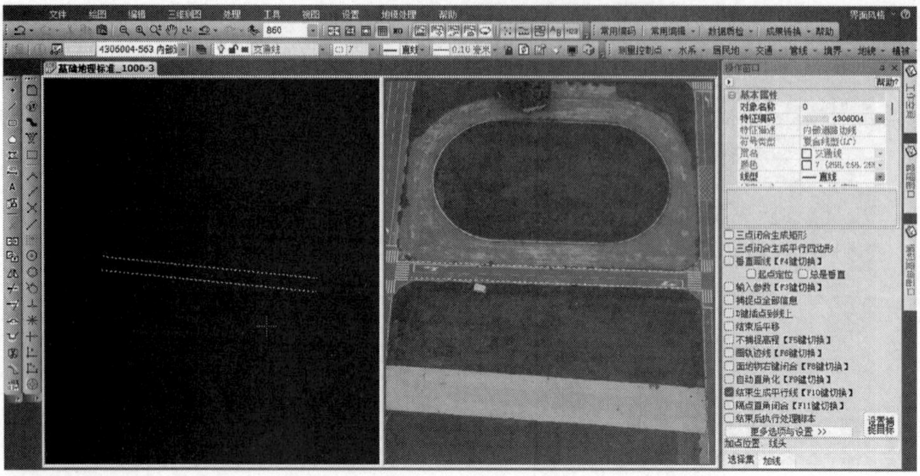

图 8-70　道路边线平行时的采集

三、植被的采集

(1)点击右侧"植被"快捷菜单,选择"旱地",开始绘制植被范围,采集结束后,选中右侧的采集信息栏"面地物右键闭合"。

(2)在三维采集窗口,左键选中采集地物的中心,按 Shift+G 键,对植被进行构面处理,如图 8-71 所示(注意,构面前要区分植被是否有界)。

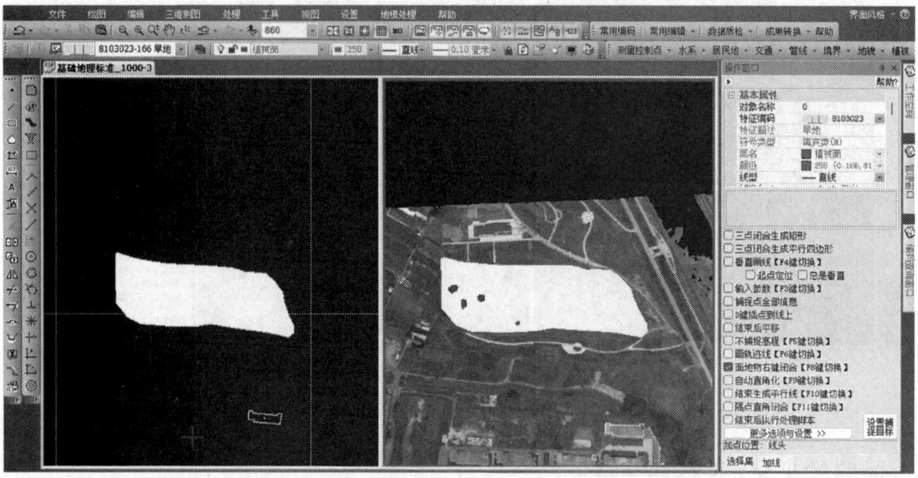

图 8-71　植被面的采集

四、水系的采集

(1)在主界面点击"水系"快捷菜单,选择"地面干渠线",在河流一侧开始采集边线。

(2)河流的一边边线采集完毕后,将鼠标左键停留在河流的对边边线的一点上,选择右侧采集信息栏，选择“结束生成平行线”，点右键，软件自动绘制河流的一条边线，如图 8-72 所示。

图 8-72　河流的采集

五、管线垣栅的采集

(一) 以采集围墙和栅栏为例进行介绍

在主界面左上角搜索框中输入“围墙”，选择“围墙(依比例尺)”，在围墙的一边两个点，旋转模型，在另一个边上，按住 Ctrl 采集一点，这是按边采集围墙，若是按角，实测每一个角点即可完成围墙符号绘制。绘制完毕如图 8-73 所示。

图 8-73　围墙的采集

(二) 电力线附属变电站的绘制

在主界面搜索框中输入“变电站”，选择“变电站所(依比例尺)”，在边或者角采集变电站的位置,结束后即可绘制出相应的符号,如图 8-74 所示。

图 8-74　变电站所(依比例尺)的符号绘制

六、地貌的绘制

(1)在主界面搜索框中输入“陡坎”,选择“人工陡坎”,鼠标左键开始切准陡坎上沿,开始绘制陡坎符号,绘制完毕点右键结束,如图 8-75 所示。

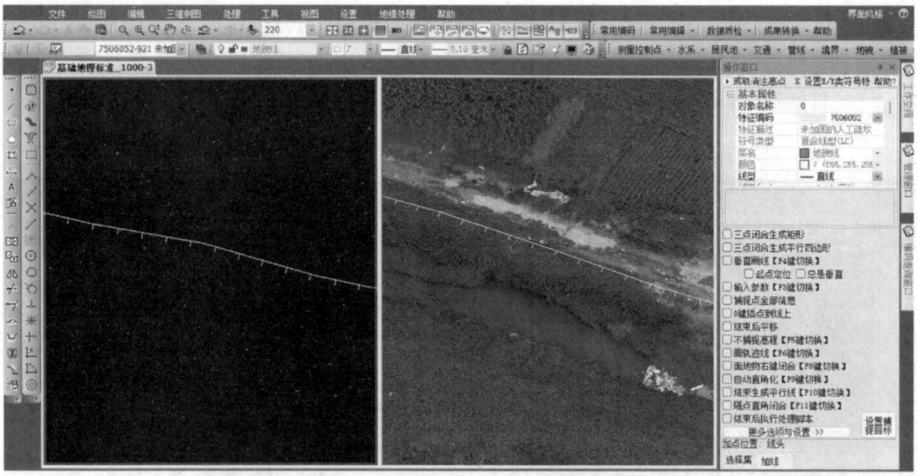

图 8-75　人工陡坎符号的绘制

(2)等高线的绘制。等高线的绘制可以采用打高程点,建立三角网,由软件自动绘制,再进行人工编辑处理。也可以在立体模型下进行人工采集,但是需要长期的专业培训才能完成。

(3)斜坡面的绘制。在主界面右侧点击“地貌”,选择“未加固斜坡面范围”,开始绘制坡顶线,坡顶线绘制完毕,在键盘上点击 J 键,在下方开始绘制坡底线,待坡底线绘制完毕,在键盘上按 C 键闭合,斜坡面绘制完毕,如图 8-76 所示。

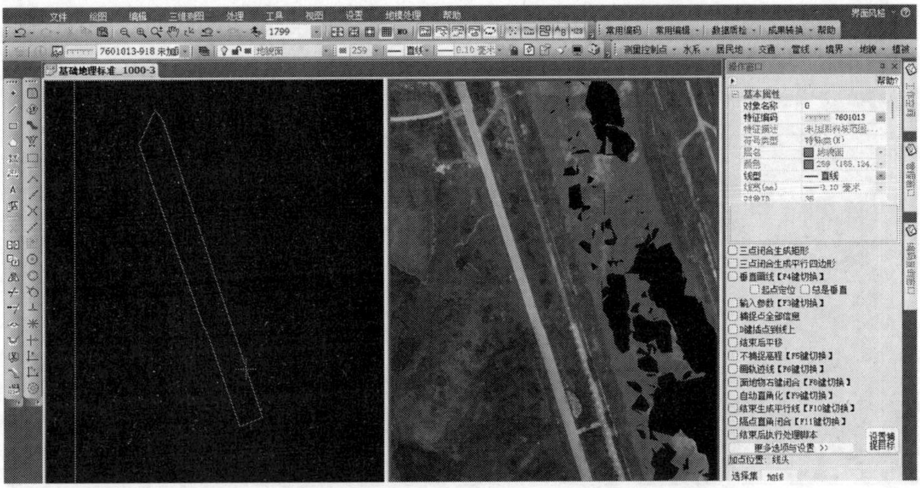

图 8-76　斜坡面符号的绘制

七、独立地物的绘制

这里以国旗杆、路灯、独立石等地物为绘制对象予以简要介绍。

(1)国旗杆的绘制。在主界面搜索框中输入“旗杆”,选择“旗杆(依比例尺)”,在三维模型窗口绘制国旗杆的范围线,采集完成后点 C 闭合,如图 8-77 所示。

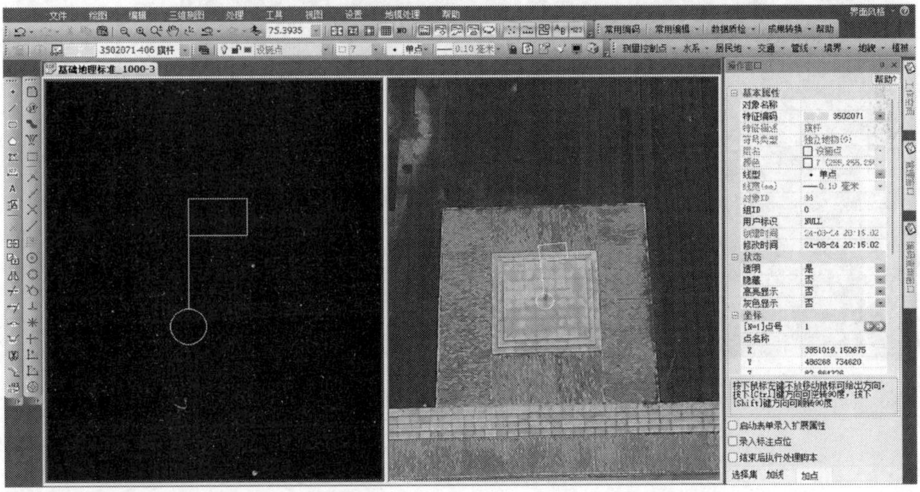

图 8-77　国旗杆(依比例尺)符号的绘制

(2)独立石符号的绘制。在主界面搜索框中输入“独立石”,选择“独立石(依比例尺)”,在三维模型窗口绘制独立石的范围线,采集完成后点 C 闭合,如图 8-78 所示。

(3)路灯符号的绘制。在主界面搜索框中输入“路灯”,选择“路灯”,在三维模型窗口点击路灯的底部中心,采集完成,如图 8-79 所示。

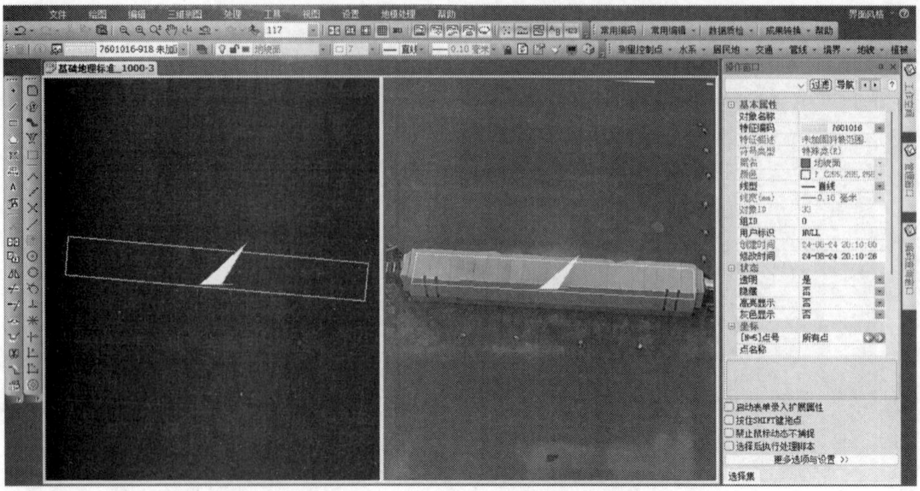

图 8-78　独立石(依比例尺)符号的绘制

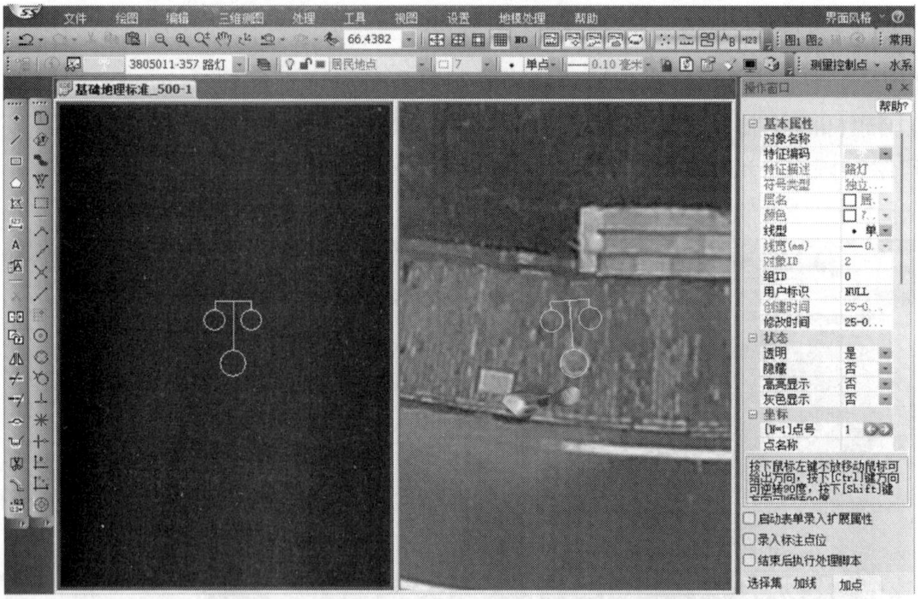

图 8-79　路灯符号的绘制

任务小结：

本任务主要介绍了利用无人机实景三维模型对地面要素进行采集，通过结合人工编辑等方式，实现了对地形图要素的绘制工作，为学生学习其他课程和技术知识打下了良好的基础。

任务考核：

根据课程标准的要求，教师对学生的实操能力布置实践作业，使学生能运用常规的地形图采集处理软件完成数字线划图的绘制工作。

思政小课堂

“吉林一号”
商业遥感卫星
发展势头强劲

“吉林一号”商业遥感卫星发展势头强劲

长光卫星技术有限公司是我国第一家商业遥感卫星公司,积极发展“吉林一号”系列遥感卫星。其中,2020 年 1 月 15 日亚米级超大幅宽商业光学遥感卫星吉林一号宽幅 01 星发射升空,9 月 15 日 9 颗吉林一号高分 03 星成功发射,在轨卫星数量达到 25 颗,建成我国目前最大的商业遥感卫星星座,具备较强的服务能力,发展势头强劲。

“吉林一号”星座最终由 138 颗涵盖高分辨、大幅宽、视频、多光谱等系列的高性能光学遥感卫星组成。在轨的 25 颗卫星已经具备对全球任意地点实现每天 8~10 次重访,具备全球一张图一年更新 2 次、全国一张图一年更新 7 次的能力,可为农林生产、环境监测、智慧城市、地理测绘、土地规划等各领域提供高质量的遥感信息和产品服务。

(资料来源:长光卫星技术有限公司)

复习题

1. 简述遥感土地利用检测的现状及意义。
2. 简述遥感土地利用现状图的制作内容、方法和意义。
3. 简述遥感土地利用现状图的应用领域。
4. 简述遥感影像地图制作的内容。
5. 简述遥感影像地图制作的方法及意义。
6. 简述遥感影像地图制作的技术要素。
7. 说明遥感影像地图的应用领域。
8. 简述遥感植被检测的意义。
9. 简述植被指数图制作的内容、方法。
10. 说明植被遥感指数 NDVI 的意义。
11. 理解遥感变化检测的意义。
12. 简述利用遥感的方法进行变化检测的内容、方法及意义。

参考文献

[1] 孙家抦.遥感原理与应用[M].武汉:武汉大学出版社,2009.
[2] 梅安新,彭望琭,秦其明,等.遥感导论[M].北京:高等教育出版社,2001.
[3] 赵英时.遥感应用分析原理与方法[M].北京:科学出版社,2003.
[4] 党安荣,王晓栋,陈晓峰,等.ERDAS IMAGINE 遥感图像处理方法[M].北京:清华大学出版社,2003.
[5] 袁修孝,曹金山.高分辨率卫星遥感精确对地目标定位理论与方法[M].北京:科学出版社,2012.
[6] 闫利.遥感图像处理实验教程[M].武汉:武汉大学出版社,2010.
[7] 李刚.遥感影像处理综合应用教程[M].武汉:武汉大学出版社,2017.
[8] 詹云君.ERDAS 图像处理与分析[M].北京:电子工业出版社,2016.
[9] 李德仁,周月琴,金为铣.摄影测量与遥感概论[M].北京:测绘出版社,2001.
[10] 刘海源.SPOT 图像的几何纠正[J].解放军测绘学院学报,1998,15(1):33-36.
[11] 关泽群,刘继琳.遥感图像解译[M].武汉:武汉大学出版社,2007.
[12] 庞小平,王光霞,冯学智,等.遥感制图与应用[M].北京:测绘出版社,2016.
[13] 朱述龙,张占睦.遥感图像获取与分析[M].北京:科学出版社,2000.
[14] 王振武,孙佳骏,于忠义,等.基于支持向量机的遥感图像分类研究综述[J]. 计算机科学,2016,43(9):11-17,31.
[15] 毕学工,杭迎秋,李昕,等.专家系统综述[J]. 软件导刊,2008,7(12):7-9.
[16] 王崇倡,郭健,武文波.基于 ERDAS 的遥感影像分类方法研究[J]. 测绘工程,2007(3):31-34,39.
[17] 杨昕,汤国安,邓凤东,等.遥感数字图像处理实验教程[M].北京:科学出版社,2009.
[18] 靳国旺, 徐青, 张红敏. 合成孔径雷达干涉测量[M]. 北京:国防工业出版社, 2014.
[19] 靳国旺, 张红敏, 徐青. 雷达遥感测绘技术基础[M]. 北京:解放军出版社, 2014.
[20] 靳国旺, 张红敏, 徐青. 雷达摄影测量[M]. 北京:测绘出版社, 2015.
[21] 张澄波. 综合孔径雷达[M]. 北京:科学出版社, 1989.
[22] 保铮, 邢孟道, 王彤. 雷达成像技术[M]. 北京:电子工业出版社, 2005.
[23] Lan G. Cumming, Frank H. Wong. 合成孔径雷达成像:算法与实现[M]. 北京:电子工业出版社, 2012.
[24] 肖国超, 朱彩英. 雷达摄影测量[M]. 北京:地震出版社, 2001.
[25] 王超, 张红, 刘智. 星载合成孔径雷达干涉测量[M]. 北京:科学出版社, 2002.
[26] 廖明生, 林珲. 雷达干涉测量:原理与信号处理基础[M]. 北京:测绘出版社, 2003.
[27] 舒宁. 雷达影像干涉测量原理[M]. 武汉:武汉大学出版社, 2003.
[28] 李平湘. 雷达干涉测量原理与应用[M]. 北京:测绘出版社, 2006.
[29] 刘辉, 李葛爽. 无人机 MIMO 下视阵列 SAR 天线构型设计[J]. 测绘通报, 2016(12): 39-43.
[30] Liu H, Xu Q, Jin G, et al. MIMO antenna polynomial weighted average design method of downward-looking array SAR[J]. International Journal of Antennas and Propagation,2017, 18.
[31] 刘辉, 靳国旺, 张红敏, 等. DEM 辅助的 InSAR 零中频处理基线估计方法[J]. 华中科技大学学报(自然科学版),2017,45(3):79-84.
[32] 楼良盛. 干涉合成孔径雷达相位解模糊的研究[D]. 郑州:解放军信息工程大学,2000.

[33] 李德仁, 周月琴, 马洪超. 卫星雷达干涉测量原理与应用[J]. 测绘科学, 2000, 25(1): 9-12.
[34] 刘国祥, 丁晓利, 李志林, 等. 使用 InSAR 建立 DEM 的实验研究[J]. 测绘学报, 2001,30(4): 336-342.
[35] 刘辉, 靳国旺, 张红敏, 等. MIMO 下视阵列 SAR 线阵天线构型设计[J]. 测绘科学技术学报, 2017, 34(3): 305-310.
[36] 刘辉, 靳国旺, 张红敏, 等. DEM 辅助的山区 InSAR 相位解缠[J]. 测绘科学技术学报, 2017, 34(2): 215-220.
[37] 刘辉, 徐青, 靳国旺, 等. 基于 DEM 的单幅 SAR 影像直接定位[J]. 测绘科学, 2018(10): 22-32.
[38] 王彦平. 机载干涉 SAR 定标模型与算法研究[D]. 北京:中国科学院电子学研究所, 2003.
[39] 刘国林, 独知行, 薛怀平, 等. 卡尔曼滤波在 InSAR 噪声消除与相位解缠中的应用[J]. 大地测量与地球动力学, 2006, 26(2): 66-69.
[40] 廖明生. 合成孔径雷达干涉测量原理、发展与应用[R]. 武汉:武汉大学, 2010.
[41] 薛雁明, 刘辉. SIMO-MIMO 模式城市建筑群下视阵列 SAR 三维仿真对比[J]. 测绘通报, 2017(8): 19-24.
[42] 刘辉, 李葛爽, 徐青, 等. MIMO 下视阵列 SAR 倾角误差补偿算法[J]. 测绘学报, 2018, 47(7): 973-985.
[43] 刘辉, 徐青. DEM 辅助的零中频多基线 InSAR 干涉处理[J]. 河南师范大学学报(自然科学版), 2018, 46(5): 42-47.
[44] 刘辉. MIMO 稀疏阵列 SAR 天线设计与三维成像技术研究[D]. 郑州:解放军信息工程大学, 2007.
[45] 张薇. 机载双天线干涉 SAR 定标方法研究[D]. 北京:中国科学院电子学研究所, 2009.
[46] 刘辉, 李葛爽, 靳国旺, 等. MIMO 下视阵列 SAR 倾角误差补偿算法[J]. 测绘科学技术学报, 2018, 35(2): 175-181.
[47] 黄国满, 杨书成, 王宁娜, 等. 稀少控制下机载 InSAR 区域网联合地理编码方法[J]. 测绘学报, 2013(3): 397-403.
[48] 速云中,凌培田. 无人机测绘技术[M]. 北京:测绘出版社,2022.
[49] 万刚,余旭处,布树辉,等. 无人机测绘技术及应用[M]. 北京:测绘出版社,2015.
[50] 周金宝. 无人机摄影测量[M]. 北京:测绘出版社,2022.
[51] 郭学林. 无人机测量技术[M]. 2 版. 郑州:黄河水利出版社,2023.
[52] 方焕焕. 浅析城市遥感影像地图分类制作方法[J]. 测绘与空间地理信息,2023,46(3):211-215.
[53] 彭菲菲,韩虎. 基于国产高分辨率遥感影像的地图制图技术研究[J]. 经纬天地,2022(1):70-75.
[54] 王冰琰. 基于遥感影像的保护区专题地图制作技术研究[D]. 西安:西安科技大学,2016.
[55] 林源,邓盛满,郑爱萍. 1:10 000 DLG 图库一体化设计和实现[J]. 北京测绘,2023,37(5):746-750.

附录1　ERDAS 主要菜单、命令及其功能

附表1　ERDAS IMAGINE 图表面板菜单条命令及其功能

命令	功能
Session:综合菜单	完成系统设置、面板布局、日志管理、启动命令工具、批处理、实用功能、联机帮助等
Main:主菜单	启动 ERDAS IMAGINE 图标面板中包括的所有模块
Tools:工具菜单	完成文本编辑、矢量及栅格数据属性编辑、图形图像文件坐标变换、注记及字体管理、三维动画制作
Utilities:使用菜单	完成多种栅格数据格式的设置与转换、图像比较
Help:帮助菜单	启动联机帮助

附表2　综合菜单(Session)命令及其功能

命令	功能
Preference	设置 ERDAS IMAGINE 功能参数和系统默认值
Configuration	为 ERDAS IMAGINE 配置各种外围设备
Session Log	记录 ERDAS IMAGINE 的处理过程和错误信息
Active Process List	查看与取消 ERDAS IMAGINE 系统当前运行的处理操作
Commands	启动命令工具,进入命令菜单状态,通过命令执行操作
Enter Log Message	向系统综合日志(Session Log)输入文本信息
Start Recording Batch Command	开始记录最近使用过的 ERDAS IMAGINE 命令
Open Batch Command File	打开一个已经存在的批处理命令文件
View Offline Batch Queue	打开批处理进程对话框,查看、编辑、删除队列
Flip Icon	保持图标面板为水平或者垂直状态
Tile Viewers	平铺排列两个以上已经打开的窗口
Close All Viewers	关闭当前所有的视窗
Main	进入主菜单,启动图标面板中所有的模块
Tools	进入工具菜单,显示和编辑文本及图像文件
Utilities	进入实用菜单,执行 ERDAS 的常用功能
Help	联系帮助菜单
Properties	打开系统特性对话框,查看和配置序列号与模块等
Generate System Information Report	产生系统信息报告
Exit IMAGINE	退出 ERDAS IMAGINE 软件

附表 3 主菜单(Main)命令及其功能

命令	功能
Start IMAGINE Viewer	启动 ERDAS IMAGINE 视窗
Import/Export	启动 ERDAS IMAGINE 数据输入输出模块
Data Preparation	启动 ERDAS IMAGINE 数据预处理模块
Map Composer	启动 ERDAS IMAGINE 地图编制模块
Image Interpreter	启动 ERDAS IMAGINE 图像解译模块
Image Catalog	启动 ERDAS IMAGINE 图像库管理模块
Image Classification	启动 ERDAS IMAGINE 图像分类模块
Spatial Modeler	启动 ERDAS IMAGINE 空间建模模块
Vector	启动 ERDAS IMAGINE 矢量功能模块
Radar	启动 ERDAS IMAGINE 雷达图像处理模块
Virtual GIS	启动 ERDAS IMAGINE 虚拟 GIS 模块
Subpixel Classifier	启动 ERDAS IMAGINE 子像元分类模块
DeltaCue	启动 ERDAS IMAGINE 智能变化检测模块
Stereo Analyst	启动 ERDAS IMAGINE 三维立体分析模块
IMAGINE AutoSync	启动 ERDAS IMAGINE 图像自动匹配模块
IMAGINE Objective	启动 ERDAS IMAGINE 对象处理模块

附表 4 工具菜单(Tools)命令及其功能

命令	功能
Edit Text Files	建立和编辑 ASCII 码文本文件
Edit Raster Attributes	查看、编辑和分析栅格文件属性数据
View Binary Data	查看二进制文件的内容
View IMAGINE HFA File Structure	查看 ERDAS IMAGINE 层次文件结构
Annotation Information	查看注记文件信息,包括元素数量与投影参数
Image Information	获取 ERDAS IMAGINE 栅格图像文件信息
View Information	获取 ERDAS IMAGINE 矢量图形文件信息
Image Command Tool	打开图像命令对话框,进入 ERDAS 命令操作环境
NITF Metadata Viewer	查看 NITF 文件的元数据
Coordinate Calculator	将坐标系统从一种椭球体或者参数转换为另一种
Create/Display Movie Sequences	产生和显示一系列图像画面形成的动画
Create/Display View Sequences	产生和显示一系列视窗画面组成的动画
Image Drape	以 DEM 为基础的三维图像显示与操作
DPPDB Workstation	输入和使用 DPPDB 产品

附表 5　实用菜单(Utilities)命令及其功能

命令	功能
JPEG Compress Image	应用 JPEG 压缩技术对栅格图像进行压缩
Decompress JPEG Image	将应用 JPEG 压缩技术所生成的栅格图像进行解压缩
Convert Pixels to ASCII	将栅格图像文件转换为 ASCII 码文件
Convert ASCII to Pixels	将 ASCII 码文件转换为栅格图像文件
Convert Image to Annotation	将栅格图像文件转换为 IMAGINE 注记文件中的多边形
Convert Annotation to Raster	将含有矢量图像的注记文件转换成栅格图像文件
Create/Update Image Chips	产生或更新栅格图像分块尺寸,以便于显示
Create Font Tables	用任一 ERDAS IMAGINE 的字体生成栅格的字符映射表
Font to Symbol	将特定的字体转换为地图符号
Compare Image	打开图像比较对话框,比较两幅图像之间的属性
Oracle Spatial Table Tool	添加、删除和编辑在 Oracle 空间表里的行和列
CSM Plug-in Manager	设置 ERDAS IMAGINE 用到的 CSM 插件库
Reconfigure Raster Formats	重新配置系统中的栅格图像数据格式
Reconfigure Vector Formats	重新配置系统中的矢量图像数据格式
Reconfigure Resample Methods	重新配置系统中的图像重采样方法
Reconfigure Geometric Methods	重新配置系统中的图像几何校正方法
Reconfigure PE GCS Codes	计算投影引擎里的地理坐标系统

附表 6　帮助菜单(Help)命令及其功能

命令	功能
Help for ICON Panel	显示 ERDAS IMAGINE 图标面板的联机帮助
IMAGINE Online Documentation	进入联机帮助目录,查看 IMAGINE 联机文档
IMAGINE Version	查看正在运行的 ERDAS IMAGINE 软件版本
IMAGINE DLL Information	查看 IMAGINE 动态链接库的类型和常数信息
About ERDAS IMAGINE	显示 ERDAS IMAGINE 版本、公司、时间等信息

附表 7 ERDAS IMAGINE 图标面板工具条

图标	命令	功能
	Start IMAGINE Viewer	启动 ERDAS IMAGINE 视窗
	Import/Export	启动 ERDAS IMAGINE 数据输入输出模块
	Data Preparation	启动 ERDAS IMAGINE 数据预处理模块
	Map Composer	启动 ERDAS IMAGINE 地图编制模块
	Image Interpreter	启动 ERDAS IMAGINE 图像解译模块
	Image Catalog	启动 ERDAS IMAGINE 图像库管理模块
	Image Classification	启动 ERDAS IMAGINE 图像分类模块
	Spatial Modeler	启动 ERDAS IMAGINE 空间建模模块
	Vector	启动 ERDAS IMAGINE 矢量功能模块
	Radar	启动 ERDAS IMAGINE 雷达图像处理模块
	Virtual GIS	启动 ERDAS IMAGINE 虚拟 GIS 模块
	Stereo Analyst	启动 ERDAS IMAGINE 立体分析模块
	AutoSync	启动 ERDAS IMAGINE 图像自动匹配模块
	Subpixel Classifier	启动 ERDAS IMAGINE 子像元分类模块
	DeltaCue	启动 ERDAS IMAGINE 智能变化检测模块

附表 8 ERDAS IMAGINE 视窗菜单命令及其功能

命令	功能
File	文件操作
Utilities	实用操作
View	显示操作
AOI	AOI 操作(AOI 为感兴趣区域)
Raster	栅格操作
Vector	矢量操作
Annotation	注记操作
TerraModel	地形模型注记
Help	联机帮助
Open	打开文件
Close	关闭上层文件
Info	显示上层文件信息

续附表 8

命令	功能
Save	保存上层文件
Print	打印当前视窗内容
Erase	清除视窗所有内容
Reset Zoom	恢复视窗到缩放操作之间的比例
Previous Extent	返回上一视窗显示比例
Zoom In	放大 2 倍显示
Zoom Out	缩小 1/2 显示
Measure	量测工具(如点、线、面)
Inquire Cursor	启动光标定位功能
Tools	显示对应上层的工具菜单
Profile	显示剖面线工具
Select Tool	选择工具
Roam	拖动图像漫游
GNSS	开启 GNSS 工具

附表 9　ERDAS IMAGINE 视窗操作快捷菜单命令及其功能

命令	功能
Arrange Layers	调整视窗中各层的显示顺序
Inquire Cursor	开启屏幕光标查询功能
Inquire Box	开启方框区域查询功能
Zoom: Zoom In By 2 Zoom Out By 2	缩放显示工具: 放大 2 倍显示 缩小 1/2 显示
Fit Image to Window	按照窗口缩放图像
Fit Image to Image	按照图像大小调整窗口大小
Geo. Link/Unlink	视窗地理关联的建立与取消
Background Color	设置视窗背景颜色
Close Window	关闭视窗
Status Bar	设置视窗状态条是否显示
Scroll Bar	设置视窗滚动条是否显示
Menu Bar	设置视窗菜单条是否显示
Tool Bar	设置视窗工具条是否显示
Border	设置视窗标题条是否显示

附表 10 ERDAS IMAGINE 文件菜单命令及其功能

命令		功能
New	AOI Layer	创建一个 AOI 文件
	Vector Layer	创建一个矢量文件
	Annotation Layer	创建一个注记文件
	Viewer Specified	用一个指定的彩色模式创建一个视窗
	Map Composition	创建地图制图窗口
	Map Report	导出视窗内容到一个制图模板中
	Classic Viewer	创建一个新的传统视窗
	Geospatial Light Table	创建一个新的 GLT 视窗
	Footprint	创建视窗中一个文件的边框图层
	IEE Layer	选择一个 IMAGINE Enterprise Editor 连接到 Oracle 的地理空间数据库
Open	AOI Layer	打开 AOI 文件
	Raster Layer	打开栅格文件
	Vector Layer	打开矢量文件
	Annotation Layer	打开注记文件
	TerraModel Layer	打开地形模型文件
	Web Service	连接到一个服务器
	View	打开视窗文件
	Map Composition	打开地图编辑
	Three Layer Arrangement	打开一个 3 波段图像,并分别用 3 个视窗显示每一个波段
	Multi-Layer Arrangement	打开多波段图像,并分别用视窗显示每个波段
	NITF as Container	打开一个 NITF 文件
Save	Top Layer	保存上层文件
	Top Layer As	另存上层文件
	AOI Layer As	另存 AOI 文件
	All Layers	保存所有文件
	All Layers as NITF	保存所有层为一个 NITF 文件
	All Layers as NITF Chip	保存所有层为一个 NITF 碎片文件
	View to Image File	视窗内容转换为 3 波段的 RGB 文件
	Print	打印视窗中的内容
	Clear	清除视窗中所有内容
	Close	关闭当前视窗
	Close Other Viewers	关闭其他视窗

附表 11　ERDAS IMAGINE 图像文件显示参数及其含义

参数项	含义	实例(说明)
Look in	确定文件目录	例如 examples
Flie name	确定文件名	rain. img
File of Type	确定文件类型	IMAGINE Image(* . img)
Recent	选择近期操作过的文件	—
Go to	改变文件路径 .	—
Display as	图像显示方式	图像以何种形式显示
True Color	真彩色(多波段图像)	—
Pseudo Color	假彩色(专题分类图)	—
Gray Scale	灰度图(单波段图像)	—
Relief	地形图(DEM 数据)	—
Layers to Colors	图像显示颜色	图像显示成何种颜色
Red	红色波段(1)	Red(1)
Green	绿色波段(2)	Green(2)
Blue	蓝色波段(3)	Blue(3)
Clear Display	清除视窗中已有信息	清除视窗中已有信息
Fit to Frame	按照视窗大小显示图像	按照视窗大小显示图像
Data Scaling	设置图像密度分割	通过 Set Data Scaling 对话框进行密度分割
Set View Extent	设置图像显示范围	设置左上/右下坐标设定图像显示范围
No Stretch	图像线性拉伸设置	选中确定是否线性拉伸
Background Transparent	背景透明设置	选中确定背景是否透明
Zoom By	定量缩放设置	若选中 Fit to Frame,则此项不能设置
Using	重采样方法	邻近像元插值
Nearest Neighbor	邻近像元插值	—
Bilinear Interpolation	双线性插值	—
Cubic Convolution	三次方卷积插值	—
Bicubic Spline	三次样条插值	—

附表 12 ERDAS IMAGINE 图形文件显示参数及其含义

参数项	含义	实例(说明)
Use Symbology	定义是否使用符号文件	使用符号文件
Clear Display	清除视窗中已显示信息	清除已有信息
Option * . evs	符号文件的路径与名称	—
Set	确定所使用的符号文件	—

附表 13 ERDAS IMAGINE 实用菜单及其功能

命令	功能	命令	功能
Inquire Cursor	启动光标查询功能	Swipe	卷帘显示上、下层图像
Inquire Box	启动框形光标查询	Flicker	闪烁显示上、下层图像
Inquire Color	设置光标查询颜色	Enable Hyperlinks	允许操作与图像超链接的文件
Inquire Shape	设置光标查询形状	Layer Info	显示视窗中上层文件信息
Inquire Home	光标复位于视窗中心	HFA Info	显示层次数据结构
Measure	启动测量功能	Image Drape	启动三维图像功能
Selector Properties	改变光标查询特性	Virtual GIS	启动虚拟 GIS
Pick Properties	数字化操作中显示坐标数据	GNSS Tool	启动 GNSS 工具
Blend	混合显示两层图像		

附表 14 ERDAS IMAGINE 量测命令及其功能

图标	命令	功能
	Disables Measurements	停止测量功能
	Measure Positions	量测点的功能
	Measure Lengths and Angle	量测线长度和角度
	Measure Perimeters and Area	量测多边形周长与面积
	Measure Rectangular Area	量测矩形面积
	Region Grow Tool	以某个像素为中心扩散后,量测其周长和面积
	Measure the Cylinder Lying on the Ground	量测地面上的圆柱体的半径和方位角
	Measure Ellipses Area	量测椭圆面积
	Lock/Unlock	锁定或解除量测工具命令
	Create Measurement In Annotation Layer	在注记层打开或关闭量测功能

附表 15　ERDAS IMAGINE 显示菜单(View)命令及其功能

命令	功能	命令	功能
Arrange Layer	文件显示顺序操作	North Arrow	放置指北针
Create Magnifier	创建一个放大窗口	Scale Bar	放置比例尺
Tile Viewer	视窗平铺排列	Virtual Roaming	虚拟漫游
Window Info.	视窗信息显示	Link/Unlink Viewer	建立/取消视窗连接
Viewer Projection	设置地图投影信息	Background Color	文件背景颜色设置
Split	视窗分割	Status Bar	视窗状态条开关
Zoom	显示缩放	Scroll Bar	视窗滚动条开关
Scale	显示比例	Menu Bar	视窗菜单条开关
Rotate	显示旋转	Tool Bar	视窗工具条开关
Rotate/Flip/Stretch	显示变换	Borders	视窗标题框开关

附表 16　ERDAS IMAGINE AOI 菜单命令及其功能

命令	功能
Tools	打开 AOI 工具面板
Undo	取消编辑操作
Cut	剪切 AOI 区域
Copy	复制 AOI 区域
Paste	粘贴 AOI 区域
Delete Raster Masker	删除栅格掩膜
Group	建立 AOI 要素组合
Ungroup	取消 AOI 要素组合
Reshape	改变 AOI 要素形状
Invert Polygon	选择 AOI 区域以外的要素
Element Properties	AOI 要素特性
Styles	AOI 显示特性
Seed Properties	AOI 种子特征
Copy Selection to AOI	向 AOI 复制选择要素
Link	建立视窗 AOI 连接
Table Input	数字化仪输入
New Configuration	建立新的数字化仪配置
Current Configuration	调用已配置的数字化仪

附表 17 ERDAS IMAGINE 栅格菜单(Raster)命令及其功能

命令	功能	命令	功能
Tools	打开 Raster 工具面板	Interpolate	图像插值处理
Undo	取消编辑操作	Recompute Statistics	图像特征重新统计
Copy	复制所选栅格区域	Recompute Statistics on Window	视窗显示图像特征重新统计
Past	粘贴所选栅格区域	Attributies	栅格属性编辑器
Band Combination	图像波段组合	Compute Pyramid Layers	建立金字塔层
Pixel Transparency	像元透明显示设置	Geometric Correction	图像几何校正
Set Resampling	图像重采样方法	Set Drop Point	图像坐标平移
Data Scaling	图像数值调整	Mosaic Images	图像镶嵌
Contrast	图像对比度调整	Profile Tools	图像剖面工具
Filtering	图像滤波处理	Relief Shading Tools	地势阴影工具
Recode	图像分类重编码	Toggle Discrete DRA	漫游图像对比度
Fill	图像数值填充	DRA Properties	亮度/对比度调整
Off Set Value	图像数值位移		

附表 18 ERDAS IMAGINE 栅格工具面板及其功能

图标	命令	功能
	Select AOI Elements	单击选择 AOI 要素
	Select Multiple AOI Elements	矩形选择 AOI 要素
	Create Rectangular AOI	绘制矩形 AOI 要素
	Create Ellipse AOI	绘制椭圆形 AOI 要素
	Create Polygon AOI	绘制多边形 AOI 要素
	Create Polyline AOI	绘制曲线 AOI 要素
	Region Grow AOI	区域生长生成多边形 AOI
	Create Point AOI	绘制点状 AOI 要素
	Cut Selected Elements	剪切选择要素
	Reshape Polyline or Polygon	改变选择要素形状
	Open AOI Properties Dialog	打开 AOI 特征对话框
	Open AOI Styles Dialog	打开 AOI 类型对话框
	Undo Previous Raster Edit	恢复编辑操作

续附表 18

图 标	命令	功能
	Copy Selected Raster Area	复制所选择的栅格区域
	Paster Copied Raster Area	粘贴选择的栅格区域
	Change Band Combination	调整图像波段组合
	Change Background Transparency	设置图像背景透明度
	Recode Area	分类专题图重编码
	Open Raster Attribute	打开栅格属性表
	Geocorrect Image	图像几何校正
	Offset Coordinates of Image	图像坐标位移操作
	Profile Tool	图像剖面工具
	Lock/Unlock Selected Tool	锁住/释放当前选择的工具
	On-Line Help	栅格操作联机帮助

附表 19 ERDAS IMAGINE 矢量菜单(Vector)命令及其功能

命令	功能	命令	功能
Enable Editing	进入编辑状态	Group	建立矢量要素组合
Tools	打开 Vector 工具面板	Ungroup	取消矢量要素组合
Undo	取消编辑操作	Attributes	矢量要素属性表格
Cut	剪切矢量要素	From View Attributes	查看当前显示矢量属性
Copy	复制矢量要素	Viewing Properties	显示矢量要素特征
Paste	粘贴矢量要素	Symbology	定义矢量符号文件
Delete	删除矢量要素	Attributes to Annotation	用属性生成注记文件
Reshape	改变矢量要素形状	Options	设置要素编辑参数
Spline	圆滑矢量要素形状	Seed Properties	设置区域增长种子特征
Densify	加密平滑矢量要素	Copy Selection to Vector	将选择要素复制到矢量文件
Generalize	删除矢量要素多余节点	Tablet Input	数字化仪输入设置
Join	相邻线状要素连接		

附表 20 ERDAS IMAGINE 矢量工具面板图标、命令及其功能

图标	命令	功能
	Select Features	选择图形要素
	Place a Point Feature	绘制点状图形要素
	Place a TIC Mark	放置 TIC 控制点
	Place a Line Feature	绘制线状图形要素
	Split a Line	分割线状图形要素
	Replace a Portion of Line	编辑线状图形要素
	Place a Simple Polygon	绘制简单多边形
	Create Ellipse	绘制椭圆
	Rectangular Marquee	矩形选择框
	Elliptical Marquee	椭圆选择框
	Polygonal Marquee	多边形选择框
	Line Selection	线性选择框
	Undo Last Edit	恢复编辑操作
	Copy Selected Features	复制选择要素
	Paste Features	粘贴图形要素
	Delete Selected Features	删除选择要素
	Reshape a Single Line	改变要素形状
	Smooth Selected Arcs	平滑选择要素
	Add Points to Selected Lines	向弧段添加节点
	Eliminate Unnecessary Verties	删除多余节点
	Combine Two Arcs	连接两条弧段
	Grouping Selected Features	组合选择要素
	Break up Multi-Feature	取消要素组合
	Open Vector Attribute	打开矢量属性表
	Open Vector Properties	打开矢量特征对话框
	Open Vector Symbology	打开矢量符号对话框
	Open Vector Options	打开矢量选择对话框

附表 21　ERDAS IMAGINE 注记菜单(Annotation)命令及其功能

命令	功能
Tools	打开注记工具面板
Undo	取消编辑操作
Cut	剪切注记要素
Copy	复制注记要素
Paste	粘贴注记要素
Group	建立注记要素组合
Ungroup	取消注记要素组合
Reshape	改变注记要素形状
Raise:	上移注记要素的叠置层次:
To the Front	移到最上层
Backward by One	只上移一层
Lower:	下移注记要素的叠置层次:
To the Back	移到最下层
Backward by One	只下移一层
Distribute:	注记要素半距放置:
Vertically	垂直移动到上下要素半距处
Horizontally	水平移动到上下要素半距处
Flip:	注记要素翻转:
Vertically	绕要素水平中线轴垂直翻转
Horizontally	绕要素垂直中线轴水平翻转
Align Object North	注记要素按指北排列
Alignment	注记要素按定义排列
Element Properties	注记要素特征
Styles	注记要素类型
Attributes	注记要素属性
Seed Properties	设置区域增长种子特征
Copy Selection to Annotation	将选择要素复制到注记文件
Tablet Input:	数字化仪输入设置:
New Configuration	使用一个新的设置
Current Configuration	使用当前的设置

附表 22 ERDAS IMAGINE 注记工具面板图标、命令及其功能

图标	命令	功能
	Select Annotation Elements	选择注记要素
	Box Select Annotation	框选注记要素
	Create Rectangle Annotation	绘制矩形注记要素
	Create Ellipse Annotation	绘制椭圆注记要素
	Create Concentric Rings	绘制同心圆注记要素
	Create Polygon Annotation	绘制多边形注记要素
	Create Polyline Annotation	绘制曲线注记要素
	Create Freehand Polyline	绘制自由曲线注记要素
	Create Arc Annotation	绘制弧段注记要素
	Create Symbol Annotation	绘制点状注记符号
	Create Text Annotation	放置无框字符注记要素
	Create Text Annotation in Box	放置有框字符注记要素
	Create Map Frame	绘制地图图框
	Select Map Frame	选择地图图框
	Create Grids/Ticks	绘制坐标格网
	Create Scale Bars	绘制比例尺
	Create Legend	放置图例
	Undo Previous Edit	恢复编辑操作
	Cut Selected Annotation	剪切已选择注记
	Copy Selected Annotation	复制已选择注记
	Paste Selected Annotation	粘贴已选择注记
	Reshape Selected Annotation	改变注记要素的形状
	Group Selected Annotation	组合注记要素
	Ungroup Selected Annotation	取消组合注记要素
	Open Properties Dialog	打开注记特征对话框
	Evenly Distribute Vertically	选择将注记要素垂直对齐
	Evenly Distribute Horizontally	选择将注记要素水平对齐
	Flip Annotation Vertically	将选择要素垂直翻转
	Flip Annotation Horizontally	将选择要素水平翻转
	Annotation Styles Dialog	打开注记特征对话框
	Annotation Attributes Dialog	打开注记属性对话框

附录2 职业教育"1+X"证书制度

2019年4月,教育部、国家发展改革委、财政部、市场监管总局联合印发《关于在院校实施"学历证书+若干职业技能等级证书"制度试点方案》,方案重点围绕服务国家需要、市场需求、学生就业能力提升,从10个左右职业技能领域做起,稳步推进"1+X"证书制度试点工作。试点院校以高等职业学校、中等职业学校(不含技工学校)为主,本科层次职业教育试点学校、应用型本科高校及国家开放大学等积极参与。

"1+X"证书制度中,"1"为学历证书,"X"为若干职业技能等级证书。教育部职业教育与成人教育司负责人介绍,把学历证书与职业技能等级证书结合起来,探索实施"1+X"证书制度,是《国家职业教育改革实施方案》的重要改革部署,也是重大创新。"1+X"证书制度体现了职业教育作为一种类型教育的重要特征,是落实立德树人根本任务、完善职业教育和培训体系、深化产教融合校企合作的一项重要制度设计。

作为一项重大改革举措和制度设计,试点工作要进一步发挥好学历证书作用,夯实学生可持续发展基础,鼓励学生在获得学历证书的同时,积极取得多类职业技能等级证书,拓展就业创业本领,缓解结构性就业矛盾。

教育部将结合实施"1+X"证书制度试点,探索建设职业教育国家"学分银行",对学历证书和职业技能等级证书所体现的学习成果进行认证、积累与转换,促进书证融通,探索构建国家资历框架。

试点内容包括培育培训评价组织、开发职业技能等级证书、融入专业人才培养、实施高质量职业培训、严格职业技能等级考核与证书发放、探索建立职业教育国家"学分银行"、建立健全监督、管理与服务机制。

试点范围及进度安排:面向现代农业、先进制造业、现代服务业、战略性新兴产业等20个技能人才紧缺领域,率先从10个左右职业技能领域做起。省级教育行政部门根据有关要求对符合条件的申报院校进行备案。试点院校以高等职业学校、中等职业学校(不含技工学校)为主,本科层次职业教育试点学校、应用型本科高校及国家开放大学等积极参与,省级及以上示范(骨干、优质)高等职业学校和"中国特色高水平高职学校和专业建设计划"入选学校要发挥带头作用。

2019年首批启动五个领域试点,已确定的五个培训评价组织对接试点院校,并启动有关信息化平台建设;陆续启动其他领域试点工作。截至2025年,"1+X"证书制度试点已形成覆盖广泛、政策完善、成效显著局面,通过"书证融通"提升了学生的就业和升学竞争力。

附录 3 无人机摄影测量职业技能等级证书

一、适用院校和专业

中等职业学校：国土资源调查、水文地质与工程地质勘查、地质灾害调查与治理施工、工程测量技术、地图绘制与地理信息系统、地质与测量、航空摄影测量、应急救援技术、防灾减灾技术、森林消防、园林技术、园林绿化、古建筑修缮、无人机操控与维护等专业。

普通高等职业院校：林业技术、园林技术、林业信息技术应用、国土资源调查与管理、地质调查与矿产普查、工程地质勘查、水文与工程地质、矿山地质、地质灾害调查与防治、环境地质工程、工程测量技术、测绘工程技术、测绘地理信息技术、摄影测量与遥感技术、地籍测绘与土地管理、国土空间规划与测绘、无人机测绘技术、矿山测量、导航与位置服务、空间数字建模与应用技术、环境监测技术、应急救援技术、消防救援技术、森林草原防火技术、古建筑工程技术、园林工程技术、城乡规划、智慧城市管理技术、村镇建设与管理、水环境智能监测与治理、无人机应用技术等专业。

高等职业教育本科学校：园林工程、智慧林业技术、环境地质工程、导航工程技术、测绘工程技术、地理信息技术、生态环境工程技术、应急管理、古建筑工程、城市设计数字技术、城乡规划、水文与水资源工程技术、无人机系统应用技术、道路与桥梁工程等专业。

二、面向职业岗位(群)

【无人机摄影测量】(初级)：主要面向自然资源、林业和草原、生态环境、农业农村、文化和旅游、应急管理等部门，从事自然资源调查、农林监测、国土测绘、应急监测、生态环境监测、矿产地质勘查等领域。

【无人机摄影测量】(中级)：主要面向自然资源、住房和城乡建设、林业和草原、生态环境、交通运输、水利水电、农业农村、文化和旅游、应急管理部门，从事自然资源调查、农林监测、电力巡检、国土测绘、城市规划、道路勘测、应急监测、生态环境监测、矿产地质勘查等领域。

【无人机摄影测量】(高级)：主要面向自然资源、住房和城乡建设、交通运输、水利水电、农业农村、文化和旅游、应急管理、国防、公安消防等部门，从事自然资源调查、电力巡检、国土测绘、智慧城市建设、城市规划、道路勘测、智慧旅游、应急监测、矿产地质勘查、智慧消防等领域。

三、职业技能等级要求

无人机摄影测量职业技能等级分为三个等级：初级、中级、高级。三个级别依次递进，高级别涵盖低级别职业技能要求。

【无人机摄影测量】(初级)：掌握摄影测量基本概念、基本原理；掌握无人机构造及飞行操作;了解像控点布设方法,按照规范要求进行像控点测量;初步掌握空三加密、DSM、DOM数据生产方法。

【无人机摄影测量】(中级):掌握无人机航空摄影技术要求;掌握无人机地面站参数设置及航空摄影操作;掌握像控点布设及测量的技术要求;熟练掌握空三加密、DEM、DOM 和 DLG 数据生产流程。

【无人机摄影测量】(高级):掌握技术设计书、技术总结编写;掌握无人机飞行原理、无人机保养、维修;掌握倾斜摄影航摄流程;掌握无人机航摄成果的可靠性检测;完成空三加密成果的接边、格式转换;掌握倾斜摄影实景三维模型制作及编辑;掌握无人机摄影测量数字产品的行业应用。

四、考试要求

(一)考核形式

采用内业和外业相结合的方式进行,无人机航摄飞行及影像数据处理在内业进行,像片控制点测量在外业完成。

(二)考核场地要求

无人机航摄飞行可以在室内软件系统通过模拟飞行完成,像片控制点的采集在外业进行,配备相应的采集工具、警示桶和警示服。影像数据处理在实训室完成。

附录4 全国大学生无人机测绘技能竞赛

一、大赛历程与意义

2017年11月,首届全国大学生无人机测绘技能竞赛在河南工业职业技术学院举行,来自全国19个省(自治区、直辖市)的38支本、专科职业院校代表队参加了比赛。本次大赛由全国测绘地理信息职业教育教学指导委员会主办、河南工业职业技术学院承办。

2018年7月,“达北杯”第二届全国大学生无人机测绘技能竞赛在云南交通职业技术学院举行,来自23个省(自治区、直辖市)的52所本、专科院校参加了本次比赛。

2019年7月,“达北杯”第三届全国大学生无人机测绘技能竞赛开幕式在山东日照举行。来自全国23个省(自治区、直辖市)及中国人民解放军的78支本、专科院校代表队的300余名师生参加了开幕式,本次比赛持续3天。本届比赛由全国测绘地理信息职业教育教学指导委员会、自然资源部职业技能鉴定指导中心主办,山东水利职业学院、山东省水利测绘专业建设指导委员会承办。

2023年4月7—10日,“达北杯”第四届全国大学生无人机测绘技能竞赛在广州举行。来自全国22个省(自治区、直辖市)及中国人民解放军等共计78所本、专科院校近400名师生参赛。

2024年,“达北杯”第五届全国大学生无人机测绘技能竞赛在湖南工程职业技术学院举行。全国21个省(自治区、直辖市)76支队伍参赛,400余名同学同台竞技。

无人机测绘技术应用广泛,截至目前,全国1 423所高职院校中,有270所院校开设测绘地理信息类专业,开设相关专业的院校突破500所;全国2 688所普通高等学校中,开设测绘地理信息类专业的高等学校共设有200个专业点。

无人机测绘技能竞赛,作为推进无人机新理论、新技术、新方法进院校、进课堂的重要渠道,是提升学生运用无人机进行测绘操作能力的重要平台,是促进无人机在测绘地理信息领域应用的一个有效途径,对全面提高人才培养质量具有重要意义。

二、无人机测绘技能竞赛的规程

1. 竞赛采用内外业相结合的方式进行,主要包括:“无人机低空影像数据采集(外业)”“低空摄影测量影像处理(内业)”,主要考核学生在无人机测绘实践操作中的应用能力。

2. 参赛队要求

(1)凡开设测绘地理信息类专业及相关专业的高校均可报名组队参赛。

(2)本赛项为团体赛,以院校为单位,不得跨校组队,每个院校可选派1支队伍参赛。

(3)参赛队由1名领队、2名学生和1~2名指导教师组成,参赛选手必须为本院校在读学生。

(4)竞赛现场,仅参赛学生参与,指导教师不允许进入竞赛场地内。

3. 竞赛仪器设备

竞赛使用的设备由组委会统一提供,竞赛设备包括:

(1)原始影像采集系统:大疆(DJI)精灵 Phantom 系列航拍无人机 Double Grid-Ugo 平民化专项定制巡航软件。

(2)影像数据处理软件:Double Grid 平民化摄影测量后处理软件。

(3)影像数据处理硬件:Win7 64 位旗舰版计算机、立体采集设备(红蓝/红绿眼镜)。

三、适用规范

(1)《测绘产品检查验收规定》(CH 1002—1995)。

(2)《测绘产品质量评定标准》(CH 1003—1995)。

(3)《无人机航摄安全作业基本要求》(CH/Z 3001—2010)。

(4)《低空数字航空摄影测量内业规范》(CH/T 3003—2021)。

(5)《低空数字航空摄影测量外业规范》(CH/T 3004—2021)。

(6)《低空数字航空摄影规范》(CH/T 3005—2010)。

(7)《数字测绘成果质量检查与验收》(GB/T 18316—2008)。

(8)《数字航空摄影测量 空中三角测量规范》(GB/T 23236—2024)。

(9)《国家基本比例尺地图图式 第1部分:1:500 1:1 000 1:2 000 地形图图式》(GB/T 20257.1—2017)。

(10)《基础地理信息数字成果 数据组织及文件命名规则》(CH/T 9012—2011)。

(11)《基础地理信息数字成果 1:500、1:1 000、1:2 000 数字线划图》(CH/T 9008.1—2010)。

(12)《基础地理信息数字成果 1:500、1:1 000、1:2 000 数字高程模型》(CH/T 9008.2—2010)。

(13)《基础地理信息数字成果 1:500、1:1 000、1:2 000 数字正射影像图》(CH/T 9008.3—2010)。